塑料着色剂——
品种·性能·应用

陈信华　徐一敏　云大陆　编著

化学工业出版社

·北京·

该书对与塑料着色相关的知识进行了系统的总结。在对塑料着色剂的性能要求进行初步介绍的基础上，首先对无机颜料、效果颜料、有机颜料、溶剂染料的品种、性能及应用进行了重点论述，然后介绍了着色剂的检验方法和标准、颜料在塑料中的分散、塑料配色实用技术与质量控制、塑料着色成型工艺、塑料着色国际法规体系及相应的要求等。

该书希望能够成为沟通着色剂使用者和生产者的桥梁，成为塑料着色入门者以及着色剂研发、生产、销售和应用人员的工具书。

图书在版编目（CIP）数据

塑料着色剂——品种·性能·应用/陈信华，徐一敏，
云大陆编著. —北京：化学工业出版社，2014.9（2018.8重印）
ISBN 978-7-122-21250-4

Ⅰ.①塑⋯　Ⅱ.①陈⋯②徐⋯③云⋯　Ⅲ.①塑料着
色-着色剂　Ⅳ.①TQ320.67

中国版本图书馆 CIP 数据核字（2014）第 150307 号

责任编辑：赵卫娟　仇志刚　　　　　　　　　　装帧设计：关　飞
责任校对：王素芹

出版发行：化学工业出版社（北京市东城区青年湖南街 13 号　邮政编码 100011）
印　　装：北京科印技术咨询服务有限公司数码印刷分部
787mm×1092mm　1/16　印张 22　字数 598 千字　2018 年 8 月北京第 1 版第 5 次印刷

购书咨询：010-64518888　　　　　　　　售后服务：010-64518899
网　　址：http://www.cip.com.cn
凡购买本书，如有缺损质量问题，本社销售中心负责调换。

定　　价：88.00 元　　　　　　　　　　　　　　版权所有　违者必究
京化广临字 2014—28 号

本书编写人员名单

王贤丰　云大陆　刘晓梅　吴克宇

陈　悦　陈信华　宋奇忆　姚志卿

徐一敏　赵瑞良　张小明　谢新辉

序　言

中国色母粒行业伴随着塑料行业的发展经历了从无到有、从小到大、从弱到强的发展历程。一代色母粒人为其倾注了毕生经历，行业的发展也锻炼了一代人，成就了一代人。

本书作者在将近 40 年的从业经历中，经过长期的塑料着色理论研究与实践活动，积累了宝贵的经验。伴随着本书的出版，每一个读者都是这一经验的分享者。

正如作者所说，塑料着色是一项系统工程，产业链庞大繁杂，需要从业人员拥有的相关知识涉及色彩学、材料学、机械工程直至法律法规等。本书对色母粒领域的相关知识进行了全面梳理，力求做到专业性、知识性、全面性，可作为塑料着色的工具书使用。

本人从 1982 年起与色母粒结缘，2002 年到中国染料工业协会色母粒专业委员会工作，有幸亲身经历了中国色母粒行业的发展历程，并努力践行着引导行业科学发展的理念。借本书出版之际，我谨向老一辈色母粒人致以崇高的敬意，希望你们或著书立说或言传身教，把丰富的经验传给年轻一代；我也殷切希望新一代色母粒人虚心学习，勇于实践，继往开来，开创色母粒事业的新纪元。

乔辉

2014 年 6 月

前　言

　　色彩有着悠久的历史，早在史前天然的有色矿物就被用于岩石与洞穴的着色，它以绚丽的色彩装扮着周围的大千世界，它伴随着人类的物质文明和精神文明的进步而不断发展。19世纪世界著名的化学公司开始生产合成染料和颜料，随后的几十年里，这些公司发展壮大并开拓了新的产品应用领域，其中之一就是20世纪初诞生而迅速发展的塑料。

　　提起塑料应该每个人都不陌生，从儿童玩具到仪器仪表，从电脑外壳到汽车部件，从牙刷、牙缸、卫生用品到飞机零件、宇宙飞船，塑料制品在我们的生活中随处可见。塑料发展历经百年就达到了今天无处不在的普及程度，而且还在以不可思议的速度继续发展，真可谓是人间奇迹！今天可以毫不夸张地说：我们的生活离不开塑料。

　　能改变物体的颜色，或者能赋予本来无色的物体颜色的物质，统称为着色剂。着色剂是通过有选择性地将有色光波中某些光吸收和反射，而产生出颜色。按照传统习惯一般将着色剂分为染料和颜料两大类。

　　塑料着色的工业链是由颜（染）料制造工业、色母粒制造工业及改性料制造工业和塑料加工业三大行业组成。色母粒及改性料制造业连接上下游行业，对整个产业链的发展有着举足轻重的作用。历史经验表明在这一工业链中色母粒及塑料制品加工商往往对着色剂的复杂性知之甚少，同样颜（染）料制造商对塑料及加工知识了解也十分有限。因此在工业链之间信息的充分交流是非常重要的。通过这样的方式，可以明显增进上下游行业的相互了解，从而使工业链中各方的产品都有可能达到更高的质量标准。

　　对着色剂的使用者而言，着色剂的有效使用价值取决于它的颜色性能、牢度性能和加工性能。一种颜色价值很高的着色剂，如果因为加工性能差，在用户的应用加工条件下就不能发挥其颜色价值，用户的使用价值就低；同样，一种颜色性能和加工性能都很好的颜料，如果用在牢度性能不合适的场合，其对该用户的使用价值也低。因此本书用了大量篇幅介绍着色剂结构和各项性能，以供着色剂使用者选择。以确保着色质量为基础，优化考虑颜料性能、应用配方、应用设备、技术条件和环境的综合变化，选择合适的着色剂以达到最优着色成本的目标。

　　鉴于着色剂生产者和使用者都希望所选择着色剂性能稳定，所以本书也对塑料用着色剂的技术指标和检验方法进行了介绍，希望统一方法，提高双方产品质量。但仅仅质量检验还远远不够，如希望着色剂在各类塑料中取得良好的着色效果，还需模拟塑料加工代表性应用条件进行应用测试。

　　对着色剂的生产者而言，还需要掌握着色剂应用相关的学科知识和行业技能，如果不掌握这些学科知识，要制造高质量着色剂产品是困难的，因为着色剂产品质量不仅需要工厂生产的质量控制，还需要产品应用测试的论证，以及制造工艺和应用性能的关联。即不知道客户如何使用着色剂产品，就无法生产出高质量的产品，为此本书也用一定篇幅介绍了树脂、色母粒生产以及塑料着色成型工艺。

　　总而言之，塑料着色是一项系统工程，涉及着色剂、塑料原料、加工设备、加工工艺及最终产品的质量保证，特别是塑料制品与我们生活息息相关，塑料制品的安全性需符合世界各国的法规。原材料的毒理学，塑料中所有组分必须综合考虑，只有这样，用户才会对最终制品满意。尽管塑料着色各个环节综合水平在不断提高，但仍存在各种各样的疑问、问题和错误。考虑到原料（塑料和着色剂）的复杂性，法规、规章的差异，以及不同顾客的特殊需求，出现上述情况是不足为奇的。尤其是对于顾客的特殊需求来说，由于有些需求之间是相互矛盾的，有些需求又难以得到满足，所以在这一工业链中各方需要进行积极磋商来解决问题，尽量使客户满意。为了达到上述目的，本书将三个领域里相关知识作一个全面梳理，从专业性、知识性、全面性着手，力求将本书编写成塑料着色领域的一本工具书。

当今社会是一个互联网时代，是个知识爆炸巨变的时代，是个充满不确定性因素的时代，是个信息数据重构商业，流量决定未来大数据时代，本书将塑料着色的巨大系统工程，分拆成了一个个知识的碎片，期望读者通过本书的阅读，让这些碎片汇聚在脑海中，消化吸收，提供正能量。希望本书的出版，成为塑料着色入门者的基础，塑料着色剂研发、生产、销售、应用者的工具。

本书在编写过程中得到了塑料着色行业专家和同仁们的热心帮助，在此一并对他们表示衷心的感谢。

限于作者的学识水平有限，时间仓促，书中不妥之处，敬请读者批评指正。

陈信华

2014 年 6 月

目　录

第 10 章　塑料着色国际法规体系以及相应的要求和标准/ 318

第1章
塑料与着色剂概述

　　1907年美籍比利时人贝克兰发明了世界上第一种塑料，历经百年的发展，今天的塑料制品已经随处可见，无处不在，而且继续以不可思议的速度继续发展壮大。在人类的工业发展历史上还没有其他的材料有过这样奇迹般的经历。塑料的发现和利用已经被作为20世纪影响人类的重要发明而载入史册。纯粹的树脂或无色透明或呈现自然的白色，仅仅把它简单制成产品并不具备能够引人注意、惹人喜爱的特性。因此，赋予塑料制品缤纷的色彩，成为塑料加工从业者不可推卸的神圣使命。

1.1　塑料

1.1.1　塑料的特性

　　塑料作为一种新型材料为什么在短短100年里发展如此之快？主要是因为它具有如下优点。

　　(1) 塑料制品可以大规模生产　由于塑料制造原料以石油为主，可以超大规模生产，所以生产成本较低。塑料原料本身虽然不那么便宜，但利用塑料可塑性，可大大降低塑料制品的生产成本。

　　塑料的可塑性就是可以通过加热的方法使固体的塑料变软后放在模具中，让它冷却后又重新凝固成一定形状的固体。塑料可塑性能使相当复杂的几何形状制品都变得比较容易制作，而其加工效率远胜过金属加工。塑料发展近100年中发明创新了不少塑料成型工艺，特别是注塑成型工艺，一道工序即可制造出复杂的制品。伴随塑料工业发展，由于塑料易于着色，设备费用比较低廉，加工性能优良，能耗小，产品成本降低，从而使塑料制品代替了木材、钢材、棉花、纸张等一系列传统材料，加速了塑料工业的发展。

　　(2) 塑料的相对密度轻而且具有较高的强度　塑料的密度在$1g/cm^3$左右，只有铝的1/5，钢铁的1/10左右。许多聚烯烃塑料如聚乙烯、聚丙烯的密度都小于$1g/cm^3$，能浮于水上。如果将它们做成泡沫塑料，其密度仅为$0.1g/cm^3$左右。少数聚合物的密度较大，如聚氯乙烯(PVC)为$1.4g/cm^3$，聚四氟乙烯为$2.2g/cm^3$，但还是比金属和陶瓷轻。

　　塑料虽密度小，但是比强度高。尼龙的密度是钢铁的1/10，但尼龙的断裂强度只比钢丝小一半。塑料虽然没有金属那样坚硬，但与金属、陶瓷制品相比，质量轻、力学性能好，还具有比较高的机械强度及耐磨性，故可以制作轻质高强度制品。目前塑料部件大量用于汽车零部件，占车用材料体积的50%左右，使轿车的重量减轻了1/3。汽车重量减轻，每升汽油就能多跑路程，节油降耗。

　　(3) 塑料具有耐腐蚀性　耐腐蚀是环境保护要解决的一个重要课题。我国每年因腐蚀造成的直接经济损失至少有 200 亿元。大部分塑料的抗腐蚀能力强，不与酸、碱反应，常常被用作化工厂的输液管道。合成纤维制备的工业滤布可用于化工生产等。另外，塑料容器可用来存放和运输高腐蚀性液体。

塑料既不像金属那样在潮湿的空气中会生锈，也不像木材那样在潮湿的环境中会腐烂或被微生物侵蚀，所以塑料可大量用作建筑物的门窗等。

(4) 塑料具有良好的绝缘性和绝热性　塑料的分子链是原子以共价键结合起来的，分子既不能电离，也不能在结构中传递电子，其电阻率可达 $10^{14} \sim 10^{16}\,\Omega$。所以塑料具有优良的绝缘性，可用于电器开关、家用电器的绝缘外壳、电线电缆绝缘护套，还大量应用在电子、电气、雷达、电视、广播、通信、计算机等电子行业和仪器仪表行业中。

塑料比热容大，热导率小，不易传热，故其保温及隔热效果好，因而广泛地应用于保温隔热领域中。采用农用薄膜建造温室大棚，使我国东北地区冬天也能吃到新鲜蔬菜。导弹、火箭、航天飞机等飞行器表面的温度达到 1300℃，其表面的保护涂层就是选用热导率小的高分子材料，如酚醛-环氧树脂和有机硅树脂。

塑料的缺点是耐热性差，温度高就会变形，易于燃烧，所有的塑料在光、氧、热、水及大气环境作用下会老化，塑料的表面硬度都比较低，易受损伤。由于塑料是绝缘体，故带有静电，容易沾染灰尘。

塑料的显著特点也是它最大的缺点：不易腐烂降解，埋在土里几百年也不会发生变化，这对环境极为有害。伴随人们生活节奏的加快，社会生活正向便利化、卫生化发展。为顺应这种需求，一次性泡沫塑料饭盒、塑料袋等开始频繁地进入人们的日常生活。这些使用方便、价格低廉的包装材料的出现给人们的生活带来了诸多便利。但另一方面，这些包装材料在使用后往往被随手丢弃，造成"白色污染"，对生态环境还会造成潜在危害。

1.1.2　塑料的用途

由于塑料具有许多优异特性，所以塑料制品可制得像丝绸一样柔顺，像钢铁一样坚固，像海绵一样轻盈，像玻璃一样透明。今天塑料产品琳琅满目，充斥在我们生活的每一个角落。所以可以毫不夸张地说：我们的生活离不开塑料。塑料的主要用途如表 1-1 所列。

表 1-1　塑料主要用途

结构材料	家电产品，汽车零部件，机械零件
绝缘材料	电缆，绝缘板，电器零件
建筑材料	塑料建材，给排水管，燃气管
包装材料	薄膜袋，包装薄膜，泡沫塑料，塑料容器
日常用品	办公用品，家具，玩具
交通运输	道路交通设施，车辆部件
纺织纤维	衣着纤维，地毯，草坪

1.1.3　塑料的分类和品种

1.1.3.1　塑料的分类

塑料种类很多，到目前为止世界上投入生产的塑料有三百多种。塑料的分类方法较多，分类体系比较复杂，各种分类方法也有所交叉，常规的分类方法主要有以下几种。

(1) 按塑料的理化特性分类　按塑料的理化特性可分成两大类：热塑性塑料和热固性塑料。

① 热塑性塑料　热塑性塑料中树脂的分子结构是线型或支链型结构。它在加热时可塑制成一定形状的塑件，冷却后保持已定型的形状。如再次加热，又可软化熔融，可再次制成一定形状的塑件，如此可反复多次。在上述过程中一般只有物理变化而无化学变化。由于这一过程是可逆的，在塑料加工中产生的边角料及废品可以回收粉碎成颗粒后重新利用。如：聚乙烯、聚丙烯、聚氯乙烯、聚苯乙烯、ABS、聚酰胺、聚甲醛、聚碳酸酯、有机玻璃等都属于热塑性塑料。

② 热固性塑料　热固性塑料在受热之初为线型结构，具有可塑性，可塑制成为一定形状的塑件。当继续加热时，线型高聚物分子主链间形成化学键结合（即交联），分子呈网状结构，分子最终变为体型结构，变得既不熔融，也不溶解，塑件形状固定下来不再变化。在成型过程中，既有物理变化又有化学变化。由于热固性塑料的上述特性，故加工中的边角料和废品不可回收再生利用。如：酚醛塑料、氨基塑料、环氧塑料、有机硅塑料、聚硅氧烷塑料等属于热固性塑料。热塑性和热固性塑料结构见图1-1。

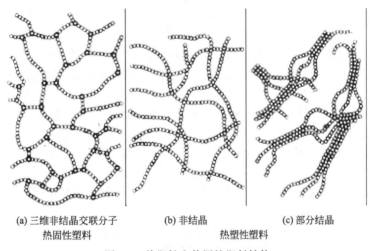

(a) 三维非结晶交联分子　　(b) 非结晶　　　(c) 部分结晶
　　　　热固性塑料　　　　　　热塑性塑料

图 1-1　热塑性和热固性塑料结构

（2）按塑料用途分类

① 通用塑料　一般指产量大、用途广、成型性好、价格低的塑料。其产量约占世界塑料总产量的75%以上。构成了塑料工业的主体。通用塑料包括聚乙烯（PE）、聚丙烯（PP）、聚苯乙烯（PS）、丙烯腈-丁二烯-苯乙烯（ABS）、聚氯乙烯（PVC）、聚甲基丙烯酸甲酯（PMMA）、环氧树脂（EP）、酚醛树脂（PF）、聚氨酯（PU）、不饱和聚酯。

② 工程塑料　一般指能承受一定的外力作用，并有良好的力学性能和尺寸稳定性，在高、低温下仍能保持其优良性能，可以作为工程结构件的塑料。工程塑料包括聚酰胺（PA）、聚对苯二甲酸丁二醇酯（PBT）和聚对苯二甲酸乙二醇酯（PET）、聚碳酸酯（PC）、聚甲醛（POM）、聚苯醚（PPO）。工程塑料的产量相对较少，价格较贵。

③ 特种塑料　一般指具有特种功能（如耐热、自润滑等），应用于特殊要求的塑料。如聚苯硫醚（PPS）、聚砜（PSU）、聚醚砜（PES）、聚四氟乙烯（PTFE）、聚醚醚酮（PEEK）。

特种塑料和工程塑料的耐磨性、耐腐蚀性、耐热性、自润滑性及尺寸稳定性等均比通用塑料优良，它们具有某些金属特性，因而在机械制造、轻工、电子、日用、宇航、导弹、原子能等工程技术部门得到广泛应用，越来越多地代替金属制作某些机械零件。

（3）按塑料成型方法分类　按照加工成型方法不同可分为挤出塑料、注塑塑料、中空塑料、模压塑料、压延塑料等。

（4）按塑料制品分类　按照制品不同可分为薄膜塑料，管道塑料，电线塑料，电缆塑料，建材塑料，泡沫塑料等。

1.1.3.2 塑料的主要品种

（1）热塑性塑料　热塑性塑料中树脂的分子结构一般都是由一种或两种及以上的"基本单元"按照一定的排列方式，通过化学键重复连接而成，犹如珍珠串链一样，呈线型或支链型结构，常称为线型聚合物。例如聚乙烯分子里的基本单元为 C_2H_4，每个聚乙烯分子里含有 n 个连接起来的基本单元：

$$-(C_2H_4-C_2H_4-C_2H_4-C_2H_4)_n-$$

热塑性塑料主要品种和性能如下。

① 聚氯乙烯　聚氯乙烯（polyvinyl chloride，简称 PVC），分子式：$-(CH_2CHCl)_n-$。PVC 是氯乙烯单体经聚合而成的热塑性树脂，是主要通用塑料品种之一，在世界五大塑料中的生产能力仅次于聚乙烯，居第二位，约占合成树脂总量的 16%。

PVC 树脂为白色或浅黄色粉末，由于 PVC 分子链上带有负电性很强的氯原子，使分子之间产生很大的引力，阻碍了分子之间的相对滑动，因此 PVC 相当刚硬，并且具有良好的耐化学腐蚀性，但质脆而硬，缺少弹性。由于 PVC 的含氯量大于 55%，因而具有阻燃性和自熄性。PVC 分子链的极性使树脂的加工温度较高，通常根据制品要求加入不同量的增塑剂减小分子间的引力和增加制品柔韧性。PVC 在热、氧和光的作用下会脱落 HCl 而变色，材料性能降低，因此，在其加工过程中需加入热、光稳定剂。PVC 的缺点是单体有毒性，增塑剂有毒性，燃烧分解时放出令人窒息的 HCl，难降解，污染环境。

PVC 硬质塑料可制作容器（不耐压）、管材、板材，电线电缆等。加入大量 $CaCO_3$ 做成钙塑料，可提高塑料的硬度，替代钢铁或木材制作塑料门窗、地板、天花板和电线套管等。

PVC 软质塑料（增塑聚氯乙烯）可制作饮料、药品和化妆品的外包装、薄膜产品，常用来制造玩具、凉鞋和人造革等。

② 聚烯烃（polyolefin，简称 PO）　聚烯烃是分子中只含碳、氢元素的聚合物。最常用的是聚乙烯和聚丙烯，是生产量和使用量最大的塑料。

a. 聚乙烯（polyethylene，简称 PE）　分子式：$(C_2H_4)_n$。PE 是由乙烯的均聚物和乙烯与 α-烯烃的共聚物组成，是分子中仅有 C—C 和 C—H 键的非极性高聚物。聚乙烯为无臭、无味和无毒的蜡状结晶型热塑性树脂，具有优良的耐低温性（$-140 \sim -70$℃），化学性能稳定，耐大多数酸、碱和盐。在常温下它不溶于一般溶剂，吸水性小，电绝缘性能优良，力学性能中等。但是其耐热性、耐老化性和耐环境应力开裂性能较差。聚乙烯占塑料总产量的 30% 以上，为最大的通用塑料产品之一。

目前，人们采用密度来区别各类聚乙烯。各类聚乙烯的分子结构见图 1-2。低密度聚乙烯的长支链长度甚至超过主链，分子呈树枝状，规整性差，结晶度小而密度低。高密度聚乙烯无长支链，分子呈直线状，结晶度大而密度高。线型低密度聚乙烯的分子状态介于两者之间，因而密度也介于两者之间。

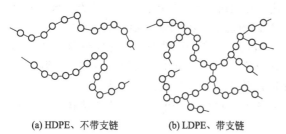

(a) HDPE、不带支链　　(b) LDPE、带支链

图 1-2　聚乙烯分子结构

低密度聚乙烯（简称 LDPE）是乙烯的均聚物，又因其于高压下聚合，故又称高压聚乙烯，是常用塑料中略重于聚丙烯（$0.903 \sim 0.904 g/cm^3$）的塑料。LDPE 除具有一般 PE 的性能外，其熔点低、热封性优良，并且透明度、柔软性、黏结性和电性能（高频绝缘性）优于 HDPE，尤其是 LDPE 的加工性佳，这就是其广为应用和不可替代

的原因。但其力学性能、耐热和耐老化性稍差。

LDPE 的主要用途如下：因 LDPE 透明度、光泽度高和柔软而适于要求高的包装膜，如纺织品、服装和食品的包装，也因其透明性优良，用于提高农作物产量的各类农用膜；因 LDPE 熔点低，黏结性、热封性和成膜性优良，可作为挤出涂层或复合膜的粘层，大量用于包装领域；因 LDPE 聚合不含催化剂残存金属组分，绝缘性高，经交联后又耐高温，可作高达 340kV 的电力电缆绝缘材料；因 LDPE 流动性佳，可用于注塑形状复杂的各类日用品（瓶盖子、塑料花、密封容器、厨房用品）、玩具和文具等。

高密度聚乙烯（简称 HDPE）是分子量为（4~30）万的乙烯均聚物和乙烯与少量（<2%）α-烯烃的共聚物。因其于常压与低压下聚合，故又称低压聚乙烯。HDPE 为无味、无臭和无毒的白色粉末或乳白色蜡状颗粒。低温不易脆裂（-140~-100℃），并且耐油性、耐溶剂性、耐水蒸气阻隔性均较理想。但是其透明度、电绝缘性、加工性、热封性及黏结强度不如 LDPE。与一般通用塑料相比，韧性、耐低温性和耐老化性优于聚丙烯，加工性和使用温度较聚氯乙烯佳。

HDPE 的主要用途如下：中空吹塑容器，化妆品、油品包装容器；燃气管，压力输水管，油、矿用液体输送的管材；注塑的周转箱、托盘等；用作防渗、防污染的土工膜。

线型低密度聚乙烯（简称 LLDPE）是乙烯与 5%~20% α-烯烃的共聚物，人们称其为继 LDPE、HDPE 的"第三代聚乙烯"。视结构与密度，LLDPE 的性能在 LDPE 和 HDPE 之间，但因其分子量分布窄，且中、高分子量比例大，且分子折叠及缠绕程度大，分子间作用力大，剪切敏感也小，在物理机械性能及加工性能上有其独特之处。因此成型加工时熔体黏度大（较 LDPE 高 100%~150%）、挤出功率和能耗大（较 LDPE 高 20%~120%）、背压也大，因此产量小。而且 LLDPE 临界剪切速率远比 LDPE 小，因此易出现鲨鱼皮等熔体破裂现象，可加入氟弹性体等外润滑剂，如上海鲁聚聚合物技术有限公司的 PPA 2300 来改善它的加工性能。很多情况下与 LDPE 以 7∶3 或 6∶4 共混，可以提高其力学性能及产量。

当其拉伸时不像 LDPE 易产生应变硬化现象，在注塑中，LLDPE 熔体应力松弛时间短，制品内部残余应力小，形变较小，收缩小，翘曲变形也就减少。

LLDPE 是聚乙烯树脂中发展最为迅速的树脂。其用途主要如下：LLDPE 因力学性能优异，故可生产超薄薄膜，主要用于无需透明的薄膜，如冰袋、冷冻食品包装膜和垃圾袋等；采用分子量分布窄、熔体流动速率大的 LLDPE，制得冲击强度大的薄壁制品以及低温性能优良、耐环境应力和收缩性能均佳的旋转成型制品；韧性佳、使用温度范围广以及耐环境应力开裂性能优异的 LLDPE，占领了通讯电缆护套及绝缘料的市场。

b. 聚丙烯（简称 PP）　分子式：$(C_3H_6)_n$。PP 是丙烯单体在一定的温度、压力下的聚合物。密度仅 0.9~0.91g/cm³，是通用塑料中相对密度最小的品种，无毒、无味、耐热性好，能在 110℃ 左右长期使用。

目前通常使用的 PP 是等规共聚物，即所有的甲基都在主链的同一侧，因而具有高度结晶性。无规聚丙烯为无定形聚合物，其单独使用价值不大，但可作为填充母粒的载体及增韧改性剂。

PP 可以用挤出、注塑和吹塑等加工方法制成薄膜、纤维、中空容器和注塑制品，聚丙烯的用途见表 1-2。由于分子链中含叔碳原子，其上的氢易受氧的攻击，为此耐老化性差。

③ 苯乙烯系树脂　苯乙烯系树脂是由苯乙烯均聚或与其他单体共聚而成的热塑性树脂。苯乙烯产品从高透明 SAN 产品到高遮盖 ABS，目前苯乙烯树脂产量仅次于聚乙烯、聚氯乙烯和聚丙烯，位居第四。

表 1-2　聚丙烯的成型工艺和产品用途

成型方法	成型制品	熔体流动速率/ (g/10 min)
挤出	管、板、片、棒 牵伸带 单丝、扁丝 吹塑薄膜	0.15～0.4 1～5 3～6 8～12
注塑	注塑制件	1～26
吹塑	中空容器	0.4～1.5
双轴拉伸	薄膜	1～2
纺丝	纤维	10～20

a. 聚苯乙烯（简称 PS）　分子式：$(C_8H_8)_n$。PS 又称通用型聚苯乙烯（GPPS），是由苯乙烯单体聚合而成的线型聚合物，由于其高度透明性常被称为晶状聚苯乙烯，又因分子中苯环的空间位阻，故为无规聚合物。PS 的相对密度 1.04～1.09，尺寸稳定性优良，收缩率低，吸湿性低，为此在潮湿环境下保持尺寸稳定和强度，不致菌类生长。PS 的透明度达88%～92%，折射率为 1.59～1.60，热变形温度约为 70～98℃，热导率不随温度而变化，是良好的冷冻绝缘材料。当高于 300℃时 PS 将分解。PS 具有良好的介电性能和绝缘性。由于其表面电阻和体积电阻大，且不吸水，因此易产生静电。

PS 被广泛应用于光学工业中，这是因为它有良好的透光性，可制造光学玻璃和光学仪器，也可制作透明或颜色鲜艳的，诸如灯罩、照明器具等。PS 还可制作诸多在高频环境中工作的电器元件和仪表等。

为了改善 PS 的脆性，人们把聚苯乙烯接枝于橡胶（顺丁橡胶或丁苯橡胶）上而使它兼有刚性和韧性，称为高抗冲聚苯乙烯（简写 HIPS）。HIPS 冲击强度可比 ABS 高 3～4 倍。近年其发展迅速，已占 PS 产量中的 60%，不少国家的 HIPS 产量已超过 PS 和 ABS。

HIPS 很易进行挤出和注塑，也可进行二次加工。HIPS 可生产包装容器如薄杯、挤塑乳品容器等。它也可用作家庭用品，文教用品，家用电器中收音机、电视机等的外壳，洗衣机部件，冷冻机、冷藏车中的用品。

b. 丙烯腈-丁二烯-苯乙烯共聚物（简称 ABS）　分子式：$(C_8H_8 \cdot C_4H_6 \cdot C_3H_3N)_n$。ABS 树脂是丙烯腈、丁二烯和苯乙烯三种单体的共聚物，表现出良好的协同性。丙烯腈赋予其耐化学腐蚀性、表面硬度和热稳定性；丁二烯赋予韧性；苯乙烯赋予刚性和可加工性。由此，不同比例的三种组分可制得性能不同的 ABS。目前生产的 ABS 树脂中单体含量：丙烯腈 20%～30%，丁二烯 6%～30%，苯乙烯 45%～75%。

ABS 是无定形高分子材料，外观呈浅象牙色，不透明、无毒、无味，相对密度约为1.05。它具有良好的综合性能，是坚韧、质硬、刚性好的工程塑料。ABS 的熔融温度为217～237℃，热分解温度大于 250℃。而且其冲击强度随温度下降变化很小，可长期于−40～100℃下使用。由于其内含有丁二烯的双键，耐候性较差，易老化、变色甚至龟裂，从而降低其力学性能。ABS 吸湿大，在一般情况下，经过干燥表面方可达到亮丽的光泽。ABS 熔融黏度适中，与 HDPE 相仿，具有优良的加工性。

ABS 主要用途：家电和汽车工业，如电视机、电话及仪器仪表的外壳，冰箱的内胆；汽车零部件、泵的叶轮等。ABS 经表面金属化处理过以后，可制作金属代用品和装饰件等。

c. 聚甲基丙烯酸甲酯（简称 PMMA）　分子式：$\text{+CH}_2\text{C}(CH_3)(COOCH_3)\text{+}_n$。PMMA 是无定形塑性材料，俗称亚克力或有机玻璃。PMMA 质轻、坚韧而透明，光泽好，可见光、紫外光的透光率分别高达 92%，75%。而玻璃仅为 85% 和 10%。PMMA 具有较好的介电性能，耐候性优、尺寸稳定性好、化学性能稳定，机械强度为普通硅玻璃的 10 倍以上。

PMMA 主要用途：仪器零件，飞机和汽车的窗玻璃、光学镜片、透明模型、车灯灯罩、信号灯设备、仪表盘，储血容器，影碟、灯光散射器，饮料杯，文具等。

④ 聚酰胺、聚碳酸酯、聚对苯二甲酸乙二醇酯、聚甲醛（POM）。这类塑料可以作为结构性材料，也被称为工程塑料。工程塑料是在较宽的温度范围内承受机械应力，在较为苛刻的化学物理环境中使用的高性能材料。具有良好的力学性能和尺寸稳定性，在高、低温下仍能保持其优良性能，已成为当今世界塑料工业发展中增长速度最快的材料。

a. 聚酰胺（简称 PA，俗称尼龙）　分子式（$C_6H_{16}N_2$）$_n$。PA 是主链上含有重复酰胺基团的聚合物，它是由二元酸和二元胺缩聚或内酰胺分子自聚而得。聚酰胺的品种甚多，主要有尼龙 6、尼龙 66、尼龙 610、尼龙 1010 等，聚合物分子中碳原子越多，就越柔软。尼龙 66 丝可做板刷、鞋刷，尼龙 1010 丝做牙刷。尼龙 6 和尼龙 66 因价格、性能和加工性佳而广为使用。

尼龙的主要特性是力学性能优异，易于着色且无毒。尼龙是难燃材料，具有自熄性。由于尼龙的综合性能优良，成为最早的工程塑料，其产量占工程塑料总产量的 1/3。

尼龙可用多种方法加工，如注塑、挤出、浇注和旋转成型等。

作为工程塑料，尼龙主要用于制作耐磨和受力的传动部件，已广泛用于机械、交通、仪器仪表、电气、电子、通信、化工、医疗器械和日用品中。它的具体应用，如齿轮、滑轮、涡轮、轴承、泵叶轮、风扇叶片、密封圈、贮油容器等。

b. 聚对苯二甲酸乙二醇酯（简称 PET，俗称涤纶）　分子式：$\text{-}(CH_2)_2OOCC_6H_4COO\text{-}_n$。涤纶是合成纤维的一个重要品种，它是以精对苯二甲酸（PTA）或对苯二甲酸二甲酯（DMT）和乙二醇（EG）为原料经酯化或酯交换和缩聚反应而制得的成纤高聚物——PET，经纺丝和后处理制成的纤维。涤纶的用途很广，大量用于制造衣着和工业制品。涤纶具有极优良的定型性能，涤纶纱线或织物经过定型后具有平挺、蓬松的形态，在使用中经多次洗涤，仍能经久不变。

PET 具有很好的光学性能和耐候性，非晶态的 PET 具有良好的光学透明性。另外 PET 具有优良的耐磨性、尺寸稳定性及电绝缘性。PET 做成的瓶具有强度大、透明性好、无毒、防渗透、质量轻、生产效率高等特点，大量用于碳酸饮料瓶和食用油瓶，PET 还可用于汽车工业（结构器件如反光镜盒，电气部件如车头灯、反光镜等）、电器元件（发动机壳体、继电器、开关、微波炉内部器件等）、工业应用（泵壳体、手工器械等）等领域。

c. 聚对苯二甲酸丁二醇酯（简称 PBT）　分子式 $\text{-}(CH_2)_4OOCC_6H_4COO\text{-}_n$。PBT 与 PET 分子链结构相似，大部分性质也是一样的，只是分子主链由两个亚甲基变成了四个，所以分子更加柔顺，加工性能更加优良。PBT 是最坚韧的工程塑料之一，它是半结晶材料，有非常好的化学稳定性、机械强度、电绝缘特性。PBT 典型应用范围：家用器具（食品加工刀片、真空吸尘器元件、电风扇、头发干燥机壳体、咖啡器皿等），电器元件（开关、电机壳、保险丝盒、计算机键盘按键等），汽车工业（散热器格窗、车身嵌板、车轮盖、门窗部件等）。

d. 聚碳酸酯（简称 PC）　分子式 $\text{-}(C_{15}H_{16}O_2 \cdot CH_2O_3)\text{-}_n$。PC 冲击强度高，尺寸稳定性好，无色透明，着色性好，电绝缘性、耐腐蚀性、耐磨性好，但自润滑性差，有应力开裂倾向，高温易水解，与其他树脂相容性差。聚碳酸酯为无定形料，热稳定性好，成型温度范围宽，流动性差、吸湿小，但对水敏感，须经干燥处理。成型收缩率小，易发生熔融开裂和应力集中。

PC 的主要应用：婴儿奶瓶、饮水杯（又称太空杯）和纯净水的水桶，可反复消毒，透光性比 PMMA 好，还适于制作仪表小零件、绝缘透明件和耐冲击零件。

e. 聚甲醛（简称 POM） 分子式：$-(CH_2O)_n-$。聚甲醛综合性能较好，具有很低的摩擦系数和很好的几何稳定性，强度、刚度高，吸湿小，但热稳定性差，易燃烧，在大气中暴晒易老化。适于制作减摩、耐磨、传动零件以及化工仪表零件。由于它还具有耐高温特性，因此用于管道器件（阀门、泵壳体）。

（2）热固性塑料 热固性塑料的耐热性能比热塑性塑料好。常用的酚醛树脂、氨基树脂、不饱和聚酯树脂等均属于热固性塑料。热固性塑料常用于压缩成型工艺，温度在 $150\sim190℃$。也可以采用注射成型工艺。

① 酚醛树脂（简称 PF） 分子式 $(C_{12}H_{10}O \cdot C_{10}H_{14}O \cdot CH_2O)_n$。PF 俗称电木粉，是世界上最早实现工业化的合成塑料。机械强度高，坚韧耐磨，尺寸稳定，耐腐蚀，电绝缘性能优异，适于制作电器、仪表的绝缘结构件。

② 氨基树脂（简称 MF，UF） 分子式 $(C_3H_6N_6 \cdot CH_2O)_n$。氨基树脂是指含有氨基或酰氨基的化合物与甲醛反应而生成的热固性树脂。目前，工业上应用较多的氨基树脂有：脲醛树脂（尿素-甲醛树脂）、蜜胺树脂（三聚氰胺-甲醛树脂）。氨基树脂无毒、无臭、坚硬、耐刮伤、无色、半透明，可制成各种色彩鲜艳的塑料制品，还广泛应用于航空、电器等领域。

③ 聚氨酯（简称 PU） 分子式 $C_3H_8N_2O$。聚氨酯是聚氨基甲酸酯的简称，是主链上含有重复氨基甲酸酯基团的大分子化合物的统称。它是由有机二异氰酸酯或多异氰酸酯与二羟基或多羟基化合物加聚而成的。聚氨酯是一种新兴的有机高分子材料，被誉为"第五大塑料"。

由于聚氨酯含有强极性氨基甲酸酯基团，调节配方中 NCO/OH 的比例，可以制得热固性聚氨酯和热塑性聚氨酯的不同产物。按其分子结构可分为线型和体型两种。体型结构中由于交联密度不同，可呈现硬质、软质或介于两者之间的性能，具有高强度、高耐磨和耐溶剂等特点。

根据所用原料的不同，可有不同性质的产品，一般为聚酯型和聚醚型两类。可用于制造塑料、橡胶、纤维、硬质和软质泡沫塑料、胶黏剂和涂料等。聚氨酯材料可用在国民生活的各个领域，应用范围非常广。

硬质聚氨酯泡沫主要用于建筑隔热材料、保温材料（管道设施等的保温隔热）、生活用品（床、沙发等的垫材，冰箱、空调等的隔热层和冲浪板等的芯材），以及运输工具（汽车、飞机、铁路车辆的坐垫、顶棚等材料）。

聚氨酯弹性体具有很好的拉伸强度、撕裂强度、耐冲击性、耐磨性、耐候性、耐水解性、耐油性等。主要用于涂覆材料（如软管、垫圈、轮带、辊筒、齿轮、管道等的保护）、绝缘体、鞋底以及实心轮胎等。

1.1.4 改性塑料

为了改进塑料的性能，通常要在树脂中添加各种辅助材料，如填料、增塑剂、润滑剂、稳定剂、改性剂、着色剂等，才能制成性能良好的塑料产品。所谓改性塑料就是指通过物理的、化学的或者物理、化学相结合的方法使塑料材料的性能发生人们预期的变化或者赋予材料新的功能而得到全新的材料。改性过程有的是在塑料聚合时进行，而更多的情况下是在塑料制品加工过程中进行，实现塑料改性的手段有填充、共混和增强等。

目前改性塑料已大量用于汽车、家电、农业、建筑、电子电气、轻工以及军工等行业。未来 $5\sim10$ 年内，在上述行业快速增长的拉动下，国内改性塑料的需求增速仍将保持在 $10\%\sim20\%$。

1.2 塑料着色

1.2.1 塑料着色的意义

着色是塑料工业中不可缺少的一个组成部分。塑料着色的第一功能就是美化产品，着色的目的和效果见表 1-3。

表 1-3 塑料着色的目的和效果

着色的目的和效果	实例
提高商品价值	家用电器，汽车内外装饰品，玩具，化妆品用瓶子，仿皮革制品
区别颜色	电线包覆，各种包装材料
商品的隐蔽防护作用	各种包装薄膜，钢板包覆，内装食品、药品防止变质
改善塑料耐光性和耐候性	电缆护套，压力输水管
改变介电性能	用炭黑着色，提高导电性
其他	反红外节能环保，促进植物生长

（1）提高商品价值　众所周知，只有当商品漂亮的外观引起了人们购买欲后，人们才会认真地了解其内在品质。色彩作为商品最重要的外部特征，决定着产品在消费者脑海中的去留命运，而它为产品所创造的低成本高附加值的竞争力更为惊人。

在产品同质化趋势日益加剧的今天，在个性化需求营销作为主导市场的今天，消费者追求的不仅仅是商品的功能，而是某产品能否体现出其所有者的个性，即消费者更注重的是某商品色彩能给消费者带来个性化、时尚化的需求满足，色彩艳丽给人以美的艺术享受。塑料商品和谐协调的色彩更需要依赖着色技术予以实施。

（2）显示识别与标记作用　产品着色后取得标识效果，具有实用价值。市话通信电缆用符合孟塞尔色标十色谱进行着色标识，给配线及检修带来极大方便。高速公路醒目反光标志，交通警服晚间采用醒目荧光黄色，环卫工人采用醒目橙色，都作为安全标志。

"标志能表现企业的风格。"同样，标志选用色彩也要表现企业标志的风格。耐克是致力于运动用品领域的国际品牌，耐克选用红色作为企业标志色，红色代表热情、活力、运动，和自身企业文化内涵产品风格不谋而合，二者相互融合、渗透，使得耐克在运动用品品牌竞争中魅力四射。

（3）商品的隐蔽防护作用　各种食品、医药、化妆品及洗涤剂包装容器除了起防护作用外，还起到防止包装物变质作用。各种包装用着色塑料膜、户外容器、车辆内/外装饰品、窗体等起到隐蔽防护作用。

（4）改善塑料耐光性和耐候性　利用炭黑改善聚烯烃塑料的耐光性和耐候性，可以起到非常突出的效果。炭黑是人们早就熟知的高效价廉的光屏蔽剂。大量科学研究数据证明：具有一定粒径（27nm 以下）的炭黑在聚合物中添加量 2.6%，并均匀分散在聚合物中，则聚合物寿命可达 50 年之上。据文献报道，100 份低密度聚乙烯中，加入 1.5 份炭黑，在户外暴晒一年半以后，薄膜的断裂伸长率仍高达 190%，用于对比试验的纯低密度聚乙烯薄膜，在上述同等条件下进行试验，则基本失去伸长率。

（5）改变材料性质　增加导电性，加入导电炭黑可赋予塑料导电性，这在电力电缆中内屏和外屏已被大量应用。加入导电炭黑制成复合纤维用在服装上具有抗静电作用，现大量用于计算机、电子元件生产厂的劳动防护服装。

（6）赋予塑料某些特殊功能

① 促进农作物生长　有色薄膜会选择性透过光线。彩色农用地膜可选择性透过光线、

增加地表温度、促进植物生长，对除草、避虫、育秧等起到良好效果。

② 节能环保　各种车辆和建筑物，受到阳光照射，吸收光线转为热能，引起塑料表面温升，造成塑料老化，但采用金属氧化物无机颜料着色的塑料产品具有优良的红外线反射性能，不仅不消耗能量而且有效降低物体表面温度，从源头阻止热量向内部传递，达到节能降温目的，所以大量用于建筑材料上。

③ 军事用途　部分品种金属氧化混相颜料同时具有仿叶绿素功能，可用于部队服装和武器的遮蔽物，在国防军事领域具有非常重要的意义。

1.2.2　塑料着色剂

能改变物体的颜色，或者能将本来无色的物体着上颜色的物质，统称为着色剂。着色剂通过有选择性地将有色光波中某些光吸收和反射，而产生出颜色。按照传统习惯，着色剂可分为染料和颜料两大类。

染料是可溶于大多数溶剂和被染色介质的有机化合物。它们的特点是透明性好、着色力强、相对密度小。颜料与染料不同，颜料是不溶于水、油、树脂等介质的有色物质，通常以分散状态存在于塑料中，从而使这些制品呈现出不同的颜色。与染料相反，颜料与它所要着色的材料可以没有任何亲和力，所以为获得理想的着色性能，需要用机械的方法将颜料均匀地分散于塑料之中。

虽然染料和颜料之间有明显的差别，但要给它们下一个精确的定义却是不可能的。着色剂中颜料的分类不总是完全清晰的。有少数有机颜料可以溶于某些聚合物，如颜料红254（DPP红）在大部分聚合物中不溶；它的行为像颜料并且能提供明亮的红色，然而在聚碳酸酯中当温度高于330℃（626°F）时它发生溶解并且提供荧光黄色，在聚碳酸酯中颜料红254的行为就像染料。颜料与染料虽是不同的概念，但在特定的情况下，它们又可以通用。例如某些蒽醌类还原染料，它们都是不溶性的染料，但经过颜料化后也可用作颜料。如还原蓝4颜料化就是颜料蓝60。

染料在结构上都是有机物，而颜料却可能是有机物，也可能是无机物。这两类颜料的性质彼此差别很大，无机颜料是金属氧化物和金属盐，同一类的无机颜料有许多共同点。无机颜料不溶于普通溶剂，耐热性比有机颜料好。从另一方面来说，有机颜料的着色力一般比无机颜料高。

综上所述，塑料着色剂是指无机颜料、有机颜料和溶剂染料，在塑料着色中的特性比较见表1-4。

表1-4　各类着色剂特性比较

特性指标	有机颜料	无机颜料	溶剂染料
色谱范围	广	窄	广
色彩	鲜艳	不鲜艳	鲜艳
着色力	高	低	极高
耐光、耐候	中—高	高	差
耐迁移	中—好	好	差
分散性能	中—差	中—好	无需分散
耐热性	中—高	高	中—高

从表1-4可以看出，有机颜料色泽鲜艳，有其他颜料不能替代的优越性，无机颜料色谱不广、着色力比较低，而且因重金属受到环保限制。溶剂染料受迁移影响不能用在聚烯烃塑料上，只能局限应用于非晶态聚合物（如PS、ABS等工程塑料）。

随着塑料制品多样化发展和加工技术的进步，从单纯追求美观，发展到对色彩、应用性能、使用性能及安全性等提出更高的要求，着色剂扮演了一个重要的功能性角色。塑料着色剂除了赋予塑料各种颜色外，还能经受塑料加工成型中的各项工艺条件，以及使塑料制品具有优良的应用性能。所以一个优良的着色剂对于塑料着色的应用价值不仅仅是提供颜色，除此以外还需提供良好的加工以及使用性能。着色剂只有在客户生产及终端产品增值的过程中发挥重要的作用，才会受到客户的喜爱，见图1-3。

图1-3　着色剂在塑料着色中的价值

本书将分别用三章详细地介绍无机颜料，有机颜料，溶剂染料在塑料应用上的各类性能。本书所有的着色剂都列于通用的染料索引中，而这些染料索引并未标明着色剂在塑料中的化学性能和应用性能。正是这一原因，作者基于已公开发表的数据，对每一种着色剂的性能进行了详细描述。对于配色者来说，了解着色剂的化学性质是非常重要的，这样就能够对着色剂的重要性质做出直接评价，但了解着色剂加工性能和应用性能更重要，只有这样，配色师才能根据塑料制品的成型工艺和产品用途来自由选用着色剂，以适应变化多端的市场需求。

1.2.3　塑料着色剂的种类和特性

塑料着色以降低成本为目标，根据塑料品种、成型方法和应用要求不同，选用的着色剂剂型也不一样，其代表性的剂型如下。

(1) 颜料干粉　颜料干粉是商品的原始状态，因为粉状比表面积大，所以使用时飞扬而污染生产场所，且自动计量性差。颜料干粉是颜料附聚体，用于着色会有分散性问题。其优点是不损害树脂本身的物性而且价格也比较低，所以着色成本低。目前占塑料着色量12%。尽管颜料干粉着色存在污染环境、分散差等缺点，但它简便易行，相对成本较低，容易配制多种颜色，特别适合小批量多种颜色的生产。该法不像色母粒着色法易受到色母粒品种颜色的限制，因而在众多的中小型塑料加工厂中仍然得到广泛应用。采用颜料干粉着色时对着色剂进行计量时，应力求准确，否则会产生色差。建议使用精度较好的电子天平作为着色剂的计量用具，把误差尽量降低到最小。

(2) 砂状色料　是为了改进颜料干粉的缺点——污染性和可以自动计量的一种着色剂，形状为微粉砂状，组成简单。砂状色料通常含有分散剂，颜料浓度通常高至30%~70%，砂状色料分散性良好，自动计量性好，污染小，加工适应性良好，着色成本相对较低。因砂状色料中颜料浓度高，对树脂物性损伤不大。该剂型主要用在PVC、EVA、橡胶等着色上。

(3) 色母粒　色母粒是把超常量的颜料均匀地载附于树脂之中而制得的着色颗粒体。色母粒中有机颜料浓度通常为20%~40%，无机颜料浓度为50%~80%。因为颜料在制造色母粒时已在树脂中均匀分散，所以用于塑料着色分散性优良。它具有如下优点：无尘颗粒、减少污染、环境友好；原料混合方便，精确计量；提高生产效率及制品性能指标；降低更换物料时用料量；延长物料储存的保质期；简化生产工艺流程，易于操作。

色母粒使用比例一般为1:50左右，目前大量用在薄膜、电缆、片材、管材和合成纤维产品中，已成为塑料着色主流方法，占塑料着色量的60%以上。色母粒在各种着色制剂中是比较昂贵的，因为其工艺复杂且花费高。另一缺点是当与聚合物相互混合时有某种程度的不相容性。因此选择着色制剂的载体时，应与要被着色的聚合物为同一类型。

（4）液体着色剂 液体着色剂中染、颜料浓度为20%～60%。此着色剂的另一特征是可以用小型计量注射器，设备投资比以往的自动计量混合机少。该着色方法在PET少量塑料品种上使用，仅占整个塑料着色量2%。液体着色制剂的组成与色母粒的组成相当类似。

液体着色制剂的一个优点是在挤出之前着色物都被良好润湿，这使其有很好的挤出性能，尤其是在浅色或透明色中更为重要。由于着色剂的完全分散、易于计量、无尘和产品成本适宜，使着色强度得到充分发挥，是液体着色制剂更为突出的优点。其产品缺点是对塑料的各种物性的影响比其他着色剂大，换色等方面优劣参半，长期储存稳定性差，液体色料计量泵精度要求高。

对于热固性塑料和弹性体，可选用它们组分中的一种液体组分和液体着色制剂混合着色。

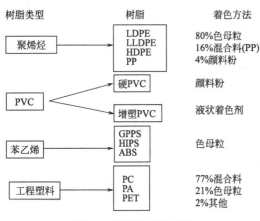

图 1-4 塑料的着色方法

（5）全色改性料 是树脂和着色剂及其他改性助剂混合后以熔融混炼挤出而成的有色颗粒状物，直接在各种成型方法中使用而着色，在热塑性塑料中广泛使用。全色改性料分散性好，质量稳定，所以用于着色质量要求严格的家用电器，汽车零部件。缺点是因使用的树脂全量着色，所以着色成本高。在改性塑料，工程塑料，复合型树脂、高功能树脂等领域是有效的着色方法。

不同塑料选用不同着色方法，见图1-4，不同着色剂剂型的特性和用途见表1-5。

从图1-4可以看出，热塑性塑料的着色大部分用色母粒，但是液状和粉末剂型偶尔也有特殊要求的用户使用。热固性塑料的着色只能使用液体和粉末着色剂型。

表 1-5 不同着色剂剂型的特性和用途

特性	干粉料	砂状色料	液体色料	色母粒	全着色粒料
分散性（料粒子）	△～◎	◎	◎	◎	◎
分配性（色发花）	○	△～○	△～○	△～◎	◎
飞散性	X	◎	◎	◎	◎
污染性	X	X～△	○	○	◎
计量性	△	△	◎	◎	不要计量
成型加工性	△～○	○	○	○	
对物性的影响	○	○	△～○	○	○
储存稳定性	○	△～○	△	○	○
在库费用	○	○	○	○	X
通用性	○	△～○	△～○	△～○	X
着色成本	◎	○	○	X～○	X
稀释比/份	0.5～1	1～5	1～1.5	2～10	—
形状	粉末	砂状	液状	颗粒	颗粒
着色对象	PE PP PS ABS 其他	PVC 不饱和聚酯 聚氨酯 环氧树脂 其他	PET PVC 其他	PE PP PS ABS PVC 其他	PE PP PS ABS PVC 其他
用途	一般成型、管材、薄膜等	薄膜片材、人造革等	一般成型等	电线薄膜、复合薄膜、单丝、复丝	一般成型、工业部件等

注：◎—优异；○—优良；△——般；X—差。

第2章

塑料着色剂性能要求

2.1　塑料着色剂基本要求

在当今激烈的市场竞争中，产品外观成为吸引人们眼球，产生购买欲望的重要因素，因此塑料着色剂应当有良好的色彩性能。为了开拓塑料制品的商业价值，从单纯追求产品美观，发展到对商品的应用性能和安全性等提出了更高的要求，本章将对符合塑料着色的基本要求的技术指标，以及影响指标的诸种因素作一简单概述。

2.1.1　塑料种类对着色剂的基本要求

塑料种类很多，根据塑料受热后的性质不同可分为热塑性塑料和热固性塑料。热塑性塑料成型工艺简单同时具有相当高的机械强度，因此发展很快。热塑性塑料典型品种如聚氯乙烯、聚乙烯、聚丙烯，聚苯乙烯等。热塑性塑料从聚合方式又可分为聚合型（聚合时无副产物产生）和缩合型（聚合时有副产物产生）两大类。热塑性塑料分类和品种如图2-1所示。

热固性塑料的分子结构是体型结构，在受热时发生软化而塑制成一定的形状，但加入少量固化剂后，就硬化定型。热固性塑料耐热性好、不易变形，而且价格比较低廉。热固性塑料主要有酚醛塑料、氨基塑料、环氧树脂等。

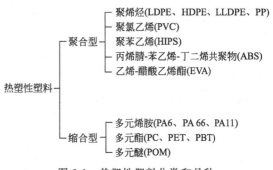

图 2-1　热塑性塑料分类和品种

对于各种不同类型塑料，其加工成型温度在120～350℃，热固性树脂的加工温度比较低（但时间较长），硬质和软质聚氯乙烯与 EVA 需中等加工温度，一般为 170～200℃；低密度和高密度聚乙烯、聚苯乙烯，都是在 200～260℃范围内加工的；聚丙烯、聚酰胺、ABS 树脂、聚碳酸酯等所要求的加工温度为 260℃以上。有些塑料要求的加工温度特别高，如氟碳化合物、聚硅氧烷和新研制的高温塑料。因此着色剂需满足各种树脂的加工温度，不同类型塑料的加工温度列于图2-2。

除此之外，热塑性塑料中的结晶型树脂成型时，对称结构或棒状晶型的有机颜料会充当成核剂而促进结晶化进程，引起塑料制品收缩率增大，生产精密度高的塑料制品时不能保证所有产品的尺寸稳定。但对热固性塑料和非结晶型塑料而言，所有颜料对制品收缩率都无影响。

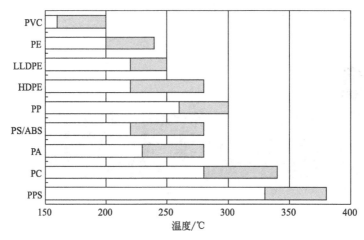

图 2-2　不同类型塑料的加工温度

　　玻璃化温度低于室温的聚烯烃塑料使用某些有机颜料时会发生迁移，而玻璃化温度高于室温的工程塑料即使选用染料也不会发生迁移。

　　各种塑料的成型加工对着色剂的要求见表 2-1。

表 2-1　各种塑料的成型加工对着色剂的要求

塑料名称	缩写	成型温度/℃	对着色剂要求
聚氯乙烯	PVC	150～220	增塑剂引起的迁移性，稳定剂与耐候、耐热性关系
聚偏二氯乙烯	PVDC	170～180	锌，铁等金属对 PVDC 的老化的影响
聚乙烯	PE	120～300	着色剂迁移性，成型收缩，分散性，耐热190～300℃
聚丙烯	PP	170～280	着色剂迁移性，分散性，耐热 170～280℃
乙烯-醋酸乙烯共聚物	EVA	160-200	着色剂迁移性，耐溶剂性，分散性
聚苯乙烯	PS	190～260	透明，耐冲击，耐热 220～280℃
丙烯腈-苯乙烯-丁二烯共聚物	ABS	230～280	耐冲击，耐热 250～300℃
聚酰胺	PA	160～240	耐热 250～300℃，颜料需耐还原性
聚碳酸酯	PC	350～400	水分，pH，金属对热老化的影响，耐热 250～300℃
聚对苯二甲酸乙二醇酯	PET	250～280	水分，耐热 250～280℃
聚氨酯（发泡）	PU	—	由 pH 所引起反应，金属影响反应成分的活性，水分
氨基树脂	UF	150～180	耐热 150～180℃
不饱和聚酯	UP	—	催化剂的过氧化物影响，对硬化的影响，过氧化物对耐候性影响

2.1.2　塑料成型工艺对着色剂的基本要求

　　在塑料工业发展 100 多年历程中，创新发展了很多塑料成型工艺和设备，正由于这些创新使塑料产品自动化、工业化、规模化，大大降低了塑料制品的生产成本，使塑料这一新产品迅速走向社会的每一个角落。

　　塑料成型加工的目的在于根据塑料的原有性能，利用一切可能的条件，使其成为具有应用价值的制品。塑料成型工艺有挤出成型,注塑成型,压延成型,模压成型四大类。塑料成型加工就是使塑料加热后熔融,通过成型模头或模具,按希望的形状成型后冷却到固体状态,成为最终产品。塑料的成型方法很多,不同的成型方法其加工温度相差很大。塑料成型及产品示意图见图 2-3。

对于同一品种塑料如果其加工工艺不一样,加工温度也会相差很大。如同一品种 LDPE 用于软管成型时挤出温度为 120~140℃,吹膜成型工艺时挤出温度为 170~205℃,用于流延膜时挤出温度可高达 285~300℃,用于粉末涂料时浸塑的温度要大于 300℃。所以同一塑料在不同成型工艺时对颜料的耐热性要求也不同。图 2-4 是聚烯烃树脂不同成型工艺的温度。

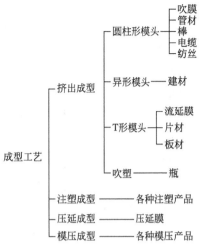

图 2-3 塑料成型及产品示意图

塑料的不同成型工艺,对着色剂的分散性要求也不一样,纺丝、流延膜、通讯电缆加工工艺对颜料的分散性要求比较高,特别是超细旦纤维要求最高。如果颜料分散性差就会堵过滤网,断丝而影响正常生产。模压成型工艺、板材成型工艺对颜料分散的要求相对要低一些。

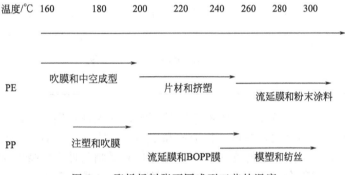

图 2-4 聚烯烃树脂不同成型工艺的温度

2.1.3 塑料制品用途对着色剂的基本要求

塑料是一种用途广泛的高分子材料,在我们的日常生活中塑料制品比比皆是。从起床后使用的洗漱用品、早餐时用的餐具,到工作时用的交通工具、通讯工具、计算机、文具,休息时用的床垫,以及日常生活中离不开的电视机、洗衣机、空调等。塑料集金属的坚硬性、木材的轻便性、玻璃的透明性、陶瓷的耐腐蚀性、橡胶的弹性和韧性于一身,因此更广泛地应用于航空航天、医疗器械、石油化工、机械制造、国防、建筑等各行各业。塑料以它优异的性能逐步地代替了传统的钢材、木材、纸张和棉花,已成为人们生活中不可缺少的助手,见表 2-2。

表 2-2 各种塑料及制品主要用途

塑料名称	英文简称	主要用途
聚氯乙烯	PVC	玩具,棒材、管材、板材,输油管,电线绝缘层,密封件等
低密度聚乙烯	LDPE	包装袋、电缆等
高密度聚乙烯	HDPE	包装、建材、水桶、玩具等
乙烯-醋酸乙烯酯	EVA	鞋底、薄膜、板片、日用品等

塑料名称	英文简称	主要用途
氯化聚乙烯	CPE	建材、管材、电缆绝缘层、包装材料
聚丙烯	PP	无纺布、包装袋、拉丝、日用品、玩具等
氯化聚丙烯	PPC	日用品、电器等
通用聚苯乙烯	PS	灯罩、仪器壳罩、玩具等
高冲击聚苯乙烯	HIPS	日用品、电器零件、玩具等
丙烯腈-丁二烯-苯乙烯	ABS	电器用品外壳、日用品、高级玩具、运动用品
丙烯腈-苯乙烯	AS（SAN）	日用透明器皿、透明家庭电器用品等
丙烯酸-苯乙烯-丙烯腈	ASA	户外家具、汽车外侧视镜壳体
聚甲醛	POM	耐磨性好，可以作机械的齿轮、轴承等
聚碳酸酯	PC	高抗冲的透明件，作高强度及耐冲击的零部件
聚四氟乙烯	PTFE	高频电子仪器、雷达绝缘部件
聚对苯二甲酸乙二醇酯	PET	轴承、链条、齿轮、录音带等
聚酰胺	PA	轴承、齿轮、油管、容器、日用品、汽车、化工、电器装置等
聚甲基丙烯酸甲酯	PMMA	透明装饰材料、灯罩、挡风玻璃、仪器表壳
苯酚-甲醛树脂	PF	无声齿轮、轴承、钢盔、电机、通讯器材配件等
三聚氰胺甲醛树脂	MF	食品、日用品、开关零件等
聚氨酯树脂	PU	鞋底、椅垫、床垫、人造皮革

塑料制品在不同的使用条件下，需有不同的要求，在室外长期使用的塑料制品如人造草坪、广告箱、周转箱、卷帘式百叶窗、异形材和塑料汽车零件需要着色剂有极好的耐候性和耐光性，在这些制品中希望颜色能在至少十年的全日光暴晒条件下保持稳定。如果用于家庭卫生洗涤用品需着色剂符合耐酸、耐碱和耐溶剂性要求，如果用于家用电器，需要着色后不降低产品机械强度，如果用于瓶盖和周转箱着色需要着色剂对产品变形影响小，否则会影响密封性。所有的塑料制品都要求在使用过程中着色剂不会发生迁移。

为了满足产品安全、环保和健康的要求，塑料制品（特别是玩具、化纤纺织材料、电子电器产品、食品容器和食品接触性材料及汽车材料）必须满足世界各国、各地区的法规要求，最为重要是塑料制品中化学物质（着色剂）的控制，着色剂需满足产品安全要求。

2.1.4 塑料着色剂的基本要求

塑料着色是个系统工程，见图2-5。塑料着色应用对象、应用配方、应用工艺、应用场所均对着色剂提出种种要求。

在这个系统中，着色剂如果仅仅赋予塑料各种颜色是远远不够的，需能经受塑料加工成型处理中各项工艺条件，以及在使用条件下有良好的应用性能。综合上述要求，塑料着色剂应具有的基本性能是：色彩性能；耐热性；耐光性和耐候性；分散性；耐迁移性；收缩与翘曲；耐酸、耐碱、耐溶剂性，耐化学药品性；安全性。

众所周知，着色剂的各项性能除了与其化学结构密切相关外，还与其晶型、粒径大小、粒子分布有关，也与使用浓度、使用条件有关，还与塑料类型及塑料添加剂有关，所以塑料着色确实是个系统工程。

本章将对塑料着色剂的每一项要求与其化学结构、物理状态及性能关系作详细介绍。其

应用对象	应用配方	应用工艺	应用场所
热固性塑料 酚醛树脂 不饱和聚酯树脂 聚氨酯 环氧树脂	着色剂 树脂 稳定剂	挤出成型 吹膜 挤管 电缆 纺丝 挤捧 吹塑 淋膜 片材 吸塑	室内 室外 食品接触材料 玩具
热塑性塑料 聚氯乙烯 聚乙烯 聚丙烯 ABS 聚苯乙烯 聚酯 聚碳酸酯 尼龙 聚甲醛	分散剂 加工助剂 填料 **功能助剂** 阻燃剂 抗静电剂 生物降解剂 改性剂 防老剂 抗氧剂	注塑成型 压延成型 模压成型 模塑成型	家电 电线电缆 包装容器 化纤服装 仪表电器

图 2-5　塑料着色系统工程

目的是使读者对着色剂的性能指标有一个全面深刻的认识，并通过这些知识学习和运用，能选用到合格的着色剂品种，经合理的应用，使塑料产品增值。

2.2 色彩性能

着色剂的色彩特性包括相对着色力、饱和度、亮度、透明性（或遮盖力）以及二色性光学现象，塑料配色师往往对着色剂光学性能的重要意义认识不足。正是这些光学性能决定了塑料配色的成败。

2.2.1 着色力

着色力（也称着色强度）是赋予被着色物质颜色深度的一种度量。在塑料上，着色力是指使每千克含 5% TiO_2 聚氯乙烯（PVC）或 1% TiO_2 聚烯烃（PO）塑料，达到颜色的标准深度（SD）时所需要的着色剂克数。

着色剂最大吸收波长决定它的颜色，而在最大吸收波长处的吸收能力决定了它的着色力。

影响着色力的主要因素是化学结构和晶体结构。无机颜料如群青、铬系、镉系、氧化铁等的着色力低，大多数有机颜料和染料的着色力很强。

除了结构外，饱和度增加，着色强度增高；亮度增加，着色强度下降。此外，着色强度还与被着色物质组分、材质及应用条件有关。

着色力是着色剂重要性能，与着色成本密切相关。标准深度值越小，说明着色力越高，反之表示着色力越低。一般用着色剂 1/3 标准深度（1/3 SD）值来判断着色力高低。

着色力与配色有着极其重要的意义。例如需要配成深色调应选择着色力高品种（有机颜料），当需要配成浅色调时应选择着色力低品种（无机颜料）。在配色时某一颜料缺少时，或价格较贵，可选用同色其他颜料代替，但两种颜料着色力不同在代替时配成同样色调所需要量也不同。

2.2.2　饱和度、亮度、遮盖力

颜色三坐标参数（色相、饱和度、亮度）是定位着色剂颜色价值的基准，见图 2-6。当色相按逆时针从黄到红，紫再到蓝，颜色从淡色到深色，饱和度由高到低。

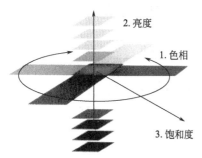

图 2-6　着色剂的颜色坐标和色相图

在饱和度坐标里，位于坐标原点越远的着色剂，因其具备更高的饱和度，总是可以与其他着色剂调色混合或冲黑来覆盖位于离坐标原点近的低饱和度的着色剂，所以一个着色剂饱和度越高，颜色价值越大，应用越广。

对同一化学结构的着色剂，随着色力增加，饱和度增加、亮度降低，而色相变化则因不同着色剂而不同。

着色剂的遮盖力或透明度与着色力密切相关，一般无机颜料遮盖力高，染料因溶解于树脂所以是透明的。大部分塑料着色产品对遮盖力是有要求的，着色制品遮盖力不仅取决于遮盖力，还取决于着色剂的应用浓度、制品的材料和厚度。因此一个高遮盖力的着色剂通常其应用价值也高。

一个着色剂如果有高饱和度、高遮盖力和高着色力，将会具有极高商业价值。

2.2.3　二色性

二色性是透明着色剂用于塑料着色时，本色色调随着色剂浓度或制品厚度而变化的一种性质。二色性是着色剂依其透射曲线形状而变化的固有特性。黄、橙、红和紫着色剂的二色性，一个比一个严重，因为它们的分光透射曲线都是不对称的。与此相反，蓝色和绿色着色剂的分光透射曲线趋向于对称，故其二色性很小或者不存在二色性，见图 2-7。

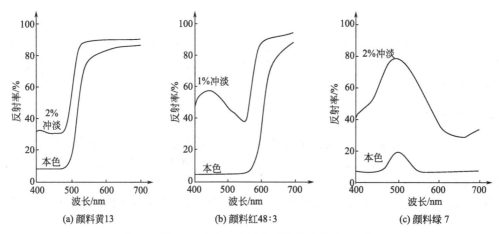

| (a) 颜料黄13 | (b) 颜料红48:3 | (c) 颜料绿 7 |

图 2-7　本色、冲淡色光谱反射曲线

二色性会给配色造成困难。在透明塑料配色中，经常发生二色性现象，当着色剂的浓度变化时，物体的颜色也会发生不同程度的变化，并且会引起色调的改变。在半透明甚至有的不透明塑料配色中，也会出现这种情况。

溶剂染料常用于硬胶透明着色，因溶剂染料可溶于某些溶剂。所以溶剂染料二色性试验可用一个简便方法，先制备一些浓度不等的溶液，然后观察它们的色调变化情况，即可知道染料在塑料中呈现的颜色变化。

2.3 耐热性

耐热性是指在一定加工温度下和一定时间内，不发生明显的色光、着色力和性能的变化。

塑料着色与油墨和涂料着色的最大区别在于绝大多数塑料着色成型中都有一个加热的过程，着色剂在塑料成型中常常受热发生分解，色泽变化，还会影响它的耐光性和迁移性。所以耐热性在塑料着色上是一个非常重要的指标。

在塑料工业发展的初期，200℃以上的加工温度是罕见的。但现在300℃甚至更高的加工温度，也是很平常的。各种塑料的加工温度范围互不相同。实际上要求所有着色剂的耐热性达到300℃是没有意义的。一般无机颜料的耐热性非常好，但有机颜料和染料的耐热性高低不一，能在高温下保持稳定的有机颜料中，应用最多的是酞菁绿、酞菁蓝以及咔唑紫、喹吖啶红、异吲哚啉酮黄和苝红，而经典偶氮颜料耐热性要低得多。因此通过耐热性指标去选择合适的着色剂就显得格外重要。

2.3.1 耐热性指标的定义

目前许多着色剂供应商按欧盟标准 EN BS 12877-2 的方法检测每个颜料在不同品种塑料中的耐热性，以提供客户参考使用。该方法规定：以 200℃为基准，采用注射机注射着色剂某个浓度的标准色板，以后每次间隔升温 20℃，停留时间 5min。经注射后留取色板，当两色板的色差 $\Delta E=$ 3 时的温度作为该着色剂在该浓度下的耐热性。某个着色剂的耐热性测试曲线见图 2-8，它在 260℃时注射色板与 200℃为基准标准色板色差为 3，所以它的耐热性是 260℃。

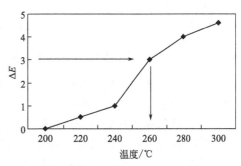

图 2-8　颜料的耐热性测试曲线

2.3.2 耐热性与使用浓度

目前着色剂供应商提供的耐热性指标往往是指 1/3 标准深度，其不等同于该着色剂在所有浓度下的耐热性，众所周知，着色剂的耐热性随用量的减少而降低，但是达到何种程度并没有通用规律。

图 2-9 是不同结构黄色颜料在不同浓度下的耐热性，从图中可以看出一些颜料品种（如黄色金属色淀）的耐热性不随着色浓度下降而降低。表 2-3 是不同黄色品种的化学结构。

表 2-3　不同黄色品种的化学结构

颜料索引号	化学结构
颜料黄 191	偶氮金属色淀
颜料黄 183	偶氮金属色淀
颜料黄 110	异吲哚啉酮
颜料黄 181	苯并咪唑酮
颜料黄 62	偶氮金属色淀

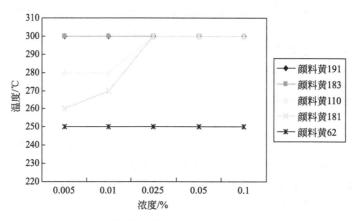

图 2-9 不同颜料品种在不同浓度下的耐热性

着色剂在不同浓度下的耐热性对于塑料配色师的日常工作是非常重要的。不仅在浅色调中要求着色剂的浓度非常低，而且在色光调色时，允许加入着色剂的浓度更低。当着色剂耐热性不随浓度的降低而下降或仅有微小的降低时，才可以投入使用。塑料配色师应在工艺条件范围下找出合适的着色剂，并通过试验来确认，同时也对生产工艺的调节提供一定的依据。配色师能够选择到价格相对低廉且又能够满足生产要求的着色剂，可降低成本，使企业在激烈市场竞争中占得先机。

目前对耐热性进行定量化的研究有两个系列，一个是 1%、0.1%、0.01% 和 0.001%；另一个是 1%、0.1%、0.05%、0.025% 和 0.001%，试验结果均以图表形式提供用户。

2.3.3 耐热性与结构、晶型、粒径大小

（1）耐热性与着色剂化学结构 一般而言，无机颜料是金属氧化物和金属盐，是高温煅烧的反应产物，煅烧温度最高可达 700℃，所以无机颜料的耐热性远远高于每种塑料成型温度。有机颜料和溶剂染料的耐热性与化学结构有很大关系，正如颜料分子结构直接决定其色泽及应用性能一样，颜料分子骨架取代基的结合因其原子的不同而异，直接影响其在一定温度下的稳定性及分解反应发生的难易。以有机颜料为例，其化学结构分为单偶氮类、偶氮色淀类、缩合偶氮类、酞菁类、喹吖啶酮、二噁嗪、异吲哚啉酮，吡咯并吡咯二酮类（DPP），蒽醌等杂环类，不同化学结构的颜料具有不同的耐热性。表 2-4 为不同结构颜料品种在 HDPE 中的耐热性。

表 2-4 不同结构颜料品种在 HDPE 中的耐热性

颜料索引号	化学结构	耐热性/℃	
		本色 0.1%	冲淡 1:10
颜料黄 13	双偶氮	200①	200
颜料黄 62	偶氮色淀	250	260
颜料橙 61	异吲哚啉酮	300	300
颜料红 144	缩合偶氮	300	300
颜料红 254	吡咯并吡咯二酮（DPP）	300	300
颜料红 122	喹吖啶酮	300	300
颜料紫 37	二噁嗪	270	260
颜料蓝 15:3	酞菁	300	300

① 颜料黄 13 是双氯联苯胺系列颜料，加工温度高于 200℃会分解，产生有害人体健康物质，限制在低于 200℃使用。

改进有机颜料耐热性最主要的方法是改变颜料的化学结构，通常采用如下办法：增加颜料的分子量；分子中引入卤素原子；稠环结构分子中引入极性取代基；引入金属原子。

（2）耐热性与着色剂晶型　一些颜料具有多晶性，也就是说晶胞水平相同的化学组成在晶格中可按照不同方式排列，同一颜料其晶型不同色相也不一样。比如颜料紫19其β晶型是紫色，γ晶型是蓝光红。晶型不同也影响颜料耐热性，颜料蓝15晶型是不稳定的，不耐溶剂和高温，其耐热性只有200℃，如将其晶型转为稳定的β晶型的颜料蓝15：3，其耐热性可达300℃。表2-5为不同晶型酞菁蓝品种在塑料中的耐热性

表 2-5　不同晶型酞菁蓝品种在塑料中的耐热性

颜料索引号	晶体类型	耐热性（1/3标准深度）/℃
酞菁蓝 15	不稳定型	200
酞菁蓝 15：1	稳定 α 型	300
酞菁蓝 15：3	稳定 β 型	300

（3）耐热性与着色剂粒径大小　有机颜料的原始粒径大小也对耐热性有很大影响，一般来说颜料粒径小，比表面积大，着色力高，而耐热性和分散性差。反之粒径大，比表面积小，着色力低，而耐热性和分散性好。颜料红254粒径大小对耐热性影响见表2-6。

表 2-6　同一结构颜料红254、不同粒径品种的耐热性

项目	固美透红 BOC	固美透红 2030	固美透红 BTR
比表面积/（m²/g）	19.9	26.7	93.8
粒子大小	大	中	小
颜料含量 0.01%	280℃	300℃	280℃
颜料含量 0.05%	300℃	300℃	280℃
颜料含量 1%	300℃	300℃	280℃
颜料含量 0.01%、TiO₂ 1%	280℃	300℃	280℃
颜料含量 0.05%、TiO₂ 1%	300℃	300℃	290℃
颜料含量 1%、TiO₂ 1%	300℃	300℃	300℃

2.3.4　耐热性与树脂及添加剂

（1）耐热性与树脂品种和等级关系　苝系结构的颜料红149在不同的树脂中耐热性也不同，在聚碳酸酯中耐热性达310℃，但在ABS中只有250℃，见表2-7。

表 2-7　颜料红 149 在不同树脂中的耐热性

树脂	耐热性/℃
聚碳酸酯（PC）	310
聚烯烃（PO）	300
聚苯乙烯（PS）、聚甲基丙烯酸甲酯（PMMA）、聚对苯二甲酸乙二醇酯（PET）	280
丙烯腈-丁二烯-苯乙烯共聚物（ABS）	250

许多塑料受热时由于热降解作用而发生变色、泛黄等，也会影响塑料制品色泽变化，当确定了着色剂耐热性的最高限度后，必须考虑到这种褪色。需要在树脂中加入抗氧剂以求得颜色稳定性。

（2）耐热性与添加剂关系 着色的塑料不同于试验中所使用的标准塑料，实际上着色塑料的组分除了塑料和着色剂外还可能含有填料、增塑剂、分散剂、抗氧剂、稳定剂以及阻燃剂等，所有这些组分并非都是化学惰性的，它们中的任何一种都会或多或少地影响着色剂和塑料的耐热性。如钛白粉常常用来调整色相或增加产品的遮盖力，有些颜料加了钛白粉后除了色相变化外，耐热性也会有变化。图 2-10 表明颜料紫 37 加了钛白粉后耐热性大幅下降。

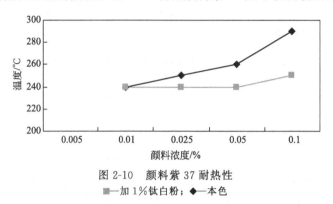

图 2-10 颜料紫 37 耐热性
■—加 1％钛白粉；◆—本色

2.3.5 耐热性指标的应用

（1）耐热性与受热时间关系 任何着色剂的受热变化而变色过程实际上是温度乘以停留时间的函数。在标准试验方法（EN BS 12877-2）中，将停留时间定为 5min，比正常的塑料的加工时间长，经验表明，只要停留时间很短，着色剂可在稍高于样本提供的耐热性的温度下进行加工。但在注射成型工艺时，每台注射机，其结构都需要一个最小尺寸和螺杆体积，但在加工一些质量极小的产品中，不可避免地会使用与制品尺寸相比大得多的注射机。技术上和经济上的原因使塑料加工设备不能任意地减小，因此塑料熔体在注塑机中的停留时间可能会超过 5min，着色剂在低于样本给出的温度下的褪色就发生了。在注射成型中通常有注塑料头回料反复使用的习惯，因此需特别加以注意，因为每次加热都会引起着色剂热损伤的增加。

另一个褪色的原因是注射成型时热流道的使用。在热流道中的停留时间应该加到在注塑机中的停留时间中去。通常总的停留时间要短到足以避免任何褪色的发生。因此应该对这个参数进行详细考虑。热流道结构中的不良设计也是引起褪色的主要原因，例如热流道的喷嘴或其他部分的尺寸很小，由此引起的摩擦热较难以计算和控制，过高的温度会导致着色剂和塑料的热损伤等。

（2）色母加工过程着色剂的受热情况 着色剂受热变化在色母粒生产中也有可能发生。采用双螺杆挤出机生产色母粒时，为了提高分散，往往会增加长径比和混炼段，所以会增加颜料在螺杆中的停留时间，增加颜料受热分解的风险，因此应对某些热敏感颜料采取预防措施，避免热损伤的发生。

另外在双螺杆高速挤出加工过程中。高剪切力能使物料的温度大幅度上升，使颜料达到局部或完全溶解的温度，造成颜色变色，甚至会完全褪色，还会发生颜料从塑料中迁移、渗出并起霜的严重后果。

2.4 分散性

分散性是指颜料在塑料着色过程中均匀分散在塑料中的能力，这里的分散是指将颜料润湿后减少其聚集体和附集体尺寸到理想尺寸大小的能力。在塑料加工温度下可以完全溶解于塑料中的着色剂被定义为染料。所以溶剂染料在塑料着色中原则上没有分散性的概念。与染料相反,颜料在塑料中着色呈现高度分散微粒状态,所以始终以原来的晶体状态存在。正因为如此,颜料的晶体粒子状态与分散性有很大的关系。

颜料分散性好坏不仅影响着色力和色光(见表 2-8 和表 2-9),还对塑料制品的光学性能有直接影响。

表 2-8　群青颜料粒径与着色力关系(原始未处理群青着色力为 100%)　　　　　单位:%

各种粒径分布					着色力
$20\sim10\mu m$	$10\sim5\mu m$	$5\sim2.5\mu m$	$2.5\sim1.5\mu m$	$<1.5\mu m$	
26	62	12	0	0	35
0	8	77	12	3	110
0	3	32	52	13	145
0	3	1	3	93	190

表 2-9　颜料分散性对色光的影响

色泽	颜料分散优良(粒径小)	颜料分散差(粒径大)
白色	蓝光	黄光
黄色	绿光	红光
红色	黄光	蓝光
蓝色	绿光	红光
绿色	黄光	蓝光
黑色	蓝光	黄光

颜料分散不好着色不均,产生条痕或色点不仅影响着色产品外观,更严重影响着色成品的力学性能。更重要的是:颜料分散性好坏影响它在塑料加工中的应用价值,特别在化纤纺丝和超薄薄膜中的应用。颜料在熔融挤出工艺中所受到剪切力相对于颜料在油墨、涂料加工工艺中要小得多。而且颜料在超薄薄膜、纤维纺丝中分散的要求远远比油墨和涂料高得多。因此颜料在塑料中的分散性是颜料在塑料中应用的一个特别重要的指标。

2.4.1　分散性与表面性能

颜料分散性与颜料表面性质有关,有机颜料颗粒的表面特性与颜料分子堆积、排列方式有关,不同粒子晶体结构显示不同表面性能。

按照相似相容的原理,如果颜料表面是非极性的,那么应用于非极性的塑料中就非常容易分散,反之如果颜料表面呈极性,那么应用在水性涂料和高极性喷墨墨水中就非常容易分散。

2.4.2　分散性与粒径大小、粒径分布

同样结构有机颜料其分散性与原始粒径大小也有很大关系,当颜料原始粒径降低,其透明度提高,分散性降低。颜料原始粒径大小对分散性影响在于颜料小颗粒填充较大的颗粒之间的空间并使聚集体排列更加紧密,以至于润湿剂(聚合物)不能渗透,颜料颗粒不能充分润湿包覆,在分散过程中剪切应力达不到颜料表面,使聚集体在最终产品中依然大量存在。

颜料分散性与颜料粒子分布有关,颜料粒子均匀分布较窄,用在纺丝着色时颜料容易分散。

2.5 迁移性

迁移性是指着色剂从塑料内部迁移到表面上或从一个塑料透过界面迁移到其他塑料。它在塑料着色中有四种表现形式。

① 迁移 已着色的塑料制品与白色或浅色泽塑料制品贴合时，颜料由该着色制品迁移至另一制品的性质。

② 析出 塑料成型时污染模具和辊筒。

③ 起霜 已着色的塑料制品随时间会在制品表面发花和起白，而且迁移的着色剂可以被擦去。

④ 铜光 从塑料制品的表面呈现出较明显的着色剂的金属光泽。

塑料中着色剂的迁移会大大影响塑料制品的应用性能，更为严重的是还会沾污其他产品，如果迁移严重的话，产品大量召回，将会造成非常大的经济损失。

2.5.1 发生迁移的主要原因

(1) 在塑料着色系统中存在颜料过饱和现象 塑料成型在加热情况下，塑料、添加剂的混合物成为真溶液，着色剂在体系中溶解度增加形成过饱和状态，成型冷却后会发生迁移。

(2) 在塑料着色系统中存在颜料分子运动 热塑性塑料可分为结晶型塑料和无定形塑料两种。无定形塑料在凝固时，没有晶核与晶粒的生长过程，只是自由的大分子链的"冻结"，见图 2-11。

(a) 无定形　　　　　　　　　　　　　　　(b) 结晶型

图 2-11 热塑性塑料不同形态

无定形塑料由于分子链的刚性和分子间的紧密性，在室温下网状结构阻止着色剂运动，所以即使采用溶剂染料也不会发生迁移。结晶型塑料分子结构松散，往往容易发生迁移。

(3) 在塑料着色系统中颜料不能充分结晶。

2.5.2 迁移性与化学结构、应用浓度

(1) 迁移性与分子量大小 迁移性与着色剂化学结构有关，如果增加颜料的分子量，可提高迁移性。如缩合偶氮大分子颜料分子量要比色淀单偶氮颜料分子结构加倍，迁移性有明显提高。

(2) 迁移性与分子极性高低 颜料分子结构中避免引入亲水性取代基，应引入不溶性碳酰氨基来提高迁移性。如颜料红 187 比颜料红 170 耐迁移明显提高。颜料红 48∶4 磺酸基与碱土金属成为色淀化后形成不溶性极性盐，迁移性明显提高。

(3) 迁移性与应用浓度 在聚烯烃塑料着色时，发生渗色和起霜的严重程度与着色剂的

浓度成正比，这是因为颜料在加热过程中着色剂浓度高，会在塑料中部分溶解，冷却过程中形成过饱和状态严重，因而容易在塑料表面发生结晶，并很容易扩散到其他与之接触的介质中。

2.5.3　迁移性指标的应用

（1）迁移性与添加助剂　颜料分子与树脂之间结合大小，随着添加剂（如增塑剂及其他助剂）加入而变化，当 PVC（硬）玻璃化温度达 80℃，可加入染料着色而不发生迁移，但加入极性助剂增塑剂后，分子距离加大，结构更为松散，因而减少了聚合物链的相互作用，从而使颜料迁移速率增大，而且随增塑剂用量增加，颜料迁移性更加严重，所以增塑聚氯乙烯着色时选用颜料应特别注意。

（2）迁移性与聚烯烃密度和分子量　如荧光增白剂 OB-1 用在 LDPE 中比用在 HDPE 中迁移性严重，用于分子量更高的聚丙烯就轻得多。

（3）迁移性与润湿性　着色剂对加工设备（辊筒和模具）污染，称之为沾色，这也是迁移的一种，与起霜不同，沾污物被擦取后不会再出现。在聚氯乙烯加工中出现沾色，直接与其润湿性能有关，完全被聚氯乙烯润湿的颜料不会与渗出物一起向表面迁移。

（4）迁移性与加工温度　颜料在加工中随着操作温度的提高，其迁移的可能性也随着增加。因此当操作工艺的温度接近颜料的耐热温度或者当颜料浓度达到饱和的时候，需要特别注意迁移发生的可能性。

（5）迁移性与玻璃化温度　着色剂的迁移性与塑料玻璃化温度密切相关，颜料应用在塑料的玻璃化温度低于常温时容易发生迁移，如聚乙烯、聚丙烯。而应用在玻璃化温度高于常温的聚苯乙烯、聚酯，只有在高于该塑料玻璃化温度时才会发生迁移，各种塑料玻璃化温度见表 5-4。

2.5.4　迁移性在消费品法规上新的应用要求

近年来迁移性这一指标不仅仅用在塑料制品颜色迁移上，也常常在消费品法规上出现。事实证明，任何从塑料制品中迁移出来的物质都可能有害人体健康。为了防止对消费者造成任何伤害，所有在加工、运输中会与食品接触的塑料材料、包装容器国外颁布了许多法规，如美国联邦法规 21CFR 中"与食品接触的聚合物中着色剂要求"明确规定着色剂不能迁移到食品中去。

联邦德国公众卫生局在德国食品 BGVV 要求中公布了迁移性试验方法，还定义了模拟不同食物的测试液体，这些测试液体包括蒸馏水、2%（质量分数）的乙酸、10%（体积分数）的乙醇、椰子油、椰子脂或花生油。

对儿童用玩具，儿童在玩耍时会把玩具放在嘴里，并容易出汗，因此耐唾液是儿童玩具耐迁移性试验的主要指标，在德国 DIN 53160 中定义这一测试方法以及模拟的测试液体。

2.6　耐光（候）性

耐光性的定义是指着色剂与聚合物体系暴露于日光中保持其颜色的能力。着色剂于日光中变化的主要原因是阳光中紫外光线与可见光线对着色产品所引起的破坏。

耐候性的定义是着色剂与聚合物体系经过阳光照射，在自然界的温度以及雨水、露水的润湿下所产生的颜色变化。

着色剂大气中变化的主要原因除了阳光外还有湿度和大气成分的影响。快速变化的湿度与冷热不同的温度，更能加速着色剂的变化与破坏。通常稳定的湿度与温度可以减缓破坏的速度。有些大气中的气体会与光一起促使颜料改变，例如氧与臭氧。氧气是造成产品氧化的根源。臭氧破坏着色剂的化学结构，造成褪色。汽车尾气以及工厂废气，常常含有水溶性的酸化合物，这些酸类也能对颜色造成严重的侵蚀。

着色剂的耐候性能包含了耐光性。但是耐光性能并不涵盖耐候性。有些着色剂品种显示了很好的耐光性，但耐候性却不够好，这是因为影响着色剂耐候性的气候因素除了阳光外还有湿度、大气成分和时间，湿度通常是最重要的大气参数。

耐光性指标评判为 8 级制，8 级最好，1 级最差。

耐候性指标评判为 5 级制，5 级最好，1 级最差。

耐光（候）性的重要性视其用途而异，有时显得极其重要，如户外用的建筑用板、广告牌和汽车尾灯，在这些制品中希望产品能在至少十年的全日光暴露条件下保持稳定。

2.6.1 耐光（候）性与化学结构、粒径大小

（1）耐光（候）性与着色剂化学结构　某些塑料制品在光的照射下，颜色会有不同程度的变化，大多数无机颜料的耐光（候）性是非常优异的。仅少数品种在光照射下因其晶型或化学组成发生变化而变暗。

与无机颜料相比，有机颜料和溶剂染料，耐光（候）性都对其化学结构有强烈的依赖性。这是因为根据发色原理，在有机着色剂中呈现不同的颜色是由于该物质吸收不同波长的电磁波而使其内部的电子发生跃迁所致，是着色剂分子中的电子发生 π-π^* 和 n-π^* 跃迁吸收可见光的结果。有机颜料受光照射后，会引起颜料分子构型变化等原因而影响饱和度下降，甚至会褪色变成灰色或白色。颜料在光照之下褪色过程属于气固非均相反应，反应速率主要与化学结构有关。

不同化学结构颜料见表 2-10，其在 PE 的耐光牢度如图 2-12 所示。

表 2-10　不同颜料的化学结构列表

颜料索引号	颜料结构	颜料索引号	颜料结构
颜料蓝 15：1	酞菁	颜料红 48：3	偶氮色淀（锶盐）
颜料绿 7	酞菁	颜料红 179	苝系
颜料红 53：1	偶氮色淀（钙盐）	颜料黄 138	喹酞酮

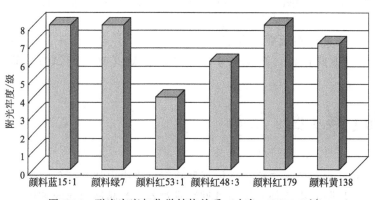

图 2-12　耐光牢度与化学结构关系（本色，PE0.05%）

（2）耐光（候）性与着色剂粒径大小　有机颜料在光照下的褪色过程被认为是受激的氧攻击基态着色剂分子，从而发生光氧化-降解的过程。这是一个非均相反应，反应速度与

比表面积有关。当着色剂与氧接触的面积增加时，会加快其褪色过程。粒径小的颜料粒子，有较大的比表面积，因此耐光性就比较差。

着色剂经光照后粒径较大的颜料其褪色速度与粒子直径平方成反比，而粒径较小时其褪色速度与粒子直径的一次方成反比。图 2-13 是不同粒径颜料黄 139 经暴晒后颜色变化。

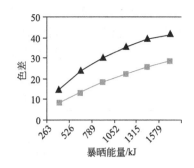

图 2-13　不同粒径颜料黄 139
经暴晒后颜色变化

■— 表面积 23m²/g；
▲— 表面积 51m²/g；

2.6.2 耐光（候）性指标的应用

（1）与着色剂的用量和光照时间有关　耐光（候）性随着着色剂用量增加会有增加，着色剂用量增加会使表面层的颜料数量增加，在受到同样程度光照射下，其耐光性要比着色剂用量小的好，当颜料体积浓度增加达到临界颜料体积浓度，其耐光性增加到达极限。

耐光（候）性对光照时间依赖性极强。图 2-14 是颜料红 48：2 在聚乙烯中（着色浓度为 0.05％和 0.2％）的不同时间下的耐候性。

（2）与添加剂有关　在塑料配色中常常需要添加各类助剂来提高它的性能，如添加钛白粉来提高产品的遮盖力。一般而言着色剂加了钛白粉后，耐光性有不同程度下降，加的越多下降越多。其下降的原因：一方面钛白粉对光的反射作用使颜料的实际光照强度增加，另一方面钛白粉的金属氧化物会加速光的氧化降解过程。如 0.05％和 0.2％颜料红 48：2 本色耐光性变化不大，而加入不同量的钛白粉后耐光性的差别见图 2-15。

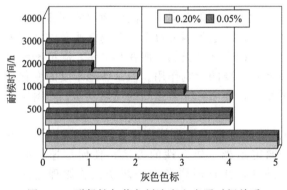

图 2-14　耐候性与着色剂浓度和光照时间关系

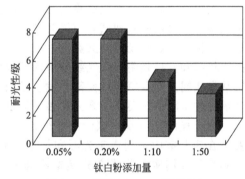

图 2-15　颜料红 48：2 耐光性与
添加剂钛白粉浓度关系

（3）与不同类型塑料有关　聚合物在阳光照射下会发生老化，光对塑料的最有害波长见表 2-11。

表 2-11　光对塑料的最有害波长

塑料名称	最有害波长/nm	塑料名称	最有害波长/nm
聚乙烯	254	聚酰胺	254
聚丙烯	375	聚碳酸酯	254
聚苯乙烯	254	聚酯	280~360
聚氯乙烯	245	乙酸纤维素	254
聚甲基丙烯酸甲酯	254		

聚合物在光照射下的老化反应和热氧自动氧化反应一样，也伴有聚合物的裂解和交联，致使其力学性能变差，同时加剧了聚合物的颜色变化。苯并咪唑酮颜料黄180在不同聚合物中的耐光性见表2-12。为了防止聚合物在紫外光照射下裂解，添加紫外光稳定剂是一个可行的方法。

表2-12　颜料黄180在不同聚合物中的耐光性

聚合物类型	耐光牢度 （本色/冲淡色）/级	聚合物类型	耐光牢度 （本色/冲淡色）/级
PA6	7～8/6	PO	6～7/6～7
PC	5～6/5～6	PS/ABS	6～7/6～7
PET	6～7/7～8	PVC	6～7/6～7
PMMA	5～6/3～4		

注：本色：颜料黄180 0.1%；冲淡色：颜料黄180 0.1%、钛白粉1%。

（4）与同一品种不同牌号树脂有关　聚合物单体的化学性质、聚合方法以及所用的抗氧剂及光稳定剂各不相同，使不同品级的塑料在其耐光（候）性能上存在差异。

对同一种工业级聚合物进行分析，证明光诱导降解是由双键或聚合链的断裂等缺陷引起的，这些缺陷会吸收能量引起光诱导破坏。尽管聚合物生产商做了大量的努力，但在工业级聚合物中某些缺陷仍是不可避免的。各个制造商间，合成方法差别很大。不同生产商提供的同类聚合物各个牌号间颜料耐光性会有差别，需要提醒配色者注意。

2.6.3　耐光（候）性技术指标和实际使用差异

世界上著名的全天候试验场有美国的佛罗里达州、亚里桑那州和法国南部的邦多尔。每个试验场所提供的系列试验结果并没有严格的可比性，这是因为每个试验场气候条件都有差别，如佛罗里达州既潮湿又炎热，亚里桑那州则是既干燥又炎热，而在邦多尔，湿度和温度都比较温和，只是附近大气组分中的工业废气起着主要的影响作用。但是各地牢度的变化趋势基本相同。而且每年气候都会发生相当大的变化，在阳光非常强烈的炎热夏季，塑料制品要承受的暴晒一定要高于多云和多雨的夏季。

全天候耐光（候）试验需要很长的周期。然而客户不愿意等待这么长的时间。因此开发了在实验室中采用人工光源和加速条件下测定耐光（候）性的方法。任何加速试验的基础都是要用实验装置充分模拟不同的气候条件，并且还要考虑到两个试验原理之间的相关性。

塑料耐光（候）性技术指标会在供应商和客户之间对实验结果的解释问题进行频繁的讨论。一方面是由于客户的需求不是总能够得到完全满足；另一方面耐光（候）性技术指标在理论与实际之间会存在大的偏差。然而颜色的改变与暴晒的时间并非都是直线关系：有时候颜色的改变只是在暴晒开始的时候，经过一段时候以后颜色的改变就停止了。有的时候却恰恰相反，一开始暴晒不见任何的改变，但是经过一些时间后颜色的改变才开始。所以颜料供应商应该全面提供着色剂耐光（候）方面的详细信息。对于塑料配色师来说，将着色剂制造商提供的数据与客户提供样品要求进行比较，并确定使用光稳定剂来改进耐光（候）性使之达到客户的要求，并将试验条件与试验体系相结合，其最终耐光（候）性数据才是有效的。这恰好涉及着色剂制造商提供数据的真实性，因为这些数据对配色者来说是非常重要的配色依据。

2.7　收缩/翘曲

　　着色剂应用于塑料着色时，不仅能使产品外观漂亮，但一个不能忽略的问题是它还会成为结晶型塑料（如高密度聚乙烯 HDPE）的成核剂，引起产品不同程度的收缩和翘曲，在生产精密度高的塑料制品时不能保证所有产品尺寸一样，所以当需要对塑料制品进行组装时这些小的收缩可能引起较大的问题，如带螺纹的瓶盖、日用品等。

　　塑料在着色时发生成型收缩的现象是因为绝大多数塑料着色成型过程中都有一个加热的过程，塑料会随温度上升而膨胀，并且在冷却过程中再次收缩。通常注塑件在成型过程中，沿熔体流动方向上的分子取向大于垂直流动方向上的分子取向，圆形对称的塑料制品因翘曲变成了椭圆，非圆形对称的制品也会出现非常明显的收缩。任何添加剂包括着色剂都会对在塑料形变产生影响，特别在改性增强塑料中这种影响尤为明显。通常情况下，无论使用什么着色剂，都必须保证不降低部件的尺寸稳定性。但是考虑到颜色的多样性，不可能所有着色剂都能满足以上要求，所以有时也难以尽善尽美。特别是有机颜料中的一些品种对收缩性的影响起着很大的作用。

　　影响塑料成型收缩的因素很多，有塑料制品特性（形状、厚度、嵌件）、熔体温度、成型压力、成型时间、模具温度、模具进浇口形式和大小、模内冷却时间等，着色剂加入仅是其中一个因素。所以塑料成型发生收缩要从多方面因素考虑。

2.7.1　收缩/翘曲与塑料的结晶度

　　热塑性塑料有结晶型和无定形两种。结晶型塑料分子链排列整齐、稳定、紧密，结晶型塑料在凝固时，有晶核到晶粒的生成过程，形成一定的体态。常用的聚乙烯、聚丙烯和聚酰胺（尼龙）等属于结晶型塑料，而无定形塑料分子链排序过程中杂乱无章，无定形塑料在凝固时，没有晶核与晶粒的生长过程只是自由的大分子链的"冻结"，常用的聚苯乙烯、聚氯乙烯和 ABS 等属于无定形塑料。非结晶型塑料在各个方向上表现的力学性能是相同的。聚合物结晶现象见图 2-16。

(a)非晶相　　　　　　　　(b)结晶相　　　　　　　　(c)半结晶相

图 2-16　聚合物结晶现象

　　从表观特征来看，一般结晶型塑料是不透明或半透明的，无定形塑料是透明的。但也有例外，如聚 4-甲基戊烯-1 为结晶型塑料，却有高透明性，而 ABS 为无定形塑料，不透明。两大类树脂特性比较见表 2-13，各类塑料成型收缩率见表 2-14。

表 2-13　结晶型与非结晶型塑料的特性对比

物性	结晶型	非结晶型	物性	结晶型	非结晶型
密度	较高	较低	耐磨耗性	较佳	较低
拉伸强度	较高	较低	抗蠕变性	较佳	较低

物性	结晶型	非结晶型	物性	结晶型	非结晶型
拉伸模量	较高	较低	硬度	较硬	较低
延展性或伸长率	较低	较高	透明性	较低	较高
耐冲击性	较低	较高	加玻纤补强性	较高	较低
最高使用温度	较高	较低	尺寸安定性	较差	较佳
脆性	较脆	—	翘曲性	较易	—
收缩率	较高	较低	着色性	较难	较易
流动性	较佳	较低	耐热性	较高	较低
耐化学药品性	较高	较低			

表 2-14　各种塑料成型收缩率

树脂名称		成型收缩率/%
树脂	增强材料	
聚乙烯（高密度）		1.5～5.0
聚乙烯（低密度）		2.0～5.0
聚丙烯		1.5～2.5
聚丙烯	玻璃纤维	0.4～0.8
尼龙 6		0.6～1.4
尼龙 6	玻璃纤维	0.3～1.4
聚苯乙烯		0.2～0.6
聚碳酸酯		0.2～0.6
聚碳酸酯	玻璃纤维	0.2～0.6
聚氯乙烯		0.1～0.5

　　从表 2-14 看到，结晶大且呈球晶的树脂成型收缩小，反之结晶小、非球晶，则成型收缩大。所以结晶型塑料在注射成型后收缩率往往要比非结晶塑料大。热固性塑料收缩更小，也就是说着色剂引发塑料收缩/翘曲仅仅发生在结晶型聚烯烃塑料，见图 2-17，尤以 HDPE 大型注塑件为甚。

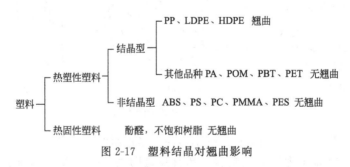

图 2-17　塑料结晶对翘曲影响

2.7.2　收缩/翘曲与颜料化学结构、晶型、粒径大小、着色浓度

　　（1）收缩与颜料化学结构　有机颜料在塑料成型中可能充当成核剂而促进结晶化进程，不同结构颜料在塑料中的收缩率见表 2-15。颜料成型收缩优劣，不仅以横向（TD）、纵向（MD）收缩率表示，还要以纵横向收缩比（MD/TD）表征其收缩变形的大小。一般越接近 1，则变形越小。

表 2-15　颜料结构对塑料收缩的影响

项目	商品名称	颜料类别	颜料索引号	HDPE (2208J)			PP (MH-4)		
				收缩率/%		形变/%	收缩率/%		形变/%
				MD[①]	TD[②]	D[③]	MD[①]	TD[②]	D[③]
	空白			2.15	1.99		1.58	1.58	
无机	钛白 CR-50	钛白	C. I. PB6	2.18	2.22	−1.8	1.66	1.7	−2.4
	镉黄 2240	镉黄	C. I. PY37	2.22	2.24	−0.9	1.69	1.72	−1.8
	氧化铁红 120ED	氧化铁红	C. I. PR101	2.2	2.1	4.5	1.58	1.67	−5.7
	炭黑 4S	炭黑	C. I. PBL7	2.16	2.15	0.5	1.6	1.65	−3.1
有机	固美透黄 GR	缩合偶氮	C. I. PY95	2.21	2.15	2.7	1.67	1.78	−6.6
	艳佳鲜黄 2GLT	异吲哚啉酮类	C. I. PY109	2.62	1.39	46.9	1.64	1.88	−14.6
	艳佳鲜黄 3RLT	异吲哚啉酮类	C. I. PY110	2.28	1.64	58.1	1.65	1.9	−15.2
	Palioto 黄 0961	喹酞酮	C. I. PY138	1.9	2.02	−6.3	1.6	1.62	−1.3
	鲜贵色红 Y	喹吖啶酮	C. I. PV19	2.36	2.04	13.6	1.99	2	−0.5
	固美透大红 R	缩合偶氮	C. I. PR166	2.85	1.23	53.3	1.6	2	−25
	Heliogen 蓝 6911	酞菁	C. I. PB15:1	2.66	1.46	45.1	1.59	1.98	−24.5
	Lionol 绿 2YS	酞菁	C. I. PG7	2.48	1.68	32.2	1.67	1.97	−18

① MD 代表成型方向收缩率。

② TD 代表垂直成型方向收缩率。

③ $D = \dfrac{MD - TD}{MD} \times 100\%$。

从表可明确看到如酞菁类结构颜料蓝 15:1、15:3，颜料绿 7，异吲哚啉酮类结构颜料黄 110，缩合偶氮结构颜料红 144、颜料红 166 会使塑料制品收缩率加大，这些颜料的共同特点是具有分子结构对称性。无机颜料对塑料收缩影响小。

(2) 收缩性与晶体结构和粒径大小关系　颜料的晶体形状、结晶大小等对塑料成型收缩的影响可通过电子显微镜观察，其结果见表 2-16。

表 2-16　晶体形状、大小、结晶和 PE 成型收缩关系

颜料名称	成型收缩变形	颜料晶体		PE 制品	
		形状	大小	结晶	有无球晶
本色料	小			大	有
镉系	小	球状	小	大	有
异吲哚啉酮系	大	棒	大中	小	无
酞菁系	大	棒	极小	小	无

一般来说，颜料结晶呈各向异性，当其结晶状态如针、棒状时，塑料成型时，长度方向容易沿树脂流动方向排列，因而产生较大的收缩；球状结晶不存在方向排列，因而收缩小。无机颜料通常具有球状结晶，图 2-18、图 2-19 分别是无机颜料黄 53 和有机颜料酞菁蓝 15:3 的透射电子显微镜图片。从图中可以看出，颜料黄 53 晶型结构呈球状，球形结晶不存在方向排列，而酞菁颜料结构呈棒状。

除颜料结晶形状外，其粒子大小也会影响成型收缩率，如图 2-20 所示。同一异吲哚酮，当颜料颗粒大至一定程度或小至一定程度时，其成型收缩率和收缩比为最小。

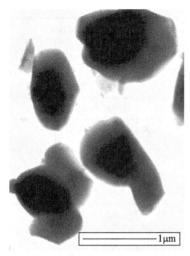

图 2-18　颜料黄 53 TEM 图片

图 2-19　酞菁蓝 15∶3 TEM 图片

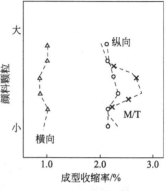

图 2-20　异吲哚啉酮颜料不同
粒径与成型收缩关系
△—横向收缩；○—纵向收缩；
×—纵横向收缩比

（3）收缩性与颜料添加量关系　颜料添加量多少也会影响收缩性，添加量越多，成型收缩越大，见表 2-17。

表 2-17　酞菁蓝颜料添加量对 HDPE 成型收缩的影响

添加量	纵向收缩率/%	横向收缩率/%	纵/横比
0	2.26	1.6	1.41
0.01	2.62	1.32	1.98
0.025	2.67	1.18	2.26
0.05	2.71	1.13	2.40
0.10	2.80	1.12	2.50
0.20	2.85	1.10	2.59
0.50	2.92	1.07	2.74

2.7.3　收缩/翘曲指标的应用

（1）收缩/翘曲与塑料加工温度关系　加工温度会影响收缩性，颜料棕 23、颜料红 149 在加工温度 220℃会明显影响 HDPE 塑料制品的收缩性，但温度升高影响反而降低。而颜料黄 13 在 HDPE 应用时，如加工温度太低，塑料制品的收缩性影响增大。

（2）收缩/翘曲影响塑料力学性能　在聚合物熔体中，非常细小的有机颜料成为晶核而引发结晶生长。成核剂不仅影响结晶速率，还会影响聚合物的形态，并因此对聚合物的力学性能产生影响。一般来说，随结晶度增加，拉伸强度会提高，而撕裂强度降低。

（3）酞菁蓝对聚烯烃会产生翘曲作用　如果能在颜料表面包覆一层蜡，且保持这层蜡在加工过程中不被剪切作用所破坏，那么就不会发生翘曲了。对部分结晶聚合物进行着色的市售商品中就有包覆级颜料蓝以及其他包覆级颜料。

2.8 耐化学稳定性

着色剂与聚合物体系对酸、碱、溶剂和化学药品的稳定性统称耐化学稳定性，由于塑料的种类很多，而可供选择的着色剂也非常多，当塑料制品在工业上和日常应用中要满足各种各样的要求时，就会体现着色剂耐化学稳定性的重要性。

由于要求太多，颜料供应商不可能对每一种用途都进行检测。与国际标准一致，颜料的供应商仅仅检测颜料的耐酸（HCl、H_2SO_4、HNO_3）性、耐碱（$NaOH$、Na_2CO_3）性，这几项试验覆盖了较广泛的应用领域。所以在实际应用中，特别是在包装领域，不可避免地要进行试验，对每一种可能的组合都测定着色剂化学稳定性。

2.8.1 耐酸、碱性

（1）许多商品需要用彩色塑料包装材料，如药品、食物、香水、家用洗涤剂、化学药品等，这些物质数不胜数。因许多需要包装的商品具有弱酸性或弱碱性，在这些情况下，由于可能发生的相互反应太多，所以难以进行预测。一种可能性是包装材料（塑料/着色剂/添加剂）和被包装商品之间的化学反应。另一种是颜料被包装商品中的溶剂迁移出来。因此必须进行储存稳定性检测。

（2）蓄电池这类容器基本用于酸性电池的包装。它们可以有不同的颜色，主要是黑色、灰色和黄色。要求颜料有良好耐酸性。

（3）许多塑料容器用于储存和运输化工原料，塑料容器主要是蓝色，要求颜料有良好耐酸、碱性。

（4）电线电缆护套为了解决阻燃，常常选用氢氧化镁和氢氧化铝，在高温成型过程中，颜料能满足耐强碱性，除了少量无机颜料，极少有机颜料可选用。

（5）颜料用维纶、黏胶原液着色在湿式或干式纺丝中能耐20℃、20％硫酸或100℃、5％硫酸以及5％NaOH的处理。

2.8.2 耐溶剂性

（1）为了减轻汽车重量而节能，汽车工业中塑料材料的使用是逐年增加的。许多汽车部件是用塑料制造的，这些部件在较高的温度下必须能够耐燃油、润滑油、汽油和制冷剂。由于这些苛刻的要求，大多数部件是用炭黑着色的。

（2）EVA塑料鞋材在黏合前需要用溶剂清洗，如EVA塑料中颜料耐溶剂性不好，会从溶剂中析出而沾染其他颜色。

2.8.3 耐氧化性

（1）许多用于清洁织物的家用消毒洗涤剂也含有过氧化物。

（2）化纤织物在水洗或干洗过程中，着色织物不能迁移和褪色。对于水洗，着色剂应该具有耐漂白剂（过氧化物）性能。对于干洗着色剂应该具有耐溶剂性能。

（3）着色剂的耐热性试验是与耐化学稳定性相关的，典型的例子是聚酰胺（PA）。几种着色剂尽管在用于其他品种聚合物着色时能经受更高的温度，却不能在聚酰胺中使用。着色剂在聚酰胺中不稳定的原因是树脂熔融时存在的还原作用。在这种情况下，使用限制不仅是耐热性的问题，而且还有在聚酰胺的熔融温度下着色剂的耐化学稳定性问题。

2.9 安全性

为了满足产品安全、环保和健康的要求，塑料材料及其制品必须满足世界各国、各地区的法规要求，其中最为重要而且特别受人关注的是化学物质控制的要求，特别是塑料材料中重要的添加剂——着色剂的化学要求，涉及消费产品非常广泛，主要有玩具、纺织材料和辅料（如拉链和纽扣等）、电子电器产品、食品容器和食品接触性材料或产品、汽车材料。

2.9.1 化学品的急性毒性

最常用衡量急性毒性的数值是 LD_{50}。LD_{50} 是指半数致死量，较为简单的定义是指引起一群实验动物如大鼠 50% 个体死亡所需的剂量。LD_{50} 的单位为 mg/kg 体重，LD_{50} 的数值越小，表示毒物的毒性越强；反之，LD_{50} 数值越大，毒物的毒性越低。欧盟对于物质的三个急性毒性类别（大鼠经口）下了定义。

$LD_{50} \leqslant 25mg/kg$：极毒

$LD_{50} = 25 \sim 200mg/kg$：有毒

$LD_{50} = 200 \sim 2000mg/kg$：有害

关于着色剂的急性毒性，有专题论文综述了 194 种颜料经口 LD_{50} 值大多数大于 5000mg/kg，没有 LD_{50} 值低于 2000mg/kg 的报告。考虑到食盐（NaCl）经口 LD_{50} 值为 3000mg/kg，相当于给平均体重的人吞食 350g 颜料，这是不可能的，所以可得结论是着色剂一般来说是急性毒性低的。颜料通常经过胃肠排出，而不经尿液排出。

2.9.2 有机颜料中的杂质

有机颜料已广泛用作塑料消费品、玩具、食品包装材料的着色剂。因此除了纯颜料的毒物毒理学和生态学性质外，必须考虑有机颜料在生产中产生某些痕量杂质的可能，从而影响在上述消费品领域的使用。可能出现的痕量杂质如下。

(1) 某些重金属化合物 有些以重金属盐（钡）为色淀化有机颜料（C.I. 颜料红 48：1），所以不推荐用于食品包装材料和玩具。

(2) 芳烃胺类 在有机颜料中芳烃胺类作为颜料合成的成分只允许出现极低微的量。应用于食品接触包装材料，已明确规定其上限：芳烃伯胺类：<500ppm（mg/kg，总量）；4-氨基联苯、联苯胺、2-萘胺、2-甲基-4 氯苯胺：<10ppm（mg/kg，总量）。

(3) 多氯联苯类 多氯联苯类（PCBs）主要由于它们在环境中残留持久性的危害比对人类危害还大。在欧盟，化学品如含有 50ppm 或大于 50ppm 的 PCBs（多氯联苯）或 PCTs（多氯三苯）不准出售。

在以二氯、四氯联苯胺作为重氮组分合成两类红黄系列有机颜料时在某些副反应中可能形成微量的多氯联苯类。在酞菁蓝绿颜料合成中使用二氯化苯或三氯化苯作为溶剂时可能形成多氯联苯类。

(4) 二噁英 颜料紫 23 采用四氯苯醌与 N-乙基咔唑缩合而成，四氯苯醌在合成过程中不可避免地形成少量二噁英。

2.9.3 双氯联苯胺颜料的安全性

用 3,3-双氯联苯胺（简称 DCB）合成的黄橙色有机颜料是偶氮颜料系列中重要品种，因为 DCB 系列颜料品种色泽鲜艳、着色力高、价格便宜，因此也成为塑料着色重要品种。如颜料黄 13、14、17、81、83，颜料橙 13、34 等。

关于 DCB 系列颜料品种用于化纤无纺布纺织材料、服装拉链和纽扣等辅料以及食品包装材料是否符合国内外生态环保法规的安全要求的疑惑一直在困扰人们。

(1) 双氯联苯胺属于可能致癌类物质　国际癌症研究国际事务局（IARC）将化合物按其致癌毒性分为三类：1—对人类致癌；2A—对人类大概会致癌；2B—对人类有可能致癌。

双氯联苯胺属于 2B 类致癌物质，其致癌性主要通过与核酸（DNA）形成加成物，导致 DNA 诱变而产生的。多氯联苯胺具有高生物蓄积性，难于生物降低，对人体的内分泌系统有很大的破坏作用。为此，国际上对此有严格规定，欧盟禁止使用含量超过 10mg/kg 的多氯联苯产品；美国禁止生产、加工、销售和使用多氯联苯含量超过 25mg/kg 的产品。国际纺织品生态学研究和检测协会（Oeko-Tex）制定的《Oeko-Tex Standard 100 通用及特别技术条件》规定了 24 种芳香胺不得超过 20mg/kg，DCB 列于其中，见表 2-18。

表 2-18　Oeko-Tex Standard 100 列出 24 种芳香胺

序号	名称	CAS 编号	序号	名称	CAS 编号
1	4-氨基苯胺	92-67-1	13	3,3-二甲基-4,4-二氨基二苯甲烷	838-88-0
2	联苯胺	92-87-5	14	2-甲氧基-5-甲基苯胺	120-71-8
3	2-甲基-4-氯苯胺	95-69-2	15	4,4-亚甲基-双-(邻氯苯胺)	101-14-4
4	2-萘胺	91-59-8	16	4,4-二氨基二苯醚	101-80-4
5	邻氨基偶氮甲苯	97-56-3	17	4,4-二氨基二苯硫醚	139-65-1
6	2-氨基-4-硝基甲苯胺	99-55-8	18	邻苯甲胺	95-53-4
7	对氯苯胺	106-47-8	19	2,4-二氨基甲苯	95-80-7
8	2,4-二氨基苯甲醚	615-05-4	20	2,4,5-三甲基苯胺	137-17-7
9	4,4-二氨基二苯甲烷	101-77-9	21	邻氨基苯甲醚	90-04-0
10	3,3-二氯联苯胺	91-94-1	22	2,4-二甲基苯胺	95-68-1
11	3,3-二甲氧基联苯胺	119-90-4	23	2,6-二甲基苯胺	87-62-7
12	3,3-二甲基联苯胺	119-93-7	24	对氨基偶氮苯	1960-9-3

注：第一类：对人体有致癌性的芳香胺（4 种，1～4）；第二类：对动物有致癌性、对人体可能有致癌性的芳香胺（20 种，5～20）。

(2) 双氯联苯合成的有机颜料着色的安全性　由双氯联苯合成的有机颜料不溶于水、汗液、血液、胃酸或所在的介质。虽然如此，德国联邦政府总署所释义的偶氮染料这一术语还是包括偶氮颜料，并于 1995 年 7 月 15 日发布的第四修正案予以确认，将能还原分解为包括 DCB 在内的 20 种致癌芳胺的有机颜料加工的纺织品予以限制，但是对于由 DCB 合成的有机颜料是否对人体有害仍有疑问，为此，各国的化学家对有机颜料进行了广泛的毒理研究，结果如下。

① 给实验动物长期喂食 C.I. 颜料黄 12 和 C.I. 颜料黄 83，没有发现任何致癌症状。

② 将 C.I. 颜料黄 13、C.I. 颜料黄 17 置于实验动物的血液和尿液中，用极敏感的分析方法检测不出 DCB 的存在。说明这些颜料未被血液和尿液中的酶生物催化分解。

③ 实验动物每天在空气中含有 C.I. 颜料黄 17 的浓度为 230mg/m³ 条件下生存 4h，经 14d 后检测，在尿样和血样中未检出 DCB。

④ 对 C.I. 颜料黄 12、C.I. 颜料黄 17、C.I. 颜料黄 83、C.I. 颜料黄 114 和 C.I. 颜料橙 13 等进一步研究表明没有任何潜在的危险。

这些研究结果表明，以 DCB 为中间体合成的颜料在生物体内不会分解出 DCB。

1996 年 7 月 23 日德国联邦政府又颁布了第五修正案，对 DCB 制成的有机颜料有了一个明确的说法。其中有一条规定如下：1998 年 4 月 1 日起禁止使用在法定分析条件下断裂且释放出致癌芳胺的偶氮颜料。但用 DCB 合成的偶氮颜料由于在法定分析条件下不会断裂，因此将不受限制，对以 DCB 为中间体合成的偶氮颜料在通常条件下发现不能检出 DCB。

DCB 作为合成有机颜料的原料进行完全反应，经后处理充分去除 DCB，并通过检测使颜料中痕量芳胺控制在一定范围内，那么它们的使用还是安全的。

(3) DCB 系列有机颜料如成型温度大于 200℃会分解生成 DCB DCB 系列有机颜料在高温下会分解生成 DCB，如颜料 83 是塑料重要品种，尽管它在温度高达 260℃才变色，但由于颜料的化学结构决定其在 200℃以上就有 DCB 分解，如把颜料黄 83 用于聚丙烯树脂中在 200℃、30min 或 240℃、10min 或 260℃、3min 条件下都会产生大致相同量的 DCB。不同颜料品种用于聚丙烯纺丝后分解的 DCB 见表 2-19。

表 2-19 不同颜料品种用于聚丙烯纺丝后分解的 DCB

C. I. 名称	纺丝温度/℃	受热时间/min	裂解产物深度/$\times 10^{-6}$		
			DCB	单偶氮氧化物	芳香伯胺
C. I. PY13	260	10	8.37	250	
C. I. PY14	260	10	12.3	420	
C. I. PY17	260	10	30.2	319	
C. I. PY83	200	10	未检出	0.46	
	220	10	未检出	0.82	
	240	10	0.11	2.56	58.5
	260	7	0.34	36.3	171
	280	10	182		

注：1. 在 180℃制造母粒，在 200~270℃，10min 聚丙烯纺丝。
    2. 取 50g 纤维用 700mL 甲苯萃取 20h，浓缩后用液相色谱和核磁共振测试。

所以国外颜料供应商在样本明示：双氯联苯胺类颜料用于聚合物中，当加工温度超过 200℃会发生分解。即使这些商品的色光在温度上升的过程中没有变化，但由于其潜在的热降解，不可以在加工温度大于 200℃的情况下使用。

DCB 系列有机颜料在加工温度低于 200℃下使用相对是安全的，如颜料红 38 是 DCB 红色品种，用于橡胶着色上可以符合美国 FDA 要求，因此曾把颜料红 38 用在火腿肠外包装上，因为火腿肠包装材料（PVDC）成型温度是 180℃。

2.9.4 无机颜料的重金属

除了二氧化钛、炭黑和群青外。所有无机颜料都含有重金属成分。如同其他物质一样。当重金属超过特定浓度时，会被认为对人类和环境有危害。其范围依重金属的种类和出现的形式而定。

2.9.4.1 铬重金属

铬化合物含有三价或六价铬，它们的影响有很大的不同。六价铬化合物（铬酸盐类）具有强烈转变为三价铬化合物的趋势而放出氧，因而对生物有强烈的氧化作用和毒性影响。对于人类、动物以及植物它们具有比三价铬化合物高 1000 倍的毒性。

(1) 铬酸铅颜料 铬酸铅颜料含有铅和六价铬，两种金属都有慢性危害。铬酸铅是低溶解度的铅化合物。在盐酸中以及胃酸浓度中会发现溶解的铅并导致有机体内铅累积。摄食高含量铅之后会扰乱血红蛋白的合成。作为一项预防措施欧盟已把铬酸铅列为 3 类致癌物（怀疑有致癌潜力）。

（2）氧化铬颜料绿　氧化铬颜料绿只含有三价铬，在自然条件下不会从氧化铬颜料绿中游离铬离子。甚至在强酸性条件下（pH＝1～2）也只有少量（mg/kg）的铬（Ⅲ）释出。氧化铬（Ⅲ）只有在加热的情况下特别是碱性条件下才有可能氧化为铬（Ⅵ）。

2.9.4.2　镉重金属

镉颜料是一种具有低溶解度的化合物，但少量镉溶于稀酸（其浓度相当于胃酸浓度）。长期经口摄食镉颜料可在人体内累积。欧洲议会已把硫化镉列为3类致癌物质，但是镉颜料未被列入。

第3章
无机颜料及效果颜料主要品种和性能

3.1 无机颜料发展历史

无机颜料有悠久的历史，自史前时代起天然无机颜料就已为人所知。大约在公元前2000年人们煅烧天然赭石，有时还混杂锰矿，制取红色、紫色以及黑色颜料以供陶瓷产品使用。无机颜料工业化生产在18世纪开始，1704年德国迪斯巴赫发明铁蓝（又名普鲁士蓝）的制造法，1707年投入了生产。1777年又生产钴蓝。进入19世纪群青、翠铬绿、氧化铁颜料以及镉系颜料陆续涌现。1809年法国沃克兰开发成功的铬黄于1818年在德国开始了工业化生产，1831年法国吉梅在里昂完成了群青工业化生产，使群青能大量和廉价供应市场。1847年法国人杜浩特发明了锌钡白（立德粉）并于1874年工业化生产，成为首个重要的白色颜料。1872年美国开始用天然气工业化生产炭黑。1916年世界上第一个钛白粉厂诞生，从此钛白粉以其优异性能代替了大多数白色颜料，产量增长迅速，一跃成为颜料产量之首。

自20世纪以来，镉红、钼铬红，钒酸铋黄颜料以及金属混合氧化物都进入了市场。效果无机颜料（金属、珠光以及干涉色颜料）发展变得越来越重要。目前无机颜料的色谱基本上已配套齐全。世界无机颜料产量中钛白粉占74%，氧化铁系颜料占14.6%，铬黄占5.0%，防锈颜料占4.6%，氧化铬绿占1%，镉颜料占0.2%，其他占0.6%。

无机颜料生产工艺比较成熟，大多数产品的价格低廉，无机颜料产品遮盖力都较高，具有较高的耐热性、耐光性和耐候性。无机颜料中不少品种经受住了时间的考验，除了铅白，碱式碳酸铜等被毒性小、性能好的品种所替代外，大多数产品如铅铬黄、铁蓝、群青、氧化锌、氧化铁等，至今仍在应用。随着国际环保要求日益严厉，非环保型无机颜料将逐步淡出历史舞台。今后无机颜料发展趋势如下。

① 氯化法工艺生产金红石型钛白粉品质高，投资大，三废排放相对较少，将逐步取代硫酸法工艺生产钛白粉。

② 发展复合无机颜料，这类颜料与大部分树脂具有良好的相容性，呈化学惰性，不渗色、不迁移，其耐光性、耐候性、耐热性、耐酸性、耐碱性均达到最高级，即使在用白色颜料冲淡时也同样具有优良性能，产品环保无毒。这类颜料有黄、绿、蓝、棕等品种，色泽鲜亮，大量用于建筑材料、工程塑料的着色。

③ 开发无机颜料表面包膜处理技术 以无机化合物或有机化合物在颜料颗粒表面形成一层膜，可改变颜料颗粒表面性能，提高耐光（候）性、耐热性等，扩大应用范围，提高使用价值。

④ 制造易加工颜料，改无机颜料产品通用型为专用型（如铝条等），使用户可直接应用，节省大量能耗并减少环境污染。

3.2 无机颜料分类与组成

3.2.1 无机颜料的分类

无机颜料分类的方法有很多，本章从颜色、化学组成和色彩构成等方面进行分类。无机颜料大致可分为消色、彩色、效果三大类，见表3-1。消色颜料包括白色、黑色颜料，它们仅表现出反射光量的不同（全部散射或全部吸收），即亮度的不同。彩色颜料则能对一定波长的光，有选择地加以吸收，把其余波长的光反射出来而呈现各种不同的色彩。效果无机颜料是颜料表面具有不同反射光学效应从而产生不同效果。

表 3-1　无机颜料分类

分类	项目	定义
消色	白色颜料	无选择光散射造成的光学效应（如二氧化钛和硫化锌颜料、立德粉、锌白）
	黑色颜料	无选择光吸收的光学效应（如炭黑颜料）
彩色	彩色颜料	选择性光吸收所造成的光学效应，在很大程度上也是选择性光散射的效应（如氧化铁红和黄、镉系颜料、群青颜料、铬黄、钼铬红，钛黄，钛棕，钴蓝，钴绿，铋黄）
效果	金属效应颜料	主要在平的和平行的金属颜料粒子上发生的镜面反射（如片状铝粉，铜粉）
	珠光颜料	发生在高度折射的、平行的颜料小片状体上的镜面反射（如涂覆 TiO_2 云母）
	干涉色颜料	全部或主要因干涉现象而造成的有色闪光颜料的光学效应（如涂覆氧化铁云母）
	变色颜料	低折射率、高折射率介质交替包覆而产生光线折射，颜色取决角度（变色龙）

3.2.2 无机颜料的组成

与有机颜料及染料相比，适用于塑料着色的无机颜料的范围相对小一些。基本的化学分子式只有几个，但它们有许多有用的变化形式，因此这类颜料显得种类很多。例如复合无机颜料就是一个具有许多变化形式的基本类型。通过添加其他金属氧化物或主要金属氧化物的配比发生变化，原来的色调也在某一范围内改变。总之无机颜料组成通常是金属的氧化物、硫化物和金属盐类以及炭黑。其中白色和黑色无机颜料组成见表3-2，彩色无机颜料组成见表3-3，效果无机颜料组成见表3-4。

表 3-2　主要白色和黑色无机颜料组成

化学类别	白色颜料	黑色颜料
氧化物	二氧化钛（TiO_2） 锌白（ZnO）	氧化铁黑 Fe_3O_4，铁锰黑 $[(Fe，Mn)_2O_4$，尖晶石黑 $[(Fe，Co)Fe_2O_4]$
硫化物	硫化锌（ZnS） 立德粉（$ZnS \cdot BaSO_4$）	
碳及碳酸盐	铅白 $[Pb(OH)_2 \cdot 2PbCO_3]$	炭黑

表 3-3 主要彩色无机颜料组成

化学类别	黄	橙	红	紫	蓝	绿	棕
铬系颜料	铬黄 $PbCrO_4$,$PbSO_4$ $PbCrO_4 \cdot PbO$		钼铬红 $PbCrO_4$, $PbMoO_4$ $PbSO_4$			铬绿 Cr_2O_3	
氧化铁颜料	铁黄 $\alpha,\lambda FeO(OH)$ $[(Zn,Fe)Fe_2O_4]$		铁红 Fe_2O_3				铁棕 $(Fe \cdot Mn)_2O_3$
金属氧化物颜料	钛黄 $[(Ti,Ni,Sb)O_2]$				钴蓝 Co,Al_2O_4 $Co(Cr,Al)_2O_4$	钴绿 $Co_2Cr_2O_4$ $(Co,Ni,Zn)_2TiO_4$	钛棕 $(Ti,Cr,Si)O_2$
镉系颜料	镉黄 CdS、ZnS	镉橙 CdS、ZnS	镉红 CdS、$CdSe$				
群青颜料				群青紫 Na_5Al_4 $Si_6O_{23}S_4$	群青蓝 $Na_6Al_6Si_6$ $O_{24}S_4$		
钒酸铋	铋黄 $4BiVO_4 \cdot 3Bi_2MoO_6$						

表 3-4 主要效果无机颜料组成

化学类别	组成	色泽
金属颜料	铝 Al	闪光银色
	铜锌合金 Cu-Zn	闪光金色
珠光颜料	涂覆有 TiO_2 的云母	珠光银白和干涉色
	涂覆有 TiO_2 和金属氧化物的云母	金色和古铜色
变色颜料	用氧化铁和 SiO_2 涂覆铝粉	颜色取决角度

3.3 无机颜料的塑料着色性能

无机颜料相对密度较大，一般为 3.5～5.0，其着色力较差，但耐热性和耐光性优良。无机颜料是微细的粒状物，其原级粒子的颗粒直径大多在十分之几微米到几微米之间，最大不超过 $100\mu m$。在这些细小的粒子内部，分子有一定的排布方式，绝大多数颜料粒子都是以晶体的形态存在，无机颜料以分散方式对塑料着色，所以不同的颜料有不同的晶型结构、晶体形状、晶体大小及其分布，势必影响到它的性能和使用。

3.3.1 无机颜料的性能要求

无机颜料应用于塑料着色具有耐热性、分散性、耐光（候）性优异的优点，所以大量用于各类不同塑料的着色，特别适合用于成型温度高、使用条件苛刻的工程塑料上。

（1）良好的分散性 无机颜料相对密度较大，一般为 3.5～5.0。密度大，比表面积小，所以无机颜料在塑料中比较容易分散。因无机颜料着色力相对较低，当无机颜料浓度较大时，色彩非常亮艳。

（2）良好的遮盖力 所谓遮盖力就是颜料应用在着色物中，使之成为不透明的能力，把能完全盖住基片的黑白格所需的最少颜料量称为遮盖力。颜料遮盖力随粒径大小而变。无机颜料相对密度较大、粒径大，所以大部分无机颜料具有良好遮盖力。

（3）优良的耐候性、耐光性　颜料在塑料上的耐候、耐光性能，直接影响它的使用价值，一般来说，无机颜料通过阳光和大气的作用会导致颜色变暗、变深，而不会褪色。同样其他颜料通过日光和大气的作用，会使颜料的化学组成起变化，因结构破坏而褪色。总的来讲，无机颜料的耐候、耐光性远比一般有机颜料强。

（4）优异耐热性　除了铬系颜料外，绝大部分无机颜料的耐热性是非常好的，特别是那些在高温下煅烧生产的无机颜料，煅烧温度范围是 $700\sim1000℃$，所以耐热性是非常优异的。针对铅铬系无机颜料的耐热性和耐光性差的缺点，国外对铬黄进行包膜表面处理，也使产品的耐热性大大提高。

（5）优良耐化学稳定性　大部分无机颜料是一种惰性物质，具有优良耐酸、碱、盐、腐蚀性气体、溶剂性。当然对于具体颜料来讲很难做到不与任何物质起反应，例如群青的化学结构不耐酸，铁黄相对比铬黄耐碱。

3.3.2　无机颜料颗粒性质对着色性能的影响

无机颜料粒度、晶型结构、表面电荷以及极性等物理性能也会影响其颜色、遮盖力、着色力，并且也影响其在塑料上的应用。

（1）晶型的影响　无机颜料是微细的粒状物，即使是同一化学成分的颜料，由于晶体成长的环境不同，也会出现不同的晶体结构。颜料粒子的微观结构的不同直接影响它的宏观现象。最典型的例子是钛白粉，金红石型与锐钛型都属于四方晶系，但因晶型不同，所以有不同晶体属性。金红石型是细长的成对的孪生晶体，每个金红石晶胞有两个二氧化钛分子，以两个棱边相连，而锐钛型则以八面体的形式出现，氧位于八面体的顶角，每个锐钛晶胞有四个二氧化钛分子，以八个棱边相连。不同钛白粉晶型的晶胞图见图 3-1，金红石型与锐钛型钛白粉比较见表 3-5。

 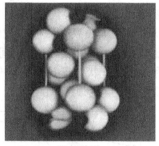

(a) 金红石型　　　　　　　　　(b) 锐钛型

图 3-1　不同钛白粉晶型的晶胞图

表 3-5　金红石型与锐钛型钛白粉性能比较

晶型	金红石（R）	锐钛（A）型
原子结构	较紧密	
折射率	2.73	2.55
遮盖力	更高	
调色能力	更强（10%～30%）	
耐候能力	更好	
稳定性	更好	
相对密度	3.75～4.15	3.7～3.8
色相		较蓝
磨耗能力		较低

同样例子如氧化锌的生产，直接法和间接法形成的晶型不同，造成性能上差异和使用上的差距。同一化学成分铅铬黄颜料，单斜晶系的铅铬黄比斜方晶系的铅铬黄耐光性要好。在晶体结构上发生变化不仅影响颜料的光学性能、颗粒性能、表面性能、分散性能、稳定性能，甚至电性能、磁性能等都有可能发生变化。

（2）颗粒大小的影响 无机颜料的最重要物理数据不仅包括光学数据，还包括平均粒度、粒度分布和粒子形状。通过颜料的光学性质得知，在化学组成一定后，不同的颗粒大小、形状及分布会使颜料色泽发生变化，遮盖力和着色力的强弱也随之变化。例如湿法氧化铁红的生产，控制不同的氧化周期，得到的颜料粒子大小也不同。晶体粒子较小时外观为黄红色，晶体粒子较大时为红紫色，它们在着色力、遮盖力、比表面积和吸油量之间的性能表现差距比较明显，见表3-6。

表 3-6　氧化铁红颗粒大小和色相变化

铁红类型	1	2	3	4	5	6	7	8
颗粒大小/μm	0.09	0.11	0.12	0.17	0.22	0.3	0.4	0.7
色调变化	黄红相——向蓝相变化—红紫相							
着色力	高————————低							
遮盖力	小————大————小							
比表面积	大————————小							
吸油量	大————————小							

钼铬红的颜料粒度变化，引起颜料光学性能的变化，见图3-2，粒度增大，色相由浅到深，从橙黄向橙红方向发展，亮度和着色力由高到低。总之粒度较小时，着色力高，颜色明亮，但颗粒过于粗大，颜色变暗变深，着色力也低。

（3）颗粒形状的影响 颜料颗粒表面状态与吸油量有关，颜料颗粒表面吸附油量的大小除了和粒子的比表面积大小有关，还和颜料与颜料之间的空隙度有关。对无机颜料来说，吸油量与颗粒的形状也有很大关系，一般来说针状粒子较球状粒子具有更大的吸油量，因为针状粒子比表面积比球状大，而且颜料颗粒间的空隙也更大。颜料的颗粒形态还与着色力有关，图3-3可以明显看出针状粒子比球状粒子具有更大表面积，会造成更大的吸收能力和散射能力，因而表现更高的着色力。

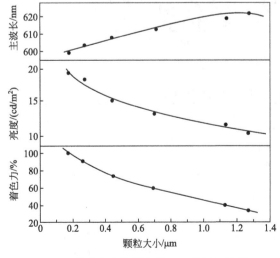

图 3-2　各种粒度钼铬红着色力和颜色性能

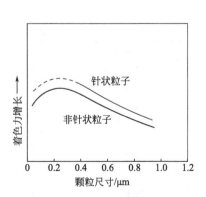

图 3-3　颗粒形态对着色力影响

3.3.3　无机颜料在塑料着色中的安全性能

除了二氧化钛、炭黑和群青外，所有无机颜料都含有重金属成分。在过去 10 年中，关于环境中的重金属讨论在世界范围内流行，因而几乎所有客户均明确要求：着色塑料制品不含重金属。国外定义所有密度大于 $3.5 \sim 5 g/cm^3$ 的金属都被称为重金属，也有的定义密度大于 $4.5 g/cm^3$ 的金属都被称为重金属（包括各种金属和贵金属）。因此按此定义，除了铝粉、炭黑、群青蓝、群青紫之外所有无机颜料均含有重金属。

实际上重金属是环境的一个自然组成部分，大量存于岩石和土壤中，植物在土壤中的吸收也会使其在食物中出现。我们的生命是在含有天然重金属的环境中发展形成的，并且它们已经存在我们身体的组织中。许多重金属（铁、锌、锰、钼、铬和钴）是维持生命所必需的微量元素，没有了它们人类和动物就不能生存。动物试验已经表明缺少铬会导致糖尿病、动脉硬化和生长失调。因而在全部生活领域内极端要求无重金属存在是没有科学依据的。

如同其他物质一样。当重金属超过特定浓度时，会被认为对人类和环境有危害。关于无机颜料在塑料着色的安全性，经国外对重要的无机颜料进行仔细的检测，总体来看除了有害的铬系和镉系无机颜料外，其他的无机颜料在毒物学和生态学上是无害的。这是因为无机颜料具有不溶性，它们不会在胃里（意外吞食）或环境里产生生理效能，而铬系和镉系的毒性效应在人体消化系统，有酸性介质存在，酸溶性铅就容易被人体吸收，引起铅中毒的各项症状。

3.4　无机颜料在塑料中的用途

3.4.1　用于塑料着色

有机颜料在塑料着色中的应用面不断拓宽，而含铅、铬等重金属元素的无机颜料，受越来越严格的环保法规的限制，正在萎缩并逐渐被淘汰，但是无机颜料在下列着色领域里还具有不可替代的优势。

（1）用于工程塑料着色　工程塑料是指一类可以作为结构材料，在较宽的温度范围内承受机械应力，并有良好的力学性能和尺寸稳定性，在较为苛刻的化学物理环境中使用的高性能的高分子材料。工程塑料着色时成型温度非常高，见表 3-7，特别是聚酰胺（PA）的还原性，能使用的颜料不多，无机颜料以其优异耐热性及其他性能，大量用于工程塑料着色。

表 3-7　部分工程塑料加工温度

树脂	加工温度/℃	树脂	加工温度/℃
PP	180～250	POM	200～260
ABS	220～250	氟塑料	350
PC	270～300	PET	260～280
PA	250～300	PPS	320～360

在塑料的注塑零件中，收缩率的变化可能引起超差（正差或负差）翘曲或开裂。在这方面，着色剂的影响不可忽视。有机颜料晶型结构呈针状或棒状，成型时长度方向容易沿树脂流动方向排列，因此会引起成核作用，冷却后会产生较大收缩率。大多数无机颜料晶型结构呈球状，球形结晶不存在方向排列，所以无机颜料对塑料成型收缩率影响小，这也是无机颜

料用于塑料着色的另一特色。

钛白粉是目前用量最大的塑料用无机颜料，炭黑的用量仅次于二氧化钛，这两品种正是用于工程塑料的重点品种。

高性能复合无机颜料在国外称 CICP 颜料，CICP 无机颜料遮盖力好，各项性能优异，特别适用于对各项应用性能要求高的工程塑料制品。氧化铁颜料主色有红、黄、黑三种，通过调配还可以得到橙、棕、绿等系列色谱的复合颜料。氧化铁颜料有较好的耐光、耐候、耐碱及耐溶剂性，还具有无毒性等特点，价格低廉，可广泛应用于工程塑料。

镉系颜料色谱宽广，从浅黄至橘红、红，直到紫酱色，色泽鲜艳，具有耐光、耐候性优良，耐热，遮盖力及着色力强；不迁移、不渗色等特点，它几乎可用于所有工程塑料着色。但镉系颜料属于非环保无机颜料。目前，欧盟和美国已经明确限制使用，但是由于其性能优异，尤其是耐热性，一些特别的领域如聚酰胺、聚甲醛和聚四氟乙烯等加工温度高的工程塑料中仍在使用。

（2）大量用于户外制品着色　塑料制品在室外长期使用，如人造草坪、休闲体育健身器材、建筑用材、广告箱、周转箱、卷帘式百叶窗、异型材和塑料汽车零件需要有极好的耐候性和耐光性，无机颜料钛白粉、炭黑，复合无机颜料、群青均是耐候性非常好的品种。

（3）用于配制浅色品种和调整色光　无机颜料着色力低，即使着色浓度很低时，耐热性也很好，所以配制浅色品种时应首选无机颜料，一方面配色时加入颜料相对多一些，可减少配色误差传递，另外一些着色力低的无机颜料即使在添加量极少时也有极佳的耐热和耐候性，因此非常适合用塑料着色、调色。

3.4.2　特殊功能

（1）导电　塑料都是绝缘性很好的材料，电阻率很高，通常在 $10^{10} \sim 10^{16} \Omega \cdot m$ 范围内，大量用在电器设备上。许多塑料产品需要抗静电或导电性能。在许多技术领域，静电流是个危险分子。我们知道塑料是电的不良导体，当然也包括静电流。为避免危险，塑料部件必须附带防静电或可导电性物质。这些塑料部件包括地板、地板覆盖物、箱子、仪器设备、密封材料、容器、管子等。

塑料中掺入足够量的炭黑，可赋予塑料抗静电性能（电阻率 $<10^{10} \Omega \cdot cm$）或导电性能（电阻率 $<10^{4} \Omega \cdot cm$）。关于炭黑在聚合物中的导电机理有几种说法，经典理论即链锁式导电通路：这一机理是从通过接触的导体粒子链来导电的考虑出发，因此粒子之间的接触电阻与接触数是决定导电的主要因素。在外界电场作用下炭黑粒子之间在几个 Å（1Å＝0.1nm）以内的距离靠近，就可产生电压差，使炭黑粒子的 π 电子依靠链锁传递移动形成电流。链锁必须在一定的炭黑用量下才能形成通路，才能出现强的导电现象，因此决定高分子材料导电性的最主要因素是炭黑的种类和用量。提高塑料导电性应选择小粒径和低挥发物含量的高结构炉黑。

导电塑料应用范围：防静电产品、静电消除器、防静电输送带、防静电胶板、防静电箱、中控板、防静电管、医用橡胶制品、地毯、复印机辊、印刷机辊、电子元件包装薄膜、防爆电缆。防静电产品炭黑含量一般为 4%～15%。

导电产品：导电发泡管、充电辊、电缆屏蔽料、导电薄膜。导电产品炭黑的含量在 10%～40%。

（2）防老化——紫外线吸收　炭黑除了具有着色剂功能外，还被认为是价廉质优的紫外线稳定剂。光会使塑料老化，特别是阳光中的紫外线会加速塑料的老化。从考虑制品使用的环境和对塑料制品使用寿命的要求，需要以不同的方法来解决塑料制品老化。可以采用添加紫外线吸收剂和抗氧剂来提高使用寿命。

炭黑作为紫外线吸收剂主要用来延长塑料制品的户外使用寿命（如 HDPE、LDPE 及

PVC 等的管材和电缆护套）；也应用于其他产品上（如农业用 LDPE 制造的农地膜）。为达到以上用途，应选用粒径细小及浓度稍高的炭黑，见图 3-4 和图 3-5。实验结果显示：浓度为 0.5% 的小粒径炭黑（20nm）与 2% 的相对粗粒径的炭黑（95nm）差不多具有同样的光保护作用，见图 3-6。当然从成本和性能考虑应选择粒径细（如 20nm）炭黑。

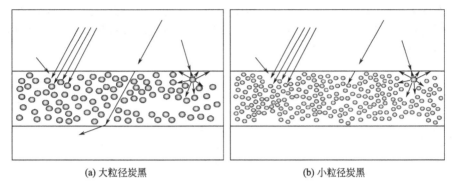

(a) 大粒径炭黑   (b) 小粒径炭黑

图 3-4 小粒径炭黑有利于提高聚乙烯的抗老化性

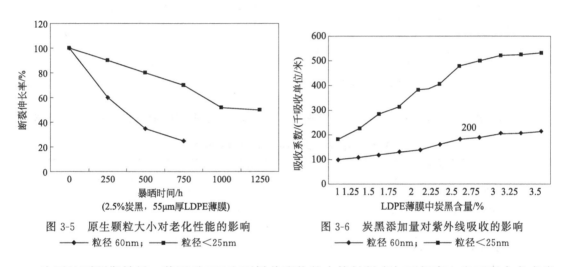

图 3-5 原生颗粒大小对老化性能的影响   图 3-6 炭黑添加量对紫外线吸收的影响
—◆— 粒径 60nm；—■— 粒径＜25nm   —◆— 粒径 60nm；—■— 粒径＜25nm

为了达到预期效果，英国对 PE 和丙烯共聚物的水管材料有如下规定：出于安全考虑炭黑粒径应小于 25nm，炭黑浓度一般在 (2.5±0.5)% 范围内。另外由德国联邦健康局推荐的文件规定：塑料中炭黑浓度不得超过 2.5%。两标准折中后规定范围在：(2.25±0.25)%，这一数值刚好符合了生产者和消费者双方面的要求。因此目前炭黑浓度一般规定在 (2.25＋0.25)%，用于 HDPE 等压力输水管、电缆护套和 10kV 电缆架空线上，使用寿命可达 50 年以上。

（3）反射红外功能（节能） 地球上接收到的太阳光谱按波长不同可以分为三大部分，各部分占有的总能量比例不同：紫外区（UV）：295～400nm，占地球接收到的太阳总能量的 5%；可见光区（VIS）：400～720nm，占地球接收到的太阳总能量的 45% 左右；红外区（IR）：720～2500nm，占地球接收到的太阳总能量的 50% 左右，见图 3-7。

万物生长靠太阳。太阳把自己的能量传递给地球上的动物和生物，使他们能不断成长。在给予人类恩惠的同时，太阳光也给人类的生活带来许多负面的，甚至是破坏性的影响。太阳光中的紫外线，会使许多有机物质降解、破坏，对人体的皮肤也有一定的危害性。物体接收到的可见光和不可见的红外光发出的大量热能辐射，会使其表面温度升高，给人类的日常生活带来诸多问题和不便。房屋的屋顶和墙面接收到的热能，通过各种方式（传导，辐射，对流等形式）使室内的温度升高，降低生活的舒适度。为了使室内温度降低到适宜的程度，人们大量使用空调、冷气机、电风扇和喷淋设备，需要消耗大量的电能等能源。一些化工容器和露天的反应釜，在炎热的夏天因受到太阳光的直接照射，表面温度升高，罐内液体温度随之升高，带来一定危险性。如何降低、消除太阳光线对人类造成的这些负面影响，越来越引起科学工作者的注意。

研究发现无机颜料中复合颜料既有一定的色彩，又能反射一部分红外光，减少热量的聚集，起到降温作用，采用美国薛特（Shepherd）颜料公司的复合颜料10C909a红外反射率可达25%，而一般的黑颜料只有5%，见图3-8。

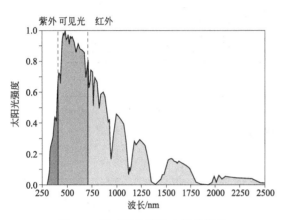

图 3-7　地球接收到的太阳总能量

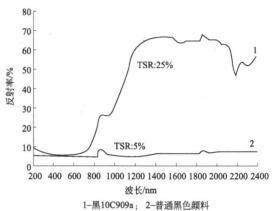

1—黑10C909a；2—普通黑色颜料

图 3-8　黑 10C909a 与普通黑色颜料的反射率对比

德国海博（Heubach）对复合无机颜料作相应的表面处理，提高红外反射率，见表3-8。

表 3-8　德国海博 Heucodur IR 红外反射率

产品名称	颜料索引	TSR / %
Heucodur IR 黑 950	PBk. 30	10
Heucodur IR 黑 945	PBr. 29	17
Heucodur IR 黑 940	PBr. 35	24
Heucodur IR 黑 910	PBr. 29	21
Heucodur IR 棕 869	PBr. 29	22
Heucodur IR 蓝 5-100	PBl. 36	24
Heucodur IR 蓝 4G	PBl. 36	24
Heucodur IR 蓝 550	PBl. 28	34
Heucodur IR 蓝 2R	PBl. 28	27
Heucodur IR 绿 5G	PG. 50	23
Heucodur IR 黄 3R	PBr. 24	58
Heucodur IR 黄 255	PBr. 24	55
Heucodur PLUS IR 黄 150	PY. 53	64
Heucodur IR 黄 152	PY. 53	63

2012 年英国亨斯迈公司推出白色 ALTIRIS® 550 和 ALTIRIS® 800 红外反射颜料，能够在更广泛的颜色范围内实现高太阳能反射。

高性能复合无机颜料在塑料建材上使用，其降温节能效果越来越受到人们的关注。随着人们对环保、节能要求的提高，无机颜料中复合颜料反射红外性能一定会得到快速的发展和使用。

另外部分品种高性能复合无机颜料同时具有仿叶绿素功能，可用于部队服装和武器的遮蔽物，在国防军事领域具有非常重要的意义。

3.5　无机颜料及效果颜料主要品种和性能

3.5.1　消色颜料

3.5.1.1　白色无机颜料

白色颜料主要用于纯白着色、色彩增亮和遮盖。把所有折射率高于1.7的物质都定义为白色颜料，折射率低于1.7归于填充料，见表3-9。严格地说1.7是作为界定值而不是一个恒定值，它取决于载体，因为每一种载体有它特定的折射率，塑料也不例外。白色颜料的折射率随着塑料品种的不同而变化。所以同一白色颜料用于不同的材料，如聚乙烯、聚丙烯、聚苯乙烯、PET纤维等的折射率都不同。

表3-9　一些白色颜料和填充料的折射率

颜料	染料索引号	折射率
三氧化二锑（Sb_2O_3）	颜料白11	2.19
硫酸钡（$BaSO_4$）	颜料白21	1.64
白炭黑（SiO_2）	颜料白27	1.55
白垩（$CaCO_3$）	颜料白18	1.58
锐钛型钛白粉（TiO_2）	颜料白6	2.55
金红石型钛白粉（TiO_2）	颜料白6	2.70
氧化锌（ZnO）	颜料白4	2.00
硫化锌（ZnS）	颜料白7	2.37
氧化锆（ZrO_2）	颜料白12	2.40

对于白色颜料，要求具备良好的光学性能，如散射力强、高遮盖力、光泽度好、亮度高，并且白度值高。散射力是最重要的性能，它取决于折射率、粒径、粒径分布和分散的程度。由于这些影响因素，散射力是一个相对值而不是一个绝对值。其他的指标，如遮盖力、亮度、底色和白度多少与白色颜料的散射力有关。

（1）**钛白粉（TiO_2）**　C. I. 颜料白6；C. I. 结构号：77891；CAS登记号：［13463-67-7］。

钛白粉即二氧化钛（TiO_2），是目前用于塑料工业上最重要的白色颜料。当它加入塑胶制品时，可以有效地散射可见光而赋予制品白度、亮度和遮盖力。即使在最严苛的处理条件下，它都具有化学惰性和优异的耐热性。

自然界中的钛白粉有金红石型（正方晶系）、锐钛型（正方晶系）和板钛型（斜方晶系）三种晶型。金红石型和锐钛型已经大量工业化生产。板钛型难于生产，因此不用于颜料工业。

主要性能：钛白粉（R型）着色力高，遮盖力好。钛白粉（A型）着色力仅为R型的70%，钛白粉（A型）白度较好；钛白粉（R型）耐候性好，加入钛白粉（R型）的试样，经过十年以后其外观只有很小变化。钛白粉（A型）耐候性较差，加入钛白粉（A型）的试样仅仅经过一年即开始龟裂或者碎片状剥落，所以塑料着色应使用R型钛白粉。

钛白粉有很多牌号，性能各异，钛白粉用于着色的主要性能是着色力、色泽和遮盖力。着色力显示白色颜料对塑料着色的白度和亮度，遮盖力显示白色颜料使塑料不透明的能力。

钛白粉的粒径大小和粒径分布与着色性能有很大的关系。

钛白粉的遮盖力与其散射能有关，又与吸收能与散射能的比值有关。光学经典理论指出，当颜料颗粒大小接近于可见光半波长，其散射能最大。因此提高钛白粉的散射能力的主要手段是控制钛白粉的粒径大小和粒径分布。由表 3-10 可以看出，钛白粉的色调与着色塑料的白度有很大关系，对白色而言，带蓝色调的白色会给人一种新鲜和悦目的感觉，而带黄色调白色就会有一种陈旧的感觉，因此用带蓝色调的钛白粉配制白色要比黄色调的钛白粉用量少。

表 3-10　钛白粉色调与钛白粉粒径的关系

类型	蓝光	绿光	黄光
金红石型/μm	0.14	0.19	0.21
锐钛型/μm	0.16	0.22	0.23

钛白粉的粒径分布与着色产品的光泽有关，钛白粉的粒径分布越窄，其着色产品光泽越好。图 3-9 为美国杜邦公司的部分塑料用钛白粉的粒径分布。

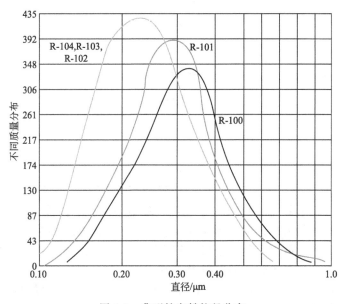

图 3-9　典型钛白粉粒径分布

钛白粉作为商品投放市场具有粉化和变色的缺点，这是由于钛白粉本身会引起光化反应，暴露于阳光中和大气中会催化某些有机物起氧化作用。这种老化结果会导致机械强度的丧失而生成一层粉结层。这层粉结层包含松散钛白粉和由表面磨损而解离的树脂。为了保证钛白粉的牢度性能，需要有必要的表面处理。表面处理剂就其基本功能而言，有无机处理剂和有机处理剂。采用铝和硅等表面处理剂用于钛白粉包覆层，可大大提高钛白粉的耐候性，同时其抗黄化性能极佳。采用有机表面处理剂，最后得到的表面可以是疏水的或是亲水的，但都是为了提高钛白粉在各种介质中的分散性，见图 3-10，美国杜邦公司 TI-PURE 不同表面处理后钛白粉牌号和性能见表 3-11。

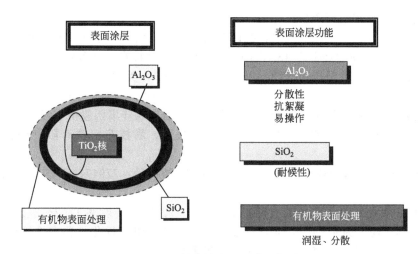

图 3-10　钛白粉表面包膜示意图

表 3-11　美国杜邦公司 TI-PURE 钛白粉牌号和性能

性质	牌号						
	R101/R101	R102	R103	R104	R105	R350	R960
钛白粉（最低质量分数）/%	97	96	96	97	92	95	89
氧化铝（最高质量分数）/%	1.7	3.2	3.2	1.7	3.2	1.7	3.5
硅（最高质量分数）/%	—	—	—	—	3.5	3.0	—
有机处理	亲水	亲水	亲水	疏水	疏水	疏水	
CIE L* 最小值	97.9	98.5	97.8	97.5	98.5	98.5	98.5
着色强度	102/101	109	110	110	105	110	90
用途	低挥发（抗裂空性）	改善水中分散（抗絮凝）	耐候工程塑料用	低挥发（抗裂空性）	高耐候、高分散PVC型材	低挥发（抗裂空性）	非常耐候彩色PVC型材

经铝和硅无机表面处理的钛白粉虽然能提高其应用性能但也带来分散困难的弊病。特别在钛白粉表面上这些无机处理剂在塑料加工高温挤出中会成为挥发物析出从而在成品中引起气泡和小孔。为了符合塑料的高温挤出应选用抗裂孔品种，如杜邦钛白粉 R101、R104 和 R350。

金红石型是最好的钛白粉品种，几乎用于所有塑料品种的着色以及纯白色或彩色（包括遮盖力好的彩色）的增亮。但有一个限制，金红石的高硬度对于玻璃纤维增强塑料是一个缺点，因为金红石在着色加工过程中会损伤玻璃纤维，造成塑料产品机械强度的严重损失。因此玻璃纤维增强塑料着色用白色颜料选择光学性能稍差而软得多的锌钡白或硫化锌。

钛白粉对环境影响：钛白粉呈惰性，不溶于溶剂（浓硫酸和氢氟酸除外），非常稳定。人们认为它完全无毒，可以用于牙膏和药片的糖衣。

① 急性毒性：此类颜料被认为无毒，大鼠经口 LD_{50} 值＞5000mg/kg，接触皮肤无刺激性，对眼睛和呼吸道可能因机械摩擦而引起轻微刺激。

② 慢性毒性：对长期饲喂二氧化钛的动物进行观察，没有摄入钛的征兆。多年处于制造和使用二氧化钛的环境中没有慢性毒性影响的报告。

由于钛白粉卓越的生理相容性，美国和欧洲联盟核准具有特定纯度的二氧化钛作为着色剂用于食品、化妆品和医药产品。

钛白粉产品市场：在全球范围内，钛白粉是第一无机颜料，也是性能最为优异的白色颜料。2013 年世界钛白粉估计生产 480 万吨，而中国产量估计在 180 万吨。

国外主要供应商：美国杜邦（Dupont）（TI-PURE），美国亨斯迈（Huntsman），美国科美基颜料有限公司等

国内主要供应商：四川龙蟒钛业股份有限公司，山东东佳集团股份有限公司，河南佰利联化学股份有限公司，中核华原钛白粉股份有限公司，攀枝花钢铁有限责任公司钛业公司等。

（2）**氧化锌（锌白 ZnO）** C. I. 颜料白 4；C. I. 结构号：77947；CAS 登记号：[1314-13-2]。

主要性能：氧化锌是非常细的白色粉末。熔点 $1720℃$，折射率 $1.92 \sim 3.00$，密度约为 $5.67g/cm^3$，莫氏硬度为 $4 \sim 4.5$，光学性能劣于钛白粉。氧化锌化学稳定性不好，呈两性，它能与酸反应，并可溶于碱溶液，对在包装材料领域的应用是一个缺点。

氧化锌有两种制造工艺，一种是直接法，工艺简单、成本低。另一种是间接法，从金属锌开始，然后沸腾，将产生的气体氧化得到氧化锌。

主要用途：氧化锌最重要的用途是用于橡胶工业和模压制品，一般不用于热塑性塑料的着色。

安全数据：氧化锌急性 LD_{50} 值 $>15000mg/kg$，锌是人类、动物和植物所必需的微量元素。锌元素的缺乏会影响到头发的生长和繁殖。氧化锌是对皮肤没有刺激作用，没有潜在的过敏性，不刺激眼睛，并且对人体没有致癌、致畸，生殖毒性。人们不认为氧化锌有毒或有危险，尽管少数早期研究表明它有一定的毒性效应。这可能是早期研究所用的氧化锌中含的杂质造成的，特别是铅元素。氧化锌经常掺杂有其他金属氧化物，主要是镉、铅、铁和铝的氧化物。因此在氧化反应前用不同的分离技术提纯锌蒸气是很必要的。商业用氧化锌有不同的纯度等级；有些型号仍含有少量的铅。在使用前，应该检查氧化锌的质量以满足消费者关于重金属杂质的要求。

氧化锌不溶于水，易于从废水中分离。水中锌离子对鱼类和其他水生生物有毒，因而废水中锌离子的浓度受到限制。

（3）**硫化锌（ZnS）** C. I. 颜料白 7；C. I. 结构号：77975；CAS 登记号：[1314-98-3]。

主要性能：硫化锌是仅次于钛白粉的重要的白色颜料，折射率为 2.37。它是软颜料，莫氏硬度为 3，硫化锌的耐光性好，但耐候性不足。在一些塑料中受紫外线和水分影响，硫化锌氧化生成无色的硫酸锌。

硫化锌是锌钡白（颜料白 5）的主要组分，也是某些发光材料的主要成分。有一种发光颜料是由掺杂有银或铜的硫化锌组成。

主要用途：硫化锌的光学性能明显逊于钛白粉，因而它的应用受限。硫化锌仅用于PVC 中。在含铅系统中，硫化锌与铅反应可生成黑色的硫化铅。该颜料结构软，不易磨蚀，可避免着色过程中纤维的机械损伤，特别适用于玻璃纤维增强塑料的着色。与钛白粉相比，这是硫化锌的主要优势，因为在挤出过程中钛白粉会损伤增强塑料中的玻璃纤维。

安全数据：由于硫化锌的溶解度低，所以对人类无毒，研究表明在该颜料制造过程中，甚至是在操作过程中暴露在研磨得非常细的颜料飞尘中，也没有发生过中毒或慢性伤害健康的情况。美国食品卫生组织和大部分欧洲国家允许硫化锌接触食品。虽然人体的新陈代谢需要少量的锌，但大量溶解的锌是有毒的，锌属于必需的微量元素。

（4）**硫酸钡（BaSO₄）** C. I. 颜料白 21；C. I. 结构号：77120；CAS 登记号：[7727-43-7]。

主要性能：硫酸钡，密度 $4.3 \sim 4.6g/cm^3$，折射率低 1.64，莫氏硬度是 3.5。硫酸钡对于酸、碱和有机溶剂基本是惰性的，另外具有很好的耐光和耐候性，耐热性好（高于

300℃)。用于塑料易于分散。

在市场上有两种规格硫酸钡，一种是天然的；另一种是沉淀的，即合成硫酸钡。

主要用途：硫酸钡一般不用做白色颜料，主要用途是用做填料或在着色制品中做加工助剂。例如硫酸钡具有透明性，所以应用在塑料灯罩中。一方面它对光线有足够的透明性；另一方面有一定量的光线可被散射。结果由于灯罩的散射得到了需要的漫射光。

合成的硫酸钡有不同的粒径，适宜用于着色塑料制品。特别是在有机颜料浓度高的情况下，填充少量硫酸钡后可以提高颜料的流动性能，有助于颜料在塑料中的分散。硫酸钡由于莫氏硬度低，不会产生严重的磨蚀，这有利于避免对塑料加工设备的磨蚀。硫酸钡的另一种很特殊的应用，即用于玩具，该用途不太引人注目。因为硫酸钡是典型的X射线参照介质，有助于确定幼儿误吞食的玩具所在的位置。另外，硫酸钡是锌钡白（颜料白5）的组分之一。

安全数据：纯的硫酸钡从毒性学来说是无害的，因而许多国家，包括美国（根据FDA）和大部分欧洲国家允许它用于接触食品的塑料制品中。

（5）**锌钡白（ZnS/BaSO₄）** C.I.颜料白5；C.I.结构号：77115；CAS登记号：［1345-05-7］。

主要性能：锌钡白又称立德粉，是硫化锌与硫酸钡的混合物。分子式可写成 $ZnS + BaSO_4$。硫化锌含量有15％、30％、40％、50％等几种。

主要用途：锌钡白应用于多种塑料中，特别适用于玻璃纤维增强塑料中。由于锌钡白的柔软结构可以防止增强塑料着色时纤维的机械损伤。相对于钛白粉，这是它的主要优势。

锌钡白可配制出良好白色，其遮盖力也比较强，在氧化锌和二氧化钛之间。但由于钛白粉性能优越，在塑料着色中广泛应用，所以锌钡白应用受到很大限制。

安全数据：美国食品卫生组织（FDA）和大部分欧洲国家允许硫化锌和硫酸钡接触食品。大量溶解的锌是有毒的，但是人体的新陈代谢需要少量的锌。由于它溶解性差，因此对人体无害。研究表明，在该颜料的制造过程中，甚至是在操作过程中暴露在研磨得非常细的颜料飞尘中，还没有发生过中毒或慢性伤害健康的情况。

3.5.1.2 黑色无机颜料

与钛白粉在白色领域的地位相似，炭黑占据了黑色颜料大部分市场。黑色颜料用于纯黑的着色或彩色的调色。严格来说只有3种黑色无机颜料：炭黑（颜料黑7）、氧化铁黑（颜料黑11）和铁钛棕（颜料黑12）。其他黑颜料，如颜料黑22、颜料黑26、颜料黑30等是由氧化铁黑（颜料黑11）变化得到的。在这几种颜料中，铁被其他金属如铜（Cu）、锰（Mn）、铬（Cr）、钴（Co）和镍（Ni）的一种或几种部分代替（见表3-12）。

表3-12　塑料着色用黑色无机颜料品种

C.I.索引号	结构式	产品	C.I.索引号	结构式	产品
颜料黑7	C	炭黑	颜料黑27	$(CO, Fe)(Fe, Cr)_2O_4$	铁钴铬黑
颜料黑11	Fe_3O_4	氧化铁黑	颜料黑28	$Cu(Cr, Fe)_2O_4$	铜铬黑
颜料黑12	Fe_2TiO_4	铁钛黑	颜料黑29	$(Fe, Co)Fe_2O_4$	铁钴黑
颜料黑22	$Cu(Cr, Fe)_2O_4$	铜铬铁黑	颜料黑30	$(Ni, Fe)(Cr, Fe)_2O_4$	铬铁镍黑
颜料黑26	$(Fe, Mn)_2O_4$	锰铁黑			

（1）**炭黑** C.I.颜料黑7；C.I.结构号：77266；CAS登记号：［1333-86-4］。

炭黑是一种非常细且着色力非常高的颜料。炭黑是几乎纯净的元素碳（金刚石和石墨也

低		高
较低	吸油量/黏度	较高
较高	可加量	较低
较难	分散性	较易
较高	光泽度	较低
较低	导电性	较高
较强	色调	较弱
棕相	色相	蓝相

图 3-11　炭黑结构与性能的关系

是几乎纯净的碳的其他形式），其呈现近于球形胶体颗粒的形态，尽管碳是有机化学中主要组分之一，人们仍把炭黑归为无机颜料。

炭黑是由气态或液态烃的不完全燃烧或热分解产生的，其物理外观是一种黑色的、很细的颗粒或粉末。炭黑由其生产原料不同可得到炉黑、气黑、灯黑、乙炔黑等炭黑；由其生产工艺条件不同可以得到粒径范围极广的各种不同炭黑品种，其表面积通常为 $10\sim1000m^2/g$；由于生产工艺条件不同，原生颗粒交互生长为聚集体不同的高结构和低结构炭黑，而其性质也极为不同，见图 3-11。

炭黑粒径大小与炭黑的性质有很大的关系，其粒径与有关性能见表 3-13。

表 3-13　炭黑粒径大小与性能关系

炭黑的粒径	大	小
炭黑的比表面积	小	大
抗光老化能力	低	高
着色强度	弱	强
分散性	好	差
填充量	高	低
吸湿性	低	高
色相	蓝	红

主要用途：炭黑主要用于塑料、合成纤维着色。炭黑大量用于聚乙烯、聚丙烯、聚氯乙烯、聚苯乙烯、ABS 聚合物和聚氨酯塑料的黑色和灰色着色。尤其在聚烯烃塑料中用量最大。

一般塑料着色需要的炭黑量为 0.5％～2％。对于透明的塑料，加入 1％的炭黑就足够了。对于不透明的塑料（例如 ABS）需用 1％～2％，并需用具有较高着色力的炭黑着色。透明浅色塑料制品着色炭黑含量一般为 0.02％～0.2％。美国卡博特公司的炭黑牌号和性能见表 3-14。

表 3-14　美国卡博特公司的炭黑牌号和性能

牌　　号	比表面积/（m^2/g）	粒径/nm	着色力/％	挥发分/％	用　　途
BLACK 120	30	60	50	1.0	薄膜、片材
BLACK PEARL254					饮用水管、电缆
BLACK PEARL430/460	80	27	109	1.0	长丝、薄膜、片材、吹塑
BLACK PEARL4560					长丝、短纤维
BLACK PEARL800	201	17	150	1.5	片材、吹塑
BLACK PEARL900	230	15	151	2.0	吹塑
BLACK PEARL4840					吹塑

牌　　号	比表面积/（m²/g）	粒径/nm	着色力/%	挥发分/%	用　　途
BLACK PEARL1300	560	13	114	1.5	吹塑
BLACK PEARL6100					电缆
ELFTEX TP	130	20	1.5	1.5	饮用水管、片材
ELFTEX 570	115	22	114	1.5	长丝、薄膜、片材、注塑
VCLCAN 9A32	140	19	114	1.5	长丝、电缆
VCLCAN P	172	20	94	1.5	饮用水管
VCLCAN XC72	254	19	114	1.5	导电薄膜、片材

产品对环境影响（安全性）：炭黑 LD_{50} 值＞5000mg/kg。用炭黑对兔完整的皮肤和眼睛进行试验未产生任何刺激。长期调研表明工业炭黑没有任何有害作用。这已被数十年的经验所证实。按照"国际癌症研究机构""毒物与毒理规划"（NTP/USA）以及欧洲和美国化学立法，橡胶黑和颜料黑没有任何致突变、致畸和致癌潜力。

商品炭黑中会有痕量杂质多环芳香烃（PAHS）。多环芳香烃（PAHS）只能在非常严格实验室分析手段下才能抽取出来，多环芳香烃显示致畸和致癌的活性。但炭黑在实验室短时间内萃取量仅仅为极小量。目前没有科学依据证实，正常接触炭黑，对人体产生潜在有害作用，即致畸和致癌。

产品市场：2013 年世界炭黑产量估计在 1200 万吨，中国产量在 650 万吨，由于橡胶在炭黑等填料粒子表面形成结构吸附层和橡胶大分子吸附在炭黑等填料离子表面，产生有滑动作用的补强效果。所以炭黑主要消费市场是橡胶。用在塑料着色应以特种色素炭黑为主。

国外主要供应商：美国卡博特（CABOT），德国欧励隆（Orion），日本三菱（MIT-SUBISHI），美国哥伦比亚（Columbia）等。

国内主要供应商：曲靖众一精细化工股份有限公司，上海焦化化工发展商社。

（2）**复合无机黑色颜料**　与炭黑相比，其他黑色颜料很少用于塑料着色，它们的主要缺点是着色力低，只有在彩色拼色或调整色光时才使用它们。调色时仅需要很少量的着色剂，少量的着色剂在混合物中达到非常均匀的分散是很难的，在这种情况下，着色力低甚至成为一个优势，另外，这些黑色颜料以金属氧化物为基础，比炭黑更容易在聚合物熔体中分散。另一方面由于炭黑是非常好的紫外线吸收剂，会引起着色物温度提高，加速树脂老化，而引起色泽变化，导致耐候性下降，如果黑色制品需要耐候性好时可选用高性能复合无机黑色颜料。

产品对环境的影响（安全性）：大量毒物与毒理学试验没有显示复合无机黑色颜料对人体组织有危害。也不认为存在毒性。

物理危险：氧化铁黑含有二价的铁，可被氧化，该过程是放热的。它受到动力学的限制只有在较高温度时才会引发。因此黑色和棕色颜料的储存温度不宜高于 80℃。只要遵守这些规定，氧化铁类颜料产品还是安全的。

主要性能：复合无机黑色颜料通常遮盖力高，耐热性可达 300℃以上（氧化铁除外，在温度高于 250℃时会氧化生成氧化铁红），耐光性和耐候性优良，化学稳定性好。

主要用途：适用于聚烯烃、ABS、聚酰胺（PA）、聚苯乙烯、酚醛树脂、环氧树脂等塑料着色。

复合无机黑色颜料主要品种见表 3-15。

表 3-15　高性能复合无机黑色颜料主要品种

品种	C. I. 结构号	CAS 登记号	组成
颜料黑 11	77499	1317-61-9	氧化铁黑（Fe_3O_4）
颜料黑 33	77537	68186-94-7	氧化铁黑（Fe_3O_4）
颜料黑 12	77543	68187-02-0	铁钛黑（Fe_2TiO_4）
颜料黑 22	77429	55353-02-1	铜铬铁黑 [$Cu(Cr, Fe)_2O_4$]
颜料黑 26	77494	68186-94-7	锰铁黑 [$(Fe, Mn)_2O_4$]
颜料黑 27	77502	68186-97-0	铁钴铬黑 [$(Co, Fe)(Fe, Cr)_2O_4$]
颜料黑 28	77428	68186-91-4	铜铬黑 [$Cu(Cr, Fe)_2O_4$]
颜料黑 29	77498	68187-50-8	铁钴黑 [$(Fe, Co)Fe_2O_4$]
颜料黑 30	77504	71631-15-7	铬铁镍黑 [$(Ni, Fe)(Cr, Fe)_2O_4$]

国外主要生产商：氧化铁黑颜料生产商为德国朗盛公司（LanXESS）COLORTH-ERM®。

复合无机黑色颜料生产商为德国巴斯夫（BASF），美国薛特（Shepherd），美国福禄（FERRO），美国洛克伍德（ROCKWOOD）Solaplex™，德国 HEUBACH TICO®，日本多玛得（TOMATC）TOMATC®。

国内主要生产商：湖南巨发科技有限公司，南京培蒙特科技有限公司。

3.5.2　彩色无机颜料主要品种和性能

在许多彩色无机颜料中，过渡金属是产生颜色的主要原因。由于许多金属氧化物价格低廉和易得，因此作为着色颜料显得特别重要。以氧化物为基础的着色颜料，既可以是单一的组分，也可以是混合相。彩色无机颜料主要品种有铅铬系无机颜料、镉系无机颜料、氧化铁系无机颜料、钛镍系无机颜料、群青系无机颜料、钴系无机颜料、钒酸铋黄无机颜料等。

3.5.2.1　铬系无机颜料

铬系无机颜料是铅铬金属盐，铬黄颜料是纯铬酸铅或铬酸铅与硫酸铅混合相颜料，其通式为 $Pb(Cr, S)O_4$。钼铬红是铬酸铅、硫酸铅和钼酸铅的混合相颜料，其通式为 $Pb(Cr, S, Mo)O_4$。

铬系无机颜料以色泽鲜艳纯正、遮盖力强而应用于塑料着色，但不久即发现铅铬系无机颜料有两大缺点，一是晶型不够稳定，在储存中色泽会突然变深；二是未经表面处理的品种在日光暴晒后易变黑。1931 年德国人首先阐明了铅铬黄特别是柠檬铬黄在储存过程中色泽突然变深是由于铬黄不稳定的斜方晶型转变为稳定的单斜晶型所致。近年来各国的科技工作者对铬黄的耐光性问题作了长时期深入的研究，如晶型、颗粒度的影响。

针对铅铬系无机颜料的耐热性和耐光性差等缺点，国外自 1994 年开始以氢氧化铝、钛等氧化物对铬黄进行表面处理，就是在无机铬系颜料颗粒表面包上一层特殊的膜，这种表面膜特征是厚薄均匀，结构连续而致密。因此可看成不仅是物理包膜，也是一种化学结合，从而使铬黄系列产品的耐热性、耐候性和耐硫化性提高，特别是硅包膜致密程度不同，可得到性能不同的包膜铅铬系无机颜料。

产品对环境影响（安全性）

① 铬酸铅黄红颜料含有铅和六价铬。两种金属都有慢性危害。铬酸铅是低溶解度的铅化合物。在盐酸中以及胃酸浓度中会发现溶解的铅并导致有机体内铅累积。摄食高含量铅之后会扰乱血红蛋白的合成。因此欧盟已把所有铅化合物分类为 1 级，对生殖有毒害（胚胎致毒）。铅化合物和配制品含有 0.5％铅必须标志头骷髅和交叉腿骨图案和标写"对胎儿有害"

等词句。

铬酸铅颜料不能用于玩具着色，不能用于与食品接触的物品。欧盟《化学品注册、评估和许可制度》已明确将铬系颜料定为致癌、致诱变、致生殖毒性物质。

近年来国内外颁布一系列法规法令。如美国联邦法规（CFR）涉及食品接触性材料的标准（FDA），美国消费品安全改进法案（CPSC），欧盟《电子电气设备中限制使用某些有害物质指令》（RoHS），欧盟 EN71-3 玩具标准限制元素限量指令，欧盟新玩具安全指令化学要求更新（EN 2009-48），欧盟生态纺织品法规及技术标准，还有针对食品接触的物品有欧盟标准 AP（89）1 和中国 GB 9685 都明确每千克塑料包装材料中铬含量不得超过 1000mg。因此铬系颜料使用受到限制，用量大大减少。

② 氧化铬绿的主要成分是三氧化二铬（Cr_2O_3），这是三价铬的化合物，三价铬氧化物被认为是无害的。用含有 5％三价铬氧化物的食物饲养老鼠表明该颜料无毒且无致癌作用。三价铬氧化物的 LD_{50} 值超过 5000mg/kg 体重，它不刺激皮肤与黏膜。三价铬是人类和动物必需的微量元素。

③ 铅铬系无机颜料中铬酸盐虽然不可燃，但由于它们的氧化性质，能使可燃物质的燃点降低。当运用此类颜料和有机物的混合物时，特别是铁蓝及单偶氮颜料的混合物，由于有着火的可能性，必须加以注意以防着火而造成对环境的影响。

产品市场：铬系颜料的三大系列中，铅铬黄颜料占有主导地位。其消费量在 20 世纪 70 年代中期曾达到了历史顶峰。但是由于含有危害人体（特别是儿童）健康的酸溶性铅，自 70 年代后期以来，随着安全卫生和环境保护法规的不断强化，产销量开始下降，尤以美国、日本、西欧等发达国家和地区将逐步退出生产领域。但是，在世界范围内，由于铬系颜料的代用品都很昂贵，所以一直未获成功。铬系颜料在很长一段时间内还会继续得到应用，只不过其用量在全世界范围内会越来越小。目前国内铬系颜料产量估计在 2 万吨，在塑料上应用以包膜产品为主，国内江苏双乐化工颜料有限公司以生产包膜产品见长。

国外主要生产商如下。

黄色红色铬系颜料：德国巴斯夫（BASF）Sicomin®，加拿大 Dominion Colour Corporation 公司（DCC）。

绿色铬系颜料：德国朗盛公司（LanXESS）COLORTHERM®。

国内主要生产商：江苏双乐化工颜料有限公司（日本 NIC 组织投资兴办南通恩艾希化工有限公司），河南新乡海伦颜料有限公司（与美国库克森（Cookson）公司、加拿大 DCC 公司合作组建），重庆江南化工有限责任公司（与日本菊池色素株式会社合资）。

（1）黄色铬系颜料　铅铬黄的合成研究始于对西伯利亚所发现的铬酸铅矿石的分析和研究。在 1809 年法国化学家首先合成了铬酸铅，1818 年德国开始铅铬黄的工业化生产。

铅铬黄颜料的化学成分是 $PbCrO_4$、$PbSO_4$ 及 $PbCrO_4 \cdot PbO$。它的色泽可自柠檬黄色起至橘黄为止，形成连续的一段黄色色谱。如果仅以色泽来区分品种，那么就可能分成上万个品种。为了生产上和使用上的方便，通常生产厂常生产五个标准色，即柠檬铬黄、浅铬黄、中铬黄、深铬黄、橘铬黄五种。

铅铬黄颜料是铅的化合物，通常含铅约在 53％～64％之间，含铬在 10％～16％之间。

C. I. 颜料黄 34　化学组成：$3.2PbCrO_4 \cdot PbSO_4$；C. I. 结构号：77600；CAS 登记号：[1344-37-2]。

主要性能：铬黄可获得柠檬黄色至橘黄色一系列黄色色谱。但因其在耐热性等原因在塑料中应用受到很大的限制。在无机铬系颜料颗粒表面包膜，使铬黄系列产品的耐热性、耐候性和耐硫化性大大提高，特别是硅包膜致密程度不同，可得到性能不同的包膜铬黄。巴斯夫公司 Sicomin 包膜铬黄在塑料中性能见表 3-16，应用范围见表 3-17。

表 3-16　巴斯夫公司 Sicomin 包膜铬黄在塑料中性能

牌号		颜料	钛白粉	耐热性/℃	耐光性/级	耐候性(3000h)/级	耐迁移性/级	翘曲变形
Sicomin 黄 K1630	本色	1%		250	8	5	5	无
	冲淡		1:4	280	8	5		无
Sicomin 黄 K1922	本色	1%		220	7	4	5	无
	冲淡		1:4	220	8	4		无
Sicomin 黄 K1925	本色	1%		240	8	3	5	无
	冲淡		1:4	260	8	3~4		无

表 3-17　巴斯夫公司 Sicomin 包膜铬黄应用范围

LL/LDPE	○	PVC（硬）	●	PMMA	×
HDPE	○	PS	○	PA	×
PP	○	ABS	×	PC	×
PVC（软）	●	PBT	×	PUR	●

注：●表示推荐使用；○表示有条件地使用；×表示不推荐使用。

（2）红色铬系颜料　在 1863 年舒尔茨注意到黄色的钼酸铅矿同铬酸铅矿共生在一起时，形成一种色调特别鲜艳的橘红色矿石。后来他曾做了以铬酸铅和钼酸铅按不同比例混合后进行高温熔融的实验，发明了一种很有价值的无机红色颜料，于 1933 年获得专利。1934~1935 年，钼铬红开始出现于美国市场，在涂料工业、塑料工业、油墨工业上获得应用。

颜料红 104：俗称钼铬红，是一种含钼酸铅、铬酸铅、硫酸铅的无机颜料，其分子式在 $25PbCrO_4 \cdot 4PbMoO_4 \cdot PbSO_4$ 和 $7PbCrO_4 \cdot PbMoO_4 \cdot PbSO_4$ 之间变动，三者之间分子比不同可以得到由橘红色至红色各类品种。

主要性能：钼铬红颜色鲜明，呈明亮的红光橙色。但因其耐热性等原因在塑料应用中受到很大的限制。包膜钼铬红产品的耐热性、耐候性和耐硫化性大大提高。巴斯夫公司 Sicomin 包膜钼铬红在塑料中性能见表 3-18，应用范围见表 3-19。

表 3-18　巴斯夫公司 Sicomin 包膜钼铬红在塑料中性能

牌号		颜料	钛白粉	耐热性(HDPE)/℃	耐光性/级	耐候性(3000h)/级	耐迁移性/级	翘曲变形
Sicomin 红 K 3023	本色	1%		260	8	3	5	无
	冲淡		1:4	280	8	3~4		无
Sicomin 红 K 3030 S	本色	1%		260	8	4	5	无
	冲淡		1:4	280	8	4~5		无
Sicomin 红 3034 S	本色	1%		260	8	4	5	无
	冲淡		1:4	280	8	4~5		无
Sicomin 红 3130 S	本色			260	8	4	5	无
	冲淡		1:4	280	8	4~5		无

表 3-19　巴斯夫公司 Sicomin 包膜钼铬红应用范围

LL/LDPE	○	PVC（硬）	●	PMMA	×
HDPE	○	PS	○	PA	×
PP	○	ABS	×	PC	×
PVC（软）	●	PBT	×	PUR	●

注：●表示推荐使用；○表示有条件地使用；×表示不推荐使用。

（3）绿色铬系颜料　氧化铬绿通常有两种色相，浅橄榄绿色及深橄榄绿色。但色调不够鲜亮，遮盖力尚佳，折射率2.5，而着色力比不上酞菁绿，由高温煅烧而成，虽然可以粉碎至一定细度，但颗粒保持一定硬度，莫氏硬度为9级。

C. I. 颜料绿 17　氧化铬绿；化学组成：Cr_2O_3；C. I. 结构号：77288；CAS 登记号：[68909-79-5]。

主要性能：氧化铬绿在塑料中着色力不高；但遮盖力尚佳。耐光性较好，耐候性也极佳，耐热性可达 1000℃/5min 而不变色。德国朗盛公司 COLORTHERM® 氧化铬绿牌号和性能见表3-20，应用范围见表3-21。

表 3-20　德国朗盛公司 COLORTHERM® 氧化铬绿牌号和性能

牌号	Cr_2O_3 含量/%	耐热性/℃	热失重（1000℃, 0.5h）/%	pH 值	吸油量 /(g/100g)	筛余物（45mm, 最大）/%	密度 /(g/cm³)	粒子 形状
绿 GN-M	98.5～99.5	>260	MAX0.4	5.7	11	0.005	5.2	球状
绿 GN	98.5～99.5	>260	MAX0.4	5.7	11	0.02	5.2	球状
绿 GX	98.5～99.5	>260	MAX0.4	5.7	11	0.02	5.2	球状

表 3-21　德国朗盛公司 COLORTHERM® 的氧化铬绿应用范围

LL/LDPE	●	PVC（硬）	●	PMMA	●
HDPE	●	PS	●	PA	●
PP	●	ABS	●	PC	●
PVC（软）	●	PBT	●	PUR	

注：●表示推荐使用；○表示有条件地使用。

3.5.2.2　镉系无机颜料

镉系颜料分为红色与黄色两大类，其颜色主要是由镉盐的阴离子决定的，含锌的色彩是带绿色的黄颜料，含硒的色彩则变为橙红和酱红色。

镉系颜料色泽鲜艳、着色力强、不迁移，几乎可以用于所有工程塑料着色。但含重金属镉，目前欧盟和美国已经明确限制使用。由于其性能优异，尤其耐热性好，在一些特殊领域，如聚烯胺、如聚甲醛、聚四氟乙烯等加工温度高的工程塑料中还在使用。

镉系颜料应使用于吸水性较低的体系，因为介质中的渗水性会降低颜料的耐候性。钛白粉的存在也会降低颜料的耐光性。

产品对环境影响（安全性）：镉颜料是一种具有低溶解度的化合物，但少量镉溶于稀酸（其浓度相当于人类的胃酸浓度）。长期经口摄食镉颜料导致在人体内累积，特别是在肾脏内。尽管如此镉颜料的毒性还是比其他镉化合物低得多（几个数量级）。欧洲议会已把硫化镉列为 3 类致癌物质。

近年来国内外颁布一系列法规法令明确每千克塑料包装材料中镉含量不得超过 100mg/kg。因此镉系颜料使用受到限制，用量大大减少。

国外主要生产商：美国洛克伍德（ROCKWOOD）。

国内主要生产商：湖南巨发科技有限公司。

（1）黄色镉系颜料　镉黄的颜色鲜艳而饱和。镉黄在化学组成上基本为硫化镉或硫化镉与硫化锌的固溶体，含硫化锌的镉黄，其黄色度随硫化锌的固溶量的增加而变浅，直至淡黄。工业生产镉黄有浅黄（樱草黄）、亮黄（柠檬黄）、正黄（中黄）、深黄（金黄）和橘黄等几种，见表3-22。

表 3-22   典型镉黄的化学组成   单位:%

品名		CdS	ZnS
镉黄:颜料黄 35	樱草黄	79.5	20.5
	柠檬黄	90.9	9.1
	正黄	93.4	6.6
	深金黄	98.1	1.9
	橙黄	45	(CdCO$_3$ 55%)

镉黄的常温稳定形态有两种:一种是 β-CdS,属立方晶型;另一种是 α-CdS,属六方晶型。前者称为低温稳定型,耐热性小于或等于 500℃;后者称为高温稳定型,熔点 1405℃,耐热性大于或等于 600℃。在常温和 500℃ 范围内,两种晶型的镉黄可以稳定共存。立方晶的单个晶粒粒径小于或等于 100nm,而六方晶的单晶粒径为 100~280nm。

镉黄相对密度为 4.5~5.9,浅黄的密度较深黄小,β-CdS 型比 α-CdS 型亲油性强。

镉黄:C.I. 颜料黄 35;化学组成:CdS、ZnS;C.I. 结构号:77205;CAS 登记号:[8048-07-05]。

主要性能:颜料黄 35 俗称镉黄,其色谱范围可从淡黄,正黄直至红光黄。镉黄的着色力较强,色泽鲜艳,其饱和度可达 80%~90%,用于塑料着色呈半透明。镉黄的耐光性和耐候性优良,但在户外的光稳定性不如镉红。美国 ROCKWOOD 公司镉黄牌号和性能见表 3-23,应用范围见表 3-24。

表 3-23   美国 ROCKWOOD 公司的镉黄牌号和性能

牌号	色泽	耐光性/级	耐热性 (5min) /℃	耐酸性	耐碱性
黄 P7201	绿光黄	7	400	好	优异
黄 P3682	黄	7	400	好	优异
黄 P3680	红光黄	7	400	好	优异
黄 P1101	红光黄	7	400	好	优异

表 3-24   美国 ROCKWOOD 公司的镉黄应用范围

LL/LDPE[①]	●	PS	●	橡胶	●
HDPE	●	PS-HI	●	PA	●
PP	●	ABS	●	PC	●
PVC (软)	○	PMMA	●	UP	●
PVC (硬)	○	CAB			

① 含 CdS 浅色镉黄用于聚乙烯中,应尽量缩短成型加工时间,以致 CdS 促进聚乙烯塑料分解而呈黑色。
注:●表示推荐使用;○表示有条件地使用。

(2)橙红色镉系颜料   镉红的颜色非常饱和而鲜明,色谱范围可从黄光红,经红色直至紫酱色。镉红的光反射波长随 CdSe 固溶量的增加而增加,镉红中 CdSe 含量越高,红光越强,颜色越深。典型镉红的化学组成见表 3-25。

表 3-25   典型镉红的化学组成

品名		CdS	CdSe
镉橙:颜料橙 20	橙红	82	18
镉红:颜料红 108	浅红	69	31
	大红	58	42
	紫红	50	50

镉红颗粒形态基本为球形，其晶体结构主要为六方晶型，也有立方晶型。

镉红：C. I. 颜料橙 20、颜料橙红 108；化学组成：CdS、CdSe；C. I. 结构号：77202；CAS 登记号：[12656-57-4]。

颜料橙 20、颜料红 108 俗称镉橙、镉红、镉朱红。镉橙、镉红的着色力较强，色泽非常饱和而鲜明，遮盖力强，镉橙、镉红的耐热性优异，在 600℃ 左右，耐光性和耐候性优良，在户外的耐光性比镉黄好，但加入钛白粉后耐光性会下降。镉橙、镉红不溶于水、有机溶剂、油类和碱性溶剂，但它的缺点是耐酸性差，微溶于弱酸，溶解于强酸并放出有毒气体 H_2Se 和 H_2S。与含铅助剂配用有可能造成黑色硫化铅。美国 ROCKWOOD 公司镉橙、镉红品种和性能见表 3-26，应用范围见表 3-27。

表 3-26　美国 ROCKWOOD 公司镉橙、镉红品种和性能

品种	色泽	耐光性/级	耐热性（5min）/℃	耐酸性	耐碱性
P5150	黄光橙	7	400	好	优异
P5155	橙	7	400	好	优异
P4701	红光橙	7	400	好	优异
P4702	红光橙	7	400	好	优异
P4703	黄光红	7	400	好	优异
P4704	正红	7	400	好	优异
P4705	大红	7	400	好	优异
P4706	枣红	7	400	好	优异
P4707	绛红	7	400	好	优异
P4708	紫红	7	400	好	优异

表 3-27　美国 ROCKWOOD 公司镉橙、镉红应用范围

LL/LDPE	●	PS	●	橡胶	●	
HDPE	●	PS-HI	●	PA	●	
PP	●	ABS	●	PC	●	
PVC（软）	○	PMMA	●	UP	●	
PVC（硬）	○	CAB	●			

注：●表示推荐使用；○表示有条件地使用。

3.5.2.3　氧化铁无机颜料

氧化铁颜料色谱广，遮盖力高，着色力强，主色有红、黄、黑三种，氧化铁颜料与日俱增的重要性是基于其无毒性，有很好的耐光、耐候、耐酸、耐碱及耐溶剂性，以及良好的性能价格比。氧化铁颜料广泛应用于塑料行业中。

产品对环境的影响（安全性）：大量毒物与毒理学试验没有显示氧化铁对人体组织有危害。用纯净原料生产的氧化铁颜料，可用于食品和医药产品的着色。合成的氧化铁不含结晶的二氧化硅，因此即便是在严格的加利佛尼亚州法规也不认为存在毒性。

产品市场：在世界范围内，氧化铁颜料的产销量仅次于钛白粉，是第二个量大面广的无机颜料，近年来世界每年的估计氧化铁颜料消费量大致为 100 万吨（不包含用作防锈材料的云母氧化铁、用作磁性记录材料的磁性氧化铁），销售额达 10 多亿美元。其中国外生产量为 30 万吨，中国生产量为 60 万吨，许多国外公司选购中国氧化铁粗品后再加工后销售。

国外主要生产商：德国朗盛公司（LANXESS）COLORTHERM®，美国洛克伍德

（ROCKWOOD）Solaplex™。

国内主要生产商：上海一品颜料有限公司、升华集团德清华源颜料有限公司、宜兴市宇星工贸有限公司。

（1）黄色氧化铁系颜料　氧化铁黄颜料（C.I. 颜料黄 42）在 150～200℃时开始脱水，颜色逐渐发红，最终变成铁红。在铁黄表面进行包覆处理，可使铁黄颜料适合一定高温场合应用。氧化铁黄颜料（C.I. 颜料黄 119）化学成分是铁酸锌，色相呈棕黄色，是用煅烧法生产出来的，耐热可达 300℃以上。

① **C.I. 颜料黄 42**　化学组成：$[\alpha, \lambda FeO(OH)]$；C.I. 结构号：77492；CAS 登记号：[20344-49-4]。

主要性能：颜料黄 42 俗称氧化铁黄，是鲜明赭黄色，几乎可以和铬黄相等，遮盖力也强，氧化铁黄颜料对光的作用很稳定，耐光性可达 6～8 级。有良好的耐候性。氧化铁黄颜料由于有结晶水，加热到 150～200℃时开始脱水，耐热性较差，仅适用于橡胶，EVA 等着色。价格较为低廉且无毒。德国朗盛公司拜耳乐黄（BAYFERROX）4920、4960 性能见表 3-28。

表 3-28　德国朗盛公司拜耳乐黄牌号和性能

牌号	色泽	相对密度	粒子大小/mm	粒子形状	吸油量/（g/100g）	耐热性/℃
黄 4905	淡黄	4.0	0.1×0.8	针状	32	140
黄 4910	淡黄	4.0	0.1×0.8	针状	32	140
黄 4920	淡黄	4.0	0.1×0.8	针状	32	140
黄 4960	绛黄	4.3	0.1×0.8	针状	28	140

为了改善其耐热性，将氧化铁黄用氧化硅、氧化铝混合剂进行包覆，在充分分散的铁黄悬浮液中加入硅酸钠溶液，然后用酸调节 pH 值至中性，硅酸钠形成硅酸并水解成二氧化硅沉淀在铁黄粒子表面。包膜氧化铁黄颜料耐热性可达 220℃以上。德国朗盛公司拜耳乐黄（BAYFERROX）10、20 性能见表 3-29。应用范围见表 3-30。

表 3-29　德国朗盛公司拜耳乐黄（BAYFERROX）10、20 性能

牌号	颜料索引号	Fe_2O_3 含量/%	耐热性/级	吸油量/（g/100g）	密度/（g/cm³）	粒子大小/mm	粒子形状
黄 10	P.Y.42	69～71	260	65	3.8	0.1×0.7	针状
黄 20	P.Y.42	69～71	260	45	3.8	0.1×0.7	针状

表 3-30　德国朗盛公司拜耳乐黄（BAYFERROX）10、20 应用范围

LL/LDPE	●	PS	○	橡胶	●
HDPE	○	PS-HI	○	PA	○
PP	○	ABS	○	PC	○
PVC-P	●	PMMA	○	UP	●
PVC-U	○	PET	○		

注：●表示推荐使用；○表示有条件地使用。

包膜氧化铁黄具有良好的耐光性、耐候性，所以常常用来与酞菁蓝、酞菁绿拼色制作人造草坪，也可应用于浅色及调色。

② **C.I. 颜料黄 119**　锌铁黄；化学组成：$[ZnFe_2O_4]$；C.I. 结构号：77496；CAS 登记号：[68187-51-9]。

主要性能：颜料黄 119 是一类混合金属氧化铁黄颜料，晶型为尖晶石。颜料黄 119 化学性质稳定，遮盖力好而且具有极佳的耐热性，耐热可达 300℃ 以上，可用于工程塑料着色，可用在不能使用铅、镉颜料塑料加工配方中和食品接触的塑料。锌铁黄可以和铁红混合使用，得到橙色或浅棕色色谱。用在 HDPE 中不会引起形变。

德国朗盛公司 COLORTHERM® 的氧化铁黄性能见表 3-31，应用范围见表 3-32。

表 3-31　德国朗盛公司 COLORTHERM® 的氧化铁黄牌号和性能

牌号	颜料索引号	Fe_2O_3含量/%	耐热性/℃	吸油量/(g/100g)	密度/(g/cm³)	粒子大小（最大）/mm	粒子形状
黄 30	P.Y.119	65～67	300	14	5.2	0.15×0.5	细长状

表 3-32　德国朗盛公司 COLORTHERM® 的氧化铁黄应用范围

LL/LDPE	●	PS	●	橡胶	●
HDPE	●	PS-HI	●	PA	○
PP	○	ABS	●	PC	●
PVC-P	○	PMMA	●	UP	●
PVC-U	○	PET	○		

注：●表示推荐使用；○表示有条件地使用。

（2）**红色氧化铁系颜料**　氧化铁红化学名称为三氧化二铁（Fe_2O_3），是铁的氧化物中最稳定的化合物，氧化铁红颜色的从红黄色到暗红色深浅不等，取决于铁的纯度、制法和粒径。

C.I. 颜料红 101　化学组成：Fe_2O_3；C.I. 结构号：77491；CAS 登记号：[1309-37-1]。

主要性能：氧化铁红颜料遮盖力强、着色力高，具有优异的耐热性，它的耐热温度大于 300℃，很好的耐光性、耐候性、耐溶剂性、耐水性和耐酸碱性。德国朗盛公司 COLOR-THERM® 氧化铁红颜料性能见表 3-33，应用范围见表 3-34。

表 3-33　德国朗盛公司 COLORTHERM® 的氧化铁红牌号和性能

牌号	Fe_2O_3含量/%	耐热性/℃	吸油量/(g/100g)	密度/(g/cm³)	粒子大小（最大）/mm	粒子形状
红 110M	94～96	＞300	28	5.0	0.09	球状
红 120NM	95～96	＞300	28	5.0	0.11	球状
红 120M	95～96	＞300	28	5.0	0.12	球状
红 130M	95～96	＞300	26	5.0	0.17	球状
红 140M	96	＞300	24	5.0	0.30	球状
红 160M	96	＞300	22	5.1	0.40	球状
红 180M	96	＞300	18	5.1	0.70	球状
红 520M	95	＞300	26	5.0	0.20	球状

表 3-34　德国朗盛公司 COLORTHERM® 的氧化铁红应用范围

LL/LDPE	●	PS	●	橡胶	●
HDPE	●	PS-HI	●	PA	●
PP	●	ABS	●	PC	●
PVC-P	●	PMMA	●	UP	●
PVC-U	○	PET	●		

注：●表示推荐使用；○表示有条件地使用。

（3）棕色氧化铁系颜料　氧化铁棕颜料可看作是氧化铁红（颜料红101）的变体之一。氧化铁红中铁被锰部分取代，颜色由棕红色转为棕色。

C. I. 颜料棕 43（77536）　化学组成：[(Fe·Mn)$_2$O$_3$]；C. I. 结构号：77536；CAS 登记号：[12062-81-6]。

主要性能：氧化铁棕颜料是惰性的，着色力高，遮盖力强。具有优良的耐热性，耐热可达 300℃，耐光性、耐候性很好。德国朗盛公司 COLORTHERM® 氧化铁棕 43 牌号与性能见表 3-35，应用范围见表 3-36。

表 3-35　德国朗盛公司 COLORTHERM® 氧化铁棕 43 牌号与性能

牌号	Fe$_2$O$_3$含量/%	耐热性/℃	吸油量/(g/100g)	密度/(g/cm³)	粒子大小（最大）/mm	粒子形状
棕 645 T	80～88	>300	28	4.7	0.3	球状

表 3-36　德国朗盛公司 COLORTHERM® 氧化铁棕 43 应用范围

LL/LDPE	●	PS	●	橡胶	●
HDPE	●	PS-HI	●	PA	●
PP	●	ABS	○	PC	●
PVC-P	●	PMMA	●	UP	●
PVC-U	○	CAB	●		

注：●表示推荐使用；○表示有条件地使用。

3.5.2.4　高性能复合无机颜料

高性能复合无机颜料是一种或几种金属离子掺杂在其他金属氧化物的晶格而形成的掺杂晶体，掺杂离子导致入射光的特殊干扰，某些波长被反射而其余的则被吸收，也就是使之成为彩色颜料。国际上把高性能复合无机颜料称为 CICP 或 MMO。在化学结构上把高性能复合无机颜料看作是稳定的固溶体，也就是说各种金属氧化物均匀地分布在新的化学复合物的晶格中，如同是溶液但是却呈类似于玻璃态固体状。这些复合物有不同的晶体结构，其中包括金红石、尖晶石、反尖晶石、赤铁矿以及不常见的柱红石和假板钛矿型结构。

CICP 颜料因为是经过高温固相反应而制得的，因而具有卓越耐久性、高遮盖力，优异耐热性、耐光性、耐候性以及耐化学稳定性和较高的红外线反射性能以及屏蔽部分紫外线能力，可以提高塑胶制品的耐候、耐光性，保温性，延长产品的使用寿命。

CICP 颜料与绝大部分树脂具有很好的相容性，广泛用于工程塑料、户外建筑件（如 PVC 滑道、PVC 塑钢窗、PVC 甲板、PVC 栅栏、金属屋顶、起重机臂、电话亭、邮政信筒、校车）。

产品对环境影响（安全性）：高性能复合无机颜料中的金红石晶格吸纳了氧化镍、氧化铬（Ⅲ）或氧化锰等作为发色组分。这些金红石型颜料中的镍、铬、锰、锑等元素填补了二氧化钛中晶体缺陷，形成更为完整的晶体结构，提高了晶体晶格稳定性。这些金属元素失去了它们化学、物理和生理性质。所以这类金红石颜料不能认为是镍、铬或锑化合物或其单纯的氧化物，高性能复合无机颜料的惰性很高，其热水渗出量在 2×10^{-8} 以下，人体的胃酸根本无法使其溶解，因此即使进入胃肠内，也对人体无害；人身接触它，也是绝对安全的，由于这个原因不把它们列入危害类物质。按制造商就相容性，纯度，和安全处理的说明，大部分此类颜料被视为无毒，并且符合接触食品的要求以及玩具的安全规则。

主要性能：CICP 颜料通常遮盖力高，耐热性可达 300℃ 以上，耐光性和耐候性优良，化学稳定性好。

主要用途：CICP 颜料适用于聚乙烯、聚丙烯、聚苯乙烯、ABS、聚酯，聚碳酸酯、

PA6、PA66、酚醛树脂、环氧树脂等多种塑料着色。

产品主要市场：估计 2013 年世界需求量估计在 5 万吨以上，国内生产在 5000 吨。

国外主要生产商：德国巴斯夫（BASF），美国薛特（Shepherd），美国福禄（FERRO），美国洛克伍德（ROCKWOOD）Solaplex™，德国 HEUBACH TICO®，日本多玛得（TOMATC）TOMATC®。

国内主要生产商：南京培蒙特科技有限公司，湖南巨发科技有限公司。

（1）黄、橙色复合无机颜料

黄、橙色 CICP 颜料是通过高温煅烧二氧化钛及金属氧化物所得，其颜色的产生是由于金红石型 TiO_2 结构中位于配位中心的钛被发色元素取代，从而产生鲜明的绿光或红光黄色、黄色及黄棕及橙色。其主要品种见表 3-37。

表 3-37 黄、橙色复合无机颜料品种

品种	化学组成	结构	CAS 登记号	颜色
颜料黄 53	$(Ti，Ni.Sb)O_2$	金红石	8007 18-9	绿相黄
颜料黄 157	$(2NiO \cdot 3BaO \cdot 17TiO_2)$	金红石	68610-24-2	黄
颜料黄 161	$(Ti，Ni.Nb)O_2$	金红石	68611-43-8	黄
颜料黄 162	$(Ti，Cr.Nb)O_2$	金红石	68611-42-7	黄棕
颜料黄 163	$(Ti，Cr，W)O_2$	金红石	68186-92-5	黄棕
颜料黄 164	$(Ti，Mn，Sb)O_2$	金红石	68412-38-4	黄棕
颜料黄 189	$(Ti，Ni.W)O_2$	金红石	69011-05-08	黄
颜料黄 216	$[(Sn，Zn)TiO_3]$	金红石	85536-73-8	黄
颜料黄 227	$(Sn，Zn)_2Nb_2(O，S)_7$	金红石	1374645-21-2	亮橙
颜料橙 82		金红石		橙

① **C.I. 颜料黄 53** 化学组成：$[(Ti，Ni，Sb)O_2]$；C.I. 结构号：77788；CAS 登记号：[8007-18-9]。

主要性能：颜料黄 53 由二氧化钛、氧化镍、氧化锑及少量添加剂经高温煅烧而成，颜料黄 53 呈绿相黄，着色力较有机颜料低。用于塑料着色遮盖力很好。颜料黄 53 晶型非常稳定，耐热性＞800℃。颜料黄 53 的耐光性和耐候性异常优良，耐光性达到 8 级，耐候性达到 5 级。与绝大部分树脂具有很好的相容性。巴斯夫公司 Sicotan 颜料黄 53 在塑料中性能见表 3-38。

表 3-38 巴斯夫公司 Sicotan 颜料黄 53 在塑料中性能

牌号		颜料	钛白粉	耐热性/℃	耐光性/级	耐候性(3000h)/级	耐迁移性/级	翘曲变形
Sicotan 黄 K1010	本色	1%		300	8	5	5	无
	冲淡		1：4	300	8	5		无
Sicotan 黄 K1011	本色	1%		300	8	5	5	无
	冲淡		1：4	300	8	5		无
Sicotan 黄 K2001	本色	1%		300	8	5	5	无
	冲淡		1：4	300	8	5		无
Sicotan 黄 K2011	本色	1%		300	8	5	5	无
	冲淡		1：4	300	8	5		无

② **C.I. 颜料黄 164** 化学组成：$[(Ti，Mn，Sb)O_2]$；C.I. 结构号：77899；CAS 登记号：[68412-38-4]。

颜料黄 164 化学结构为锰锑钛棕，属金红石型结构，是颜料黄 53 中金属镍被锰取代得到。颜料黄 164 呈较鲜亮的黄相棕色，着色力较低，用于塑料着色遮盖力很好。颜料黄 164 晶型非常稳定，耐热性≥800℃。颜料黄 164 的耐光性和耐候性异常优良，耐光性达到 8 级，耐候性达到 5 级。德国巴斯夫公司 Sicotan 颜料黄 164 在塑料中性能见表 3-39。

表 3-39　巴斯夫公司 Sicotan 颜料黄 164 在塑料中性能

项目		颜料	钛白粉	耐热性/℃	耐光性/级	耐候性(3000h)/级	耐迁移性/级	翘曲变形
Sicotan 棕 K2611	本色	1%		300	8	5	5	无
	冲淡		1:4	300	8	5		无
Sicotan 棕 K2711	本色	1%		300	8	5	5	无
	冲淡		1:4	300	8	5		无

③ **C. I. 颜料黄 189**　化学组成：$[(Ti，Fe，Zn)O_2]$；C. I. 结构号：77902；CAS 登记号：[69011-05-8]。

主要性能：颜料黄 189 也称为锌铁黄，呈暗红光黄，通过添加铝、镁、钛可改变其色相。在塑料中有较高的着色力及遮盖力。与大部分树脂有很好的相容性，能为其着色。其产品因没有铬等重金属被称为新一代环保颜料。

④ **C. I. 颜料黄 216**　化学组成：$[(Sn，Zn)TiO_3]$；CAS 登记号：[85536-73-8]。

颜料黄 216 是一种全新的复合金属氧化物颜料，颜色为鲜艳橙色。填补了高性能无机颜料色相空白；其产品的颜色和性能是常规有机和无机颜料无可匹敌的，颜料黄 216 遮盖力强，易分散，具有优良的耐候、耐光、耐热性；优良的耐化学品性；无迁移和无翘曲现象。该颜料是含铅铬颜料的替代品，是符合环保要求和提供好的性价比的高性能颜料。美国薛特（Shepherd）颜料公司橙 10P320、橙 10P340 在塑料中性能见表 3-40。

表 3-40　美国薛特（Shepherd）颜料公司橙 10P320、橙 10P340 在塑料中性能

牌号		颜料	钛白粉	耐热性/℃	耐光性/级	耐候性(3000h)/级	耐迁移性/级	翘曲变形
橙 10P320	本色	1%		320	8	5	5	无
	冲淡		1:4	320	8	5	5	无
橙 10P340	本色	1%		320	8	5	5	无
	冲淡		1:4	320	8	5	5	无

⑤ **C. I. 颜料黄 227**　化学组成：$[(Sn，Zn)2Nb_2(O，S)_7]$；C. I. 结构号：777895；CAS 登记号：[1374645-21-2]。

主要性能：颜料黄 227 是一种全新的复合 CICP 颜料，颜色有黄色。该颜料是含铅铬颜料的替代品，是符合环保要求和提供好的性价比的高性能颜料。产品的颜色和性能是常规有机和无机颜料无可匹敌的，填补了高性能无机颜料色相空白。颜料黄 227 遮盖力强、易分散；具有优良的耐候、耐光、耐热性；优良的耐化学品性；无迁移和无翘曲现象，美国薛特（Shepherd）颜料公司黄 10P150 在塑料中性能见表 3-41。

表 3-41　美国薛特（Shepherd）颜料公司黄 10P150 在塑料中性能

项目		颜料	钛白粉	耐热性/℃	耐光性/级	耐候性(3000h)/级	耐迁移性/级	翘曲变形
黄 10P150	本色	1%		320	8	5	5	无
	冲淡		1:4	320	8	5	5	无

⑥ **C. I. 颜料橙 82** 化学组成：$[(Sn，Zn，Ti)O_2]$。

主要性能：颜料橙 82 是一种全新的复合无机颜料，颜色为橙色。德国巴斯夫公司颜料橙 82 在塑料中性能见表 3-42。

表 3-42 巴斯夫公司颜料橙 82 在塑料中性能

牌号		颜料	钛白粉	耐热性 /℃	耐光性 /级	耐候性 (3000h)/级	耐迁移性 /级	翘曲变形
Sicopal 橙 K 2430	本色	1%		300	8	5	5	无
	冲淡	1∶4		300	8	5		无

（2）棕色复合无机颜料 棕色复合无机颜料是金红石晶格（TiO_2）与带色金属（如铬、镍、锰）及无色的锑、铌或钨结合得到黄色或棕色，其主要品种见表 3-43。

表 3-43 各种不同金属元素棕色钛、镍系无机颜料品种

品种	化学组成	结构	CAS 登记号	颜色
颜料棕 24	$(Ti，Cr，Sb)O_2$	金红石	68186-90-3	土黄相
颜料棕 33	$(Zn，Fe)(Fe，Cr)_2O_4$	金红石	68186-88-9	棕
颜料棕 29	$(Fe，Cr)_2O_2$	赤铁矿	12737-27-8	棕
颜料棕 48	Fe_2TiO_5	尖晶石	1310-39-0	深棕

① **C. I. 颜料棕 24** 化学组成：$(Ti，Cr，Sb)O_2$；C. I. 结构号：77310；CAS 登记号：[68186-90-3]。

主要性能：颜料棕 24 由二氧化钛、氧化铬、氧化锑经高温煅烧生产，铬阳离子使颜色由白色转为黄棕色。颜料棕 24 的着色力与铁黄相当，具有很好的遮盖力，从正黄直至红光黄。用于塑料着色遮盖力很好。颜料棕 24 晶型非常稳定，耐热性＞800℃。颜料棕 24 的耐光性和耐候性异常优良，耐光性达到 8 级、耐候性达到 5 级。巴斯夫公司 Sicotan 黄色钛、镍颜料棕 24 在塑料中性能见表 3-44。

表 3-44 巴斯夫公司 Sicotan 颜料棕 24 在塑料中性能

牌号		颜料	钛白粉	耐热性 /℃	耐光性 /级	耐候性 (3000h)/级	耐迁移性 /级	翘曲变形
Sicotan 黄 K2001	本色	1%		300	8	5	5	无
	冲淡	1∶4		300	8	5		无
Sicotan 黄 K2011	本色	1%		300	8	5	5	无
	冲淡	1∶4		300	8	5		无
Sicotan 黄 K2111	本色	1%		300	8	5	5	无
	冲淡	1∶4		300	8	5		无
Sicotan 黄 K2112	本色	1%		300	8	5	5	无
	冲淡	1∶4		300	8	5		无

② **C. I. 颜料棕 29** 化学组成：$(Fe，Cr)_2O_2$；C. I. 结构号：77500；CAS 登记号：[12737-27-8]。

主要性能：颜料棕 29 由不同数量的氧化铬、氧化铁经高温煅烧生产，化学结构属尖晶石结构，着色力不高。呈红棕色，颜料棕 29 晶型非常稳定，耐热性≥800℃。颜料棕 29 的

耐光性和耐候性异常优良，耐光性达到 8 级、耐候性达到 5 级。德国巴斯夫公司 Sicopal 颜料棕 29 在塑料中性能见表 3-45。

表 3-45 巴斯夫公司 Sicopal 颜料棕 29 在塑料中性能

牌号		颜料	钛白粉	耐热性/℃	耐光性/级	耐候性(3000h)/级	耐迁移性/级	翘曲变形
Sicopal 棕 K2795	本色	1%		300	8	3	5	无
	冲淡	1:4		300	300	3～4		无

③ **C. I. 颜料棕 48** 化学组成：Fe_2TiO_5；C. I. 结构号：77543；CAS 登记号：[68187-02-0]。

主要性能： 颜料棕 48 化学结构为尖晶石结构，着色力不高，呈黄棕色，晶型非常稳定，耐热性≥800℃。耐光性达到 8 级，耐候性达到 5 级。其产品因没有铬等重金属被称为新一代环保颜料。

(3) 蓝色复合无机颜料（钴蓝） 钴蓝颜料主要成分基本相同，蓝 28 由氧化钴（Co_2O_3）和氧化铝（Al_2O_3）经高温煅烧制得。其变体是钴元素部分被铬和锌元素单独或合起来代替而制得的。所以市场上的产品变化很大。这些蓝颜料在着色力和色调（红光蓝或绿光蓝）上有区别。这些颜料都形成尖晶石型晶格。钴系蓝色颜料化学组成和色泽见表 3-46。

表 3-46 钴系蓝色颜料化学组成和色泽

品种	化学组成	结构	CAS 登记号	颜色
颜料蓝 28	$CoAl_2O_4$	尖晶石	1345-16-0	红相蓝
颜料蓝 36	$Co(Al,Cr)_2O_4$	尖晶石	68187-11-1	绿相蓝

① **C. I. 颜料蓝 28** 化学组成：$CoAl_2O_4$；C. I. 结构号：77346；CAS 登记号：[1345-16-0]。

主要性能： 颜料蓝 28 俗称钴蓝，色调鲜明。对于颜料蓝 15 而言其着色力低得多。钴蓝耐热性非常好，可达 1000℃；钴蓝的耐光性可达到 8 级；耐迁移性可达到 5 级；耐碱并能耐多种化学品。与大部分树脂有很好的相容性。但其价格相对较贵，在塑料中相对应用较少。但在特殊情况如氟塑料等中有应用。德国巴斯夫公司 Sicopal 颜料蓝 28 在塑料中性能见表 3-47。

表 3-47 巴斯夫公司 Sicopal 颜料蓝 28 在塑料中性能

牌号		颜料	钛白粉	耐热性/℃	耐光性/级	耐候性(3000h)/级	耐迁移性/级	翘曲变形
Sicopal 蓝 K 6210	本色	1%		300	8	5	5	无
	冲淡	1:4		300	8	5		无
Sicopal 蓝 K 6310	本色	1%		300	8	5	5	无
	冲淡	1:4		300	8	5		无

② **C. I. 颜料蓝 36** 化学组成：$Co(Cr,Al)_2O_4$；C. I. 结构号：77343；CAS 登记号：[68187-11-1]。

主要性能： 颜料蓝 36 俗称钴铬蓝，鲜明绿相蓝。对于颜料蓝 15 而言其着色力低得多。耐热性非常好，可达 1000℃；耐光性可达到 8 级；耐迁移性可达到 5 级；耐碱并能耐多种化学品。德国巴斯夫公司 Sicopal 颜料蓝 36 在塑料中性能见表 3-48。

表 3-48　巴斯夫公司 Sicopal 颜料蓝 36 在塑料中性能

牌号		颜料	钛白粉	耐热性/℃	耐光性/级	耐候性(3000h)/级	耐迁移性/级	翘曲变形
Sicopal 蓝 K 6710	本色	1%		300	8	5	5	无
	冲淡	1:4		300	8	5		无
Sicopal 蓝 K 7210	本色	1%		300	8	5	5	无
	冲淡	1:4		300	8	5		无

（4）绿色复合无机颜料（钴绿）　钴钛绿的分子式为 CO_2TiO_4，通过高温煅烧不同含量的氧化钴（CoO）和氧化铬（Cr_2O_3）的混合物所得。为改变色调，该颜料还可能含有氧化铝（Al_2O_3）、氧化镁（MgO）、二氧化硅（SiO_2）、氧化锌（ZnO）或氧化锆（ZrO_2）中的一种或多种，这些变体都归于颜料绿 26 之下。钴系绿色颜料化学组成和色泽见表 3-49。

表 3-49　钴绿色颜料化学组成和色泽

品种	化学组成	结构	CAS 登记号	颜色
颜料绿 26	Co（CrO_2）$_2$	尖晶石	68187-49-5	蓝绿
颜料绿 50	CO_2TiO_4	尖晶石	68186-85-6	黄相绿

① C. I. 颜料绿 50　C. I. 结构号：77377；化学组成：Co_2TiO_4；CAS 登记号：[68186-85-6]。

颜料绿 50 俗称钴钛绿，具有一种独特的黄光绿色，色调鲜明。相对于颜料绿 7 而言其着色力低得多。钴绿耐热性非常好，可达 1000℃；耐光性可达到 8 级；耐迁移性可达到 5 级；耐碱并能耐多种化学品。钴绿颜料在部分结晶聚合物中不会导致热变形，可用于各聚合物以得到浅绿色或柔和的色调。德国巴斯夫公司 Sicopal 颜料绿 50 在塑料中性能见表 3-50。

表 3-50　巴斯夫公司 Sicopal 颜料绿 50 在塑料中性能

牌号		颜料	钛白粉	耐热性/℃	耐光性/级	耐候性(3000h)/级	耐迁移性/级	翘曲变形
Sicopal 绿 K 9610	本色	1%		300	8	5	5	无
	冲淡	1:4		300	8	5		无
Sicopal 绿 K 9710	本色	1%		300	8	5	5	无
	冲淡	1:4		300	8	5		无

② C. I. 颜料绿 26　C. I. 结构号：77344；化学组成：Co（CrO_2）$_2$；CAS 登记号：68187-49-5。

颜料绿 26 俗称钴铬绿，具有一种独特的亮绿色。钴铬绿耐热性非常好，可达 1000℃；耐光性可达到 8 级；耐迁移性可达到 5 级，耐碱并能耐多种化学品。中国南京培蒙特颜料绿 50 在塑料中性能见表 3-51。

表 3-51　南京培蒙特颜料绿 50 在塑料中性能

牌号		耐热性/℃	耐光性/级	耐候性（3000 h）/级	耐迁移性/级
GT700	本色	300	8	5	5
	冲淡	300	8	5	
GT701	本色	300	8	5	5
	冲淡	300	8	5	

（5）紫色复合无机颜料　锰紫是由加热锰盐、氧化锰、磷酸及磷酸铵组成的悬浮液并最终煅烧而成，在1900年就已经被应用。锰紫主要用于调色，遮盖透明或白色树脂的黄相。锰紫被认为对人体安全的颜料，也可用于化妆品、唇膏的着色。

C. I. 颜料紫16　化学组成：$[(NH_4)Mn(P_2O_7)]$；C. I. 结构号：77742；CAS登记号：[10101-66-3]。

颜料紫16俗称锰紫，锰紫的化学组成为焦磷酸锰铵，锰紫具有一种独特的红色调紫色，色调鲜明。锰紫相对于颜料紫23而言其着色力低得多。锰紫耐热性非常好，可达275℃。锰紫的耐光性优良，可达到7级，锰紫的耐迁移性可达到5级，颜料紫耐溶剂、耐酸性优异，但耐碱性较差。美国薛特（Shepherd）颜料公司颜料紫16紫在塑料中性能见表3-52，应用范围见表3-53。

表3-52　美国薛特（Shepherd）颜料公司颜料紫16在塑料中性能

牌号		颜料	钛白粉	耐热性 /（℃/5min）	耐光性 /级	耐候性 (3000h)/级	耐迁移性 /级	翘曲 变形
Violet 11T	本色	1%		275	7	5	5	无
	冲淡		1:4	275	7	5	5	无

表3-53　美国薛特公司颜料紫16应用范围

PVC	●	PS	●	PA6	●
PUR	●	SB	●	PET/PBT	●
PE	●	ABS/ASA	●	SAN/PMMA	●
PP	●	PC	●		

注：●表示推荐使用；○表示有条件地使用。

锰紫颜料无毒，使用安全，可以用于唇膏等化妆品，也可用于塑料着色。没有对健康有害的报道，也没有关于经呼吸道吸入的影响。

物理危险：锰紫颜料不可与强碱混合。因为它们作用会产生氨气。

3.5.2.5　群青系无机颜料

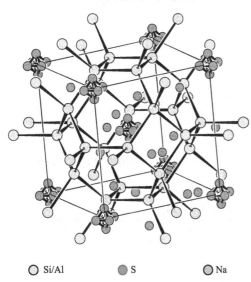

○ Si/Al　　● S　　○ Na

图3-12　群青结构示意图

世界上仅有很少地方有天然存在的矿石天青石，粉碎这些矿石而得到颜料取名"群青"，意味"越过海洋"。化学合成群青商业上有三种颜色，红相蓝色，紫色和桃红色。群青蓝这个独特的蓝色来自在钠铝晶格中捕获并稳定多硫化物的自由基而形成的钠盐，群青结构实际上是一个具有截留钠离子和离子化硫基团的三维空间铝硅酸盐晶格。群青蓝是在800℃左右煅烧制成的。群青紫和群青粉红衍生于群青蓝，使之进一步氧化和离子交换，具有很相似的结构，见图3-12。

群青蓝是浓艳鲜亮红光蓝色，随化学组成变化发生红－绿色调的变化。紫色和桃红色的衍生物具有较弱不太饱和的颜色。

群青蓝耐热可达400℃，群青紫耐热可达280℃，群青桃红耐热可达220℃。群青蓝具有卓越的耐光性，但不耐酸，遇强酸颜料完全分解，失去颜色；群青紫具有卓越的耐光性，除了对碱敏感外耐化学性良好。它们不溶于水和有机溶剂，具有耐迁移和耐渗色性。

产品对环境的影响（安全性）：群青系无机颜料不被认为是有毒的。大鼠经口 LD_{50} 值＞5000mg/kg。在超过百年的生产和使用中无有害的慢性作用报告。广泛用于各家庭作为布匹增白。以前还用作糖的增白剂。无致病作用的报道。

物理危险：群青不可混合储存或放置在有被酸污染风险的地方，因为它们会发生作用产生硫化氢。群青不能燃烧。但如果卷入火灾能产生刺激性气体二氧化硫。

产品市场：国外主要生产商是英国好立得（Hollday），西班牙纽碧莱（nubiola）。国内主要生产商是天蓝颜料（山东）有限公司 LAPIS®。

① **C. I. 颜料蓝 29（77007）**　化学组成：$Na_6 Al_6 Si_6 O_{24} S_4$；C. I. 结构号：77007；CAS 登记号：[57455-37-5]。

主要性能：颜料蓝 29 俗称群青蓝。群青具有一种独特的红色调蓝色，色调非常鲜明，透明性较好，完全不同于酞菁蓝和蒽醌蓝。比酞菁蓝红得多。但相对于酞菁蓝而言其着色力低得多，群青蓝耐热性非常好，可达 400℃。群青蓝的耐光性异常优良，可达到 7～8 级，群青蓝的耐迁移性可达 5 级，群青蓝耐碱并能耐多种化学品，但不耐酸，西班牙纽碧蓝（NUBIOLA）公司颜料蓝 29 性能见表 3-54，耐酸产品见表 3-55，应用范围见表 3-56。

表 3-54　西班牙纽碧蓝（NUBIOLA）公司的通用级群青牌号和性能

牌号	密度 /(g/cm³)	吸油量 /(g/100g)	耐光性 /级	耐热性 /℃(5min)	游离硫 含量/%	筛余物 /%	耐酸碱性	
							耐酸/级	耐碱/级
EP-19	2.35	38	8	350	＜0.02	＜0.05	1	2～3
EP-25	2.35	28	8	350	＜0.02	＜0.05	1	2～3
GP-58	2.35	39	8	350	＜0.02	＜0.05	1	2～3
CP-84	2.35	39	8	350	＜0.02	＜0.05	1	2～3

表 3-55　西班牙 NUBIOLA 公司的耐酸群青牌号和性能

牌号	密度 /(g/cm³)	吸油量 /(g/100g)	耐光性 /级	耐热性 (5min) /℃	游离硫 含量/%	筛余物 /%	耐酸碱性	
							耐酸/级	耐碱/级
RA-40	2.35	46	8	350	＜0.03	＜0.04	ΔL＜0.5	4
Nubiperf	2.35	33	8	350	＜0.01	＜0.02	ΔL＜0.5	4

表 3-56　西班牙 NUBIOLA 公司的耐酸群青应用范围

PVC	●	PC	○	PA6	×
PP	●	PMMA	○	PET	○
PE	●	ABS	○	PP 纺丝	●
PS	○	POM	×	PET 纺丝	●

注：●表示推荐使用；○表示有条件地使用；×表示不推荐使用。

② **C. I. 颜料紫 15**　化学组成：$Na_5 Al_4 Si_6 O_{23} S_4$；C. I. 结构号：77007；CAS 登记号：[12169-96-9]。

主要性能：颜料紫 15 俗称群青紫，群青紫相对于颜料紫 23 而言其着色力低得多，群青紫耐热性可达 280℃。群青紫的耐光性可达到 7～8 级，耐迁移性可达 5 级，群青紫耐碱并能耐多种化学品，但不耐酸。西班牙纽碧蓝（NUBIOLA）公司颜料紫 15 性能见表 3-57，应用范围见表 3-58。

表 3-57　西班牙纽碧蓝（NUBIOLA）公司的群青紫 15 牌号和性能

牌号	密度 /(g/cm³)	吸油量 /(g/100g)	耐光性 /级	耐热性 /(℃/5min)	游离硫 含量/%	筛余物 /%	耐酸碱	
							耐酸/级	耐碱/级
V-5	2.35	34	8	300	<0.06	<0.06	1	3~4
V-8	2.35	34	8	300	<0.06	<0.06	1	3~4
V-10	2.35	34	8	300	<0.06	<0.06	1	3~4

表 3-58　西班牙 NUBIOLA 公司的群青紫 15 应用范围

PVC	●	PS	●	PA6	●
PUR	●	SB	●	PET/PBT	●
PE	●	ABS/ASA	●	SAN/PMMA	●
PP	●	PC	●		

注：●表示推荐使用。

3.5.2.6　钒酸铋黄无机颜料

钒酸铋（$BiVO_4$）曾在 1924 年出现于一关于医药的专利中，在 1964 年有了合成的制品。在 20 世纪 70 年代中期开始开发含有钒酸铋的颜料。在 1976 年美国 Du Pont 公司首先发表"鲜亮柠檬黄颜料"，也就是含单斜晶钒酸铋颜料的专利。在 1985 年开始在市场上出现这种鲜亮的黄色无机颜料新品种。

铅铬黄虽然在无机黄色颜料中占有难以动摇的位置，但因含铅近年来受到国际法规限制而遭到停用，而氧化铁黄的色相又实在不够鲜艳，性能优越的有机黄色颜料品种价格又太昂贵，人们确实希望开发一种色泽鲜艳、性能良好、不含铅、无毒的黄色颜料新品种。钒酸铋/钼酸铋黄就是在此背景下研制开发出来的。

钒酸铋/钼酸铋黄是一种两相的颜料，呈鲜亮的柠檬黄色。化学式为 $4BiVO_4$ · $3BiMoO_4$。其塑料用品种是由硅包膜或其他无机金属化合物（硼，铝，锌的氧化物）结合而稳定，从而改善耐热性，所以在塑料着色时避免过度剪切是非常重要的。

产品对环境的影响（安全性）：钒酸铋颜料对动物经口或吸入试验表明没有急性毒性，LD_{50}>5000mg/kg，对皮肤和眼睛刺激性研究证明此类颜料属阴性。对动物试验结果有吸入毒性，可能是含有钒酸盐的原故。对大鼠吸入三个月的研究观察到肺增重和肺组织发生变化，只有当极高浓度时才转变为不可恢复性。毒性作用只有当肺中某些浓度超量时才能观察到，如果达到工业卫生标准就不会这样。为了进一步降低风险，钒铋颜料应以某些高流动性、细的无粉型产品出现，颗粒的大小不在可吸入细尘范围之内。

国外主要生产商是德国巴斯夫（BASF），比利时卡佩勒（Cappelle）。

C.I. 颜料黄 184　化学组成：$4BiVO_4$ · $3Bi_2MoO_6$；C.I. 结构号：771740；CAS 登记号：[14059-33-7/ 13565-96-3]。

主要性能：颜料黄 184 是带绿的黄色。它们具有高着色力、明度和遮盖力。着色力比钛镍黄大 4 倍，有相似于钛白粉的遮盖力，可以耐各种溶剂。铋钒钼黄的色光接近于铬黄或镉黄，比钛镍黄或氧化铁黄要鲜亮得多，特别可贵的是它有优良的耐候性。耐迁移性可达到 5 级，耐酸性可达 4~5 级（10% H_2SO_4 或 2% HCl 液），耐碱性可达 5 级（10% NaOH 液）。由于制造时要通过高温煅烧，因此有良好的耐热性，可耐 200℃，30min，耐热达到 4~5 级。颜料黄 184 可耐各种溶剂。德国巴斯夫公司 Sicopal 颜料黄 184 在塑料中的性能见表 3-59，应用范围见表 3-60。

表 3-59 巴斯夫公司 Sicopal 颜料黄 184 在塑料中的性能

牌号		颜料	钛白粉	耐热性/℃	耐光性/级	耐候性(3000h)/级	耐迁移性/级	翘曲变形
Sicopal 黄 K 1120FG	本色	1‰		300	8	5	5	无
	冲淡	1∶4		300	8	5		无
Sicopal 黄 K 1160FG	本色	1‰		300	8	5	5	无
	冲淡	1∶4		300	8	5		无

表 3-60 巴斯夫公司 Sicopal 颜料黄 184 应用范围

PVC	●	ABS/ASA	○		
PUR	○	PC	●	PP 纤维	●
PE	●	PA6	●	PA 纤维	○
PP	●	PET/PBT	●	PET 纤维	●
PS	●	SAN/PMMA	●	PAN 纤维	●
SB	●				

注：●表示推荐使用；○表示有条件地使用。

3.5.3 效果颜料（无机）主要品种和性能

效果颜料（无机）主要品种有金属颜料，主要在平的和平行的金属颜料粒子上发生镜面反射（例片状铝粉、铜粉）；珠光颜料发生在高度折射的平行的颜料小片状体上的镜面反射（例钛白粉云母）；干涉色颜料全部或主要因干涉现象而造成有色闪光颜料的光学效应（例如云母氧化铁）；随角异色颜料发生在双折射晶体光线偏振。效果无机颜料品种见表 3-61。

表 3-61 效果颜料（无机）品种

颜料类型	品种
金属片状体（铝、铜、铜锌）	金属银色、金属金色
云母片单层涂覆二氧化钛	银色珠光，各类干涉色
云母片同步涂覆二氧化钛、氧化铁	金色珠光
云母片单层涂覆氧化铁	金属古铜色珠光
云母片或金属片涂覆二氧化硅、氧化铁	变色龙幻彩色

3.5.3.1 金属颜料

越来越多的塑料正取代金属充当结构性材料，如汽车零部件，家用电器、娱乐设备。塑料可用于制备各类设计精良、结构复杂的制品，其质量要比金属轻得多。因质量减轻，所以用在汽车上节约能源。为了使塑料件类似于金属部件来满足感官需要，可通过金属颜料着色达到目的。金属颜料主要是片状的金属粒子，以粉状、浆状、颗粒状供应，典型的金属效果颜料分别是纯铝和铜及铜合金。

所有金属效果的颜料，注塑时会在产品出现流水线和焊接线。主要原因是熔接处金属颜料少及焊接线处的金属颜料排列，见图 3-13 和图 3-14。建议提高注入速度和压力，减少颜料用量，选择大颗粒金属颜料及透明性颜料着色，能有效降低流痕。

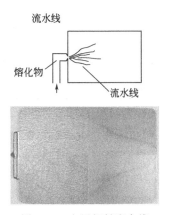

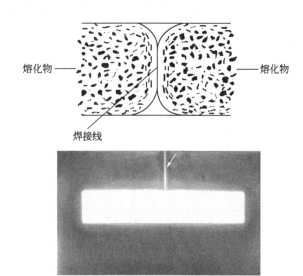

图 3-13　金属颜料流水线　　　　　　　　图 3-14　金属颜料焊接线

产品对环境的影响（安全性）：铝粉无急性毒性，如以色浆形式使用应考虑溶剂的毒性，色浆可能含有溶剂及危害物，吸入后可导致毒性作用；铜和黄铜粉也无毒性；粉状铝颜料是易燃固体，铝粉与水作用能游离出氢气，铝粉着火后最为安全、迅速的方法是盖以干沙灭火，在这种情况下，必须避免引起铝尘云；它能导致突爆，绝对禁止吸烟，必须严禁火种和静电火花。

国外主要生产商是德国爱卡（ECKART），美国星铂联（Silberline），德国舒伦克。

（1）**金属颜料 1**　化学组成：铝粉 Al；C. I. 结构号：77000；CAS 登记号：[7429-90-5]。

图 3-15　鳞片状铝粉粒子

银粉实际上是片状铝粉。铝粉粒子是鳞片状，不规则边角，每片有多个面，见图 3-15。由于铝表面能强烈地反射包括蓝色光在内整个可见光谱，当光照过时，每个面都像微小的镜子，光被散射到四面八方，显现"点点闪光"的效果。

铝颜料可产生很亮的蓝—白镜面反射光。铝粉的片径与厚度比例大约为（40∶1）～（100∶1），铝粉分散到载体后具有与底材平行的特点，众多的铝粉互相连接，大小粒子相互填补，遮盖了底材，又反射了光线，这就是铝粉特有的遮盖力。铝粉遮盖力的大小取决于表面积的大小，也就是径厚比。铝在研磨过程中被延展，径厚比不断增加，遮盖力也随之加大。影响铝粉遮盖力因素很多，分散性不好的铝粉遮盖能力差，另外在高剪切力的作用下加工的铝粉的遮盖力也受到影响，这是因为铝粉发生了径向断裂，缩小了径厚比。

铝粉有不同品种，细粒径铝粉，具有较低的颜料表面与边的比率，较多的光散射，所以遮盖力强，有丝绸般光泽效果；粗粒径铝粉有较高的颜料表面与边的比率较少的光散射，金属感强。颗粒平均直径为 $5\mu m$，其着色力和遮盖力极好；颗粒平均直径为 $20\sim30\mu m$，可与彩色颜料共同使用；颗粒平均直径达 $330\mu m$ 时具有闪烁效果。铝粉粒径与色性能见图 3-16 和表 3-62。

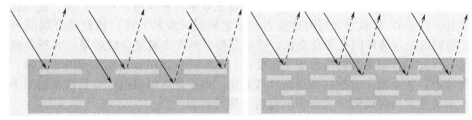

(a) 较粗粒径的铝粉　　　　　　　　(b) 较细粒径的铝粉

图 3-16　不同粒径铝粉光散射现象

表 3-62　铝粉粒径与性能关系

粒径	细————————————→粗
亮度	低————————————→高
光泽	小————————————→大
色彩饱和度	小————————————→大
遮盖力	大————————————→小

铝粉的熔点为 660℃，但在高温下很细的铝粉对氧气很敏感，会在表面氧化形成一层氧化铝薄膜，这样铝就失去了亮丽光泽，变得粗糙无光，呈灰白色。因此对铝粉表面颜料在涂膜表层形成一薄层高性能 SiO_2 和丙烯酸树脂双层包覆保护膜，使铝粉具有良好的耐热、耐候、耐酸性。

铝粉颜料按形态分为粉状和浆状两大类，近年来国外为配合色母粒工艺有铝粉和聚乙烯蜡为主要组分的铝条。

德国爱卡公司 Resist 系列的铝粉都经过二氧化硅包覆处理，在塑料中性能见表 3-63。

表 3-63　德国爱卡公司的铝粉的牌号和性能

牌号	铝条	粒径/μm			效果
		D10	D50	D90	
Chromal 铝粉 XV	Mastersafe 05203		5	11	高遮盖性着色
Chromal 铝粉 X	Mastersafe 10203	3	9	22	高遮盖性着色
Chromal 铝粉 IV		3	14	30	金属质感
Chromal 铝粉 I	Mastersafe 20203	5	20	48	略有闪烁的金属感
Reflexal 铝粉 214	Mastersafe 31203	17	31	54	细闪烁
Reflexal 铝粉 212	Mastersafe 49203	27	49	74	细闪烁
Reflexal 铝粉 211	Mastersafe 60203	30	60	95	中度闪烁
Reflexal 铝粉 210	Mastersafe 75203	40	75	110	中度闪烁
	Mastersafe 95203	56	95	130	中高度闪烁
Reflexal 铝粉 145	Mastersafe 145203		145		中高度闪烁
Reflexal 铝粉 245	Mastersafe 245203		245		高度闪烁
Reflexal 铝粉 345	Mastersafe 345203		345		

（2）**金属颜料 2**　化学组成：铜及铜锌粉（Cu、CuZn）；C. I. 结构号：77400；CAS 登记号：[7440-50-8]。

金粉实际上是铜粉和青铜粉（铜锌合金粉），采用金粉着色可得到黄金般金属光泽。铜粉中含锌量提高，色泽从红光到青光。金粉的着色效果因颗粒粗细不同而异，极细粒径的金属颜料（10～20μm）具有非常高的遮盖力，感觉如同绸缎的光泽；粗粒径金属颜料（50～100μm）得到的是有清晰闪光的亮金色。要使金粉着色产生良好金属效果，其所着色塑料透明性要好，因此尽量避免与钛白粉等配伍使用，其中还包括用钛白粉涂覆的珠光粉。另外加工时增加压力，使金粉定向排列可提高金属效果。由于聚丙烯碳链上有活泼叔碳原子，所以金属铜元素易使聚丙烯降解，故金粉不宜用于聚丙烯着色。

与铝粉一样，金粉颜料表面也需在表层包覆氧化硅保护膜，德国爱卡公司 Resist 系列的金粉和金条（Mastersafe Gold）都经过二氧化硅包覆处理，其在塑料中性能见表 3-64。金粉具有极优异的耐热、耐化学稳定性和户外耐候性。

表 3-64　德国爱卡公司的金粉的牌号和性能

牌号	金条	粒径/μm			效果
		D10	D50	D90	
Resist 金粉 Rotoflex		3	8	15	高遮盖性着色
	Mastersafe Gold 10103		10		高遮盖性着色
Resist 金粉 AT		6	14	30	金色质感
	Mastersafe Gold 17103		17		略有闪烁的黄金感
Resist 金粉 CT		12	28	50	细闪烁
	Mastersafe Gold 35103		35		细闪烁
Resist 金粉 LT		17	40	73	中度闪烁
	Mastersafe Gold 75103		75		中度闪烁

3.5.3.2　珠光颜料

云母-钛珠光颜料是一种高折射率、高光泽度的片状结构的无机颜料。它采用云母为基材，表面涂覆一层或多层高折射率的金属氧化物透明薄膜。通过光的干涉作用，使之具有天然珍珠的柔和光泽或金属的闪光效果。同时珠光颜料具有耐光、耐高温（800℃）、耐酸碱、不导电、易分散、不褪色、不迁移的特性，加之完全无毒，因此被广泛应用于塑料工业中。珠光颜料是以片状形式存在，平均粒径从 5 微米到 500 微米不等。珠光颜料的原材料主要是天然云母、合成云母、玻璃片等。其中以玻璃片生产的珠光颜料质量最好。市场上大部分珠光颜料是以天然云母为基材的，影响其珠光效果的主要是天然云母的质量。这类天然云母主要产于印度。

经过分级的云母片（玻璃片）在水解反应釜中进行化学反应。根据产品要求水解时需加入 $TiCl_4$、$FeCl_3$、$SnCl_4$ 等化合物。水解后的半成品需要煅烧，温度一般在 700～900℃。经过煅烧，水解生成的钛化合物和铁化合物分别生成二氧化钛，三氧化二铁，这些氧化物非常稳定，在云母（玻璃片）表面形成一层纳米级涂层。

在片基上涂覆二氧化钛，首先形成银白色的珠光颜料，见图 3-17 和图 3-18。随着二氧化钛涂层的厚度增加，颜色会从银白色变成干涉色（幻彩色），见图 3-19。所谓幻彩色是指珠光颜料的颜色，在正面看基本上是白色或带一点非常浅颜色，侧面看即显示出其颜色。随着涂层的厚度增加，颜色会由金黄色向红色、紫色、蓝色、绿色变化。在银白色和干涉色系列中，为了提高其耐光和耐候性，部分产品要涂覆一层氧化锡，其作用是在煅烧时把锐钛型的二氧化钛转化成金红石型。

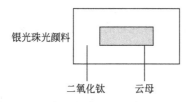

图 3-17　银白珠光在片基上涂覆二氧化钛　　　　　图 3-18　银白珠光电镜图

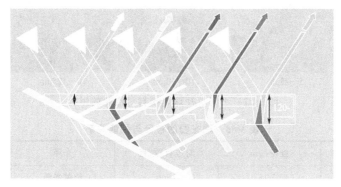

图 3-19　干涉色－幻彩色产生机理

　　如果在片基上进行双层涂覆，即先涂覆一层二氧化钛，再涂覆一层氧化铁，这个工艺可以生产出金色的珠光颜料，随着氧化铁涂层的厚度增加，颜色从浅金色向红金色变化，见图 3-20。如果在片基上直接涂覆氧化铁，则颜色从青铜色、红色向红紫色、褐绿色变化，见图 3-21。所以根据色光不同，珠光颜料一般分为银白系列、幻彩系列、金色系列、金属系列。

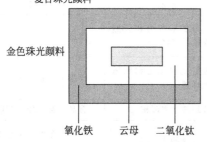

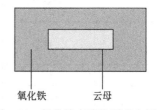

图 3-20　双层涂覆产生金色珠光　　　　　　　图 3-21　氧化铁直接涂覆成古铜色

　　产品对环境的影响（安全性）：云母基珠光颜料是混合物。通过云母片与一种或多种金属氧化物组成，最重要的应用领域是塑料化妆品容器。

　　急性毒性：急性毒性试验表明大鼠经口 $LD_{50} > 5000mg/kg$。珠光颜料对皮肤或黏膜不显示任何刺激或敏感作用。在正常职业接触珠光颜料的情况下评价对人类健康的影响，无有害作用显示。

　　慢性毒性：尚未确认接触珠光颜料对健康的慢性作用。

　　国外主要生产商：德国默克集团 Merck，德国巴斯夫化学品部的安格公司。

　　国内主要生产商：河北欧克精细化工股份有限公司，温州坤威珠光颜料有限公司，温州泰珠集团有限公司。

　　（1）银白系列

根据片晶的大小不同，珠光颜料在塑料体中表现出的效果也不同。珠光颜料的珠光闪烁效果、遮盖力与粒径有关，粒径越小，遮盖力越高，闪烁效果越差，见图3-22。不同粒径的珠光颜料的分级与效果对比见表3-65。德国默克公司的100银白系列珠光粉的牌号和性能见表3-66。

| <15μm | 5~25μm | 10~60μm | 10~125μm | 20~180μm |

图 3-22　不同粒径珠光颜料对性能的影响

表 3-65　珠光粉的粒径与性能关系

粒径级别标识	粒径/μm	对应目数/目	光泽	遮盖力
M（微尘级）	<15	1500	细腻光泽	很好
F（细粉级）	5~25	1000~1200	锦缎光泽	好
N（普通级）	10~60	600~800	珍珠光泽	较好
S（闪亮级）	20~100	400~600	闪烁光泽	较弱
L（超闪级）	20~200	200	耀眼光泽	弱

表 3-66　德国默克公司的 100 银白系列珠光粉的牌号和性能

牌号	TiO_2 包覆率/%	粒径/μm	品质	用途
Iriodin® 100	29（锐钛型）	10~60	较好的遮盖力和天然珍珠般的光泽	常用
Iriodin® 111	43	15	极好的遮盖力和细腻的光泽感	薄膜或软管挤出成型
Iriodin® 120	38	5~25	锦缎般的光泽感	食品包装，软管制瓶
Iriodin®119-KU26	40~44（金红石型）	5~25	锦缎般的光泽感	PE 软管中，不会发生黄变现象
Iriodin® 153	16	20~100	强闪烁效果，但遮盖力较弱	与炭黑（0.01%）配合使用能达到铝片的效果
Iriodin® 163	14	20~180	超强闪烁效果，但遮盖力弱	与炭黑（0.01%）配合使用能达到铝片的效果

　　（2）幻彩系列珠光粉

　　幻彩系列珠光粉在微小的云母晶片上控制 TiO_2 的涂层厚度以获得干涉色，这是一般颜料所不能赋予的，这种效果随观察角度的不同，色彩也随着变化。幻彩系列珠光粉均可以与透明有机颜料或银白系列珠光颜料混合配色。德国默克公司的 200 幻彩系列珠光粉的牌号和性能见表3-67。

表 3-67　德国默克公司的 200 幻彩系列珠光粉的牌号和性能

产品名称		粒径/μm	品质	
			光泽	遮盖力
干涉 金黄	Iriodin® 201	1000～1200	锦缎光泽	好
	Iriodin® 205	600～800	珍珠光泽	较好
	Iriodin® 249	400～600	闪烁光泽	较弱
干涉蓝	Iriodin® 221	1000～1200	锦缎光泽	好
	Iriodin® 225	600～800	珍珠光泽	较好
	Iriodin® 289	400～600	闪烁光泽	较弱
干涉红	Iriodin® 211	1000～1200	锦缎光泽	好
	Iriodin® 215	600～800	珍珠光泽	较好
	Iriodin® 259	400～600	闪烁光泽	较弱
干涉绿	Iriodin® 231	1000～1200	锦缎光泽	好
	Iriodin® 235	600～800	珍珠光泽	较好
	Iriodin® 299	400～600	闪烁光泽	较弱
干涉紫	Iriodin® 219	600～800	珍珠光泽	较好

（3）金属系列珠光粉

金属系列珠光粉通过在云母晶片上控制 TiO_2 的涂层，增加一层三氧化二铁，同干涉层相混合获得金色。相对于金属颜料，金属系列珠光粉具有较高的耐热性，它可以耐温 800℃而不变色。由于遮盖力弱于金属颜料，因此可以与透明的有机颜料、炭黑、群青混合使用，达到不同效果。常用牌号有德国默克公司 Iriodin® 300 系列等，见表 3-68。

表 3-68　德国默克公司 300 的金色系列珠光粉的牌号和性能

产品名称	TiO_2 包覆率/%	Fe_2O_3 包覆率/%	粒径/μm	品质
Iriodin® 300	38	3	10～60	艳金色
Iriodin® 302	48	10	10	缎光泽金色
Iriodin® 303	23	22	23	淡红艳金

金属系列珠光粉通过在云母晶片上直接涂上一层三氧化二铁，颜色从青铜色、红色向红紫色、褐绿色变化。常用德国默克公司牌号和性能见表 3-69。

表 3-69　德国默克公司 500 的金属系列珠光粉的牌号和性能

产品名称	Fe_2O_3 包覆率/%	粒径/μm	品质
Iriodin® 500	38	10～60	艳青铜珍珠
Iriodin® 502	42	10～60	艳棕红色珍珠
Iriodin® 504	46	10～60	艳葡萄酒红珍珠

由于金属系列珠光粉是在云母上涂覆氧化铁，因此在使用中需注意高剪切力对其的破坏。同时，如果体系中含有氯离子或硫离子，会导致氯化铁或硫化铁的生成，使体系颜色发黑。

（4）随角异色（变色龙）颜料

随角异色颜料（习惯上称为"变色龙"颜料）以天然云母、铝片为基材，使用湿化学法包覆工艺，在化学包覆层中引入了 SiO_2，SiO_2 是低折射率介质，与 Fe_2O_3 或 TiO_2 高折射率介质交替包覆而产生色变。纯的 SiO_2 晶体是双折射晶体。当光线穿过双折射晶体后会分成两条光线，一条不变的光线称为"寻常光"，而另一条称为"非常光"。"非常光"线会随入射角变化而偏移，也就是说，双折射晶体中非常光折射率是方向的函数。如果设法使寻常光波与非常光波分开，那么就可以利用双折射晶体从自然光中获得偏振光，偏振棱镜就是利用了这一光学原理。将双折射晶体切割成不同的厚度晶片，会使一些光谱接近消失，而某一单色得到透过，形成各式光栅。利用这一光学现象，并按颜色变化的规律，控制 SiO_2 的厚薄，相当于在每一片珠光颜料的包覆层内插入了一片偏振镜，并随设计需要调整偏振镜的厚度，魔幻般的色彩变化就出现了，见图 3-23。

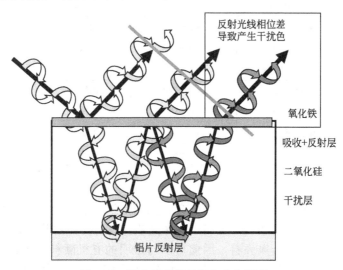

图 3-23　随角异色颜料的色变幻原理

随角异色颜料在使用时尽可能地使片状颜料呈现统一的取向，就能获得最佳的效果。可以用一些连续性的加工工艺获得，诸如薄层挤出和吹塑等。采用注塑工艺同样也能获得非常好的效果，采用压延工艺也能得到优异的结果。

（5）激光标记颜料

激光用于标识已经被广泛认可，特别是由于部件的表面形状、尺寸或结构的原因而不能使用传统印刷工艺的情况下。激光标识是一种无需任何接触的工艺，因此可以对不能接触的表面以及弯曲的部件毫无困难地标识。这就是激光技术明显的优势。

激光标记就是利用激光辐射使聚合物基体内产生局部高能量。这些能量被聚合物基体或添加剂吸收，转化成热能。当热能达到一定数值时，就会引发聚合物内部的各种物理或化学变化，产生标记效果。

塑料制品用激光标识非常简单方便。激光束由光学装置聚焦，由电脑控制激光束射向被标识的部件。在由激光束冲击而引发的热效应的影响下，塑料部件的表面发生变化，结果是印记在这个区域。当然，实际情况要更复杂得多。

激光标记根据效果可以分为 3 类：浅色基体标记深色、深色基体标记浅色、标记彩色。不同的标记效果取决于聚合物中发生的物理、化学反应和激光参数，并分别对应不同的激光标记添加剂，单一的激光标记添加剂不能同时达到这 3 种效果。

激光标记的颜色不仅取决于激光标记添加剂，也取决于塑料基体本身。有的聚合物高温下易于成炭，适宜进行深色标记，例如：聚对苯二甲酸乙二醇酯（PET）/聚对苯二甲酸丁二醇酯（PBT）、聚碳酸酯（PC）、丙烯腈-丁二烯-苯乙烯共聚物（ABS）、聚苯丁二烯共聚物（SB）等；有的聚合物高温下易分解成小分子，不易成炭，适合进行浅色标记，例如聚甲醛（POM）、聚甲基丙烯酸甲酯（PMMA）以及含有足够量黑色颜料的聚合物等；有的既可以进行深色标记，又可以进行浅色标记，例如聚酰胺（PA）、聚乙烯（PE）、聚丙烯（PP）、聚苯乙烯（PS）、苯乙烯-丙烯腈共聚物（SAN）。

总之，激光标记效果的实施是激光束、树脂性能和添加剂共同作用的结果。或是以激光诱发化合物自身发生颜色变化，或由激光能量控制和添加剂吸收能量程度的变化致使树脂炭化（浅色基材打深标）和受热分解发泡（深色基材打浅标）而完成激光打标。

目前，常用的激光标记添加剂大多为无机化合物，经过激光照射后，自身颜色发生变化或通过吸收热量引起塑料颜色发生变化，从而产生明显标记。新加坡学者研究发现二氧化钛（TiO_2）作为激光标记添加剂，在激光照射下 TiO_2 被还原为 TiO 或 Ti，在塑料上产生深色标记。因此，TiO_2 被广泛应用于塑料激光标记。同时珠光颜料、硅酸盐、二氧化硅等也有大量使用。激光标记添加剂包含在激光照射时颜色发生改变的盐类（如 Cu、Fe、Sn、Sb 的磷酸盐或其混合物）。标记后的颜色为黑色或黑灰色。荷兰 DSM 公司开发了含有 Sb_2O_3 的激光标记添加剂，所使用的 Sb_2O_3 平均粒径大于 $0.5\mu m$，其中还加入金属氧化物包覆硅酸盐的珠光颜料提供协同作用，能明显提高 PA6 的可标记性，能够在浅色背景下获得具有高对比度的深色标记。原美国恩格哈德公司开发了一种由锡的氧化物和 Sb_2O_3 的煅烧粉末组成的添加剂，煅烧粉末是通过共沉淀混合而成，共沉淀颗粒表面的锑浓度大于内部的锑浓度。该配方的优点是添加的粉末不会改变塑料原有的基体颜色，也不会产生过量气泡，因此得到的标记表面比较平滑。单独加入锡的氧化物或者 Sb_2O_3 都不能得到良好的标记效果。

3.5.4 效果颜料（有机）主要品种和性能

效果颜料（有机）主要品种有日光荧光颜料、荧光增白剂、变色颜料（变色颜料中有温变和光变两种）、花点效果颜料、大理石母粒。

3.5.4.1 荧光颜料

荧光现象是一个光致发光的过程。在这个过程中，紫外或可见光波段内的短波长电磁波被吸收之后，以长波长电磁波的形式被释放出来。后者通常落在可见光范围内，与常规反射的光叠加，因而显现耀眼的荧光颜色。

荧光颜料是由溶解在聚合物基体中的荧光染料组成。改性聚酰胺常用做聚合物基体，但其他聚合物作为这种日光荧光染料的载体也是相当普遍的。该荧光染料溶于聚合物基体后，通过碾磨制成细粉状就得到了产品。常用的荧光染料是红色罗丹明 B，而绿光黄区域则是苊系的衍生物。荧光颜料表现出颜料的典型性质，具有较高的着色力、较高的耐热性、极细的粒径及较强的耐溶剂性能，近期发展以聚酯为载体的荧光颜料也获得成功，其耐热性可达 285℃以上。

荧光颜料可以应用于部分结晶聚合物中，聚烯烃是日光荧光颜料的主要应用领域。

荧光颜料对耐热的温度和时间十分敏感。因此需要在色母粒生产过程中给予特别的关注，在后续加工成品的生产中也同样需要注意。加工温度要尽可能的低，同时停留时间要短。这在实际操作中往往受到限制，因为每种聚合物的加工都需要一个特定的温度以达到聚合物的熔融后挤出。另外聚合物熔融也需要一定的时间，这与温度也有关。太低的温度或太短的停留时间使塑化剪切有足够的力量迫使未完全熔化的聚合物通过挤出机；与此同时产生了大量的摩擦热。结果可能造成荧光颜料的热损伤。使其明亮度已部分失去了。

在注射成型中通常有注塑头回料反复使用的习惯，且注塑工艺使用热流道是十分普遍的。因此需特别加以注意，因为每次加热都会引起荧光颜料的热损伤增加。

荧光颜料中染料在聚合物基体中的浓度是相当低的，所以建议荧光颜料最终在成品中的浓度为 1%～2%。

荧光颜料另一个缺点是其对光的稳定性很低。日光中的紫外光是有害的。高亮度的荧光颜料是将紫外光转化为可见光的结果。所以着色配方中添加紫外吸收剂必然引起亮度的降低。

提高荧光颜料耐光性的具体方法是加入相同色调的非荧光性颜料，塑料制品在使用荧光着色剂时褪色制品光亮度下降，而色调不会发生很大变化。

市场上供应的日光荧光颜料有黄色、绿色、红色、蓝色和紫罗兰色。橙黄色荧光颜料是主要产品，因为橙黄色是世界上通用的警戒色。

值得注意的是荧光颜料大都不符合FDA要求，符合食品接触的品种也不多。当制品需要与食品直接接触时应慎重使用荧光颜料。英国NOVO-GLO公司ZVM荧光颜料的牌号和性能见表3-70。

表 3-70　英国 NOVO-GLO 公司 ZVM 荧光颜料的牌号和性能

牌号	色泽	牌号	色泽
ZVM17	柠檬黄	ZVM16	黄光橙
ZVM15	橙	ZVM14	红光橙
ZVM13	艳红	ZVM12	桃红
ZVM11	粉红	ZVM21	品红
ZVM19	蓝	ZVM18	绿

3.5.4.2　荧光增白剂

塑料制品一般对可见光（波长范围400～800nm）中的蓝光（450～480nm）有轻微吸收，而造成蓝色不足，使其略带黄色，白度受到影响而给人以陈旧不洁之感。为此，人们采取了不同的措施来使物品增白、增艳。通常使用的方法有两种，一种是加蓝增白，即加入少量蓝色颜料（如群青），通过增加蓝色光部分的反射来遮盖基体的微黄色，使其显得更白。加蓝虽可增白，但一则效果有限，二则由于总的反射光量减少，而使亮度有所降低，物品色泽变暗。荧光增白剂是一种能吸收紫外光并激发出蓝色或蓝紫色荧光的有机化合物，加入荧光增白剂的物质，一方面能将照射在物体上的可见光反射出来，同时还能将吸收的不可见紫外光（波长为300～400nm）转变为蓝色或蓝紫色的可见光发射出来，蓝色和黄色互为补色，因而消除了基体中的黄色，使其显得洁白、艳丽；另一方面增加了物体对光线的反射率，反射光的强度超过了投射于被处理物上原来可见光的强度，所以，人们用眼睛看上去物体的白度增加了，从而达到增白的目的。

荧光增白剂是一种无色或浅黄色的有机化合物，可被看作是白色染料，它能吸收人肉眼看不见的近紫外光，再反射出肉眼可见的蓝紫色荧光，从而有效地提高塑料基体的白度。随着热塑性塑料的发展，荧光增白剂也渐渐渗透到这一领域。在塑料中使用荧光增白剂，是为了改变原本略带黄色的塑料制品，从而增加制品的白度和亮度。用于彩色塑料制品中，可使彩色制品更加鲜艳夺目，用于黑色制品中能增加制品的亮度。

荧光增白剂具有染料的性质，溶于聚合物后会产生增白效果。与染料不同的是荧光增白剂可用于部分晶体聚合物中，这是由于它在聚合物中的使用浓度极低。原则上荧光增白剂能用于所有塑料，在一定的使用场所，荧光增白剂的选用也有一定的限制。因此，应仔细选用荧光增白剂的类型和确定用量。选用的增白剂，应在低浓度时即具有很好的增白效应。实际上，热塑性塑料中荧光增白剂的用量仅为50～500mg/kg，只有在某些特殊情况下，例如循环加工的热塑性塑料，用量才需超过1000mg/kg。

荧光增白剂按照化学结构可分为二苯乙烯型、香豆素型、吡唑啉型、苯并噁唑型、萘二甲酰亚胺型五大类。由于荧光增白剂的发展比较迅速，最新文献中的分类已比较具体，可分为三嗪氨基二苯乙烯型、噁唑环型、双乙酰氨基取代型、香豆素型、吡唑啉型、萘二甲酰亚胺型、噁二唑型、三氮唑型、呋喃型、咪唑型等十一类。应用在塑料中的主要品种见表3-71。

表 3-71　塑料用主要荧光增白剂品种

品种	索引号	CAS 编号	熔点/℃	分子式	分子量	用途
CBS-127	C. I. FB 359		216～222	$C_{30}H_{26}O_2$	418	适用于 PVC 和聚乙烯系列产品，在所有聚合物中呈蓝色荧光
OB	C. I. FB 184	12224-40-7	196～203	$C_{26}H_{26}SO_2N_2$	430	广泛应用于 PVC、PS、ABS、PE、PP 等塑料
OB-1	C. I. FB 398		351～353	$C_{28}H_{18}N_2O_2$	414	是用于聚酯纤维的高效荧光增白剂，同时广泛应用于 ABS、PS、HIPS、PA、PC、PP、EVA 和硬质 PVC 等
KCB	C. I. FB 367	63310-10-1	210～212	$C_{24}H_{14}SO_2N_2$	362	大量用于 EVA 中，是运动鞋中荧光增白剂的第一品种
KSN	C. I. FB 368	17313-08-	275～280	$C_{30}H_{22}N_2O_2$	442	是目前众多的荧光增白剂中特优升级换代产品，色光蓝紫，耐光性优良，适用于所有塑料

3.5.4.3　变色颜料

（1）光变色颜料　光变色颜料（简称 OVP）主要是指颜料产生的颜色随角度的变化而变化。这类颜料具有防伪性，也用于防伪油墨，甚至用于汽车涂料。光学变色颜料是由具有特定光谱特征的光学变色薄膜经粉碎等一系列颜料化处理后制成。

光变色颜料结构：光学变色薄膜是在高真空条件下，按特定膜系结构的设计要求，将多种不同折射率的材料依次淀积在同一载体上形成。膜层厚度满足光的干涉条件，被光照射后将发生一系列的光干涉作用，其颜色随着人眼观察角度的改变而发生变化，其结构见图 3-24。

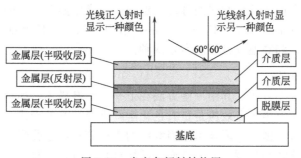

图 3-24　光变色颜料结构图

在生产上，基底材料一般选用 PET、PVC、聚酰亚胺、玻璃或金属等材料，常用的有机脱膜层材料有聚乙烯基乙醇，纤维素或丙烯酸树脂如聚甲基丙烯酸酯等材料，无机脱膜层材料为可溶于水的氯化钠或氟化钠等，脱膜层材料一般应该能够在有机溶剂（如丙酮、甲乙酮、聚丙烯或醋酸纤维素等）或水中溶解。将底基放入真空室中用热蒸发法、电子束蒸发法、磁控溅射法等工艺方法，在涂膜层上蒸发镀三层或三层以上的薄膜，一般优选五层薄膜。当要求正入射光下的反射色为红色，倾斜入射光下的反射色为绿色时，膜系结构（从下到上的每层厚度）为 5nm（Cr 膜）、379nm（Al$_2$O$_3$ 膜）、100nm（Al 膜）、379nm（Al$_2$O$_3$ 膜）和 5nm（Cr 膜），当要求正入射光下的反射色为绿色、倾斜入射光下的反射色为蓝色时，膜系结构（从下到上的每层厚度）为 5nm（Cr 膜）、319nm（Al$_2$O$_3$ 膜）、100nm（Al 膜）、319nm（Al$_2$O$_3$ 膜）和 5nm（Cr 膜）。

通过改变膜系的层数可以制造出在可见光波段相似而在紫外和红外波段有完全不同光谱特征的效果。薄膜经过脱膜工艺，把薄膜和底基材料分开，然后再进行粉碎使颜料粒径达到使用要求。一般在 5～200μm 之间。粒径越大，效果越明显。

光变颜料现在广泛用于防伪领域、化妆品和化妆品包装、涂料等。在塑料上，要求所使用的塑料具有非常高的透明度，比如透明 PP、PET、PVC 等，才能显示出其优越的变色效果。

（2）温变色颜料　当将热液体倒入彩色塑料水杯中时水杯变为无色，当食物太热时婴儿的匙变为红色。这是几个热致变色的例子，一般称为温变颜料。温变颜料在高温下会变色，这一过程是可逆的。例如，该颜料在室温 20℃时无色，在 40℃又显色。冷却至室温后制品又一次变为无色，这一过程可以重复多次。

温变颜料是由电子转移型有机化合物体系制备的。电子转移型有机化合物是一类具有特殊化学结构的有机发色体系。在特定温度下因电子转移使该有机物的分子结构发生变化，从而实现颜色转变。这种变色物质不仅颜色鲜艳，而且可以实现从"有色——无色"状态的颜色变化。

温变颜料是一种在特定的温度下呈现出特定的颜色的微小颗粒．平均直径为 2～7μm，每个颗粒由微小的变色胶囊单元组成，胶囊内含有机酸、溶剂和着色剂。当环境温度低于溶剂的熔点时，着色剂与有机酸结合，呈有色状态；当环境温度高于溶剂的熔点时，着色剂与有机酸分离，呈无色状态。温变颜料外部是一层既不能溶解也不会融化的透明外壳，它保护了变色物质免受其他化学物质的侵蚀。因此在使用中避免破坏这层外壳是十分重要的。

温变单元的颜色一般有蓝色、黑色、红色、绿色和黄色等。温变颜料可与普通颜料混用，以达到由一个颜色变为另一颜色的效果。如红色温变颜料与普通黄色颜料混用，即能产生由橙色变为黄色的效果。

由于温变颜料的特定结构，其遮盖力和调色性能与有机颜料相比，均有一定差距。同时，应避免接触极性溶剂和氨，避免强烈紫外线照射和长时间处于高温中。在生产母粒和塑料产品的过程中，为了便于温变颜料的分散，温变颜料常以温变母粒的形式提供给用户，如毅捷化工有限公司代理的科若梦（Chromazone）系列产品，颜色有红、蓝和黑色，变色温度有低温（17℃左右）和高温（47℃左右）两种。

3.5.4.4　花点颜料

产生斑点效果有很多方法，其中一些方法在上一节中有描述，如金属颜料中大颗粒的铝片和大颗粒珠光粉。本节中斑点效应是指有色化学纤维经切割处理成微小细粒组成，随着纤维尺寸的增加斑点效应增强，但因技术原因纤维的直径和长度会受到限制。一方面，纤维的制备方法限制了它的直径和长度；另一方面，纤维过粗、过长会对其产品造成缺陷，尤其是薄壁塑料部件。

许多不同类型的聚合物都可用于纺制化学纤维。纤维对其聚合物的要求是有较好的耐热性，在着色加工温度下不发生软化或熔化。同时在纤维纺前着色时，常常使用耐热性和耐光性优异的着色剂。目前商业品种有白色、黑色和彩色，彩色中主要是蓝色、绿色和红色。

纤维花点颜料种类繁多，有必要检测是否能应用于我们所选择的聚合物中。在塑料成型中将花点加入到白色或黑色塑料样品中，对比此纤维和原纤维，如果纤维花点颜料在所选加工温度下没有足够的耐热性，可以用肉眼观察到纤维的形状改变。纤维的软化或熔化会引起可见的颜色转移，耐热性不好的黑色纤维会使白色试样发灰，而白色纤维会使黑色试样的颜色变浅，彩色的纤维会将白色试样染上纤维的颜色。

纤维花点颜料在成品中的浓度取决于所期望达到的斑点效果的强度，因此有效浓度可以在相当大的范围内变动。

3.5.4.5 大理石母粒

大理石花纹母粒设计原理很简单，其母粒载体的熔体黏度远远高于聚合物的加工温度，这是大理石效果的基础。对大理石效果的模仿不能靠单一物质，而需要两种不同的设计好的母粒，其中一种是色母粒，另一种是大理石花纹母粒。

理论上，大理石母粒的设计似乎很简单，实际上大理石花纹母粒和被着色聚合物的加工参数间能保持很好的平衡。两者的性能差异太大会使它们不匹配，结果制品会产生缺陷，而差异太小大理石效果又不够明显。

通常的程序是在机器上对设计不同的大理石母粒进行预期测试，这是检验大理石效果和最后产品着色质量的唯一途径。在这里，配色使用的小试塑料样品没有意义。

大理石母粒的原理是十分明确的。但考虑到聚合物的种类繁多及设计类型的多样性，一次制成满意的大理石效果是非常困难的。通常要经过几次测试后才能得到期望的结果。另外，应该注意大理石效应有时不能出现，例如模具中含有间隙或模具粗糙。在这种情况下大理石效果可能很难看或者不可能出现。

第4章
有机颜料主要品种和性能

4.1 有机颜料发展历史

有机颜料的使用究竟从何时开始，人们很难确定其准确的年代，因为古代的有机颜料很容易褪色，难以保留至今。在远古时代，作为对无机色材的补充，当时的人类使用了植物性的色材（如茜草、靛草）或动物性的色材（来自海螺的泰尔紫）。由于着色剂是从动植物中提取出来的，生物学家把它们叫做 pigment，即今天的颜料一词。现代的科学研究表明：茜草的有色成分主要为茜素（1，2-二羟基蒽醌），靛草的有色成分主要是靛蓝。这些有机色材都具有溶解性，它们应该被归类为染料而不是有机颜料，但至少它们是现代有机颜料的起源。

1856 年英国化学家 Perkin 制备了第一个合成染料苯胺紫（mauveine），1858 年，德国化学家 Griess 发现了苯胺的重氮化反应，1861 年 Mene 发现了苯胺重氮盐与芳胺或芳香酚的偶合反应后，才开始人工合成有机染料和有机颜料。合成染料大规模兴起，为有机颜料工业奠定了基础。有机颜料是伴随着染料工业的发展而逐渐发展起来的。

第一个用水溶性染料制备的颜料是在 1899 年合成的立索尔红（Lithol Red），l903 年金光红 C（颜料红 53∶1）问世，这个颜料直到今天仍被大量生产及在塑料上使用。1909 年发表了许多有关黄、橙色单偶氮颜料的专利之后，单偶氮和双偶氮联苯胺黄色颜料在 1910 年开始投放市场，红色偶氮颜料在 1931 年进入市场。

作为有机颜料发展的另一个里程碑是 1935 年问世的蓝色酞菁颜料，以及在 1938 年问世的绿色酞菁颜料。它们的问世填补了性能优异的蓝、绿色有机颜料的空白。酞菁颜料合成工艺简便，生产成本低，颜料色光鲜艳，着色强度高，还具有优异的耐热，耐光（候）性及耐化学稳定性，因此产量不断增加。正因为酞菁颜料具有这些优点，所以半个世纪以来，发展十分迅速，目前酞菁蓝常见两种晶型：α 型呈红光蓝色调，β 型呈绿光蓝色调。酞菁绿是铜酞菁的多氯代物，而后来生产的黄光酞菁绿颜料则是铜酞菁氯或溴的取代物。

从 20 世纪 50 年代起，又开发与蓝、绿色谱相近色牢度的黄、橙、红和紫色颜料。1954 年瑞士汽巴-嘉基公司开发了耐热性和耐迁移性能良好的黄色和红色偶氮缩合型颜料，1955 年美国杜邦公司开发出喹吖啶酮类红、紫色颜料。20 世纪 60 年代德国赫司特公司将黄、橙、红色苯并咪唑酮类颜料推向市场。20 世纪 70 年代瑞士汽巴-嘉基公司和德国巴斯夫公司开发出了黄色的异吲哚啉酮和异吲哚啉颜料。20 世纪 80 年代瑞士汽巴公司推出了新产品 1，4-吡咯并吡咯二酮（即 DPP）类红色颜料等。

4.2 有机颜料的分类

有机颜料，可以有很多分类方法。按其色谱颜色不同可分为黄色谱、橙色谱、红紫色谱、绿蓝色谱等；按其来源不同则可有天然有机颜料及合成有机颜料。按用途可分为印墨用有机颜料（如胶印墨、水基印墨等）、涂料用有机颜料（如溶剂型颜料、水性涂料等）、塑胶用有机颜料（如 PVC、ABS、PP、PA 等）。

本书将塑料着色用有机颜料根据化学结构分类，其理由是化学结构相同的系列颜料，其耐光牢度、耐候性和耐热性等十分相似。在一定程度上预示了颜料的典型性能。

根据结构，有机颜料可以分成三大类：偶氮类、酞菁类、杂环及稠环酮类颜料，这三类颜料都可根据结构特点做进一步细分。

（1）偶氮颜料中根据偶氮基的数量可分为单偶氮、双偶氮、缩合偶氮类颜料。单偶氮色淀和双氯联苯胺系列双偶氮一般称为传统经典偶氮颜料。其色谱齐（红黄橙），色泽鲜艳，价格合理，已大量用于塑料着色，但因其结构等因素，在耐热性、耐光性、耐迁移性等方面存在种种缺陷，特别在浅色着色时其差距更大。另外传统的联苯胺黄、橙系列颜料在聚合物加工温度超过 200℃时会发生热分解，分解的产物是双氯联苯胺，双氯联苯胺是对动物有致癌性、对人体可能有致癌性的芳香胺。

为了改进经典偶氮颜料的应用性能，通过酰氨基连接两个单偶氮颜料，合成了分子量较高的缩合偶氮颜料，大大提高了应用性能，所以我们把缩合偶氮颜料也称为大分子颜料。另外除了增加颜料分子量外，苯并咪唑酮系偶氮颜料在分子上引入含环状酰氨基特定基团以降低分子溶解度，也大大改进了颜料耐热性、耐候性和迁移性。这两类颜料具有优异的耐热、耐光、耐候和耐化学试剂稳定性。

（2）酞菁颜料主要是蓝绿品种，色光鲜艳，着色力高，还具有优异的耐光、耐候性、耐热和耐化学试剂稳定性。蓝色铜酞菁颜料具有同质多晶性，即同一化合物具有生成多种不同结构晶体的能力。晶型影响其应用性能，不同绿色卤代铜酞菁颜料着色力和色光不同。

（3）杂环及稠环酮类颜料包含喹吖啶酮类、二噁嗪类、异吲哚啉酮类、吡咯并吡咯二酮类，蒽醌杂环等。把该类颜料同苯并咪唑酮系颜料、偶氮缩合颜料统称为高性能有机颜料。

有机颜料按化学结构的分类及应用在塑料上的品种详见表 4-1。

表 4-1 按化学结构分类的有机颜料在塑料中应用的主要品种

类别	化学结构		颜色	品种（颜料索引号）
偶氮	单偶氮	偶氮盐/色淀	黄色	颜料黄 62/168/183/191
			红色	颜料红 48：1/48：2/48：3/48：4 颜料红 53：1/53：3/57：1
		萘酚 AS	红色	颜料红 170/247
		苯并咪唑酮	黄色	颜料黄 120/180/181/214
			橙色	颜料橙 64/72
			红色	颜料红 175/176/185/208
			紫色	颜料紫 32
			棕色	颜料棕 25

类别	化学结构	颜色	品种（颜料索引号）
偶氮	双偶氮	黄色	颜料黄 12/13/14/17/81/83
		橙色	颜料橙 13/34
	缩合偶氮	黄色	颜料黄 93/95/128
		红色	颜料红 144/166/214/242
		棕色	颜料棕 23/41
酞菁	酞菁	蓝色	颜料蓝 15/15：1/15：3
	氯化酞菁	绿色	颜料绿 7
	溴氯化酞菁		颜料绿 36
杂环	二噁嗪	紫色	颜料紫 23/37
	喹吖啶酮	红色	颜料红 122/202，颜料紫 19（γ 晶型）
		紫色	颜料紫 19（β 晶型）
	苝	红色	颜料红 149/178/179
		紫色	颜料紫 29
	异吲哚啉酮	黄色	颜料黄 109/110
		橙色	颜料橙 61
	异吲哚啉	黄色	颜料黄 139
	吡咯并吡咯二酮	橙色	颜料橙 71/73
		红色	颜料红 254/255/264/272
	喹酞酮	黄色	颜料黄 138
	蝶啶	黄色	颜料黄 215
	蒽醌、蒽酮	黄—橙色	颜料橙 43，颜料黄 147
		红—蓝色	颜料蓝 60，颜料红 177
	金属络合	黄色	颜料黄 150
		橙色	颜料橙 68

有机颜料的化学结构分类在一定程度上预示了该类颜料的典型性质，所以有机颜料系列产品根据结构、色区和性能定位详见图 4-1（见下页）。从图 4-1 中可以对整个有机颜料体系有个初步了解和认识。

4.3　有机颜料在塑料着色中的重要性

塑料着色一般采用无机颜料、有机颜料和溶剂染料。在塑料着色中有机颜料色泽鲜艳、着色力高、品种多，有其他颜料不能替代的优越性，在塑料着色中的重要性是显而易见的。

4.3.1　有机颜料和无机颜料差异

有机颜料色谱比较宽广、齐全，特别是着色力和色彩的明亮度明显比无机颜料高，无机颜料通常有些暗淡。大部分无机颜料有比较好的机械强度和遮盖力，这是有机颜料无法与其匹敌的。有机颜料的耐光性及耐热性一般不如无机颜料，无机颜料的耐溶剂性一般比有机颜料好。有机颜料的生产比无机颜料复杂，价格相对比较昂贵。纵览有机颜料与无机颜料的短长，很难

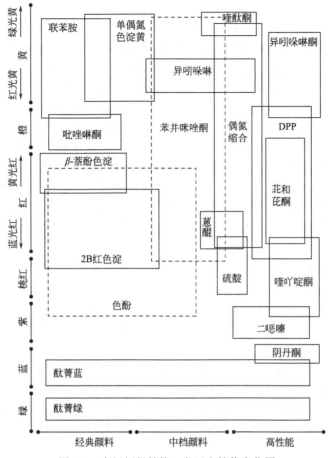

图 4-1 有机颜料结构、色区和性能定位图

裁决它们谁胜谁负，只能说各有所长，各有所用。在实际应用中，经常是将有机颜料与无机颜料混合使用，以便相互取长补短，达到最佳效果。有机颜料与无机颜料性能对比见表4-2。

表 4-2 有机颜料与无机颜料性能对比

性能	有机颜料	无机颜料
色谱品种	品种多、色谱宽	品种少、色谱窄
颜色特性	鲜艳，明亮	鲜艳度低、颜色较暗
着色力	高	低
透明度	高，低的遮盖力	低，高的遮盖力
密度	低，大部分小于 2.5g/cm³	高，大部分大于 2.5g/cm³
颗粒尺寸	粒径小，比表面积大	粒径大，比表面积小
团聚倾向	高	低
分散性	不是很好	较好
溶解性	部分溶解，取决于浓度和结构	完全不溶
耐热性	品种不同，好差不同	非常好
耐光性	品种不同，好差不同	非常好
耐酸、耐碱	较好，优良	部分品种变色
耐溶剂性	中等—优良	优良
翘曲	有些品种（酞菁）很高	没有翘曲
安全性	大部分较好	含铅、铬、镉等重金属

4.3.1.1　着色力差异

有机颜料和无机颜料着色力的差异是产生颜色的机理不同而造成的，由两者的基本化学结构不同引起。有机颜料对色的呈现是结构中存在一个共轭双键体系（π电子体系）发色基团，共轭双键的电子通过选择吸收可见光能从基态跃迁到激发态，因此有机颜料显示的色彩是互补的颜色。无机颜料不含任何双键或者发色基团，所有化学元素都由环绕着（负）电子的正原子核（质子）组成。核的大小和电子的数目由元素在周期表中的位置决定。在周期表中所有元素是根据它们原子数目周期性循环的性质定位的，这样就决定了电子数目和电子层排列。电子在固定的能级旋转，就是所谓的电子轨道。无机颜料通过吸收能量（例如太阳光），电子能从基态跃迁到激发态，即从较低的能级跃迁到较高的能级，需要一定的能量才能使电子跃迁到更高的能级。从激发态到低能级（基态）的跃迁会产生一系列发射谱线，当这些发射谱线的波长处在可见光范围内时就能看见颜色。无机颜料发射光的强度与有机颜料中的共轭双键产生的光的强度相比较低，这正是无机颜料着色力非常低的原因。

4.3.1.2　应用性能差异

大部分无机颜料是在非常高的温度下（700～900℃）煅烧而得，这些颜料具有非常好的耐热性。其他一些用不同的方法生产的无机颜料也能显示足够高的耐热性，只有非常少的无机颜料（铬黄）耐热性较差。然而有机颜料的耐热性因化学结构与晶型的不同而差别很大。

在部分结晶聚合物如聚烯烃中，许多有机颜料在聚合物熔体中充当晶核，单晶体生长成球晶，并且增加了结晶度。聚合物熔体的收缩除了依赖于加工温度、冷却速率和颜料浓度等因素外，还与结晶度有关。由于大部分应用在塑料上的有机颜料是针状晶体，所以会导致塑料制品翘曲。而无机颜料是球状晶体则不会引起制品翘曲。颜料的晶型结构见图 4-2 和图 4-3。

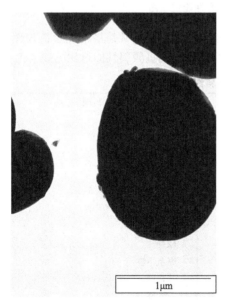

图 4-2　无机颜料棕 24 TEM 图片

图 4-3　有机颜料蓝 15：3 TEM 图片

无机颜料是金属氧化物及金属盐，它的密度一般在 3.5～5g/cm³，比表面积小，粒子间空隙小，所以容易被润湿分散。一般而言无机颜料相对于有机颜料在塑料中容易分散。特别是二氧化钛和铬系、镉系颜料在塑料中是最容易分散。

4.3.1.3　安全性能差异

欧洲玩具指令、欧盟 REACH 高度关注物质（SVHC）、欧盟 RoHS 法规、欧盟 AP 89-1 法规、美国《消费产品安全改进法》（CPSIA）规定了在玩具上、家电产品、与食品接触的包装材料上明令禁止使用含铅、铬、镉的无机颜料。由于环境保护的强化，不少无机颜料的使用将越来越受到限制，而有机颜料在塑料上的应用则越来越受到重视。此外很多国家的法规对有机颜料纯度有特别要求，有机颜料在合成中可能出现的痕量杂质如芳烃伯胺类、多氯联苯类、二噁英等影响塑料在食品或化妆品包装材料中的使用。

4.3.1.4　有机颜料和无机颜料互补协同作用

纵览有机颜料与无机颜料的差异，只能说各有所长，塑料着色无论选择无机颜料还是有机颜料，在具体情况下要综合考虑技术和经济以及各自国家法规的要求。有机颜料在需要透明和高色力的地方表现较满意，特别是薄制品或纤维拉丝着色。如果要求调色或浅的颜色和高遮盖，还要考虑到耐热、耐光和耐候，最好选择无机颜料。

值得注意的是德国巴斯夫公司推出 PALIOTAN®、德国 HUBACK 公司推出 TICO® 系列颜料，是基于无机颜料和有机颜料优缺点，将无机颜料和高档有机颜料匹配复合使用。大量使用着色力低的无机颜料可提供需要的遮盖力，而加入少量有机颜料来提高复合料的着色力和鲜艳度。产品包括不同性能水平的黄色、橙色和红色。

4.3.2　有机颜料和溶剂染料差异

一定加工温度下可以完全溶解于聚合物中的着色剂被定义为溶剂染料，溶剂染料因其可在各种有机溶剂中溶解而得名。与此相反，一定加工温度下完全不溶解于聚合物中的着色剂被定义为颜料。但是，实践证明有时这种区别是模糊的。在特定场合下某些有机颜料可部分溶于聚合物熔体中，DPP 颜料（颜料红 254）就是一个典型的例子，颜料红 254 在大多数聚合物中作为颜料呈现明亮的红色，但是在聚碳酸酯中加工温度高于 320℃ 时，颜料红 254 完全溶解，呈现明亮的荧光黄色。这时颜料红 254 呈现出典型的染料特征。

有机颜料和溶剂染料都是有色的有机化合物。从两者化学结构来看极为相似，甚至有的有机化合物既可以作为染料使用又可以作为有机颜料使用。但有机颜料与染料确实是两个不同的概念，

（1）溶剂染料是能够吸收、透射某些波长的光，而不散射任何一种光的化合物。颜料应用于塑料着色是颜料粒子（结晶）表面对光线的吸收、反射和散射的共同效果（见图 4-4）。因此溶剂染料与颜料不同，用于塑料着色是透明的。溶剂染料的特点是着色力非常高而且色彩鲜艳光亮。

（2）有机颜料对塑料着色呈现高度分散微粒状态，所以始终以原来的晶体状态存在。颜料自身的颜色就代表了它在着色物上的颜色。正因为如此，颜料的晶体状态对颜料而言十分重要，晶体状态影响颜料应用于塑料着色时的耐热性、耐光性、耐候性以及分散性。溶剂染料在塑料上着色时以分子状态完全溶解于聚合物中，此时溶剂染料的晶体状态就不那么重要，或者说染料自身的晶体状态与它的着色行为关系不密切，它的各项性能仅仅与化学结构有关。

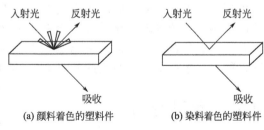

图 4-4　染料和颜料光学行为区别

（3）相比较而言，溶剂染料分子量比较小，所以它的耐光性和耐热性不如有机颜料好。

（4）溶剂染料在某些玻璃化温度低的热塑性塑料，特别是聚乙烯、聚丙烯、增塑聚氯乙

烯中使用会发生渗迁，不能使用。

有机颜料和溶剂染料在化学结构、取代基、分子极性及溶解性之间的区别见表 4-3。

表 4-3　有机颜料和溶剂染料区别

应用特性	有机颜料	溶剂染料	
		醇溶染料	油溶染料
分子的大小	较大	较小	较小
分子的极性	极性低	极性高	极性低
取代基类型	NO_2、Cl、Br、OCH_3	亲油性基团 酸/碱结合盐键	亲油性基团 游离碱，支链烷基
同质异晶	有	无	无
着色形态	微细颗粒	分子状态	分子状态
溶剂溶解性	不溶解	溶解	溶解

4.4　着色性能与颜料化学结构、晶体结构、应用介质的关系

塑料着色的目的有很多，但是落实到最终目的是为了提升塑料制品的价值，一个颜料对使用者的有效使用价值取决于这个颜料的颜色性能、加工性能和应用性能。首先这些性能与化学结构有关，有机颜料有单偶氮类、偶氮色淀类、缩合偶氮类、酞菁类、喹吖啶酮、二噁嗪、异吲哚啉酮、吡咯并吡咯二酮类、蒽醌等杂环类，正如颜料分子结构直接决定其色泽及应用性能一样，但是同一类化学结构的颜料分子骨架，取代基的结合因其原子的不同而异，因此不同化学结构的颜料亦具有不同的性能。

颜料用于塑料着色时，并非溶于这些塑料介质而是以分子形态存在，多以许多分子组合成的微纳米颗粒形态分散在塑料介质中，通过颜料分子颗粒对投射到这些应用介质表面的光线产生吸收、反射、透射、折射等作用实现对这些塑料的着色。因此有机颜料在塑料着色上的应用不仅与结构有关而且与颜料在制造工艺中产生的颜料粒子表面性能、粒子大小、粒子分布有关。有机颜料色相、着色力、分散性、耐光（候）性与粒径关系在本书的第 2 章中已作了非常详细的讨论，有助于我们对有机颜料各项性能指标充分了解，只有这样才能使我们充分利用各种塑料加工条件，才能最终创造价值。在本书的第 2 章中还讨论了有机颜料的应用性能与应用介质密切相关。在不同的介质中有机颜料受环境的影响，它的物理和化学性质会有不同的表现，所以提及有机颜料的应用性能应该要同时给出它是在何种介质中的行为，否则在具体的应用过程中会造成质量事故。有机颜料性能与在塑料上应用的关系见图 4-5（见下页）。

4.5　偶氮颜料

偶氮颜料是分子中含有偶氮基（—N＝N—）的颜料，颜料分子中的偶氮基是通过重氮化与偶合反应而导入的。在偶氮颜料中可根据颜料分子中所含偶氮基数目或偶合组分的结构特征进一步分类。

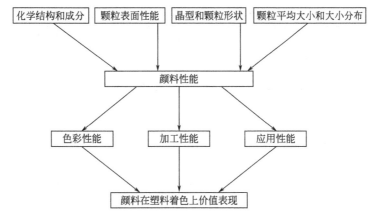

图 4-5 有机颜料性能与在塑料上应用的关系

4.5.1 单偶氮颜料

单偶氮颜料是指颜料分子中只含有一个偶氮基，主要有单偶氮色淀颜料、有色酚 AS 类颜料及苯并咪唑酮颜料。颜色涵盖黄、橙、红、棕。其中苯并咪唑酮颜料是一类高性能有机颜料，它不同于一般的偶氮颜料，它的各项牢度非常优异，具有优异的耐光性、耐候性、耐热性和极高耐溶剂性、耐迁移性、耐化学稳定性以及良好的耐酸性、耐碱性。

4.5.1.1 单偶氮色淀颜料

分子中含有羧酸基、磺酸基的单偶氮染料在碱性水介质中是可溶解的化合物。然而这些分子与碱土金属的化合物作用后会转化成既在水中不溶，又在有机溶剂中不溶的羧酸盐或磺酸盐，可作为颜料使用，主要色谱为黄红等。

（1）黄色色淀颜料 为了改进单偶氮黄类颜料的耐热性和耐迁移性，在分子上引入磺酸基，再转化成色淀类颜料，分子极性较高，它们在有机溶剂和其他介质中的耐溶剂性、耐迁移性以及耐热性比非色淀颜料要高得多。该类颜料着色力较低，遮盖力高，有些品种耐热性优异，较适合用于塑料着色，具体品种如下。

① **C. I. 颜料黄 62** C. I. 结构号：13940；分子式：$C_{17}H_{15}N_4O_7S \cdot \frac{1}{2}Ca$ CAS 登记号：[12286-66-7]。

结构式：

$$\left[\begin{array}{c} CH_3 \\ | \\ CH_3\text{—}NHC\text{—}CH\text{—}N\text{=}N\text{—}\bigcirc\text{—}SO_3^- \\ \| \quad \quad \quad | \\ O \quad \quad O_2N \end{array} \right] \cdot \frac{1}{2}Ca^{2+}$$

色彩表征：颜料黄 62 呈中黄略带红光。着色力相对较低；其与 1％钛白粉配制 1/3SD HDPE 需 0.5％的颜料。而略带红光联苯胺颜料黄 13 达到同样效果只需 0.17％颜料。

主要性能：见表 4-4、表 4-5 和图 4-6。

表 4-4 颜料黄 62 在 PVC 塑料中的应用性能

项目		颜料	钛白粉	耐光性/级	耐候性(2000h)/级	耐迁移性/级	耐热性/级	
							180℃/30min	200℃/10min
PVC	本色	0.1％		7	3～4	5	5	5
	冲淡	0.2％	2％	6～7	2～3	5	5	5

表 4-5 颜料黄 62 在 HDPE 塑料中的应用性能

项目		颜料	钛白粉	耐光性/级	耐候性（3000h）/级	耐迁移性/级
HDPE	本色	0.1%		7	2~3	5
	冲淡	0.1%	1%	7	1	5

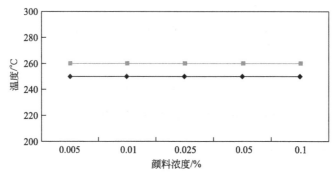

图 4-6　颜料黄 62 在 HDPE 中耐热性
■—加 1%钛白粉；◆—本色

应用范围：见表 4-6。

表 4-6　颜料黄 62 应用范围

通用塑料		工程塑料		纺丝	
LL/LDPE	●	PS/SAN	○	PP	○
HDPE	●	ABS	○	PET	×
PP	●	PC		PA6	×
PVC（软）	●	PBT	×		
PVC（硬）	●	PA	×		
橡胶	●	POM			

注：●表示推荐使用；○表示有条件地使用；×表示不推荐使用。

　　品种特性：颜料黄 62 着色力相对较低，适用于浅色品种配色。颜料黄 62 耐光性、耐热性优于双氯联苯胺系列颜料，又无安全问题，其价格、性能优势使其在聚烯烃着色中需求量日趋增大。颜料黄 62 适用于聚氯乙烯和通用聚烯烃塑料着色，用在 HDPE 等结晶塑料会影响翘曲变形。

　　② **C. I. 颜料黄 168**　C. I. 结构号：13960，分子式：$C_{16}H_{12}ClN_4O_7S \cdot {}^1/_2 Ca$；CAS 登记号 [71832-85-4]。

　　结构式：

$$\left[\ \begin{array}{c} CH_3 \\ \text{Cl} \quad C=O \\ \text{—NHC—CH—N=N—} \quad \text{—SO}_3^- \\ O \qquad\qquad O_2N \end{array} \ \right] \cdot {}^1/_2 \, Ca^{2+}$$

　　色彩表征：颜料黄 168 呈艳丽的绿光黄色，着色力相对较低。
　　主要性能：见表 4-7、表 4-8 和图 4-7。

表 4-7　颜料黄 168 在 PVC 塑料中的应用性能

项目		颜料	钛白粉	耐光性/级	耐候性(2000h)/级	耐迁移性/级	耐热性/级	
							180℃/30min	200℃/10min
PVC	本色	0.1%		7~8	4	5	5	5
	冲淡	0.2%	2%	7	3~4	5	5	5

表 4-8　颜料黄 168 在 HDPE 塑料中的应用性能

项目		颜料	钛白粉	耐光性/级	耐候性(3000h)/级	耐迁移性/级
HDPE	本色	0.1%		7	3	5
	冲淡	0.1%	1%	7	1	5

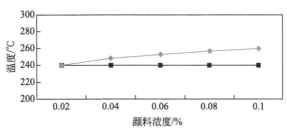

图 4-7　颜料黄 168 在 HDPE 中耐热性
■—加 1%钛白粉；◆—本色

应用范围：见表 4-9。

表 4-9　颜料黄 168 应用范围

通用塑料		工程塑料		纺丝	
LL/LDPE	●	PS/SAN	○	PP	○
HDPE	●	ABS	○	PET	×
PP	●	PC		PA	×
PVC（软）	●	PBT		PAN	
PVC（硬）	●	PA			
橡胶	●	POM			

注：●表示推荐使用；○表示有条件地使用；×表示不推荐使用。

品种特性：颜料黄 168 应用性能接近于颜料黄 62。颜料黄 168 具有较好的耐迁移性，适用于聚氯乙烯和通用聚烯烃塑料着色，用于 HDPE 等结晶塑料会影响翘曲，变形轻微。

③ **颜料黄 183**　C. I. 结构号：18792；分子式：$C_{16}H_{10}Cl_2N_4O_7S_2Ca$；CAS 登记号：[65212-77-3]。

结构式：

色彩表征：颜料黄183呈红光黄色，是塑料着色的专用品种。颜料黄183在塑料中着色力相对较低，与1%钛白粉配制1/3SD PVC需0.34%颜料，与1%钛白粉配制1/3SD HDPE需0.43%颜料。

颜料黄183具有同质多晶性。商品形式有两种，两者差别在于透明性不同，透明性品种着色力高、略带绿光；遮盖力好品种着色力低、偏红光。

主要性能：见表4-10～表4-15和图4-8及图4-9。

表4-10　颜料黄183（透明）在PVC塑料中的应用性能

项目		颜料	钛白粉	耐光性/级	耐迁移性/级
PVC	本色	0.1%		8	5
	冲淡	0.1%	1%	7～8	

表4-11　颜料黄183（透明）在HDPE塑料中的应用性能

项目		颜料	钛白粉	耐光性/级	耐迁移性/级
HDPE	本色	0.1%		7	5
	冲淡	0.1%	1%	6～7	

表4-12　颜料黄183（透明）应用范围

通用塑料		工程塑料		纺丝	
LL/LDPE	●	PS/SAN	●	PP	●
HDPE	●	ABS	●	PET	○
PP	●	PC	○	PA6	×
PVC（软）	●	PBT	○		
PVC（硬）	●	PA6	○		
橡胶	●	PMMA	●		

注：●表示推荐使用；○表示有条件地使用；×表示不推荐使用。

表4-13　颜料黄183（遮盖）在PVC塑料中的应用性能

项目		颜料	钛白粉	耐光性/级	耐迁移性/级
PVC	本色	0.1%		8	5
	冲淡	0.1%	1%	7	

表4-14　颜料黄183（遮盖）在HDPE塑料中的应用性能

项目		颜料	钛白粉	耐光性/级	耐候性（3000h）/级	耐迁移性/级
HDPE	本色	0.1%		7	3～4	5
	冲淡	0.1%	1%	6～7		

表4-15　颜料黄183（遮盖）应用范围

通用塑料		工程塑料		纺丝	
LL/LDPE	●	PS/SAN	●	PP	●
HDPE	●	ABS	●	PET	×
PP	●	PC	○	PA6	×
PVC（软）	●	PBT	○		
PVC（硬）	●	PA	○		
橡胶	●	PMMA	●		

注：●表示推荐使用；○表示有条件地使用；×表示不推荐使用。

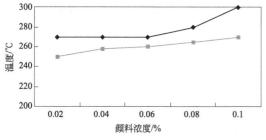

图 4-8　颜料黄 183（透明）在 HDPE 中耐热性　　　图 4-9　颜料黄 183（遮盖）在 HDPE 中耐热性
■—加 1%钛白粉；◆—本色　　　　　　　　　　　　■—加 1%钛白粉；◆—本色

品种特性：颜料黄 183 着色力相对较低，适用于浅色品种配色，颜料黄 183（遮盖）的本色尚能满足长期露置在户外的要求。颜料黄 183 在浓度很宽的范围内具有优异的耐热性，用于 ABS 可达 300℃。除了适用于通用聚烯烃着色外还可用于苯乙烯类工程塑料着色。颜料黄 183 用在 HDPE 等结晶型塑料会轻微影响翘曲变形。

④ **颜料黄 191**　C. I. 结构号：18795；分子式：$C_{17}H_{13}ClN_4O_7S_2Ca$；CAS 登记号：[129423-54-7]。

结构式：

$$\left[\begin{array}{c} H_3C \\ Cl \end{array} \bigcirc \begin{array}{c} SO_3^- \\ N=N \\ HO \end{array} \bigcirc \begin{array}{c} CH_3 \\ N \\ N \\ SO_3^- \end{array} \right] \cdot Ca^{2+}$$

色彩表征：颜料黄 191 呈红光黄色，其色光与颜料黄 83 相似。颜料黄 191 着色力较颜料黄 83 低得多。与 1%钛白粉配制 1/3SD 的 HDPE 需 0.34%颜料，颜料黄 83 达到同样效果只需 0.08%颜料。

颜料黄 191：1 与颜料黄 191 相比是色淀化的盐不同，颜料黄 191：1 是铝盐。

主要性能：见表 4-16～表 4-21，图 4-10 和图 4-11。

表 4-16　颜料黄 191 在 PVC 塑料中的应用性能

项目		颜料	钛白粉	耐光性/级	耐迁移性/级
PVC	本色	0.1%		7	
	冲淡	0.1%	0.5%	6	5

表 4-17　颜料黄 191 在 HDPE 塑料中的应用性能

项目		颜料	钛白粉	耐光性/级	耐候性（3000h,0.2%）/级
HDPE	本色	0.34%		7	3
	1/3SD	0.34%	1%	6～7	

表 4-18　颜料黄 191 应用范围

通用塑料		工程塑料		纺丝	
LL/LDPE	●	PS/SAN	●	PP	●
HDPE	●	ABS	●	PET	×

通用塑料		工程塑料		纺丝	
PP	●	PC	●	PA6	×
PVC（软）	●	PBT	●	PAN	×
PVC（硬）	●	PA	×		
橡胶	●	POM	○		

注：●表示推荐使用；○表示有条件地使用；×表示不推荐使用。

表 4-19　颜料黄 191：1 在 PVC 塑料中的应用性能

项目		颜料	钛白粉	耐光性/级	耐候性(2000h)/级	耐迁移性/级	耐热性/级	
							180℃/30min	200℃/10min
PVC	本色	0.1%		7～8	3～4	5	5	5
	冲淡	0.2%	2%	6～7	2～3	5	5	5

表 4-20　颜料黄 191：1 在 HDPE 塑料中的应用性能

项目		颜料	钛白粉	耐光性/级	耐候性(3000h)/级	耐迁移性/级
HDPE	本色	0.1%		7～8	3～4	5
	冲淡	0.1%	1%	7		5

表 4-21　颜料黄 191：1 应用范围

通用塑料		工程塑料		纺丝	
LL/LDPE	●	PS/SAN	●	PP	●
HDPE	●	ABS	●	PET	×
PP	●	PC	○	PA6	×
PVC（软）	●	PET	○	PAN	
PVC（硬）	●	PA6	○		
橡胶	●	PMMA	●		

注：●表示推荐使用；○表示有条件地使用；×表示不推荐使用。

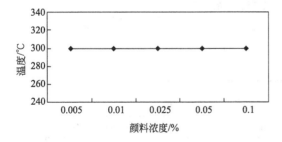

图 4-10　颜料黄 191 在 HDPE 中耐热性

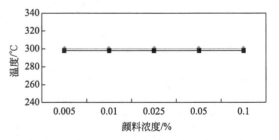

图 4-11　颜料黄 191：1 在 HDPE 中耐热性
　　■—加 1% 钛白粉；◆—本色

品种特性：颜料黄 191 着色力相对较低，适用于浅色品种配色，本色能满足长期露置在户外的要求。颜料黄 191 具有优异的耐热性，特别在浅色时还能保持较好耐热性能，用于 PC 的耐热性可达 330℃，除了用于聚氯乙烯及通用聚烯烃着色外还可用于工程塑料着色。

（2）红色色淀颜料

① 萘酚类红色色淀颜料　2-萘酚为偶合组分与含磺酸芳香胺重氮盐反应，再与金属盐

（钙盐，钡盐，锶盐等）色淀化，可制备多种蓝光红和黄光红。该类色淀颜料是较古老的色淀品种，其最著名品种金光红 C1902 年在德国开始生产。经过色淀化颜料有更好的耐溶剂性和耐迁移性，但耐光性很差。其在塑料上应用的主要品种如下。

C.I. 颜料红 53：1 C.I. 结构号 15585；分子式：$C_{34}H_{24}Cl_2N_4O_8S_2Ba$；CAS 登记号：[5160-02-1]。

结构式：

$$\left[\begin{array}{c} H_3C \\ Cl \end{array} \begin{array}{c} OH \\ N=N \end{array} SO_3^- \right] \cdot \frac{1}{2}Ba^{2+}$$

色彩表征：颜料红 53：1 是较古老的色淀品种，有非常高的色饱和度，其色光是偶氮色淀颜料中最黄的。与其他同系颜料相比，在塑料中着色力强、色泽更亮。

主要性能：见表 4-22～表 4-24 和图 4-12。

表 4-22　颜料红 53：1 在 PVC 塑料中的应用性能

项目		颜料	钛白粉	耐光性/级	耐迁移性/级
PVC	本色	0.1%		6	4～5
	冲淡	0.1%	0.5%	2	

表 4-23　颜料红 53：1 在 HDPE 塑料中的应用性能

项目		颜料	钛白粉	耐光性/级
HDPE	本色	0.22%		3
	1/3SD	0.22%	1%	2～3

表 4-24　颜料红 53：1 应用范围

通用塑料		工程塑料		纺丝	
LL/LDPE	●	PS/SAN	●	PP	○
HDPE	●	ABS	●	PET	×
PP	●	PC	●	PA6	×
PVC（软）	●	PBT	×	PAN	×
PVC（硬）	●	PA	×		
橡胶	●	POM	×		

注：●表示推荐使用；○表示有条件地使用；×表示不推荐使用。

品种特性：颜料红 53：1 色彩性能好，价格低廉，耐热性优良，耐光性很差。颜料红 53：1 除了适用于通用聚烯烃着色外还可用苯乙烯类工程塑料着色。

② 2 羟基-3 萘甲酸类红色色淀颜料

以 2 羟基-3 萘甲酸（2，3 酸），亦称博纳酸，为偶合组分，与含有磺酸基芳胺重氮盐反应，再与金属色淀化，形成具有多种红色谱的

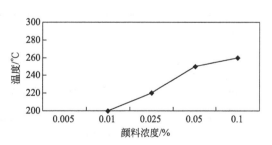

图 4-12　颜料红 53：1 在 HDPE 中耐热性

红色颜料，如在塑料中应用较多的 2B 红系列和宝红 4B 红颜料。2B 红系列处于中红色区，着色力高，颜色性能优异，耐迁移性、耐热性良好，中等耐光性，良好的分散性，其在塑料上应用的主要品种如下。

a. **C. I. 颜料红 48：1** C. I. 结构号：15865：1；分子式：$C_{18}H_{11}ClN_2O_6SCa$；CAS 登记号：[7585-41-3]。

结构式：

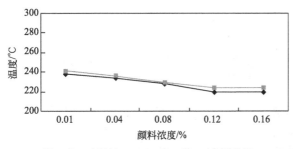

色彩表征： 颜料红 48：1 为钡盐色淀，属 2B 红系列品种。色光为黄光红色。是颜料红 48 系列产品中最为黄相的红色颜料品种。颜料红 48：1 在塑料中的着色力中等，在 1% 钛白粉含量中配制 1/3SD 的 HDPE 仅需 0.34% 的颜料。

主要性能： 见表 4-25～表 4-27 和图 4-13。

表 4-25 颜料红 48：1 在 PVC 塑料中的应用性能

项目		颜料	钛白粉	耐光性/级	耐迁移性/级	耐热性/级	
						180℃/30min	200℃/10min
PVC	本色	0.1%		4	4～5	5	5
	冲淡	0.2%	2%	2～3	4～5	5	5

表 4-26 颜料红 48：1 在 HDPE 塑料中的应用性能

项目		颜料	钛白粉	耐光性/级	耐迁移性/级
HDPE	本色	0.1%		6	5
	冲淡	0.1%	1%	3～4	5

表 4-27 颜料红 48：1 应用范围

通用塑料		工程塑料		纺丝	
LL/LDPE	●	PS/SAN	○	PP	○
HDPE	●	ABS	×	PET	×
PP	○	PC	×	PA6	×
PVC（软）	●	PBT	×	PAN	×
PVC（硬）	○	PA	×		
橡胶	●	POM			

注：●表示推荐使用；○表示有条件地使用；×表示不推荐使用。

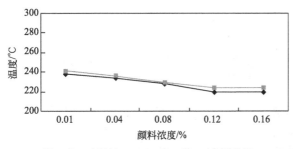

图 4-13 颜料红 48：1 在 HDPE 中耐热性
—■—加 1% 钛白粉；—◆—本色

品种特性： 颜料红 48：1 在透明 PP 中耐热性较差，但在 1/3 标准深度可以达到 200～230℃/5min。在更高温度下会迅速变为暗红色。颜料红 48：1 可用于聚氯乙烯着色，在软质聚氯乙烯中耐迁移性良好，并不会起霜，也耐渗色。

b. **C. I. 颜料红 48：2** C. I. 结构号：15865：2；分子式：$C_{18}H_{11}ClN_2O_6SCa$；CAS 登记号：[7023-61-2]。

结构式：

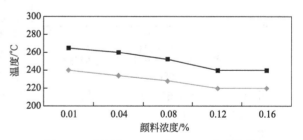

色彩表征：颜料红 48∶2 为钡盐，属 2B 红系列产品。色光为蓝光红色。颜料红 48∶2 在塑料中的着色力高，与 1% 的钛白粉配制 1/3SD 的 HDPE 仅需 0.21% 的颜料。

主要性能：见表 4-28～表 4-30 和图 4-14。

表 4-28　颜料红 48∶2 在 PVC 塑料中的应用性能

项目		颜料	钛白粉	耐光性/级	耐候性(2000h)/级	耐迁移性/级	耐热性/级	
							180℃/30min	200℃/10min
PVC	本色	0.1%		7	2～3	5	4～5	4～5
	冲淡	0.2%	2%	6	1	4.9	4～5	4～5

表 4-29　颜料红 48∶2 在 HDPE 塑料中的应用性能

项目		颜料	钛白粉	耐光性/级	耐候性(3000h)/级	耐迁移性/级
HDPE	本色	0.1%		7	1～2	5
	冲淡	0.1%	1%	6	1	5

表 4-30　颜料红 48∶2 应用范围

通用塑料		工程塑料		纺丝	
LL/LDPE	●	PS/SAN	○	PP	●
HDPE	●	ABS	×	PET	×
PP	●	PC	×	PA6	×
PVC（软）	●	PBT	×	PAN	×
PVC（硬）	○	PA	×		
橡胶	●	POM			

注：●表示推荐使用；○表示有条件地使用；×表示不推荐使用。

品种特性：颜料红 48∶2 的耐光性明显高于颜料红 48∶1，中等牢度性能，性价比好，是通用聚烯烃塑料着色重点品种。颜料红 48∶2 适用于丙纶纤维纺前着色，当其配制深色浓度时是一个漂亮的艳红色，大量用于地毯。颜料红 48∶2 用在 HDPE 等结晶塑料中不会影响翘曲变形。

c. **C.I. 颜料红 48∶3**　C.I. 结构号：15865∶3；分子式：$C_{18}H_{11}ClN_2O_6SSr$；CAS 登记号：[15782-05-5]。

图 4-14　颜料红 48∶2 在 HDPE 中耐热性
■—加 1% 钛白粉；◆—本色

结构式：

色彩表征：颜料红48：3为锶盐，属2B红系列产品。色光略黄于颜料红48：2。颜料红48：3在塑料中的着色力中等，与1％的钛白粉配制1/3SD的HDPE需0.25％的颜料。

主要性能：见表4-31～表4-33和图4-15。

表4-31　颜料红48：3在PVC塑料中的应用性能

项目		颜料	钛白粉	耐光性/级	耐候性(2000h)/级	耐迁移性/级	耐热性/级	
							180℃/30min	200℃/10min
PVC	本色	0.1％		6	2	5	5	5
	冲淡	0.2％	2％	5～6	1	5	5	5

表4-32　颜料红48：3在HDPE塑料中的应用性能

项目		颜料	钛白粉	耐光性/级	耐迁移性/级
HDPE	本色	0.1％		6	5
	冲淡	0.1％	1％	4	5

表4-33　颜料红48：3应用范围

通用塑料		工程塑料		纺丝	
LL/LDPE	●	PS/SAN	○	PP	●
HDPE	●	ABS	○	PET	×
PP	●	PC	×	PA6	×
PVC（软）	●	PBT	×	PAN	×
PVC（硬）	●	PA	×		
橡胶	●	PMMA	×		

注：●表示推荐使用；○表示有条件地使用；×表示不推荐使用。

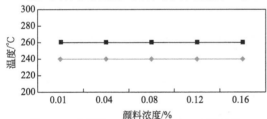

图4-15　颜料红48：3在HDPE中耐热性
■—加1％钛白粉；◆—本色

品种特性：颜料红48：3的耐光性在2B红系列中是最好的，颜料红48：3的耐热性在聚烯烃塑料中可达240℃/5min。超过该温度会迅速变蓝、变暗。颜料红48：3在2B红系列中性能最好，适用于聚氯乙烯和通用聚烯烃着色。颜料红48：3用在HDPE等结晶塑料中不会影响翘曲变形。

d. **C. I. 颜料红57：1**　C. I. 结构号：15850：1；分子式：$C_{18}H_{12}N_2O_6SCa$；CAS登记号：[5281-04-9]。

结构式：

$$\left[\begin{array}{c} H_3C \end{array} \underset{}{\overset{SO_3^- \quad OH \quad COO^-}{\bigcirc-N=N-\bigcirc\bigcirc}} \right] \cdot Ca^{2+}$$

色彩表征：颜料红57：1为钙盐，为蓝光红色，是偶氮色淀颜料中最蓝的。颜料红57：1在塑料中的着色力高，与1％的钛白粉配制1/3SD的HDPE需0.14％的颜料。

主要性能：见表4-34～表4-36和图4-16。

表 4-34　颜料红 57∶1 在 PVC 塑料中的应用性能

项目		颜料	钛白粉	耐光性/级	耐候性(2000h)/级	耐迁移性/级	耐热性/级	
							180℃/30min	200℃/10min
PVC	本色	0.1%		6	1	5	5	5
	冲淡	0.2%	2%	4	1	4.9	5	5

表 4-35　颜料红 57∶1 在 HDPE 塑料中的应用性能

项目		颜料	钛白粉	耐光性/级	耐候性(3000h)/级	耐迁移性/级
HDPE	本色	0.1%		6~7	1	5
	冲淡	0.1%	1%	4~5	1	5

表 4-36　颜料红 57∶1 应用范围

通用塑料		工程塑料		纺丝	
LL/LDPE	●	PS/SAN	○	PP	●
HDPE	●	ABS	×	PET	×
PP	●	PC	×	PA6	×
PVC（软）	●	PBT	×	PAN	×
PVC（硬）	○	PA	×		
橡胶	●	POM			

注：●表示推荐使用；○表示有条件地使用；×表示不推荐使用。

品种特性：颜料红 57∶1 价格低廉，含 0.1%颜料红 57∶1 本色软质 PVC 耐光性只有 2 级，如与钛白粉配伍，其耐光性更差，影响其在塑料上的使用。颜料红 57∶1 在聚烯烃中耐热性可以达到 220~240℃/5min。当颜料浓度低于 0.1%，其耐热性会急剧下降，因此该颜料仅用于深色。颜料红 57∶1 用在 HDPE 等结晶塑料中会影响翘曲变形，影响甚微。

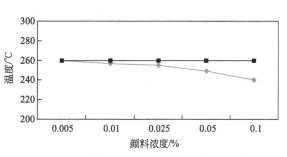

图 4-16　颜料红 57∶1 在 HDPE 中耐热性
■—本色；◆—加 1%钛白粉

③ 2-羟基-3 萘甲酰胺（色酚 AS）类红色色淀颜料　取代基苯胺与 2,3 酸缩合得到的衍生物称为色酚 AS 类衍生物，色酚 AS 类色淀颜料是一类较有价值的有机颜料，该类颜料的共同特征是分子中有一个或两个磺酸基，磺酸基的存在除了可以使颜料成为不溶性色淀盐外，还明显改善了该类颜料的耐溶剂性和耐迁移性。

C.I. 颜料红 247　C.I. 结构号：15915；分子式：$C_{32}H_{26}N_4O_7S \cdot 1/2\ Ca$；CAS 登记号：［43035-18-3］。

结构式：

$$\left[-O_3S-\underset{}{\bigcirc}-HNOC-\underset{CH_3}{\bigcirc}-N=N-\underset{OH}{\bigcirc}-CONH-\bigcirc-OCH_3 \right] \cdot \frac{1}{2}Ca$$

色彩表征： 颜料红247色光为正红色，带有鲜艳的蓝光。颜料红247在塑料中的着色力良好，与1‰的钛白粉配制1/3SD的高密度聚乙烯制品仅需0.28％的颜料。

主要性能： 见表4-37～表4-39和图4-17。

表4-37　颜料红247在PVC塑料中的应用性能

项目		颜料	钛白粉	耐光性/级	耐迁移性/级
PVC	本色	0.1％		6～7	5
	冲淡	0.1％	0.5％	6	5

表4-38　颜料红247在HDPE塑料中的应用性能

项目		颜料	钛白粉	耐光性/级
HDPE	本色	0.27％		6～7
	1/3 SD	0.27％	1％	5～6

表4-39　颜料红247应用范围

通用塑料		工程塑料		纺丝	
LL/LDPE	●	PS/SAN	●	PP	●
HDPE	●	ABS	●	PET	×
PP	●	PC	●	PA6	×
PVC（软）	●	PBT	●	PAN	×
PVC（硬）	●	PA	×		
橡胶	○	POM	×		

注：●表示推荐使用；○表示有条件地使用；×表示不推荐使用。

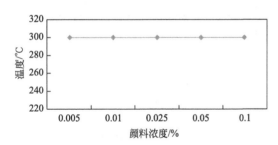

图4-17　颜料红247在HDPE中耐热性（本色）

品种特性： 颜料红247耐光性良好，耐热性优异，能耐热300℃，用在HDPE等结晶塑料中不会影响翘曲变形。在PVC中不耐渗色。

4.5.1.2　色酚AS衍生物类颜料

AS衍生物类颜料是由取代基苯胺与2，3酸缩合得到的色酚AS类衍生物，色酚AS红色颜料具有同质多晶现象。该颜料晶体结构具有如下特征：分子几乎是平行的；分子中偶氮基一般不以偶氮存在，而是以腙式结构存在；分子内普遍存在氢键。所以AS衍生物类颜料具有更好的性能，是塑料着色的中高档品种，产品的性能取决于取代基团，随分子中所含酰氨基的增加产品性能变好，如颜料红187包含三个酰氨基。与同类色谱的偶氮颜料相比，它的着色力要高一些，它的耐热性视品种不同差别也很大。色酚AS类红色颜料色谱在蓝光红和黄光红之间。

① **C.I.颜料红170**　C.I.结构号：12475；分子式：$C_{26}H_{22}N_4O_4$；CAS登记号：[2786-76-7]。

结构式：

色彩表征：颜料红 170 为正红色，本色浓艳，饱和度高，是同类颜料中佼佼者。颜料红 170 具有良好着色力，与 1％的钛白粉配制 1/3SD 的高密度聚乙烯制品仅需 0.22％。颜料红 170 具有同质多晶性。商品形式有两种晶型，两者差别在于透明性不同。透明性品种略带蓝光，俗称永固红 F5RK；高遮盖力品种带黄光，俗称永固红 F3RK。

主要性能：见表 4-40～表 4-44 和图 4-18 及图 4-19。

表 4-40　颜料红 170（F3RK）在 PVC 塑料中的应用性能

项目		颜料	钛白粉	耐光性/级	耐迁移性/级
PVC	本色	0.1％		7～8	
	冲淡	0.1％	0.5％	6～7	2

表 4-41　颜料红 170（F3RK）在 HDPE 塑料中的应用性能

项目		颜料	钛白粉	耐光性/级	耐候性（3000h，0.2％）/级
HDPE	本色	0.22％		8	3
	1/3 SD	0.22％	1％	7～8	

表 4-42　颜料红 170（F3RK）应用范围

通用塑料		工程塑料		纺丝	
LL/LDPE	●	PS/SAN	×	PP	●
HDPE	●	ABS	×	PET	×
PP	●	PC	×	PA6	×
PVC（软）	○	PBT	×	PAN	●
PVC（硬）	○	PA	×		
橡胶	×	POM			

注：●表示推荐使用；○表示有条件地使用；×表示不推荐使用。

表 4-43　颜料红 170（F5RK）在 HDPE 塑料中的应用性能

项目		颜料	钛白粉	耐光性/级
HDPE	本色	0.21％		8
	1/3 SD	0.21％	1％	7～8

表 4-44　颜料红 170（F5 RK）应用范围

通用塑料		工程塑料		纺丝	
LL/LDPE	●	PS/SAN	×	PP	●
HDPE	●	ABS	×	PET	×
PP	●	PC	×	PA6	×
PVC（软）	×	PBT	×	PAN	●
PVC（硬）	×	PA	×		
橡胶	×	POM	×		

注：●表示推荐使用；×表示不推荐使用。

品种特性：颜料红 170 具有优良的耐光性，F3RK 本色尚能基本满足长期露置在户外的要求。深色具有良好耐热性，浅色时较差。适用于通用聚烯烃塑料中等牢度性能，性价比高。颜料红 170（F3RK）可用于 PVC 着色，但在软质聚氯乙烯中会渗色。颜料红 170（F5RK）不能用于 PVC 着色。

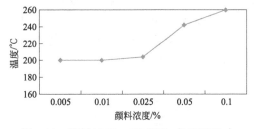

图 4-18 颜料红 170（F3RK）在 HDPE 中
耐热性（本色）

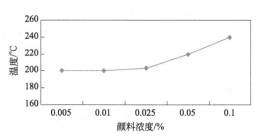

图 4-19 颜料红 170（F5RK）在 HDPE 中
耐热性（本色）

颜料红 170 适用于丙纶纤维纺前着色；颜料红 170 用在 HDPE 等结晶塑料中会影响翘曲变形。

② **C. I. 颜料红 187** C. I. 结构号：12486；分子式：$C_{34}H_{28}ClN_5O_7$；CAS 登记号：[59487-23-9]。

结构式：

色彩表征： 颜料红 187 为高透明性蓝光红色，在同类型颜料中色相最蓝。颜料红 187 具有良好着色力，与 1％的钛白粉配制 1/3SD 的高密度聚乙烯制品仅需 0.25％。颜料红 187 具有同质多晶性，有两种晶型，其中高比表面积的蓝光红有商业价值。

主要性能： 见表 4-45～表 4-47 和图 4-20。

表 4-45 颜料红 187 在 PVC 塑料中的应用性能

项目		颜料	钛白粉	耐光性/级	耐候性（3000h）/级	耐迁移性/级
PVC	本色	0.1％		7	3	
	冲淡	0.1％	0.5％	7		5

表 4-46 颜料红 187 在 HDPE 塑料中的应用性能

项目		颜料	钛白粉	耐光性/级
HDPE	本色	0.25％		8
	1/3 SD	0.25％	1％	8

表 4-47 颜料红 187 应用范围

通用塑料		工程塑料		纺丝	
LL/LDPE	●	ABS	●	PP	●
HDPE	●	PC	●	PET	×
PP	●	PBT	●	PA6	×
PVC（软）	●	PA	×	PAN	×
PVC（硬）	●	POM	×		
橡胶	●				

注：●表示推荐使用；×表示不推荐使用。

品种特性：颜料红 187 在聚烯烃着色中具有优异的耐光性、优良耐热性。颜料红 187 除了适用于聚氯乙烯和通用聚烯烃着色外还可用苯乙烯类工程塑料着色。颜料红 187 适用于丙纶纺前着色。

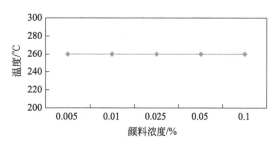

图 4-20　颜料红 187 在 HDPE 中耐热性（本色）

4.5.1.3　苯并咪唑酮颜料

苯并咪唑酮颜料得名于分子中所含的 5-酰氨基苯并咪唑酮基团。由于苯并咪唑酮颜料分子中引入了酰亚胺基团，所以是一类高性能有机颜料，它不同于一般的偶氮颜料，其在塑料中的各项牢度非常优异，用于聚烯烃中具有相当高的耐热性，其中有些品种是目前已知的耐热性最好的有机颜料品种。具有优异的耐光性（黄产品比红产品好），黄色系列还具有很高的耐候性，具有极高耐溶剂性、耐迁移性、耐化学稳定性以及良好的耐酸性、耐碱性。

令人关注是大部分苯并咪唑酮颜料不会引起聚烯烃注塑制品的翘曲性，可用于大型的、非对称的注塑制品。

（1）黄色、橙色苯并咪唑酮颜料　以取代基芳胺作为重氮组分与 5-乙酰乙酰基苯并咪唑酮偶合，并经颜料化处理得商品颜料，通用结构如下：

黄色、橙色苯并咪唑酮有机颜料在塑料中应用的主要品种见表 4-48。

表 4-48　黄色、橙色苯并咪唑酮颜料在塑料中应用的主要品种

C.I. 颜料	CAS 结构号	X	Y	Z	W	色光
黄 120	[29920-31-8]	H	COOCH$_3$	H	H	黄色
黄 151	[31837-42-0]	COOH	H	H	H	绿光黄
黄 180	[77804-81-0]			A		绿光黄
黄 181	[74441-05-7]			B		红光黄
黄 194	[82199-12-0]	OCH$_3$	H	COCH$_3$	H	黄色
黄 214	[25430-12-5]					绿光黄
橙 64	[72102-84-2]					橙
橙 72	[78245-94-0]					黄光橙

表中，A＝　　　　　　　　　　　　　；B＝H$_2$NOC—⬡—HNOC—⬡—NH$_2$。

颜料黄 214 和颜料橙 72 化学结构尚未公布，颜料橙 64 虽也是苯并咪唑酮有机颜料，它的结构与表内不一样。黄 180 在黄色区中居中黄偏绿光，着色力高，饱和度高，在很宽的浓度范围内各项性能稳定，在聚烯烃应用范围内适用性广，有成为标准色潜力。

① **C.I. 颜料黄 120**　C.I. 结构号：11783；分子式：C$_{21}$H$_{19}$N$_5$O$_7$；CAS 登记号：[29920-31-8]。

结构式：

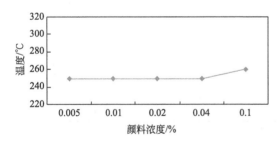

色彩表征：颜料黄 120 呈正黄色，具有较高的着色力，其与 1％钛白粉配制 1/3 标准深度的 PE 仅需 0.38％颜料。

主要性能：见表 4-49～表 4-51 和图 4-21。

表 4-49   颜料黄 120 在 PVC 塑料中的应用性能

项目		颜料	钛白粉	耐光性/级	耐候性（3000h）/级	耐迁移性/级
PVC	本色	0.1％		8	4	5
	冲淡	0.1％	0.5％	8		

表 4-50   颜料黄 120 在 HDPE 塑料中的应用性能

项目		颜料	钛白粉	耐光性/级	耐候性（3000h，0.2％）级
PE	本色	0.38％		8	3～4
	1/3 SD	0.38％	1％	8	

表 4-51   颜料黄 120 应用范围

通用塑料		工程塑料		纺丝	
LL/LDPE	●	PS/SAN	○	PP	●
HDPE	●	ABS	●	PET	×
PP	●	PC	×	PA6	×
PVC（软）	●	PBT	×	PAN	●
PVC（硬）	●	PA	×		
橡胶	●	POM	○		

注：●表示推荐使用；○表示有条件地使用；×表示不推荐使用。

图 4-21   颜料黄 120 在 HDPE 中耐热性（本色）

品种特性：颜料黄 120 耐光性非常优异，在 1/25 SD，软质 PVC 达 8 级，然而以铅/镉作稳定剂的硬质 PVC 的耐候性要远低于同系列其他产品。颜料黄 120 适用聚氯乙烯，有 PVC 专用制备物供应。颜料黄 120 适用于丙纶纺前着色、纺丝。

② **C. I. 颜料黄 151**   C. I. 结构号：13980；分子式：$C_{18}H_{15}N_5O_5$；CAS 登记号：[31837-42-0]。

结构式：

色彩表征：颜料黄151呈绿光黄色，具有较高的着色力，其与1‰钛白粉配制1/3SD的PE仅需0.38%颜料。

主要性能：见表4-52～表4-54和图4-22。

表4-52　颜料黄151在PVC塑料中的应用性能

项目		颜料	钛白粉	耐光性/级	耐迁移性/级
PVC	本色	0.1%		7～8	5
	冲淡	0.1%	0.5%	7～8	

表4-53　颜料黄151在HDPE塑料中的应用性能

项目		颜料	钛白粉	耐光性/级	耐候性（3000h，0.2%）/级
PE	本色	0.38%		8	3～4
	1/3 SD	0.38%	1%	8	

表4-54　颜料黄151应用范围

通用塑料		工程塑料		纺丝	
LL/LDPE	●	PS/SAN	○	PP	○
HDPE	●	ABS	○	PET	×
PP	●	PC	×	PA6	×
PVC（软）	●	PBT	×	PAN	×
PVC（硬）	●	PA	×		
橡胶	●	POM	×		

注：●表示推荐使用；○表示有条件地使用；×表示不推荐使用。

品种特性：颜料黄151耐光性非常优异，在1/25 SD，软质PVC和聚苯乙烯的耐光性达8级，硬质PVC的耐候性良好。颜料黄151耐热性优良，1/3 SD聚乙烯耐热达260℃，超过这一温度色泽变红，饱和度降低。颜料黄151适用于丙纶纺前着色、纺丝。颜料黄151是铬黄替代理想品种。

③ **C.I. 颜料黄 180**　C.I. 结构号：21290；分子式：$C_{36}H_{32}N_{10}O_8$；CAS登记号：[77804-81-0]。

结构式：

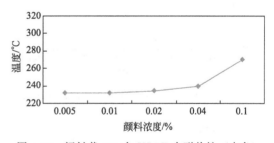

图4-22　颜料黄151在HDPE中耐热性（本色）

色彩表征：颜料黄180呈绿光黄色，是苯并咪唑酮黄系列中唯一的双偶氮颜料，所以颜料黄180具有较高的着色力，与1%钛白粉配制1/3标准深度的HDPE仅需0.3%颜料。

主要性能：见表4-55～表4-57和图4-23。

表 4-55　颜料黄 180 在 PVC 塑料中的应用性能

项目		颜料	钛白粉	耐光性/级	耐迁移性/级
PVC	本色	0.1%		6～7	5
	冲淡	0.1%	0.5%	6～7	5

表 4-56　颜料黄 180 在 HDPE 塑料中的应用性能

项目		颜料	钛白粉	耐光性/级
PE	本色	0.16%		6～7
	1/3 SD	0.16%	1%	6～7

表 4-57　颜料黄 180 应用范围

通用塑料		工程塑料		纺丝	
LL/LDPE	●	PS/SAN	●	PP	●
HDPE	●	ABS	●	PET	×
PP	●	PC	●	PA6	×
PVC（软）	●	PBT	●	PAN	●
PVC（硬）	●	PA	×		
橡胶	●	POM	●		

注：●表示推荐使用；×表示不推荐使用。

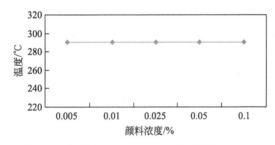

图 4-23　颜料黄 180 在 HDPE 中耐热性（本色）

品种特性： 颜料黄 180 在 HDPE 的耐热性优异，而且在很宽的范围内与着色浓度无关，只有低于 0.005% 以下耐热性会下降。不仅适用于通用聚烯烃塑料还特别适用于通用工程塑料如聚碳酸酯、聚苯乙烯和聚酯。颜料黄 180 适用于丙纶纺前着色、纺丝。颜料黄 180 可成为中黄色区标准色潜力品种。

④ **C. I. 颜料黄 181**　C. I. 结构号：11777；分子式：$C_{25}H_{21}N_7O_5$；CAS 登记号：[74441-05-7]。

结构式：

$$H_2NC-\bigcirc-NHC-\bigcirc-N=N-CH-CNH-\bigcirc\bigcirc=O$$

色彩表征： 颜料黄 181 呈红光黄色。颜料黄 181 着色力较颜料黄 180 稍差。其与 1% 钛白粉配制 1/3 标准深度的 HDPE 需 0.4% 颜料。

主要性能： 见表 4-58～表 4-60 和图 4-24。

表 4-58　颜料黄 181 在 PVC 塑料中的应用性能

项目		颜料	钛白粉	耐光性/级	耐候性（3000h）/级	耐迁移性/级
PVC	本色	0.1%		8		5
	冲淡	0.1%	0.5%	8		5

表 4-59　颜料黄 181 在 HDPE 塑料中的应用性能

项目		颜料	钛白粉	耐光性/级	耐候性（3000h，0.2%）/级
PE	本色	0.44%		8	3~4
	1/3 SD	0.44%	1%	8	

表 4-60　颜料黄 181 应用范围

通用塑料		工程塑料		纺丝	
LL/LDPE	●	PS/SAN	●	PP	●
HDPE	●	ABS	●	PET	×
PP	●	PC	×	PA6	×
PVC（软）	●	PBT	●	PAN	●
PVC（硬）	●	PA	×		
橡胶	●	POM	●		

注：●表示推荐使用；○表示有条件地使用；×表示不推荐使用。

品种特性：颜料黄 181 具有优异的耐光性，其在不同塑料中均为 8 级。颜料黄 181 在很低的着色浓度耐热性也很好，不仅适用于通用聚烯烃塑料还适用于苯乙烯类通用工程塑料。颜料黄 181 还可用于丙纶纺前着色、纺丝。

⑤ C. I. 颜料黄 214

色彩表征：颜料黄 214 呈非常艳丽绿光黄色，是目前黄色有机颜料品种中最绿光和色彩饱和度最好的品种。颜料黄 214 具有非常高的着色力，与 1% 钛白粉配制 1/3 标准深度的 HDPE 需 0.19% 颜料。

主要性能：见表 4-61～表 4-63 和图 4-25。

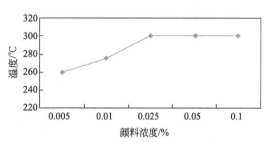

图 4-24　颜料黄 181 在 HDPE 中耐热性（本色）

表 4-61　颜料黄 214 在 PVC 塑料中的应用性能

项目		颜料	钛白粉	耐光性/级	耐候性（3000h）/级	耐迁移性/级
PVC	本色	0.1%		7		5
	冲淡	0.1%	0.5%	6~7		5

表 4-62　颜料黄 214 在 HDPE 塑料中的应用性能

项目		颜料	钛白粉	耐光性/级
PE	本色	0.19%		7
	1/3 SD	0.19%	1%	6~7

表 4-63　颜料黄 214 应用范围

通用塑料		工程塑料		纺丝	
LL/LDPE	●	PS/SAN	●	PP	●
HDPE	●	ABS	●	PET	×
PP	●	PC	×	PA6	×

通用塑料		工程塑料		纺丝	
PVC（软）	●	PBT	○	PAN	○
PVC（硬）	●	PA	×		
橡胶	●	POM	●		

注：●表示推荐使用；○表示有条件地使用；×表示不推荐使用。

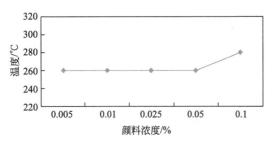

图 4-25　颜料黄 214 在 HDPE 中耐热性（本色）

品种特性：颜料黄 214 耐光性较颜料黄 180 稍差，含 1％ 钛白粉 1/3 标准深度的 HDPE 耐光性为 6～7 级。颜料黄 214 在聚烯烃和工程塑料中的耐热性可达 280℃/5min，颜料黄 214 除了适用于通用聚烯烃着色外还可用于苯乙烯类工程塑料着色。

⑥ **C. I. 颜料橙 64**　C. I. 结构号：12760；分子式：$C_{12}H_{10}N_6O_4$；CAS 登记号：[72102-84-2]。

结构式：

$$\text{（结构式）}$$

色彩表征：颜料橙 64 呈非常鲜亮红光橙色。颜料橙 64 具有非常高着色力，其与 2％ 钛白粉配制 1/3SD 的 PVC 需 0.42％ 颜料。

主要性能：见表 4-64～表 4-66 和图 4-26。

表 4-64　颜料橙 64 在 PVC 塑料中的应用性能

项目		颜料	钛白粉	耐光性/级	耐候性(3000h)/级	耐迁移性/级	耐热性/级	
							180℃/30min	200℃/10min
PVC	本色	0.1％		7～8	3	5	4～5	4～5
	冲淡	0.2％	2％	7～8	1	5	5	5

表 4-65　颜料橙 64 在 HDPE 塑料中的应用性能

项目		颜料	钛白粉	耐光性/级	耐候性(3000h)/级	耐迁移性/级
HDPE	本色	0.1％		8	3～4	5
	冲淡	0.1％	1％	7～8	1	5

表 4-66　颜料橙 64 应用范围

通用塑料		工程塑料		纺丝	
LL/LDPE	●	PS/SAN	●	PP	●
HDPE	●	ABS	●	PET	×
PP	●	PC	○	PA6	×
PVC（软）	●	PET	×	PAN	○
PVC（硬）	●	PA	×		
橡胶	●	POM	●		

注：●表示推荐使用；○表示有条件地使用；×表示不推荐使用。

品种特性：颜料橙 64 耐光性非常好，含 2％钛白粉 1/3 标准深度 PVC 耐光性为 7～8 级。在 HDPE 中的耐热性可达 290℃/5min。除了用于通用聚烯烃着色外，还可用于苯乙烯类工程塑料着色。颜料橙 64 为 HDPE 压力管道的标志色。颜料橙 64 着色力高，色彩饱和度高，综合性能优良，价格下降一定幅度后可成为橙色区标准色潜力品种。

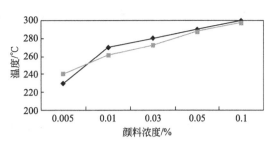

图 4-26　颜料橙 64 在 HDPE 中耐热性
—■—加 1％钛白粉；—◆—本色

⑦ **C. I. 颜料橙 72**　苯并咪唑酮颜料结构。

色彩表征：颜料橙 72 呈亮丽黄光橙色，色彩饱和度尚可，颜料橙 72 着色力较高，其与 1％钛白粉配制 1/3 标准深度 HDPE 需 0.24％颜料。

主要性能：见表 4-67～表 4-69 和图 4-27。

表 4-67　颜料橙 72 在 PVC 塑料中的应用性能

项目		颜料	钛白粉	耐光性/级	耐候性（3000h）/级	耐迁移性/级
PVC	本色	0.1％		8	4	
	冲淡	0.1％	0.5％	7～8		5

表 4-68　颜料橙 72 在 HDPE 塑料中的应用性能

项目		颜料	钛白粉	耐光性/级	耐候性（3000h，0.2％）/级
PE	本色	0.24％		8	4～5
	1/3 SD	0.24％	1％	8	

表 4-69　颜料橙 72 应用范围

通用塑料		工程塑料		纺丝	
LL/LDPE	●	PS/SAN	●	PP	●
HDPE	●	ABS	●	PET	×
PP	●	PC	×	PA6	×
PVC（软）	●	PBT	×	PAN	●
PVC（硬）	●	PA	×		
橡胶	●	POM	●		

注：●表示推荐使用；○表示有条件地使用；×表示不推荐使用。

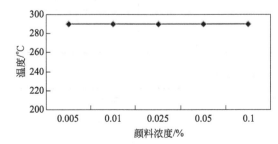

图 4-27　颜料橙 72 在 HDPE 中耐热性（本色）

品种特性：颜料橙 72 含 1％钛白粉 1/3 标准深度的 HDPE 中耐光性为 8 级，本色能满足长期露置在户外的要求。在 HDPE 中的耐热性可达 290℃/5min，性能优良。颜料橙 72 除了用于通用聚烯烃着色外还可用苯乙烯类工程塑料着色。

（2）红色、紫色、棕色苯并咪唑酮颜料
红色、紫色、棕色苯并咪唑酮颜料是 5-氨基苯并咪唑酮与 2-羟基-3-萘甲酸缩合制备后作为偶合组分，与取代芳香胺重氮盐偶合而成。通用结构如下：

红色、棕色苯并咪唑酮颜料主要品种见表4-70。

表4-70　红色、棕色苯并咪唑酮颜料主要品种

颜料	CAS登记号	X	Y	Z	色光
红175	[6985-92-8]	COOCH$_3$	H	H	蓝光红
红176	[12225-06-08]	OCH$_3$	H	CONHC$_6$H$_5$	洋红
红185	[51920-12-8]	OCH$_3$	SO$_2$NHCH$_3$	CH$_3$	洋红
红208	[31778-10-6]	COOC$_4$H$_9$	H	H	红
紫32	[12225-08-6]	OCH$_3$	SO$_2$NHCH$_3$	OCH$_3$	红光紫
棕25	[6992-11-6]	Cl	H	Cl	红光棕

① **C.I. 颜料红176**　C.I. 结构号：12515；分子式：C$_{32}$H$_{24}$N$_6$O$_5$；CAS 登记号：[12225-06-8]。

结构式：

色彩表征：颜料红176呈蓝光红色，但较颜料红185蓝。颜料红176具有高着色力，其与5%钛白粉配制1/3SD的PVC需0.53%颜料。用钛白粉冲淡是漂亮粉红色。

主要性能：见表4-71～表4-73和图4-28。

表4-71　颜料红176在PVC塑料中的应用性能

项目		颜料	钛白粉	耐光性/级	耐迁移性/级
PVC	本色	0.1%		7	5
	冲淡	0.1%	0.5%	6～7	5

表4-72　颜料红176在HDPE塑料中的应用性能

项目		颜料	钛白粉	耐光性/级
HDPE	本色	0.21%		7
	1/3 SD	0.21%	1%	7

表4-73　颜料红176应用范围

通用塑料		工程塑料		纺丝	
LL/LDPE	●	PS/SAN	○	PP	●
HDPE	●	ABS	×	PET	×
PP	●	PC	●	PA6	×

通用塑料		工程塑料		纺丝	
PVC（软）	●	PBT	×	PAN	●
PVC（硬）	●	PA	×		
橡胶	●	POM	×		

注：●表示推荐使用；○表示有条件地使用；×表示不推荐使用。

品种特性：颜料红176耐光性、耐热性优良，但加入钛白粉后耐热性下降幅度较大，适用于聚氯乙烯和通用聚烯烃塑料着色，中等色牢度，性价比高。颜料红176适用 EVA 160℃、30min 高发泡工艺，呈亮艳粉红色。颜料红176适用于丙纶纺前着色、纺丝。

② **C.I. 颜料红 185** C.I. 结构号：12516；分子式：$C_{27}H_{24}N_6O_6S$，CAS 登记号：[51920-12-8]。

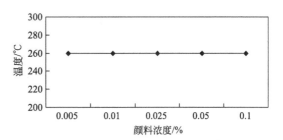

图 4-28 颜料红 176 在 HDPE 中耐热性（本色）

结构式：

H$_3$CHNO$_2$S ... H$_3$C ... HO ... O ... NH ... H ... N ... O ... H

色彩表征：颜料红185具同质多晶性，呈艳丽蓝光红色。颜料红185具有高着色力，其与5％钛白粉配制1/3SD的PVC需0.45％颜料。

主要性能：见表4-74～表4-76和图4-29。

表 4-74　颜料红 185 在 PVC 塑料中的应用性能

项目		颜料	钛白粉	耐光性/级	耐迁移性/级
PVC	本色	0.1%		7～8	5
	冲淡	0.1%	0.5%	7	5

表 4-75　颜料红 185 在 HDPE 塑料中的应用性能

项目		颜料	钛白粉	耐光性/级
PE	本色	0.2%		6
	1/3 SD		1%	5～6

表 4-76　颜料红 185 应用范围

通用塑料		工程塑料		纺丝	
LL/LDPE	●	PS/SAN	●	PP	×
HDPE	●	ABS	×	PET	×
PP	●	PC	×	PA6	×
PVC（软）	●	PBT	×	PAN	○
PVC（硬）	●	PA	×		
橡胶	●	POM	×		

注：●表示推荐使用；○表示有条件地使用；×表示不推荐使用。

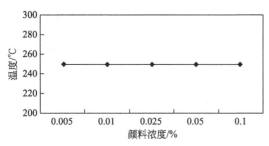

图 4-29 颜料红 185 在 HDPE 中耐热性（本色）

品种特性：颜料红 185 耐光性、耐热性优良，其耐热性在 0.1％～0.005％ 范围内与浓度无关，但加入钛白粉后耐热性随钛白粉量增加而降低。颜料红 185 用于聚氯乙烯和通用聚烯烃塑料着色。

③ **C.I. 颜料红 175**　C.I. 结构号：12513；分子式：$C_{26}H_{19}N_5O_5$；CAS 登记号：[6985-92-8]。

结构式：

色彩表征：颜料红 175 呈暗红色（黄光），高透明性。颜料红 175 着色力一般，其与 5％钛白粉配制 1/3SD 的 PVC 需 0.68％颜料。

主要性能：见表 4-77～表 4-79 和图 4-30。

表 4-77　颜料红 175 在 PVC 塑料中的应用性能

项目		颜料	钛白粉	耐光性/级	耐候性（3000h）/级	耐迁移性/级
PVC	本色	0.1％		7	4	5
	冲淡	0.1％	0.5％	7～8		5

表 4-78　颜料红 175 在 HDPE 塑料中的应用性能

项目		颜料	钛白粉	耐光性/级	耐候性（3000h，0.2％）/级
PE	本色	0.22％		8	4
	1/3 SD	0.22％	1％	8	

表 4-79　颜料红 175 应用范围

通用塑料		工程塑料		纺丝	
LL/LDPE	●	PS/SAN	●	PP	●
HDPE	●	ABS	●	PET	×
PP	●	PC	×	PA6	×
PVC（软）	●	PBT	×	PAN	●
PVC（硬）	●	PA	×		
橡胶	●	POM	×		

注：●表示推荐使用；×表示不推荐使用。

品种特性：颜料红 175 具有优异的耐光性，能满足长期露置在户外的要求，颜料红 175 耐热性可达 250℃但其耐热性随浓度降低而降低。颜料红 175 除了适用于聚氯乙烯和通用聚烯烃着色外还可用苯乙烯类工程塑料着色。

④ **C.I. 颜料红 208**　C.I. 结构号：12514；分子式：$C_{29}H_{25}N_5O_5$；CAS 登记号：[31778-10-6]。

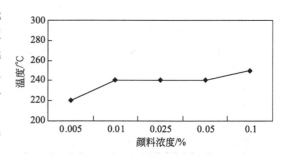

图 4-30　颜料红 175 在 HDPE 中耐热性（本色）

结构式：

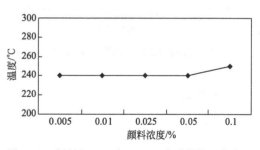

色彩表征：颜料红 208 呈正红色。颜料红 208 具有高着色力，其与 1‰钛白粉配制 1/3 标准深度的 PVC 需 0.6‰颜料。

主要性能：见表 4-80～表 4-82 和图 4-31。

表 4-80　颜料红 208 在 PVC 塑料中的应用性能

项目		颜料	钛白粉	耐光性/级	耐候性（3000h）/级	耐迁移性/级
PVC	本色	0.1%		7	3	4～5
	冲淡	0.1%	0.5%	6～7		

表 4-81　颜料红 208 在 HDPE 塑料中的应用性能

项目		颜料	钛白粉	耐光性/级
HDPE	本色	0.13%		7
	1/3 SD	0.13%	1%	6～7

表 4-82　颜料红 208 应用范围

通用塑料		工程塑料		纺丝	
LL/LDPE	●	PS/SAN	×	PP	×
HDPE	●	ABS	×	PET	×
PP	●	PC	×	PA6	×
PVC（软）	●	PBT	×	PAN	●
PVC（硬）	●	PA	×		
橡胶	●	POM	×		

注：●表示推荐使用；×表示不推荐使用。

品种特性：颜料红 208 在 HDPE 的耐热性可达 240℃。但加入钛白粉会使该温度降至 200℃以下。颜料红 208 适用于聚氯乙烯和通用聚烯烃塑料着色。颜料红 208 是 PU 着色的标准红色。

⑤ **C. I. 颜料紫 32**　C. I. 结构号：12517；分子式：$C_{27}H_{34}N_6O_7S$；CAS 登记号：[12225-08-0]。

结构式：

图 4-31　颜料红 208 在 HDPE 中耐热性（本色）

色彩表征：颜料紫 32 呈鲜艳紫红色，高透明性。颜料紫 32 具有高着色力，其与 1％钛白粉配制 1/3 标准深度的 PVC 需 0.36％颜料。

主要性能：见表 4-83～表 4-85 和图 4-32。

表 4-83　颜料紫 32 在 PVC 塑料中的应用性能

项目		颜料	钛白粉	耐光性/级	耐候性（3000h）/级	耐迁移性/级
PVC	本色	0.1％		7～8		5
	冲淡	0.1％	0.5％	7		

表 4-84　颜料紫 32 在 HDPE 塑料中的应用性能

项目		颜料	钛白粉	耐光性/级
HDPE	本色	0.11％		7
	1/3 SD	0.11％	1％	6～7

表 4-85　颜料紫 32 应用范围

通用塑料		工程塑料		纺丝	
LL/LDPE	●	PS/SAN	×	PP	×
HDPE	●	ABS	×	PET	×
PP	●	PC	×	PA6	×
PVC（软）	●	PBT	×		
PVC（硬）	●	PA	×		
橡胶	○	POM	×		

注：●表示推荐使用；○表示有条件地使用；×表示不推荐使用。

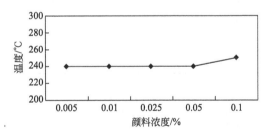

图 4-32　颜料紫 32 在 HDPE 中耐热性（本色）

品种特性：颜料紫 32 非常耐渗色，可适用于聚氯乙烯着色，在聚烯烃着色中耐热性不高，所以常用薄膜和电缆着色。颜料紫 32 适用于化纤原液着色，如醋酸纤维，黏胶纤维。颜料紫 32 可替代硫靛颜料（颜料红 88），在软质 PVC 中着色色光几乎一致。

⑥ **C.I. 颜料棕 25**　C.I. 结构号：12510；分子式：$C_{24}H_{15}Cl_2N_5O_3$；CAS 登记号：[6992-11-6]。

结构式：

色彩表征：颜料棕 25 呈红棕色，透明度较好。颜料棕 25 在 PVC 中的着色力高，其与 5％钛白粉配制 1/3 标准深度的 PVC 需 0.77％颜料。

主要性能：见表 4-86～表 4-88 和图 4-33。

表 4-86 颜料棕 25 在 PVC 塑料中的应用性能

项目		颜料	钛白粉	耐光性/级	耐候性（3000h）/级	耐迁移性/级
PVC	本色	0.1%		8	5	4～5
	冲淡	0.1%	0.5%	8		4～5

表 4-87 颜料棕 25 在 HDPE 塑料中的应用性能

项目		颜料	钛白粉	耐光性/级	耐候性（3000h，0.2%）/级
HDPE	本色	0.22%		8	4～5
	1/3 SD	0.22%	1%	8	

表 4-88 颜料棕 25 应用范围

通用塑料		工程塑料		纺丝	
LL/LDPE	●	PS/SAN	×	PP	●
HDPE	●	ABS	×	PET	×
PP	●	PC	×	PA6	×
PVC（软）	●	PBT	×	PAN	●
PVC（硬）	●	PA	×		
橡胶	●	POM	●		

注：●表示推荐使用；×表示不推荐使用。

品种特性：颜料棕 25 在 PVC 中耐光性优异，能满足长期露置在户外的要求。颜料棕 25 耐热性优良，除了用于通用聚烯烃着色外还可用苯乙烯类工程塑料着色。颜料棕 25 用在 HDPE 中会影响该塑料的翘曲，变形很轻微，但加工温度低于 220℃时翘曲明显。颜料棕 25 是用于 PU 着色的标准棕色。

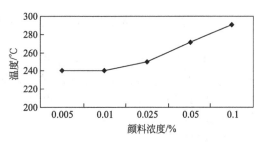

图 4-33 颜料棕 25 在 HDPE 中耐热性（本色）

4.5.2 双偶氮颜料

双偶氮颜料是指颜料分子中含有两个偶氮基的颜料，一般是以二芳胺的重氮盐（3,3-二氯联苯胺）与偶合组分（乙酰乙酰苯胺及其衍生物或双吡唑啉酮及其衍生物）偶合，就是著名的联苯胺颜料。其色谱在强绿光黄色与强红光黄色及橙色之间，联苯胺类偶氮颜料 1935 年问世，第一个品种是 C. I. 颜料黄 13。

双氯联苯胺类偶氮颜料具有优异的颜色性能和较高的着色强度，它的着色强度比相同颜色的单偶氮黄色颜料高一倍以上，但其耐光性（除颜料黄 83）均一般。双氯联苯胺类偶氮颜料在加工时有良好的分散性。

双氯联苯胺类颜料用于塑料加工时，当温度超过 200℃就会发生热分解，热分解的产物是双氯联苯胺。这些结果表明上述的双氯联苯胺黄色偶氮颜料不适用于加工温度超过 200℃的塑料。

（1）黄色双偶氮颜料 目前在塑料工业中常用的双氯联苯胺类黄色偶氮颜料通用结构如下：

$$Y\underset{Z}{\overset{X}{\bigcirc}}-HN\underset{COCH_3}{\overset{}{CO CH}}-N=N-\underset{R_2}{\overset{R_1\ R_2}{\bigcirc\bigcirc}}-N=N-\underset{COCH_3}{\overset{}{CH CONH}}\underset{Z}{\overset{X}{\bigcirc}}Y$$

目前在塑料工业中常用的双氯联苯胺类黄色双偶氮颜料品种列于表 4-89。

表 4-89　塑料工业中常用的双氯联苯胺类黄色偶氮颜料

C. I. 颜料	CAS 登记号	R_1	R_2	X	Y	Z	颜色
颜料黄 12	[6358-85-6]	Cl	H	H	H	H	黄色
颜料黄 13	[5102-83-0]	Cl	H	CH_3	CH_3	H	黄色
颜料黄 14	[5468-75-7]	Cl	H	CH_3	H	H	黄色
颜料黄 17	[4531-49-1]	Cl	H	OCH_3	H	H	绿光黄色
颜料黄 81	[22094-93-5]	Cl	Cl	CH_3	CH_3	H	绿光黄色
颜料黄 83	[5567-15-7]	Cl	H	OCH_3	Cl	OCH_3	红光黄色

① **C. I. 颜料黄 12**　C. I. 结构号：21100；分子式：$C_{36}H_{34}Cl_2N_6O_4$；CAS 登记号：[5102-83-0]。

结构式：

色彩表征： 颜料黄 12 呈纯正黄色，着色力高。

主要性能： 颜料黄 12 主要用于油墨工业。在塑料加工中很少使用。它在聚氯乙烯中的耐迁移性不好。

品种特性： 颜料黄 12 大量用于 EVA 发泡塑料上，其鲜艳的纯黄色深受用户的青睐。也有用户用于薄膜和扁丝，使用时需注意其迁移性、耐热性和耐光性。

② **C. I. 颜料黄 13**　C. I. 结构号：21100；分子式：$C_{36}H_{34}Cl_2N_6O_4$；CAS 登记号：[5102-83-0]。

结构式：

色彩表征： 颜料黄 13 呈正黄色，较颜料黄 12 绿，比颜料黄 17 红。颜料黄 13 着色力高，在与 5% 的钛白粉配制 1/3SD 软 PVC 时所需颜料的浓度为 0.3%，与 1% 的钛白粉配制 1/3 SD 的 HDPE 仅需 0.12% 的颜料。

主要性能： 见表 4-90～表 4-92。

表 4-90　颜料黄 13 在 PVC 塑料中的应用性能

项目		颜料	钛白粉	耐光性/级	耐候性 (2000h)/级	耐迁移性/级	耐热性/级	
							180℃/30min	200℃/10min
PVC	本色	0.1%		7	3	5	4～5	4～5
	冲淡	0.2%	2%	6	1	5	5	4～5

表 4-91　颜料黄 13 在 HDPE 塑料中的应用性能

项目		颜料	钛白粉	耐光性/级	耐迁移性/级
HDPE	本色	0.1%		7～8	4.6
	冲淡	0.1%	1%	6～7	4.6

表 4-92　颜料黄 13 应用范围

通用塑料		工程塑料		纺丝	
LL/LDPE	●	PS/SAN	×	PP	×
HDPE	○	ABS	×	PET	×
PP	○	PC	×	PA6	×
PVC（软）	●	PBT	×	PAN	○
PVC（硬）	●	PA	×		
橡胶	●	POM	×		

注：●表示推荐使用；○表示有条件地使用；×表示不推荐使用。

品种特性：颜料黄 13 价格低廉，安全性受限，谨慎使用！颜料黄 13 在软质聚氯乙烯应用，其耐迁移性比颜料黄 12 好得多；但当颜料含量低于 0.05% 时会起霜。应用硬质 PVC 时耐迁移。颜料黄 13 在 HDPE 中应用时，如加工温度太低，会影响塑料的翘曲变形。

③ **C. I. 颜料黄 14**　C. I. 结构号：21095；分子式：$C_{34}H_{30}Cl_2N_6O_4$；CAS 登记号：[5468-75-7]。

结构式：

色彩表征：颜料黄 14 是一个色光较纯、带绿光的黄色品种，比颜料黄 13 绿得多。颜料黄 14 着色力高，在与 5% 的钛白粉配制 1/3 SD 软质 PVC 时所需颜料的浓度为 0.31%，与 1% 的钛白粉配制 1/3 SD 的 HDPE 仅需 0.1% 的颜料。

主要性能：见表 4-93～表 4-95。

表 4-93　颜料黄 14 在 PVC 塑料中的应用性能

项目		颜料	钛白粉	耐光性/级	耐迁移性/级
PVC	本色	0.1%		6～7	
	冲淡	0.1%	0.5%	6	3

表 4-94　颜料黄 14 在 HDPE 塑料中的应用性能

项目		颜料	钛白粉	耐光性/级
PE	本色	0.1%		5
	1/3 SD	0.1%	1%	4～5

表 4-95　颜料黄 14 应用范围

通用塑料		工程塑料		纺丝	
LL/LDPE	●	PS/SAN	×	PP	×
HDPE	×	ABS	×	PET	×
PP	×	PC	×	PA6	×
PVC（软）	●	PBT	×	PAN	×
PVC（硬）	●	PA	×		
橡胶	●	POM	×		

注：●表示推荐使用；×表示不推荐使用。

品种特性：颜料黄 14 价格低廉，安全性受限，谨慎使用！颜料黄 14 在塑料加工中的应用，视国度不同，差别也很大。在欧洲几乎不推荐用于塑料，在日本却推荐用于塑料。颜料黄 14 因价格比颜料黄 13 及颜料黄 17 低，因此在国内被大量用于聚烯烃塑料中，但颜料黄 14 的迁移性常常给使用者带来很大的麻烦。颜料黄 14 可用于橡胶、黏胶纤维原液着色。用于黏胶纤维时耐光性不好，需注意。

④ **C. I. 颜料黄 17**　C. I. 结构号：21105；分子式：$C_{34}H_{30}Cl_2N_6O_6$；CAS 登记号：[4531-49-1]。

结构式：

色彩表征：颜料黄 17 的色光比颜料黄 14 绿一些，比颜料黄 12 更绿一些。大多数颜料黄 17 为高透明品种。因此在塑料着色中具有意想不到的鲜艳荧光效果。颜料黄 17 着色力较颜料黄 14 差，但两者在相同浓度时其耐光性比颜料黄 14 约高 1～2 级。

主要性能：见表 4-96～表 4-98。

表 4-96　颜料黄 17 在 PVC 塑料中的应用性能

项目		颜料	钛白粉	耐光性/级	耐迁移性/级
PVC	本色	0.1%		7	
	冲淡	0.1%	0.5%	6～7	3

表 4-97　颜料黄 17 在 HDPE 塑料中的应用性能

项目		颜料	钛白粉	耐光性/级
HDPE	本色	0.13%		7
	1/3 SD	0.13%	1%	6～7

表 4-98　颜料黄 17 应用范围

通用塑料		工程塑料		纺丝	
LL/LDPE	●	PS/SAN	×	PP	●
HDPE	○	ABS	×	PET	×
PP	○	PC	×	PA6	×
PVC（软）	●	PBT	×	PAN	●
PVC（硬）	●	PA	×		
橡胶	●	POM	×		

注：●表示推荐使用；○表示有条件地使用；×表示不推荐使用。

品种特性：颜料黄 17 价格低廉，安全性受限，谨慎使用！颜料黄 17 因良好的绝缘性可用于聚氯乙烯的绝缘电缆。颜料黄 17 适用于丙纶纺前着色、纺丝。

⑤ **C.I. 颜料黄 81**　C.I. 结构号：21127；分子式：$C_{36}H_{32}Cl_4N_6O_6$；CAS 登记号：[22094-93-5]。

结构式：

色彩表征：颜料黄 81 带强烈的绿光；加入钛白粉后色光更偏绿。颜料黄 81 着色力低，在与 5％的钛白粉配制 1/3 SD 软质 PVC 时所需颜料的浓度为 1.15％，与 1％的钛白粉配制 1/3SD 的 HDPE 仅需 0.27％的颜料。

主要性能：见表 4-99～表 4-101。

表 4-99　颜料黄 81 在 PVC 塑料中的应用性能

项目		颜料	钛白粉	耐光性/级
PVC	本色	0.1％		7
	冲淡	0.1％	0.5％	7

表 4-100　颜料黄 81 在 HDPE 塑料中的应用性能

项目		颜料	钛白粉	耐光性/级
PE	本色	0.27％		7
	1/3 SD	0.27％	1％	7

表 4-101　颜料黄 81 应用范围

通用塑料		工程塑料		纺丝	
LL/LDPE	●	PS/SAN	×	PP	×
HDPE	○	ABS	×	PET	×
PP	○	PC	×	PA6	×
PVC（软）	●	PBT	×	PAN	○
PVC（硬）	●	PA	×		
橡胶	●	POM	×		

注：●表示推荐使用；○表示有条件地使用；×表示不推荐使用。

品种特性：颜料黄 81 价格低廉，安全性受限，谨慎使用！颜料黄 81 用于软质聚氯乙烯时，如颜料的使用浓度过低，根据加工配方和条件，该颜料也许会起霜。颜料黄 81 不会影响 HDPE 塑料的翘曲性。

⑥ **C.I. 颜料黄 83**　C.I. 结构号：21108；分子式：$C_{36}H_{32}Cl_4N_6O_8$；CAS 登记号：[5567-15-7]。

结构式：

色彩表征： 颜料黄 83 呈红光黄色，色光比颜料黄 13 更红，着色力也更强。与 1％的钛白粉配制 1/3 SD 的 HDPE 仅需 0.08％的颜料。

主要性能： 见表 4-102～表 4-104。

表 4-102　颜料黄 83 在 PVC 塑料中的应用性能

项目		颜料	钛白粉	耐光性/级	耐候性（3000h）/级	耐迁移性/级
PVC	本色	0.1％		7～8	4～5	
	冲淡	0.1％	0.5％	7～8		5

表 4-103　颜料黄 83 在 HDPE 塑料中的应用性能

项目		颜料	钛白粉	耐光性/级
HDPE	本色	0.8％		7
	1/3 SD	0.8％	1％	6～7

表 4-104　颜料黄 83 应用范围

通用塑料		工程塑料		纺丝	
LL/LDPE	●	PS/SAN	●	PP	●
HDPE	●	ABS	○	PET	×
PP	●	PC	×	PA6	×
PVC（软）	●	PBT		PAN	×
PVC（硬）	●	PA	×		
橡胶	●	POM			

注：●表示推荐使用；○表示有条件地使用；×表示不推荐使用。

品种特性： 颜料黄 83 价格低廉，安全性受限，谨慎使用！颜料黄 83 具有良好的耐溶剂性，即使低浓度时在 PVC 中也不会迁移。颜料黄 83 在聚烯烃塑料中常以颜料制备物形式应用。颜料黄 83 适用于丙纶纺前着色、纺丝。

(2) 橙色双偶氮颜料　目前在塑料工业中常用的双氯联苯胺类橙色双偶氮颜料通用结构如下：

目前在塑料工业中常用的双氯联苯胺类橙色双偶氮颜料品种列于表 4-105。

表 4-105　塑料工业中常用双氯联苯胺类橙色偶氮颜料品种

C.I. 颜料	CAS 登记号	X	Y	A	B	颜色
颜料橙 13	[3520-72-7]	Cl	H	CH_3	H	橙色
颜料橙 34	[15793-73-4]	Cl	H	CH_3	CH_3	橙色

① **C.I. 颜料橙 13**　C.I. 结构号：21110；分子式：$C_{32}H_{24}Cl_2N_8O_2$；CAS 登记号：[3520-72-7]。

结构式：

色彩表征：颜料橙 13 呈艳丽黄光橙色，色光比颜料橙 34 略黄。颜料橙 13 着色强度比颜料橙 34 略高。与 1% 的钛白粉配制 1/3 标准深度的 HDPE 仅需 0.12% 的颜料。

主要性能：见表 4-106～表 4-108。

表 4-106　颜料橙 13 在 PVC 塑料中的应用性能

项目		颜料	钛白粉	耐光性/级	耐迁移性/级
PVC	本色	0.1%		6	
	冲淡	0.1%	0.5%	4～-5	2

表 4-107　颜料橙 13 在 HDPE 塑料中的应用性能

项目		颜料	钛白粉	耐光性/级
PE	本色	0.12%		5
	1/3 SD	0.12%	1%	4

表 4-108　颜料橙 13 应用范围

通用塑料		工程塑料		纺丝	
LL/LDPE	●	PS/SAN	×	PP	○
HDPE	○	ABS	×	PET	×
PP	○	PC	×	PA6	×
PVC（软）	●	PBT	×	PAN	●
PVC（硬）	●	PA	×		
橡胶	●	POM	×		

注：●表示推荐使用；○表示有条件地使用；×表示不推荐使用。

品种特性：颜料橙 13 价格低廉，安全性受限，谨慎使用！颜料橙 13 不影响结晶塑料 HDPE 的翘曲性。

② **C. I. 颜料橙 34**　C. I. 结构号：21115；分子式：$C_{34}H_{28}Cl_2N_8O_2$；CAS 登记号：[15793-72-4]。

结构式：

色彩表征：颜料橙 34 呈艳丽黄光橙色。颜料橙 34 具有较高的着色力。与 1% 的钛白粉配制 1/3 标准深度的 HDPE 仅需 0.14% 的颜料。

主要性能：见表 4-109～表 4-111。

表 4-109　颜料橙 34 在 PVC 塑料中的应用性能

项目		颜料	钛白粉	耐光性/级	耐候性(1000h)/级	耐迁移性/级	耐热性/级	
							180℃/30min	200℃/10min
PVC	本色	0.1%		6～7	1～2	4.7	5	5
	冲淡	0.2%	2%	5～6	1	4.7	5	5

表 4-110　颜料橙 34 在 HDPE 塑料中的应用性能

项目		颜料	钛白粉	耐光性/级	耐迁移性/级
HDPE	本色	0.1%		6～7	3～4
	冲淡	0.1%	1%	6	4

表 4-111　颜料橙 34 应用范围

通用塑料		工程塑料		纺丝	
LL/LDPE	●	PS/SAN	×	PP	○
HDPE	○	ABS	×	PET	×
PP	○	PC	×	PA6	×
PVC（软）	●	PBT	×	PAN	
PVC（硬）	●	PA	×		
橡胶	●	POM	×		

注：●表示推荐使用；○表示有条件地使用；×表示不推荐使用。

品种特性：颜料橙 34 价格低廉，安全性受限，谨慎使用！颜料橙 34 在软质聚氯乙烯中应用浓度低于 0.1% 时会起霜，但在高浓度时会渗色。颜料橙 34 不影响结晶塑料 HDPE 的翘曲变形。

（3）红色双偶氮颜料

C. I. 颜料红 38　C. I. 结构号：21120；分子式：$C_{36}H_{28}Cl_2N_8O_6$；CAS 登记号：［6358-87-8］。

结构式：

色彩表征：颜料红 38 呈高透明正红色。颜料红 38 在 PVC 中具有较高的着色力。在与 5% 的钛白粉配制 1/3SD 软质 PVC 所需颜料的浓度为 0.33%，与 1% 的钛白粉配制 1/3SD 的 HDPE 仅需 0.13% 的颜料。

主要性能：见表 4-112～表 4-114。

表 4-112　颜料红 38 在 PVC 塑料中的应用性能

项目		颜料	钛白粉	耐光性/级	耐候性（3000h）/级	耐迁移性/级
PVC	本色	0.1%		6～7		
	冲淡	0.1%	0.5%	5～6		3

表 4-113　颜料红 38 在 HDPE 塑料中的应用性能

项目		颜料	钛白粉	耐光性/级
HDPE	本色	0.13%		6
	1/3 SD	0.13%	1%	4~5

表 4-114　颜料红 38 应用范围

通用塑料		工程塑料		纺丝	
LL/LDPE	●	PS/SAN	×	PP	×
HDPE	○	ABS	×	PET	×
PP	○	PC	×	PA6	×
PVC（软）	●	PBT	×	PAN	●
PVC（硬）	●	PA	×		
橡胶	●	POM	×		

注：●表示推荐使用；○表示有条件地使用；×表示不推荐使用。

　　品种特性：颜料红 38 在软质聚氯乙烯应用过浓度低使用会起霜。颜料红 38 在硬质聚氯乙烯应用浓度低时会起霜。颜料红 38 适用电缆着色，电性能好。颜料红 38 是通过美国 FDA 认证品种，特适用于橡胶制品着色。

4.5.3　缩合偶氮颜料

　　单偶氮颜料虽然制造工艺相对简单，但是由于分子量相对较小及其他原因，在塑料上的应用性能不理想；黄色双偶氮颜料大多数以双乙酰乙酰芳胺为偶合组分，分子量相对较大，但它们的应用性能基本上与单偶氮颜料相似，而因安全性受限。瑞士汽巴精化公司 20 世纪 50 年代开发了分子量较大并含多个酰胺基团的双偶氮颜料，它的特点是两个单偶氮颜料通过一个芳二酰胺的桥连在一起，所以称缩合偶氮颜料。

　　缩合偶氮颜料分子结构中含多个酰胺基团并增加了颜料的分子量，所以大大改善了颜料的耐热性、耐光性、耐候性、耐溶剂性和耐迁移性，而且它的色谱较广，从绿光很强的黄色到蓝光红色或紫色直至棕色。缩合偶氮颜料在塑料中分散性好（除颜料红 220）。缩合偶氮颜料生产成本较高，色泽也没有单偶氮颜料鲜艳。

　　（1）黄色缩合偶氮颜料　目前在塑料工业中常用的黄色缩合偶氮颜料通用结构如下：

品种	A	B	色光
黄 93			黄
黄 95			红光黄
黄 128			绿光黄

① **C. I. 颜料黄 93** C. I. 结构号：20710；分子式：$C_{43}H_{35}Cl_5N_8O_6$；CAS 登记号：[5580-57-4]。

结构式：

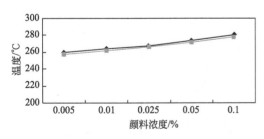

色彩表征：颜料黄 93 呈绿光黄色。颜料黄 93 的着色力中等，与 5％钛白粉调配 1/3 标准深度的软质 PVC 时仅需 0.85％的颜料。

主要性能：见表 4-115～表 4-117 和图 4-34。

表 4-115 颜料黄 93 在 PVC 塑料中的应用性能

项目		颜料	钛白粉	耐光性/级	耐候性(2000h)/级	耐迁移性/级	耐热性/级	
							180℃/30min	200℃/10min
PVC	本色	0.1％		8	5	5	5	5
	冲淡	0.2％	2％	7～8	4～5	5	5	5

表 4-116 颜料黄 93 在 HDPE 塑料中的应用性能

项目		颜料	钛白粉	耐光性/级	耐候性(3000h)/级	耐迁移性/级
HDPE	本色	0.1％		8	3～4	5
	冲淡	0.1％	1％	6～7	2	5

表 4-117 颜料黄 93 应用范围

通用塑料		工程塑料		纺丝	
LL/LDPE	●	PS/SAN	●	PP	●
HDPE	●	ABS	○	PET	×
PP	●	PC	×	PA6	×
PVC（软）	●	PET	×	PAN	
PVC（硬）	●	PA6	×		
橡胶	●	POM	●		

注：●表示推荐使用；○表示有条件地使用；×表示不推荐使用。

图 4-34 颜料黄 93 在 HDPE 中耐热性
■—加 1％钛白粉；◆—本色

品种特性：颜料黄 93 具有优良的耐光性、耐候性，本色基本能满足长期露置在户外的要求。颜料黄 93 在聚烯烃中的耐热性非常优异，与 1％钛白粉配制 1/3SD 的 HDPE 耐热可达 270℃。颜料黄 93 在软质 PVC 中应用不会发生迁移。颜料黄 93 除了用于通用聚烯烃着色外还可用于苯乙烯类工程塑料着色。颜料黄 93 适用于丙纶纺前着色，并列为黄色区标准色。颜料黄 93 用在 HDPE 中会影响该塑料的翘曲，变形甚微。

② **C. I. 颜料黄 95** C. I. 结构号：20034；分子式：$C_{44}H_{38}Cl_4N_8O_6$；CAS 登记号：[5280-80-8]。

结构式：

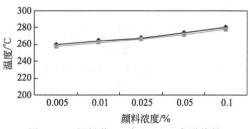

色彩表征：颜料黄95呈红光黄色，标准深度时它的色光在颜料黄13和颜料黄83之间。颜料黄95的着色力极高，是黄色缩合偶氮颜料中着色力最高的。调配1/3标准深度的软质PVC时仅需0.7%的颜料，而颜料黄94用量则需2.1%。

主要性能：见表4-118～表4-120和图4-35。

表4-118　颜料黄95在PVC塑料中的应用性能

项目		颜料	钛白粉	耐光性/级	耐候性(2000h)/级	耐迁移性/级	耐热性/级	
							180℃/30min	200℃/10min
PVC	本色	0.1%		8	4～5	5	5	5
	冲淡	0.2%	2%	7～8	3～4	5	5	5

表4-119　颜料黄95在HDPE塑料中的应用性能

项目		颜料	钛白粉	耐光性/级	耐候性(3000h)/级	耐迁移性/级
HDPE	本色	0.1%		7～8	3	5
	冲淡	0.1%	1%	6～7	1～2	5

表4-120　颜料黄95应用范围

通用塑料		工程塑料		纺丝	
LL/LDPE	●	PS/SAN	●	PP	●
HDPE	●	ABS	○	PET	×
PP	●	PC	×	PA6	×
PVC（软）	●	PET	×		
PVC（硬）	●	PA	×		
橡胶	●	POM	●		

注：●表示推荐使用；○表示有条件地使用；×表示不推荐使用。

品种特性：颜料黄95的耐光性、耐热性优异，适用于通用聚烯烃塑料。颜料黄95在软质PVC中应用不会发生迁移。颜料黄95用在HDPE中，对该塑料的翘曲性影响甚微。

③ **C. I. 颜料黄128**　C. I. 结构号：20037；分子式：$C_{55}H_{37}Cl_5N_8O_6$；CAS 登记号：[79953-85-8]。

图4-35　颜料黄95在HDPE中耐热性
—■—加1%钛白粉；—◆—本色

结构式：

色彩表征：颜料黄128呈绿光黄色。颜料黄128的着色力中等，与5％钛白粉调配1/3标准深度的软质PVC时仅需1.35％的颜料。

主要性能：见表4-121～表4-123和图4-36。

表4-121　颜料黄128在PVC塑料中的应用性能

项目		颜料	钛白粉	耐光性/级	耐候性（2000h）/级	耐迁移性/级	耐热性/级	
							180℃/30min	200℃/10min
PVC	本色	0.1%		8	4～5	5	5	5
	冲淡	0.2%	2%	7～8	4	5	5	5

表4-122　颜料黄128在HDPE塑料中的应用性能

项目		颜料	钛白粉	耐光性/级	耐候性（3000h）/级	耐迁移性/级
HDPE	本色	0.1%		8	4～5	5
	冲淡	0.1%	1%	7～8	3	5

表4-123　颜料黄128应用范围

通用塑料		工程塑料		纺丝	
LL/LDPE	●	PS/SAN	○	PP	●
HDPE	●	ABS	○	PET	×
PP	●	PC	×	PA6	×
PVC（软）	●	PET	×	PAN	
PVC（硬）	●	PA6	×		
橡胶	●	POM	●		

注：●表示推荐使用；○表示有条件地使用；×表示不推荐使用。

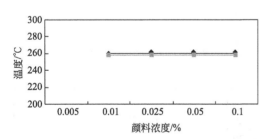

图4-36　颜料黄128在HDPE中耐热性
■—加1％钛白粉；◆—本色

品种特性：颜料黄128显著特点是耐候性非常优异，能满足长期露置在户外的要求，但颜料黄128耐热性一般。颜料黄128主要用于聚氯乙烯着色，在软质聚氯乙烯中应用不会发生迁移。颜料黄128适用于通用聚烯烃塑料。颜料黄128在高密度聚乙烯中对该塑料的翘曲性影响甚微。

④ C.I.颜料黄155　C.I.结构号：200310；分子式：$C_{34}H_{32}N_6O_{12}$；CAS登记号：[68516-73-4]。

结构式：

色彩表征：颜料黄155呈绿光黄色。颜料黄155的着色力中等，与5％钛白粉调配1/3SD的软质PVC时仅需0.609％的颜料，与1％钛白粉配制1/3SD的HDPE需0.190％的颜料。

主要性能：见表 4-124～表 4-126 和图 4-37。

表 4-124　颜料黄 155 在 PVC 塑料中的应用性能

项目		颜料	钛白粉	耐光性/级	耐候性（3000h）/级	耐迁移性/级
PVC	本色	0.1%		8	3	
	冲淡	0.1%	0.5%	7～8		3～4

表 4-125　颜料黄 155 在 HDPE 塑料中的应用性能

项目		颜料	钛白粉	耐光性/级	耐候性（3000h，0.2%）/级
PE	本色	0.18%		8	3
	1/3 SD	0.18%	1%	7～8	

表 4-126　颜料黄 155 应用范围

通用塑料		工程塑料		纺丝	
LL/LDPE	●	PS/SAN	●	PP	●
HDPE	●	ABS	×	PET	×
PP	●	PC	×	PA6	×
PVC（软）	●	PBT	×	PAN	×
PVC（硬）	●	PA	×		
橡胶	●	POM	○		

注：●表示推荐使用；○表示有条件地使用；×表示不推荐使用。

品种特性：颜料黄 155 在聚烯烃中的耐光性非常优异，除了用于通用聚烯烃着色外还可用于苯乙烯类工程塑料着色，颜料黄 155 不适于软质聚氯乙烯，会发生迁移。颜料黄 155 主要适合丙纶纺丝着色，颜料黄 155 是替代双氯联苯胺黄色的理想产品。

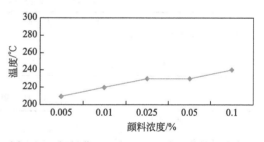

图 4-37　颜料黄 155 在 HDPE 中耐热性（本色）

（2）红色偶氮缩合颜料　目前在塑料工业中常用红色偶氮缩合颜料通用结构如下：

红色偶氮缩合颜料用于塑料着色主要品种见表 4-127。

表 4-127　红色缩合偶氮颜料在塑料中应用的主要品种

品种	CAS No	R_1	R_2	X	Y	色光
红 144	［5280-78-4］	Cl	H	Cl	Cl	蓝光红
红 166	［3905-19-9］	H	H	Cl	Cl	黄光红
红 214	［40618-31-3］	Cl	Cl	Cl	Cl	蓝光红
红 242	［52238-93-3］	Cl	Cl	Cl	CF3	大红
红 262	［211502-19-1］	CN	H	Cl	CF3	蓝光红

① **C. I. 颜料红 144** C. I. 结构号：20735；分子式：$C_{40}H_{23}Cl_5N_6O_4$；CAS 登记号：[40716-47-0]。

结构式：

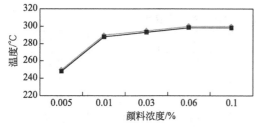

色彩表征：颜料红 144 是一个微带蓝光红色颜料。颜料红 144 着色力非常高，与 5％钛白粉配制 1/3 标准深度 PVC 仅需颜料 0.7％，与 1％钛白粉调制 1/3 标准深度 HDPE 仅需颜料 0.13％。其着色强度在同类颜料中列第二。

主要性能：见表 4-128～表 4-130 和图 4-38。

表 4-128　颜料红 144 在 PVC 塑料中的应用性能

项目		颜料	钛白粉	耐光性/级	耐候性(2000h)/级	耐迁移性/级	耐热性/级	
							180℃/30min	200℃/10min
PVC	本色	0.1％		8	4～5	5	5	5
	冲淡	0.2％	2％	7～8	2～3	4.9	5	5

表 4-129　颜料红 144 在 HDPE 塑料中的应用性能

项目		颜料	钛白粉	耐光性/级	耐候性(3000h)/级	耐迁移性/级
HDPE	本色	0.1％		7～8	3～4	5
	冲淡	0.1％	1％	7～8	1	5

表 4-130　颜料红 144 应用范围

通用塑料		工程塑料		纺丝	
LL/LDPE	●	PS/SAN	●	PP	●
HDPE	●	ABS	●	PET	×
PP	●	PC	○	PA6	×
PVC（软）	●	PBT	○	PAN	
PVC（硬）	○	PA	×		
橡胶	●	POM	●		

注：●表示推荐使用；○表示有条件地使用；×表示不推荐使用。

图 4-38　颜料红 144 在 HDPE 中耐热性
■—加 1％钛白粉；◆—本色

品种特性：颜料红 144 在 1/3 标准深度 HDPE 中耐热性可达 300℃/5min，而且本色和冲淡都一样。颜料红 144 耐光性优良，但冲淡的耐候性不理想，制品不能用于需长时间放置与户外的场所。颜料红 144 适用于丙纶纺前着色。颜料红 144 除了用于聚氯乙烯和通用聚烯烃着色外还可用于苯乙烯类工程塑料着色。颜料红 144 在软质聚氯乙烯中非常耐迁移。颜料红 144 在 HDPE 中，对该塑料的收缩影响很大。

② **C. I. 颜料红 166**　C. I. 结构号：20730；分子式：$C_{40}H_{24}Cl_4N_6O_4$；CAS 登记号：[3905-19-9]。

结构式：

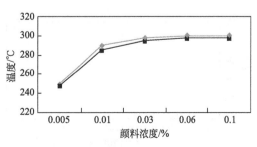

色彩表征：颜料红 166 是一个非常艳丽的黄光红色颜料。颜料红 166 着色力较高，与 5% 钛白粉配制 1/3 标准深度 PVC，仅需颜料 0.9%～1.2%（视各公司产品不同）。

主要性能：见表 4-131～表 4-133 和图 4-39。

表 4-131　颜料红 166 在 PVC 塑料中的应用性能

项目		颜料	钛白粉	耐光性/级	耐候性(2000h)/级	耐迁移性/级	耐热性/级	
							180℃/30min	200℃/10min
PVC	本色	0.1%		8	4～5	5	5	5
	冲淡	0.1%	2%	7	3～4	5	5	5

表 4-132　颜料红 166 在 HDPE 塑料中的应用性能

项目		颜料	钛白粉	耐光性/级	耐候性(3000h)/级	耐迁移性/级
HDPE	本色	0.1%		7～8	3～4	5
	冲淡	0.1%	1%	7～8	1	5

表 4-133　颜料红 166 应用范围

通用塑料		工程塑料		纺丝	
LL/LDPE	●	PS/SAN	●	PP	●
HDPE	●	ABS	○	PET	×
PP	●	PET	×	PA6	×
PVC（软）	●	PA	×	PAN	×
PVC（硬）	●	POM	●		
橡胶	●				

注：●表示推荐使用；○表示有条件地使用；×表示不推荐使用。

品种特性：颜料红 166 在聚烯烃中耐热性、耐光性优异，纺丝着色的纺织品本色耐候性基本满足露置于户外产品的要求，但加钛白粉冲淡后下降很多。颜料红 166 除了用于通用聚烯烃着色外还可用于苯乙烯类工程塑料着色。可用于 PVC 着色，在软质 PVC 中非常耐渗色、耐迁移。颜料红 166 在 HDPE 中对该塑料的收缩影响很大。颜料红 166 在黄光红色区是综合性能优良的重要品种。

图 4-39　颜料红 166 在 HDPE 中耐热性
■—加 1% 钛白粉；◆—本色

③ **C. I. 颜料红 214** C. I. 结构号：200660；分子式：$C_{40}H_{22}Cl_6N_6O_4$；CAS 登记号：[4068-31-3]。

结构式：

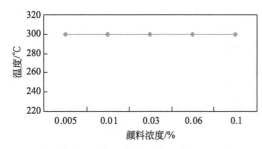

色彩表征：颜料红 214 是一个蓝光红色颜料，比颜料红 144 艳丽。颜料红 214 着色力高，与 5% 钛白粉配制 1/3 标准深度 PVC 仅需颜料 0.56%，与 1% 钛白粉配制 1/3 标准深度 HDPE 仅需颜料 0.13%。

主要性能：见表 4-134～表 4-136 和图 4-40。

表 4-134　颜料红 214 在 PVC 塑料中的应用性能

项目		颜料	钛白粉	耐光性/级	耐候性（3000h）/级	耐迁移性/级
PVC	本色	0.1%		7～8	3～4	
	冲淡	0.1%	0.5%	7～8		5

表 4-135　颜料红 214 在 HDPE 塑料中的应用性能

项目		颜料	钛白粉	耐光性/级	耐候性（3000h，0.2%）
HDPE	本色	0.16%		8	3
	1/3 SD	0.16%	1%	7～8	

表 4-136　颜料红 214 应用范围

通用塑料		工程塑料		纺丝	
LL/LDPE	●	PS/SAN	●	PP	●
HDPE	●	ABS	●	PET	○
PP	●	PC	●	PA6	×
PVC（软）	●	PBT	●	PAN	●
PVC（硬）	●	PA	×		
橡胶	●	POM	●		

注：●表示推荐使用；○表示有条件地使用；×表示不推荐使用。

图 4-40　颜料红 214 在 HDPE 中耐热性（本色）

品种特性：颜料红 214 在聚烯烃中耐热性、耐光性优异，除了用于通用聚烯烃着色外还可用于苯乙烯类工程塑料着色。颜料红 214 在 HDPE 中对该塑料的翘曲性影响较大。颜料红 214 专用丙纶纺前着色，也适用于涤纶纺前着色，经它着色的纺织品各项牢度均能满足用户的需要。

④ **C. I. 颜料红 242** C. I. 结构号：20067；分子式：$C_{42}H_{22}Cl_4F_6N_6O_4$；CAS 登记号：[52238-92-3]。

结构式：

颜料红242结构图

色彩表征：颜料红 242 是一个非常艳丽的黄光大红色颜料，加钛白粉后色泽是非常艳丽的黄光。颜料红 242 着色力一般，与 5％钛白粉配制 1/3 标准深度软质 PVC 需颜料 0.884％。与 1％钛白粉配制 1/3 标准深度 HDPE 需颜料 0.2％。

主要性能：见表 4-137～表 4-139 和图 4-41。

表 4-137 颜料红 242 在 PVC 塑料中的应用性能

项目		颜料	钛白粉	耐光性/级	耐迁移性/级
PVC	本色	0.1％		8	
	冲淡	0.1％	0.5％	7～8	5

表 4-138 颜料红 242 在 HDPE 塑料中的应用性能

项目		颜料	钛白粉	耐光性/级
PE	本色	0.23％		8
	1/3 SD	0.23％	1％	7～8

表 4-139 颜料红 242 应用范围

通用塑料		工程塑料		纺丝	
LL/LDPE	●	PS/SAN	●	PP	○
HDPE	●	ABS	●	PET	●
PP	●	PC	●	PA6	×
PVC（软）	●	PBT	●	PAN	●
PVC（硬）	●	PA	×		
橡胶	●	POM	●		

注：●表示推荐使用；○表示有条件地使用；×表示不推荐使用。

品种特性：颜料红 242 在聚烯烃中耐热性、耐光性相当优异。除了用于通用聚烯烃着色外还可用于苯乙烯类工程塑料着色。颜料红 242 在软质 PVC 中不迁移，颜料红 242 在 HDPE 中对该塑料的翘曲性影响较大。颜料红 242 配制粉红色亮艳，无其他颜料可替代。

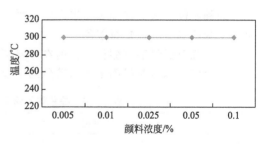

图 4-41 颜料红 242 在 HDPE 中耐热性（本色）

⑤ **C. I. 颜料红 262**   分子式：$C_{43}H_{23}Cl_2F_6N_7O_4$；CAS 登记号：[211502-19-1]。

结构式：

颜料红262结构图

色彩表征：颜料红 262 是一个蓝光红色颜料。颜料红 262 着色力高，与 5％钛白粉配制 1/3 标准深度 PVC 仅需颜料 0.405％。与 1％钛白粉配制 1/3 标准深度 HDPE 需颜料 0.115％。

主要性能：见表 4-140～表 4-142 和图 4-42。

表 4-140　颜料红 262 在 PVC 塑料中的应用性能

项目		颜料	钛白粉	耐光性/级	耐迁移性/级
PVC	本色	0.1%		7～8	
	冲淡	0.1%	0.5%	7～8	4

表 4-141　颜料红 262 在 HDPE 塑料中的应用性能

项目		颜料	钛白粉	耐光性/级	耐候性（3000h,0.2%）/级
PE	本色	0.12%		7～8	3
	1/3 SD	0.12%	1%	8	

表 4-142　颜料红 262 应用范围

通用塑料		工程塑料		纺丝	
LL/LDPE	●	PS/SAN	●	PP	●
HDPE	●	ABS	●	PET	×
PP	●	PC	●	PA6	×
PVC（软）	●	PBT	○	PAN	×
PVC（硬）	●	PA	×		
橡胶	●	POM	×		

注：●表示推荐使用；○表示有条件地使用；×表示不推荐使用。

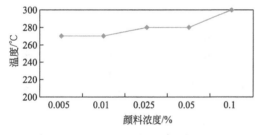

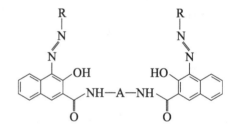

图 4-42　颜料红 262 在 HDPE 中耐热性

品种特性： 颜料红 262 在聚烯烃中耐热性、耐光性优良，除了用于通用聚烯烃着色外还可用于苯乙烯类工程塑料着色。

（3）棕色偶氮缩合颜料　目前在塑料工业中常用棕色偶氮缩合颜料通用结构如下：

棕色偶氮缩合颜料用于塑料着色的主要品种见表 4-143。

表 4-143　棕色偶氮缩合颜料用于塑料着色的主要品种

品种	CAS 登记号	A	R	色光
棕 23	［35869-64-8］	Cl（图）	NO₂/Cl（图）	黄光棕
棕 41	［68516-75-5］	（图）	Cl Cl（图）	黄光棕

① **C.I. 颜料棕 23** C.I. 结构号：20060；分子式：$C_{40}H_{23}Cl_3N_8O_8$；CAS 登记号：[35869-64-8]。

结构式：

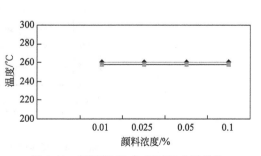

色彩表征：颜料棕 23 呈棕红色。颜料棕 23 着色力一般，与 1% 钛白粉配制 1/3 标准深度软质 PVC 仅需颜料 0.75%。

主要性能：见表 4-144～表 4-146 和图 4-43。

表 4-144　颜料棕 23 在 PVC 塑料中的应用性能

项目		颜料	钛白粉	耐光性/级	耐候性(2000h)/级	耐迁移性/级	耐热性/级	
							180℃/30min	200℃/10min
PVC	本色	0.1%		8	5	4.9	5	5
	冲淡	0.2%	2%	7～8	4	4.8	5	5

表 4-145　颜料棕 23 在 HDPE 塑料中的应用性能

项目		颜料	钛白粉	耐光性/级	耐迁移性/级
HDPE	本色	0.1%		6～7	5
	冲淡	0.1%	1%		5

表 4-146　颜料棕 23 应用范围

通用塑料		工程塑料		纺丝	
LL/LDPE	○	PS/SAN	○	PP	×
HDPE	○	ABS	○	PET	×
PP	○	PC	×	PA6	×
PVC（软）	●	PET	×	PAN	
PVC（硬）	●	PA	×		
橡胶	●	POM	●		

注：●表示推荐使用；○表示有条件地使用；×表示不推荐使用。

品种特性：颜料棕 23 在聚烯烃中耐热性、耐光性和耐候性优异，用于硬质 PVC 可满足长期露置于户外的要求。除了用于通用聚烯烃着色外还可用于苯乙烯类工程塑料着色。颜料棕 23 在加工温度为 220℃时会明显地影响 HDPE 注塑制品的翘曲性，但温度升高影响反而降低。颜料棕 23 适用于丙纶纺前着色、纺丝，适用于腈纶原液着色，但耐候性不能满足需长期露置于户外的要求。

② **C.I. 颜料棕 41** 分子式：$C_{44}H_{26}Cl_4N_6O_4$；CAS 登记号：[68516-75-5]。

图 4-43　颜料棕 23 在 HDPE 中耐热性
■—加 1% 钛白粉；◆—本色

结构式：

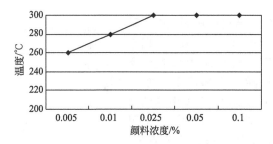

色彩表征： 颜料棕 41 呈黄光棕色。它被特别用来设计代替苯并咪唑酮棕色品种。颜料棕 41 着色强度一般，与 1％钛白粉配制 1/3 标准深度软质 PVC 仅需颜料 0.41％，但遮盖力很好。

主要性能： 见表 4-147～表 4-149 和图 4-44。

表 4-147　颜料棕 41 在 PVC 塑料中的应用性能

项目		颜料	钛白粉	耐光性/级	耐候性（3000h）/级	耐迁移性/级
PVC	本色	0.1％		8	5	4
	冲淡	0.1％	0.5％	8		

表 4-148　颜料棕 41 在 HDPE 塑料中的应用性能

项目		颜料	钛白粉	耐光性/级	耐候性（3000h）/级
PE	本色	0.2％		8	4～5
	1/3 SD	0.2％	1％	8	

表 4-149　颜料棕 41 应用范围

通用塑料		工程塑料		纺丝	
LL/LDPE	●	PS/SAN	●	PP	●
HDPE	●	ABS	×	PET	×
PP	●	PC	×	PA6	×
PVC（软）	●	PBT	×	PAN	●
PVC（硬）	●	PA	×		
橡胶	●	POM	●		

注：●表示推荐使用；○表示有条件地使用；×表示不推荐使用。

图 4-44　颜料棕 41 在 HDPE 中耐热性（本色）

品种特性： 颜料棕 41 耐热性、耐光性相当优异，能满足长期露置在户外的要求。颜料棕 41 适用于聚氯乙烯及通用聚烯烃塑料着色。

4.6 酞菁颜料

酞菁颜料在有机颜料中已成为最大的一个种类，它不仅具有优良耐热性、耐光性、耐迁移性、耐候性等综合应用性能，而且具有制作方便、成本低廉等优点，目前没有一种化学物质可以取代它，其产量已占有机颜料产量的1/4。酞菁颜料在塑料着色中的品种是蓝色和绿色品种。酞菁颜料中颜料蓝15∶1、颜料蓝15∶3、颜料绿7成为塑料着色标准色。

酞菁颜料及其金属酞菁具有同质多晶性，即同一个化合物可以生成多种不同结构晶体。同质多晶性现象在许多化合物中不同程度存在，不过在酞菁颜料上较为典型。酞菁颜料各个晶体除了熔点差别外，还表现在晶体形状、密度、表面颜色及对光的反射，这些物理性能与酞菁颜料在塑料中的应用性能密切相关。所以研究和了解这些知识是有现实意义的。酞菁颜料至今已知有八个晶型（α，β，γ，δ，ε，Ⅱ，χ，R）。但是作为颜料使用的晶型仅有α，β，γ，ε，其中尤以α，β最常用，酞菁颜料稳定性取决于晶型，其中β型最强，α型最弱。α型不稳定不足以经受塑料成型的加工温度，会转变为稳定的β型。为了避免这种情况发生，α型可以通过添加0.5～1个氯原子而稳定，也可加入特殊稳定物质处理结晶表面而稳定。

塑料着色用蓝绿品种见表4-150。

表 4-150　塑料着色用蓝绿品种

品种	CAS 登记号	结构类型	应用特性
颜料蓝 15	［147-14-8］	CuPc	不稳定 α 晶型，红光蓝色
颜料蓝 15∶1	［147-14-8］	低氯代 CuPc	稳定 α 晶型，红光蓝色
颜料蓝 15∶3	［147-14-8］	CuPc	稳定 β 晶型，绿光蓝色
颜料绿 7	［1328-53-6］	(CuPc) Cl15-16	多氯代铜酞菁
颜料绿 36	［14302-13-7］	(CuPc) Cl10Br6	氯溴代铜酞菁

4.6.1　蓝色酞菁颜料

① C. I. 颜料蓝 15　C. I. 结构号：74160；分子式：$C_{32}H_{16}CuN_8$；CAS 登记号：［147-14-8］。
结构式：

色彩表征：颜料蓝 15 为亚稳定 α 晶型铜酞菁。这种颜料的晶型稳定性较差，在高温或在芳香烃溶剂中会产生晶型变化，转变为稳定的 β 型（绿光）。颜料蓝 15 与颜料蓝 15∶3 相比呈红光蓝色相，色泽较鲜艳，着色力也较高。

主要性能：见表 4-151、表 4-152 和图 4-45。

表 4-151　颜料蓝 15 在 PVC 塑料中的应用性能

项目		颜料	钛白粉	耐光性/级	耐候性（5000h）/级	耐迁移性/级
PVC	本色	0.1%		8	4～5	5
	冲淡	0.1%	1%	8	3～4	

表 4-152　颜料蓝 15 应用范围

通用塑料		工程塑料		纺丝	
LL/LDPE	●	PS/SAN	×	PP	×
HDPE	×	ABS	×	PET	×
PP	×	PC	×	PA6	×
PVC（软）	●	PBT	×	PAN	×
PVC（硬）	●	PA	×		
橡胶	●	POM			

注：●表示推荐使用；×表示不推荐使用。

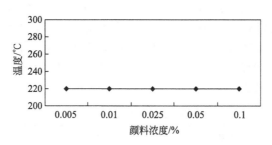

图 4-45　颜料蓝 15 在 HDPE 中耐热性（本色）

品种特性：颜料蓝 15 在塑料中应用时，加工温度应不高于 200℃。随着温度的增加，颜料蓝 15 会由 α 型转为 β 型。颜料蓝 15 可用于聚氯乙烯着色，耐迁移性好，并具有较高的耐光性。也可用于 EVA 着色。

② **C. I. 颜料蓝 15：1**　C. I. 结构号：74160；分子式：$C_{32}H_{16}CuN_8$；CAS 登记号：[12239-87-1]。

结构式：同颜色料蓝 15。

色彩表征：颜料蓝 15：1 的晶体构型为稳定的 α 晶型。其化学成分是酞菁蓝与少量的一氯代铜酞菁的混合物。与颜料蓝 15 相比，它的色光因部分氯化铜酞菁的存在而偏绿，透明性和着色力也略有降低。颜料蓝 15：1 用于聚烯烃时着色强度很高，与 1% 的钛白粉配制 1/3 标准深度 HDPE 时颜料的使用量小于 0.1%。

主要性能：见表 4-153～表 4-155 和图 4-46。

表 4-153　颜料蓝 15：1 在 PVC 塑料中的应用性能

项目		颜料	钛白粉	耐光性/级	耐候性（5000h）/级	耐迁移性/级
PVC	本色	0.1%		8	5	5
	冲淡	0.1%	1%	8	4	

表 4-154　颜料蓝 15：1 在 HDPE 塑料中的应用性能

项目		颜料	钛白粉	耐光性/级	耐候性（3000h）/级
HDPE	本色	0.1%		8	5
	冲淡	0.1%	1%	8	5

表 4-155　颜料蓝 15：1 应用范围

通用塑料		工程塑料		纺丝	
LL/LDPE	●	PS/SAN	●	PP	●
HDPE	●	ABS	●	PET	●
PP	●	PC	●	PA	●
PVC（软）	●	PBT	●	PAN	●
PVC（硬）	●	PA6	●		
橡胶	●	POM	●		

注：●表示推荐使用。

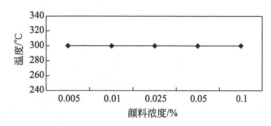

图 4-46　颜料蓝 15：1 在 HDPE 中耐热性（本色）

品种特性：颜料蓝 15：1 综合牢度优异，适用于通用聚烯烃塑料、通用工程塑料、特种塑料着色，颜料蓝 15：1 是塑料着色标准色。颜料蓝 15：1 适用于丙纶、涤纶、PA6 纤维、黏胶纺前着色、纺丝，而且制得的纺织品有很好的耐晒牢度和很好的应用牢度。颜料蓝 15：1 的分散性不太好，尤其不太适合塑料薄膜制品。颜料蓝 15：1 用于 HDPE 等结晶塑料会严重影响翘曲变形。

③ **C. I. 颜料蓝 15：3**　C. I. 结构号：74160；分子式：$C_{32}H_{16}CuN_8$；CAS 登记号：[147-14-8]。

结构式：同颜料蓝 15。

色彩表征：颜料蓝 15：3 是单一的铜酞菁，它的晶型构型属于 β 晶型。这是一种稳定的晶型。用球磨法制得的 β 晶型铜酞菁为棒状晶体，与 α 晶型的酞菁颜料相比，色光明显偏绿。用捏合法制得的 β 晶型为等轴晶体，色光更绿。颜料蓝 15：3 为绿光蓝色，色光非常纯正，透明性也非常好。颜料蓝 15：3 的着色力要比 α 晶型的酞菁颜料要低 15%～20%。

主要性能：见表 4-156～表 4-158 和图 4-47。

表 4-156　颜料蓝 15：3 在 PVC 塑料中的应用性能

项目		颜料	钛白粉	耐光性/级	耐候性（5000h）/级	耐迁移性/级
PVC	本色	0.1%		8	4～5	5
	冲淡	0.1%	1%	8	4～5	

表 4-157　颜料蓝 15：3 在 HDPE 塑料中的应用性能

项目		颜料	钛白粉	耐光性/级	耐候性（3000h）/级
HDPE	本色	0.1%		8	5
	冲淡	0.1%	1%	8	5

表 4-158　颜料蓝 15∶3 应用范围

通用塑料		工程塑料		纺丝	
LL/LDPE	●	PS/SAN	●	PP	●
HDPE	●	ABS	●	PET	●
PP	●	PC	●	PA	●
PVC（软）	●	PBT	●	PAN	●
PVC（硬）	●	PA6	●		
橡胶	●	POM	●		

注：●表示推荐使用。

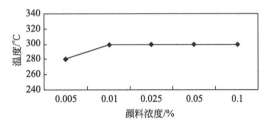

图 4-47　颜料蓝 15∶3 在 HDPE 中耐热性（本色）

品种特性：颜料蓝 15∶3 的耐热性要比 α 晶型的酞菁颜料好。但在 PE 中颜料蓝 15∶3 与钛白粉冲淡后耐热性会降低，例如含 0.1% 颜料蓝 15∶3 和含 0.5% 的钛白粉，其耐热温度仅为 250℃。颜料蓝 15∶3 综合牢度优异，适用于通用聚烯烃塑料、通用工程塑料、特种塑料着色。颜料蓝 15∶3 是塑料着色标准色。颜料蓝 15∶3 在塑料中使用大都以颜料制备物的形式供应。

颜料蓝 15∶3 被广泛用于丙纶、涤纶、腈纶、尼龙、黏胶等纤维原液着色。而且制得的纺织品有很好的耐晒牢度和很好的应用牢度。颜料蓝 15∶3 有成核性，用于 HDPE 等结晶塑料会严重影响翘曲变形。

4.6.2　绿色酞菁颜料

酞菁绿是用卤素置换金属酞菁分子中 16 个氢原子，事实上，作为颜料使用的卤代铜酞菁只有氯取代或氯溴混合取代。氯取代或氯溴混合取代数量和质量直接影响酞菁绿的色光。

① **C.I. 颜料绿 7**　C.I. 结构号：74260；分子式：$C_{32}Cl_{12-16}CuN_8$；CAS 登记号：[1328-53-6]。

结构式：

色彩表征：颜料绿 7 为全氯代铜酞菁，平均每分子含 14~15 个氯原子，色光呈蓝光绿色。颜料绿 7 的着色力比酞菁蓝颜料低得多。例如 1% 钛白粉调制 1/3 标准深度的 HDPE，颜料绿的使用量为 0.2%，而 β 晶型的酞菁蓝颜料的使用量仅为 0.1%。其原因是铜酞菁中引入氯原子后其分子量增大而着色力下降。

主要性能：见表 4-159~表 4-161 和图 4-48。

表 4-159　颜料绿 7 在 PVC 塑料中的应用性能

项目		颜料	钛白粉	耐光性/级	耐迁移性/级	耐候性（5000h）/级
PVC	本色	0.1%		8	5	5
	冲淡	0.1%	1%	8		4～5

表 4-160　颜料绿 7 在 HDPE 塑料中的应用性能

项目		颜料	钛白粉	耐光性/级	耐候性（3000h）/级
HDPE	本色	0.1%		8	5
	冲淡	0.1%	1%	8	5

表 4-161　颜料绿 7 应用范围

通用塑料		工程塑料		纺丝	
LL/LDPE	●	PS/SAN	●	PP	●
HDPE	●	ABS	●	PET	●
PP	●	PC	○	PA	●
PVC（软）	●	PET	○	PAN	●
PVC（硬）	●	PA6	●		
橡胶	●	POM	●		

注：●表示推荐使用；○表示有条件地使用。

品种特性：颜料绿 7 在塑料中综合牢度优异，而且比酞菁蓝要好得多。适用于通用聚烯烃塑料、通用工程塑料、特种塑料着色。颜料绿 7 是塑料着色标准色。颜料绿 7 被广泛用于丙纶、涤纶、腈纶、尼龙、黏胶等纤维原液着色。而且制得的纺织品有很好的耐光性和很好的应用牢度。适宜制作户外遮阳篷之类的户外产品。颜料绿 7 用在 HDPE 等结晶塑料中会影响翘曲变形，但要比酞菁蓝小得多。

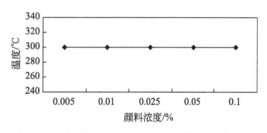

图 4-48　颜料绿 7 在 HDPE 中耐热性（本色）

② **C.I 颜料绿 36**　C.I. 结构号：74265；分子式：$C_{32}Cl_{12}CuN_8Br_6$；CAS 登记号：[14302-13-7]。

结构式：

$$Cl_xBr_y \quad x+y=12～15$$

色彩表征：颜料绿 36 是氯溴混合取代的铜酞菁，氯溴混合取代的平均数目为 14～15。根据铜酞菁分子中取代的溴、氯原子不同所呈现的色光也不同。溴原子取代越多，黄光越强。该颜料又可分为两类，一类是溴原子取代数<6，称黄光酞菁绿 3G；另一类是溴原子取代数≥6，称黄光酞菁氯 6G。G 前数字越大则表示黄光越强。因此颜料绿 36 较颜料绿 7 更鲜艳。由于溴原子量较氯原子量大，所以颜料绿 36 较颜料绿 7 的分子量更大，其着色力

更低。

主要性能：见表 4-162～表 4-164 和图 4-49。

表 4-162 颜料绿 36 在 PVC 塑料中的应用性能

项目		颜料	钛白粉	耐候性（5000h）/级	耐迁移性/级	耐光性/极
PVC	本色	0.1%		5	5	8
	冲淡	0.1%	1%	4～5		8

表 4-163 颜料绿 36 在 HDPE 塑料中的应用性能

项目		颜料	钛白粉	耐光性/级	耐候性（3000h）/级	耐迁移性/级
HDPE	本色	0.1%		8	5	5
	冲淡	0.1%	1%	8	5	

表 4-164 颜料绿 36 应用范围

通用塑料		工程塑料		纺丝	
LL/LDPE	●	PS/SAN	●	PP	○
HDPE	●	ABS	○	PET	○
PP	●	PC	●	PA	○
PVC（软）	●	PBT	●	PAN	
PVC（硬）	●	PA6	○		
橡胶	●	POM	●		

注：●表示推荐使用；○表示有条件地使用。

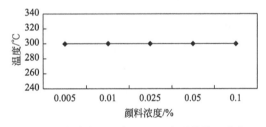

图 4-49 颜料绿 36 在 HDPE 中耐热性（本色）

品种特性：颜料绿 36 的塑料应用牢度几乎与颜料绿 7 一样。颜料绿 36 综合牢度优异，适用于通用聚烯烃塑料、通用工程塑料和特种塑料着色。颜料绿 36 被广泛用于丙纶、涤纶、腈纶、尼龙、黏胶等纤维原液着色。而且制得的纺织品有很好的耐光性和很好的应用牢度。适宜制作遮阳篷之类的户外产品。

颜料绿 36 用在 HDPE 等结晶塑料中会影响翘曲变形，但要比酞菁蓝小得多。颜料绿 36 着色力低而价要比颜料绿 7 高得多，所以在塑料上应用比颜料绿 7 少得多。

4.7 杂环及稠环酮类颜料

经典的偶氮类有机颜料因色谱齐、色泽鲜艳、价格合理而大量用于塑料着色，但因其化学结构等因素，在耐热性、耐光性、耐迁移性等方面存在种种缺陷，特别是在浅色时其差距更大。另外传统的联苯胺黄、橙系列颜料在聚合物加工温度超过 200℃时会发生热分解，产生双氯联苯胺。颜料分解物对人体和环境的影响越来越引起人们的重视。在当今激烈市场竞争面前，产品的外观和性能从来没有像今天这样影响消费者的购买欲望，特别是在汽车、家用电器、日用消费品等市场方面尤为明显。因此为了满足市场的需求，世界各国着力开发用于塑料着色用杂环及稠环酮类颜料。

4.7.1 二噁嗪类颜料

该颜料分子中含有三苯二噁嗪母体结构，母体结构呈橙色，在两侧苯环上引入不同取代基和杂环，得出鲜艳的紫色，颜料分子具有平面对称性。目前市场的二噁嗪类商品颜料是咔唑二噁嗪紫，具有美丽、明亮、纯净的蓝光紫色调，有特别高的着色力和光泽；具有优异的耐光性，良好的耐热性和耐候性及耐溶剂性，它的性能可与酞菁颜料媲美；其耐迁移性一般。二噁嗪颜料紫可以作为塑料着色的标准色，但它缺点和优点一样明显，因其着色力高，所以低浓度着色时性能下降，另外二噁嗪紫加入钛白粉后性能下降更甚，需特别注意。

（1）**C.I. 颜料紫 23**：C.I. 结构号：51319；分子式：$C_{34}H_{22}Cl_2N_4O_2$；CAS 登记号：[6358-30-1]。

结构式：

色彩表征：颜料紫 23 的基本色调为红光紫，通过特殊颜料化处理也可得到色光较蓝的品种。颜料紫 23 是一个通用紫色品种，产量较大。颜料紫 23 的着色力特别高，1%的钛白粉配制 1/3 标准色深度的高密度聚乙烯制品只需 0.07%的颜料。在软质 PVC 中着色力相当高，在浅色应用时耐迁移性不太好。

主要性能：见表 4-165～表 4-167 和图 4-50。

表 4-165　颜料紫 23 在 PVC 塑料中的应用性能

项目		颜料	钛白粉	耐光性/级	耐候性（3000h）/级	耐迁移性/级
PVC	本色	0.1%		7～8	5	4
	冲淡	0.1%	0.5%	7～8		

表 4-166　颜料紫 23 在 HDPE 塑料中的应用性能

项目		颜料	钛白粉	耐光性/级	耐候性（3000h，本色 0.2%）/级
HDPE	本色	0.07%		7～8	4～5
	1/3 SD	0.07%	1%	7～8	

表 4-167　颜料紫 23 应用范围

通用塑料		工程塑料		纺丝	
LL/LDPE	●	PS/SAN	●	PP	●
HDPE	●	ABS	○	PET	×
PP	●	PC	×	PA6	○
PVC（软）	●	PBT	×	PAN	●
PVC（硬）	●	PA	○		
橡胶	●	POM	×		

注：●表示推荐使用；○表示有条件地使用；×表示不推荐使用。

品种特性：颜料紫 23 用于聚烯烃着色，1/3SD 聚烯烃的耐热性可达 280℃，如超过此极限温度其色光向红相转移，1/25SD 聚烯烃仍可耐温 200℃。颜料紫 23 适用于透明 PS 着色，但

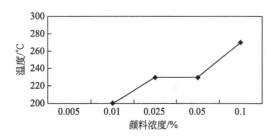

图 4-50 颜料紫 23 在 HDPE 中耐热性（本色）

它在此介质中不耐 220℃ 以上的高温。在此温度以上颜料紫 23 会在其中分解。颜料紫 23 可用于聚酯塑料着色，可耐 280℃/6h，不会分解。如浓度过低，在此温度下会部分溶解而使色光偏红。

颜料紫 23 耐光性优异，可达 8 级，但需注意冲淡至 1/25SD 就会急剧下降，仅为 2 级。因此颜料紫 23 用于透明制品其浓度不可低于 0.05％。

颜料紫 23 适用于通用聚烯烃塑料、通用工程塑料着色。颜料紫 23 不适于软质聚氯乙烯着色，迁移性不好。颜料紫 23 适用于丙纶、涤纶、尼龙 6 纤维纺前着色、纺丝，使用浓度不可太低，否则会有色差。颜料紫 23 用于 HDPE 等结晶塑料会引起翘曲变形。

颜料紫 23 添加极少量于钛白粉中即可遮盖钛白粉的黄光，从而产生令人悦目的白色。100g 钛白粉只需添加 0.0005～0.05g。

（2）**颜料紫 37** C.I. 结构号：51345；分子式：$C_{40}H_{34}N_6O_8$；CAS 登记号：[57971-98-9]。

结构式：

H₃CH₂CO—（苯并噁嗪骈苯并噁嗪结构，取代基：NHCOCH₃、NHCOCH₃、NHCOCH₃、NHCOC₆H₅、OCH₂CH₃，两端为 C₆H₅CONH—）

色彩表征： 颜料紫 37 的色光要比颜料紫 23 红得多。颜料紫 37 在多数介质中的着色力与颜料紫 23 相比要弱一些。在聚烯烃着色时配制 1/3 标准深度的制品其用量为 0.09％，颜料紫 23 的用量为 0.07％。

主要性能： 见表 4-168～表 4-170 和图 4-51。

表 4-168　颜料紫 37 在 PVC 塑料中的应用性能

项目		颜料	钛白粉	耐光性/级	耐候性（2000h）/级	耐迁移性/级	耐热性/级	
							180℃/30min	200℃/10min
PVC	本色	0.1％		7～8	4～5	5	5	5
	冲淡	0.2％	2％	6～7	2～3	5	5	5

表 4-169　颜料紫 37 在 HDPE 塑料中的应用性能

项目		颜料	钛白粉	耐光性/级	耐候性（3000h）/级	耐迁移性/级
HDPE	本色	0.1％		8	4～5	4.9
	冲淡	0.1％	1％	7～8	2～3	4.9

表 4-170　颜料紫 37 应用范围

通用塑料		工程塑料		纺丝	
LL/LDPE	●	PS/SAN	●	PP	●
HDPE	●	ABS	×	PET	×
PP	●	PC	×	PA	×
PVC（软）	●	PET	○	PAN	
PVC（硬）	●	PA6	×		
橡胶	●	POM			

注：●表示推荐使用；○表示有条件地使用；×表示不推荐使用。

品种特性： 颜料紫 37 综合性能要比颜料紫 23 略好；特别在浅色时的耐光性和耐迁移

性。颜料紫 37 用于聚烯烃着色，1/3 SD 的耐热性可达 290℃，但如果降低它的用量，它的耐热性急剧下降。

颜料紫 37 耐光性在 PE 中可达 8 级，冲淡可达 7~8 级。颜料紫 37 适用于通用聚烯烃塑料、通用工程塑料着色。颜料紫 37 用于软质聚氯乙烯着色则它的应用性能比颜料紫 23 还要好，在软质聚氯乙烯中耐迁移性特别好。颜料紫 37 适用于丙纶、涤纶、尼龙 6 纤维纺前着

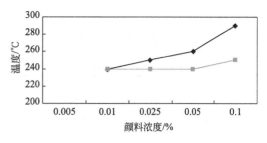

图 4-51　颜料紫 37 在 HDPE 中耐热性
■—加 1% 钛白粉；◆—本色

色、纺丝，使用浓度不可太低，否则会有色差。颜料紫 37 和颜料紫 23 一样，将其用于 HDPE 部分结晶塑料制品中会引起翘曲变形。

4.7.2　喹吖啶酮类颜料

喹吖啶酮类颜料是喹啉吖啶或喹吖啶的二酮衍生物，色区覆盖蓝光红到紫红。喹吖啶酮类颜料分子量小，分子结构简单，却有优异的耐热性、耐光性、耐迁移性，良好至优异的耐候性，在冲淡和低浓度的条件下，综合性能优异。喹吖啶酮类颜料在塑料中分散很困难，在生产色母时需要添加高效分散剂而且在母粒生产过程中要有较强的剪切力，否则分散不好，将在产品上留下色点。

吖啶酮颜料通用结构如下。塑料用喹吖啶酮颜料主要品种见表 4-171。

表 4-171　喹吖啶酮颜料在塑料中应用的主要品种

品种	CAS 结构号	R_2	R_3	R_4	R_2^*	R_3^*	R_4^*	色光	已知的晶型数
C. I. 颜料紫 19	73900	H	H	H	H	H	H	紫—蓝光红	5
C. I. 颜料红 122	73915	CH_3	H	H	CH_3	H	H	品红	4
C. I. 颜料红 202	73907	Cl	H	H	Cl	H	H	蓝光红—紫	3

（1）**C. I. 颜料紫 19（β 晶型）**　C. I. 结构号：73900；分子式：$C_{20}H_{12}N_2O_2$；CAS 登记号：[1047-16-1]。

结构式：

色彩表征：颜料紫 19（β 型）是一个红紫色颜料。它的色光与颜料红 88（四氯代硫靛颜料）非常接近，但比之更鲜艳。颜料紫 19（β 型）着色力较高，与 1% 钛白粉调制 1/3 标准深度 HDPE 仅需 0.19% 的颜料。

颜料紫 19（β 型）很少单独使用，常与其他颜料一起拼混使用。与此相拼混的无机颜料主要是氧化铁红或钼铬红。与之相拼混的有机颜料主要有颜料橙 36，拼混后得到的颜料呈深红色。它与氧化铁红、钼铬红拼混的高遮盖力品种的耐光、耐候性都要高于与钛白粉拼混

的品种。

主要性能：见表4-172～表4-174和图4-52。

表4-172　颜料紫19（β型）在PVC塑料中的应用性能

项目		颜料	钛白粉	耐光性/级	耐候性（2000h）/级	耐迁移性/级	耐热性/级	
							180℃/30min	200℃/10min
PVC	本色	0.1%		7～8	4～5	5	5	5
	冲淡	0.2%	2%	7～8	4～5	5	5	5

表4-173　颜料紫19（β型）在HDPE塑料中的应用性能

项目		颜料	钛白粉	耐光性/级	耐候性（3000h）/级	耐迁移性/级
HDPE	本色	0.1%		8	4	5
	冲淡	0.1%	1%	8	2	5

表4-174　颜料紫19（β型）应用范围

通用塑料		工程塑料		纺丝	
LL/LDPE	●	PS/SAN	●	PP	●
HDPE	●	ABS	○	PET	○
PP	●	PC	×	PA	×
PVC（软）	●	PET	○	PAN	
PVC（硬）	●	PA	○		
橡胶	●	POM	○		

注：●表示推荐使用；○表示有条件地使用；×表示不推荐使用。

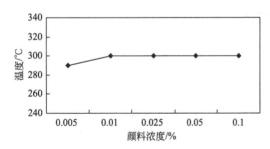

图4-52　颜料紫19（β型）在HDPE中
耐热性（本色）

品种特性：颜料紫19（β型）耐光性和耐候性也要比颜料红88高得多，能满足长期露置在户外的要求。颜料紫19（β型）耐热性优异，在很大范围内与着色浓度无关。颜料紫19（β型）综合牢度优异，适用于通用聚烯烃、通用工程塑料着色。颜料紫19（β型）用于软质聚氯乙烯时，不仅耐渗色而且持久性长。颜料紫19（β型）用于HDPE部分结晶塑料制品中会引起中等程度翘曲变形。

（2）**C.I.颜料紫19（γ晶型）**　C.I.结构号：73900；分子式：$C_{20}H_{12}N_2O_2$；CAS登记号：[1047-16-1]。

结构式：

色彩表征：颜料紫19（γ晶型）是一个蓝光红色颜料。颜料紫19（γ晶型）比颜料紫19（β晶型）黄得多。商品化γ晶型颜料紫19粒径分布较宽，该品种粒径分布对着色性能影响较大。如果平均粒径小，着色力高，色光鲜艳，偏蓝相，但它的耐光性和耐候性相对较差；如果平均粒径大，着色力低，相对耐光性和耐候性好。

颜料紫 19（γ 晶型）着色力较高，与 1% 钛白粉调制 1/3 标准深度 HDPE 仅需要 0.27%（小粒径）的颜料。

主要性能：见表 4-175～表 4-180 和图 4-53 及图 4-54。

表 4-175　颜料紫 19（γ 型，小粒径）在 PVC 塑料中的应用性能

项目		颜料	钛白粉	耐光性/级	耐迁移性/级	耐候性（3000h）/级
PVC	本色	0.1%		7～8	5	4～5
	冲淡	0.2%	2%	7		

表 4-176　颜料紫 19（γ 型，小粒径）在 HDPE 塑料中的应用性能

项目		颜料	钛白粉	耐光性/级	耐候性（3000h，本色 0.2%）/级
HDPE	本色	0.27%		8	4～5
	1/3 SD	0.27%	1%	8	

表 4-177　颜料紫 19（γ 型）应用范围

通用塑料		工程塑料		纺丝	
LL/LDPE	●	PS/SAN	○	PP	●
HDPE	●	ABS	●	PET	○
PP	●	PC	●	PA6	○
PVC（软）	●	PBT	●	PAN	
PVC（硬）	●	PA	○		
橡胶	●	POM	○		

注：●表示推荐使用；○表示有条件地使用。

表 4-178　颜料紫 19（γ 型，大粒径）在 PVC 塑料中的应用性能

项目		颜料	钛白粉	耐光性/级	耐候性（3000h）/级	耐迁移性/级
PVC	本色	0.1%		8	5	5
	冲淡	0.1%	0.5%	8		

表 4-179　颜料紫 19（γ 型，大粒径）在 HDPE 塑料中的应用性能

项目		颜料	钛白粉	耐光性/级	耐候性（3000h，本色 0.2%）/级
HDPE	本色	0.3%		8	4～5
	1/3 SD	0.3%	1%	8	

表 4-180　颜料紫 19（γ 型，大粒径）应用范围

通用塑料		工程塑料		纺丝	
LL/LDPE	●	PS/SAN	●	PP	●
HDPE	●	ABS	●	PET	○
PP	●	PC	●	PA6	○
PVC（软）	●	PBT	●	PAN	
PVC（硬）	●	PA	○		
橡胶	●	POM	○		

注：●表示推荐使用；○表示有条件地使用。

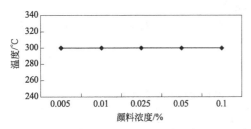

图 4-53 颜料紫 19（γ 型，小粒径）在 HDPE 中
耐热性（本色）

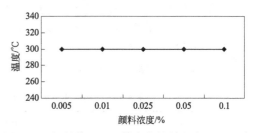

图 4-54 颜料紫 19（γ 型，大粒径）在 HDPE 中
耐热性

品种特性：颜料紫 19（γ 晶型）耐光性和耐候性要比颜料紫 19（β 晶型）好，可满足长期露置在户外的要求。

颜料紫 19（γ 晶型）用于聚酯着色可耐 240～290℃高温 5～6h，即使在聚碳酸酯的 320℃加工温度下也是稳定的。颜料紫 19（γ 晶型）综合牢度优异，适用于通用聚烯烃塑料着色，用于软质聚氯乙烯时，不仅耐渗色而且持久性长。颜料紫 19（γ 晶型）适用于通用工程塑料着色。颜料紫 19（γ 晶型）可用于聚酯着色，如以较低浓度使用时，常常会出现色差，这是因为颜料紫 19（γ 晶型）在聚酯中有微量溶解所造成的。颜料紫 19（γ 晶型）也适用尼龙的注塑和挤出成型，这不仅因为它能耐尼龙加工高温，而且因为它在尼龙中完全是化学惰性的。颜料紫 19（γ 晶型）适用于丙纶、涤纶、尼龙 6 纤维纺前着色、纺丝。颜料紫 19（γ 晶型）用于 HDPE 部分结晶塑料制品中会引起中等程度翘曲变形。

（3）**C. I. 颜料红 122** C. I. 结构号：73915；分子式：$C_{22}H_{16}N_2O_2$；CAS 登记号：[980-26-7]/[16043-40-6]。

结构式：

H₃C 结构图 CH₃ 的 C.I.颜料红122 结构式

色彩表征：颜料红 122 是一个非常艳丽蓝光红色颜料。色光接近品红。颜料红 122 的着色力比颜料紫 19（γ 晶型）要高一些，例如调制同样色度的样品，颜料红 122 的用量仅为 γ 晶型颜料紫 19 的 80%。

主要性能：见表 4-181～表 4-183 和图 4-55。

表 4-181 颜料红 122 在 PVC 塑料中的应用性能

项目		颜料	钛白粉	耐光性/级	耐候性（3000h）/级	耐迁移性/级
PVC	本色	0.1%		8	5	5
	冲淡	0.1%	0.5%	8		

表 4-182 颜料红 122 在 HDPE 塑料中的应用性能

项目		颜料	钛白粉	耐光性/级	耐候性（3000h，本色0.2%）/级
HDPE	本色	0.22%		8	5
	1/3 SD	0.22%	1%	8	

表 4-183　颜料红 122 应用范围

通用塑料		工程塑料		纺丝	
LL/LDPE	●	PS/SAN	●	PP	●
HDPE	●	ABS	●	PET	○
PP	●	PC	●	PA6	○
PVC（软）	●	PBT	●	PAN	
PVC（硬）	●	PA	○		
橡胶	●	POM	○		

注：●表示推荐使用；○表示有条件地使用。

品种特性：颜料红 122 的化学结构是 2,9-二甲基喹吖啶酮，因此它较未取代的喹吖啶酮颜料紫 19（γ 晶型）的耐光性和耐候性要好。颜料红 122 综合牢度优异，适用于通用聚烯烃塑料、通用工程塑料着色，如以较低浓度使用时，常常会出现色差和耐光性降低，这是因为颜料红 122 在介质中有微量溶解。

颜料红 122 适用于丙纶纺前着色、纺丝用。谨慎推荐用于涤纶、尼龙 6 纤维纺前着色、纺

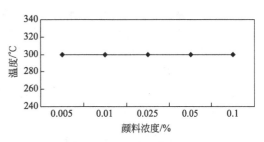

图 4-55　颜料红 122 在 HDPE 中耐热性（本色）

丝。颜料红 122 用于 HDPE 部分结晶塑料制品中会引起中等程度翘曲变形。颜料红 122 可以成为蓝光红色区中的标准色。

（4）**C. I. 颜料红 202**　C. I. 结构号：73907；分子式：$C_{20}H_{10}Cl_2N_2O_2$；CAS 登记号：[3089-17-6]。

结构式：

色彩表征：颜料红 202 是一个二元混合物，主要成分为 2,9-二氯代喹吖啶酮颜料。颜料红 202 比颜料红 122 偏蓝，也偏暗。颜料红 202 的着色力高，与 1％钛白粉调制 1/3 标准深度软质 PVC 仅需要 0.20％的颜料。与 1％钛白粉调制 1/3 标准深度 HDPE 仅需要 0.26％的颜料。

主要性能：见表 4-184～表 4-186 和图 4-56。

表 4-184　颜料红 202 在 PVC 塑料中的应用性能

项目		颜料	钛白粉	耐光性/级	耐候性（3000h）/级	耐迁移性/级
PVC	本色	0.1％		8	5	5
	冲淡	0.2％	2％	8	4～5	5

表 4-185　颜料红 202 在 HDPE 塑料中的应用性能

项目		颜料	钛白粉	耐光性/级	耐候性（3000h）/级
HDPE	本色	0.1％		8	4
	冲淡	0.1％	1％	7～8	3

表 4-186　颜料红 202 应用范围

通用塑料		工程塑料		纺丝	
LL/LDPE	●	PS/SAN	●	PP	●
HDPE	●	ABS	●	PET	●
PP	●	PC	×	PA6	●
PVC（软）	●	PET	●	PAN	
PVC（硬）	●	PA	○		
橡胶	●	POM	○		

注：●表示推荐使用；○表示有条件地使用；×表示不推荐使用。

品种特性：颜料红 202 与颜料红 122 相比，综合牢度更优异，适用于通用聚烯烃塑料、通用工程塑料着色。颜料红 202 适用于丙纶、涤纶、尼龙 6 纤维纺前着色、纺丝。颜料红 202 用在 HDPE 等结晶塑料中会影响翘曲，变形不大。

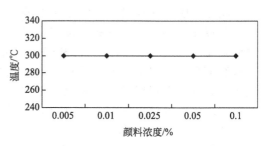

图 4-56　颜料红 202 在 HDPE 中耐热性（本色）

4.7.3　苝系类和苝酮类颜料

以苝四甲酰亚胺为母体结构的苝系颜料名称来源于 N,N-二取代3,4,9,10-苝四羧酸酰胺衍生物或3,4,9,10-苝四羧酸酐，早在1931年已被发现，主要作为还原染料应用，基于该类颜料分子结构不仅具有明显平面性和对称性，而且某些品种可以形成分子氢键，使其具有优异的耐热性和耐候性，所以苝系颜料是一类重要的品种，广泛用于塑料及合成纤维原液着色。

苝系颜料色区很宽，覆盖橙到蓝光红色谱，高着色力，其中遮盖产品遮盖力高，透明产品透明性好。

苝系颜料通用结构如下：

苝系颜料在塑料中应用的主要品种见表 4-187。

表 4-187　苝系颜料在塑料中应用的主要品种

品种	C.I. 结构号	CAS 登记号	X	色光
颜料红 149	71137	[4948-15-6]		红色
颜料红 178	71155	[3049-71-6]		红色
颜料红 179	71130	[5521-31-3]	N—CH₃	红到紫酱
颜料紫 29	71129	[81-33-4]	HN	红到枣红

苝系颜料在使用受阻胺类光稳定剂时，应用于聚烯烃会发生问题，随着苝系颜料浓度变化，受阻胺类光稳定剂会失去作用，甚至被破坏，结果使塑料制品不能满足要求。如果在配方中一定使用，建议先进行试验评估后选用。

（1）**C. I. 颜料红 149** C. I. 结构号：71137；分子式：$C_{40}H_{26}N_2O_4$；CAS 登记号：[4948-15-6]。

结构式：

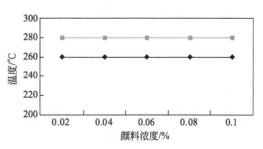

色彩表征：颜料红 149 是一种色光艳丽的正红颜料。颜料红 149 具有很高的着色力，与 1% 钛白粉配制 1/3 SD 的软质 PVC 所需颜料 0.12%，1% 钛白粉配制 1/3 SD 的 HDPE 所需颜料 0.15%。

主要性能：见表 4-188～表 4-190 和图 4-57。

表 4-188　颜料红 149 在 PVC 塑料中的应用性能

项目		颜料	钛白粉	耐光性/级	耐候性（5000h）/级	耐迁移性/级
PVC	本色	0.1%		8	3～4	5
	冲淡	0.1%	1%	7～8		

表 4-189　颜料红 149 在 HDPE 塑料中的应用性能

项目		颜料	钛白粉	耐光性/级	耐候性（3000h）/级
HDPE	本色	0.1%		8	4
	冲淡	0.1%	1%	8	3

表 4-190　颜料红 149 应用范围

通用塑料		工程塑料		纺丝	
LL/LDPE	●	PS/SAN	●	PP	●
HDPE	●	ABS	○	PET	○
PP	●	PC	○	PA6	●
PVC（软）	●	PET	○	PAN	
PVC（硬）	●	PA6	○		
橡胶	●	PMMA	●		

注：●表示推荐使用；○表示有条件地使用。

品种特性：颜料红 149 的熔点大于 450℃，所以耐热性特别好，而且耐热性在很宽的范围内与浓度无关，颜料红 149 与钛白粉冲淡后耐热性比喹吖啶酮颜料红还好。颜料红 149 具有优异耐光性、耐候性。但耐候性会破坏某些塑料中受阻胺系列光稳定剂。颜料红 149 综合牢度优异，适用于通用聚烯烃塑料、通用工程塑料着色。

颜料红 149 适用于丙纶、涤纶纺前着色、

图 4-57　颜料红 149 在 HDPE 中耐热性
■—钛白粉 1：10；◆—本色

纺丝。但需注意的是在涤纶纺丝浓度太低时会溶解于聚酯而使颜色由红色变成橙色。推荐用于尼龙 6 纤维。颜料红 149 也会影响 HDPE 注塑制品的翘曲性，对翘曲的影响随温度的升高而下降。

（2）**C. I. 颜料红 178**　C. I. 结构号：71155；分子式：$C_{48}H_{26}N_6O_4$；CAS 登记号：[3049-71-6]。

结构式：

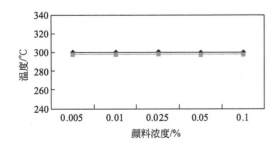

色彩表征： 颜料红 178 色光偏黄略暗。颜料红 178 着色力一般。与 1‰钛白粉配制 1/3 SD 的软质 PVC 所需颜料 0.18%，与 1‰钛白粉配制 1/3 SD 的 HDPE 所需颜料 0.26%。

主要性能： 见表 4-191～表 4-193 和图 4-58。

表 4-191　颜料红 178 在 PVC 塑料中的应用性能

项目		颜料	钛白粉	耐光性/级	耐迁移性/级
PVC	本色	0.1%		8	5
	冲淡	0.1%	1%	7	

表 4-192　颜料红 178 在 HDPE 塑料中的应用性能

项目		颜料	钛白粉	耐光性/级	耐候性（3000h）/级	耐迁移性/级
HDPE	本色	0.1%		8	3～4	5
	冲淡	0.1%	1%	7		

表 4-193　颜料红 178 应用范围

通用塑料		工程塑料		纺丝	
LL/LDPE	●	PS/SAN	●	PP	●
HDPE	●	ABS	○	PET	○
PP	●	PC	○	PA	○
PVC（软）	●	PET	●	PAN	
PVC（硬）	●	PA6	○		
橡胶	●	PMMA	●		

注：●表示推荐使用；○表示有条件地使用。

图 4-58　颜料红 178 在 HDPE 中耐热性
■—钛白粉 1:10；◆—本色

品种特性： 颜料红 178 耐光性和耐候性虽比颜料红 149 差一些，但相当于或略高于颜料红 122，在 0.1% 颜料时本色 HDPE 耐光性可达 8 级。颜料红 178 综合牢度优异，适用于通用聚烯烃塑料、通用工程塑料着色。颜料红 178 适用于丙纶、涤纶、尼龙 6 纤维纺前着色、纺丝。颜料红 178 用于部分结晶塑料制品中会引起翘曲，变形程度在苊系颜料中是最大的。

(3) **C. I. 颜料红 179** C. I. 结构号：71130；分子式：$C_{26}H_{14}N_2O_4$；CAS 登记号：[5521-31-3]。

结构式：

$$H_3C-N \quad O \quad O \quad N-CH_3$$

色彩表征：颜料红 179 有多种不同色光，早期的品种为枣红色，近期的是一种色光艳丽的红光颜料。 颜料红 179 具有较高的着色力。与 1% 钛白粉配制 1/3 SD 的软质 PVC 所需颜料 0.13%，与 1% 钛白粉配制 1/3 SD 的 HDPE 所需颜料 0.17%。

主要性能：见表 4-194～表 4-196 和图 4-59。

表 4-194 颜料红 179 在 PVC 塑料中的应用性能

项目		颜料	钛白粉	耐光性/级	耐候性（5000h）/级	耐迁移性/级
PVC	本色	0.1%		8	5	5
	冲淡	0.1%	1%	8	4～5	

表 4-195 颜料红 179 在 HDPE 塑料中的应用性能

项目		颜料	钛白粉	耐光性/级	耐候性（3000h）/级	耐迁移性/级
HDPE	本色	0.1%		8	5	5
	冲淡	0.1%	1%	8	4	

表 4-196 颜料红 179 应用范围

通用塑料		工程塑料		纺丝	
LL/LDPE	●	PS/SAN	●	PP	●
HDPE	●	ABS	○	PET	○
PP	●	PC	○	PA	●
PVC（软）	●	PBT	○	PAN	
PVC（硬）	●	PA6	○		
橡胶	●	PMMA	○		

注：●表示推荐使用；○表示有条件地使用。

品种特性：颜料红 179 耐光性、耐候性优异，性能相当于或略高于颜料红 122。颜料红 179 的耐热性高，但与其他苝系颜料相比属于低的。

颜料红 179 综合牢度优异，适用于通用聚烯烃塑料、通用工程塑料着色。颜料红 179 适用于丙纶、涤纶纺前着色、纺丝。谨慎推荐用于尼龙 6 纤维纺前着色、纺丝。但会发生色差，这是由于尼龙熔体的还原性。颜料红 179 用于部分结晶塑料制品中会引起翘曲变形。

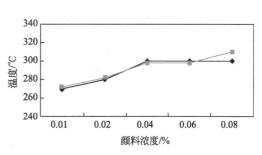

图 4-59 颜料红 179 在 HDPE 中耐热性
■—钛白粉 1:10；◆—本色

（4）**C. I. 颜料紫 29** C. I. 结构号：71129；分子式：$C_{24}H_{10}Cl_2O_2$；CAS 登记号：

[81-33-4]。

结构式：

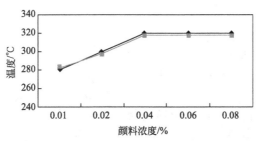

色彩表征： 颜料紫 29 呈深红紫色，饱和度不高。颜料紫 29 具有较高的着色力。与 1% 钛白粉配制 1/3 SD 的 HDPE 所需颜料 0.18%，比咔唑二噁嗪 23 紫所需颜料 0.09% 要高，但比喹吖啶酮 19 紫所需颜料 0.23% 要低。

主要性能： 见表 4-197～表 4-199 和图 4-60。

表 4-197　颜料紫 29 在 PVC 塑料中的应用性能

项目		颜料	钛白粉	耐光性/级	耐候性（3000h）/级	耐迁移性/级
PVC	本色	0.1%		8	5	5
	冲淡	0.1%	1%	8	3～4	

表 4-198　颜料紫 29 在 HDPE 塑料中的应用性能

项目		颜料	钛白粉	耐光性/级	耐候性（3000h）/级
HDPE	本色	0.2%		8	4
	冲淡	0.2%	2%	8	3

表 4-199　颜料紫 29 应用范围

通用塑料		工程塑料		纺丝	
LL/LDPE	●	PS/SAN	●	PP	●
HDPE	●	ABS	○	PET	●
PP	●	PC	○	PA6	●
PVC（软）	●	PBT	○	PAN	
PVC（硬）	●	PA	○		
橡胶	●	PMMA	●		

注：●表示推荐使用；○表示有条件地使用。

图 4-60　颜料紫 29 在 HDPE 中耐热性
■—钛白粉 1∶10；◆—本色

品种特性： 颜料紫 29 综合牢度优异，适用于通用聚烯烃塑料、通用工程塑料着色，适宜户外应用。颜料紫 29 适用于丙纶、涤纶、尼龙 6 纤维纺前着色、纺丝。用于涤纶纤维原液着色缩聚时，可耐 290℃/5～6h。

（5）**C. I. 颜料橙 43**　　C. I. 结构号：71105；分子式：$C_{26}H_{12}N_4O_2$；CAS 登记号：[4424-06-07]。

结构式：

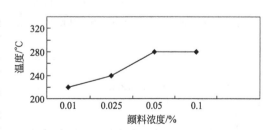

色彩表征： 颜料橙 43 是芘酮类颜料的反式结构，呈艳丽红光橙色。颜料橙 43 具有很高着色力，与 5％的钛白粉配制 1/3 标准深度的软质 PVC 需 0.9％的颜料，与 1％的钛白粉配制需 0.25％的颜料。

主要性能： 见表 4-200～表 4-202 和图 4-61。

表 4-200　颜料橙 43 在 PVC 塑料中的应用性能

项目		颜料	钛白粉	耐光性/级	耐候性（2000h）/级	耐迁移性/级
PVC	本色	0.1％		8	4	4～5
	冲淡	0.1％	0.5％	7～8		

表 4-201　颜料橙 43 在 HDPE 塑料中的应用性能

项目		颜料	钛白粉	耐光性/级	耐候性（3000h）/级
HDPE	本色	0.2％		8	5
	1/3 SD	0.2％	1％	8	

表 4-202　颜料橙 43 应用范围

通用塑料		工程塑料		纺丝	
LL/LDPE	●	PS/SAN	●	PP	●
HDPE	●	ABS	●	PET	×
PP	●	PC	●	PA6	×
PVC（软）	●	PBT	●	PAN	●
PVC（硬）	●	PA	○		
橡胶	●	POM	×		

注：●表示推荐使用；○表示有条件地使用；×表示不推荐使用。

品种特性： 颜料橙 43 具有极好的耐光性，即使冲淡到很低浓度，耐光性也有 8 级。颜料橙 43 用于聚烯烃具有良好的耐热性，在 PE、PET 中为 280℃，在 PE 中浓度低于 0.1％时耐热性显著下降，在 PET 中浓度低会发生溶解并使色调向黄转变。颜料橙 43 适用于通用聚烯烃塑料、通用工程塑料着色，适宜户外应用。用于聚氯乙烯，它的耐渗色性较好。但在颜料浓度较低和增塑剂浓度较高时会发生渗色现象。颜料橙 43 适用于丙纶纺前着色，可用于遮阳篷生产。颜料橙 43 会强烈影响结晶塑料的翘曲性。

图 4-61　颜料橙 43 在 HDPE 中耐热性（本色）

4.7.4 蒽醌和蒽醌酮类颜料

蒽醌和蒽醌酮类颜料原是一类分子量大、结构复杂的还原染料，通过特定的颜料化表面处理。使其转化为具有使用价值的有机颜料。该类颜料共有高透明性，中等至高着色力，色区覆盖黄、蓝光红和红光蓝。颜料综合性能优异。

（1）C.I. 颜料黄 199 C.I. 结构号：65320；分子式：$C_{52}H_{60}N_2O_6$。

结构式：

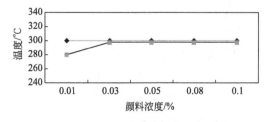

色彩表征：具有非常好透明性的红光黄色品种。

主要性能：见表 4-203～表 4-205 和图 4-62。

表 4-203 颜料黄 199 在 PVC 塑料中的应用性能

项目	颜料	钛白粉	耐光性/级	耐候性（2000h）/级	耐迁移性/级	耐热性	
						180℃/30min	200℃/10min
PVC	因分散性不好，不适于 PVC 应用						

表 4-204 颜料黄 199 在 HDPE 塑料中的应用性能

项目		颜料	钛白粉	耐光性/级	耐候性（3000h）/级	耐迁移性/级
HDPE	本色	0.1%		7～8	4～5	4.2
	冲淡	0.1%	1%	7～8	3～4	4.2

表 4-205 颜料黄 199 应用范围

通用塑料		工程塑料		纺丝	
LL/LDPE	●	PS/SAN	●	PP	●
HDPE	●	ABS	○	PET	○
PP	●	PC	○	PA6	×
PVC（软）	×	PBT	○	PAN	
PVC（硬）	×	PA6	×		
橡胶	●	POM	●		

注：●表示推荐使用；○表示有条件地使用；×表示不推荐使用。

图 4-62 颜料黄 199 在 HDPE 中耐热性
■—加 1%钛白粉；◆—本色

品种特性：颜料黄 199 具有优异耐候性，能满足长期露置在户外的要求，除了用于通用聚烯烃着色外还可用于苯乙烯类工程塑料着色。颜料黄 199 适用于丙纶纺前着色、纺丝。颜料黄 199 可用于与食品接触塑料的着色。颜料黄 199 用在 HDPE 等结晶塑料中不影响翘曲变形。

（2）**C.I. 颜料红 177**　C.I. 结构号：65300；分子式：$C_{28}H_{16}N_2O_4$；CAS 登记号：[4051-63-2]。

结构式：

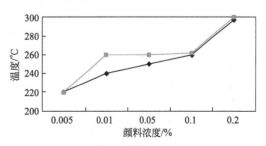

色彩表征：颜料红 177 呈蓝光红色，并具有很好的透明性，与钼铬红配伍，可得鲜艳深红，并具有很好的耐光性和耐候性。颜料红 177 着色力不高，与 1% 的钛白粉配制 1/3 标准深度的高密度聚乙烯制品需 0.3% 的颜料。

主要性能：见表 4-206～表 4-208 和图 4-63。

表 4-206　颜料红 177 在 PVC 塑料中的应用性能

项目		颜料	钛白粉	耐光性/级	耐候性（2000h）/级	耐迁移性/级	耐热性/级	
							180℃/30min	200℃/10min
PVC	本色	0.1%		8	4～5	5	5	4～5
	冲淡	0.2%	2%	7～8	2	5	5	5

表 4-207　颜料红 177 在 HDPE 塑料中的应用性能

项目		颜料	钛白粉	耐光性/级	耐候性（3000h）/级	耐迁移性/级
HDPE	本色	0.1%		7～8	3	5
	冲淡	0.1%	1%	7～8	1	5

表 4-208　颜料红 177 应用范围

通用塑料		工程塑料		纺丝	
LL/LDPE	●	PS/SAN	○	PP	●
HDPE	●	ABS	○	PET	×
PP	●	PC	○	PA6	×
PVC（软）	●	PBT	○	PAN	
PVC（硬）	●	PA6	○		
橡胶	●	PMMA	●		

注：●表示推荐使用；○表示有条件地使用；×表示不推荐使用。

品种特性：颜料红 177 具有良好的耐热性，在 PE 中为 270～280℃，当颜料浓度低于 0.1% 时耐热性明显下降。颜料红 177 适用于通用聚烯烃塑料着色，在软质 PVC 中它的耐渗色性能不太好。颜料红 177 适用于丙纶、尼龙 6 纤维纺前着色、纺丝。颜料红 177 不具有成核性，用于 HDPE 等结晶塑料中不会影响翘曲变形。

（3）**C.I. 颜料蓝 60**　C.I. 结构号：69800；分子式：$C_{28}H_{14}N_2O_4$；CAS 登记号：[81-77-6]。

图 4-63　颜料红 177 在 HDPE 中耐热性
■—加 1% 钛白粉；◆—本色

结构式：

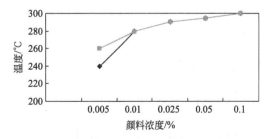

色彩表征：颜料蓝60呈纯正红光蓝色。色光比α-酞菁蓝红。颜料蓝60具有很高着色力，与1%的钛白粉配制1/3标准深度的高密度聚乙烯制品需0.15%的颜料，但与酞菁蓝相比还是高一些，α-酞菁蓝仅需0.08%的颜料。

主要性能：见表4-209～表4-211和图4-64。

表4-209　颜料蓝60在PVC塑料中的应用性能

项目		颜料	钛白粉	耐光性/级	耐候性(2000h)/级	耐迁移性/级	耐热性/级	
							180℃/30min	200℃/10min
PVC	本色	0.1%		7～8	4～5	5	5	5
	冲淡	0.2%	2%	6～7	3～4	5	5	5

表4-210　颜料蓝60在HDPE塑料中的应用性能

项目		颜料	钛白粉	耐光性/级	耐候性(3000h)/级	耐迁移性/级
HDPE	本色	0.1%		7～8	4～5	5
	冲淡	0.1%	1%	8	4	5

表4-211　颜料蓝60应用范围

通用塑料		工程塑料		纺丝	
LL/LDPE	●	PS/SAN	●	PP	●
HDPE	●	ABS	○	PET	●
PP	●	PC	○	PA6	●
PVC（软）	●	PBT	●	PAN	
PVC（硬）	●	PA6	○		
橡胶	●	PMMA	●		

注：●表示推荐使用；○表示有条件地使用。

图4-64　颜料蓝60在HDPE中耐热性
——加1%钛白粉；◆——本色

品种特性：颜料蓝60综合牢度优异，适用于通用聚烯烃塑料、通用工程塑料着色，适宜户外应用。颜料蓝60适用于丙纶、涤纶、尼龙6纤维纺前着色、纺丝。颜料蓝60用于HDPE等结晶塑料中不影响翘曲变形。

4.7.5 异吲哚啉酮系颜料和异吲哚啉系颜料

异吲哚啉酮系颜料分子由两部分组成：两个四氯代异吲哚啉酮环与二胺的取代衍生物，通过改变二胺的取代衍生物结构，得到颜料黄 109、颜料黄 110。异吲哚啉酮系颜料和异吲哚啉系颜料是 20 世纪 60 年代中期继喹吖啶酮和二噁嗪颜料之后发展起来的一类高级有机颜料。具有优异的耐热性、耐迁移性、耐光性、耐候性，特别是在低浓度和钛白粉冲淡的场合。

异吲哚啉酮系颜料通用结构如下：

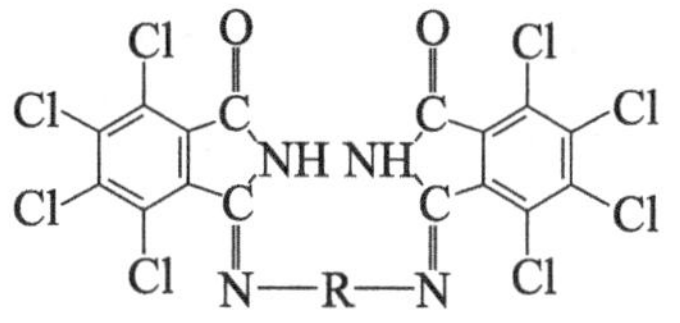

在塑料中应用的异吲哚啉酮系颜料品种见表 4-212。

表 4-212　在塑料中应用的异吲哚啉酮系颜料品种

品种	C. I. 结构号	CAS 登记号	R	色光
颜料黄 109	56284	[5045-40-9]	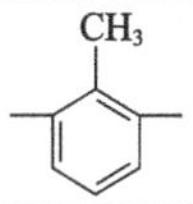	绿光黄
颜料黄 110	56280	[5590-18-1]		红光黄
颜料橙 61	11265	[40716-47-0]	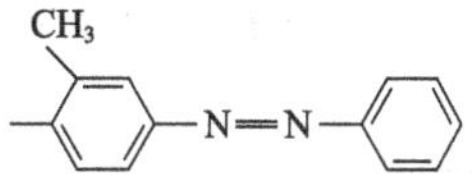	橙

异吲哚啉颜料是另一类有实用价值的有机颜料，分子中含有异吲哚啉环，并具有互变异构形式，其通用结构如下：

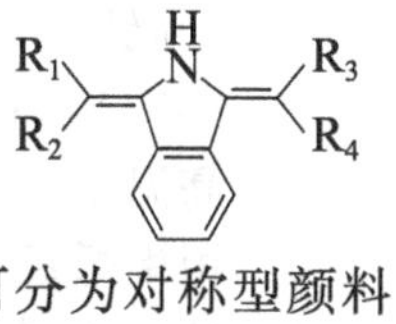

依据取代基 R_1、R_2 相同与否，可分为对称型颜料（如著名的颜料黄 139 及颜料棕 138）与非对称型颜料。异吲哚啉颜料由于分子中含有亚胺和羰基，可形成分子间氢键，具有优良的耐光性和耐候性。

（1）异吲哚啉酮系颜料

① **C. I. 颜料黄 109**　C. I. 结构号：56284；分子式：$C_{23}H_8Cl_8N_4O_2$；CAS 登记号：[5045-40-9]。

结构式：

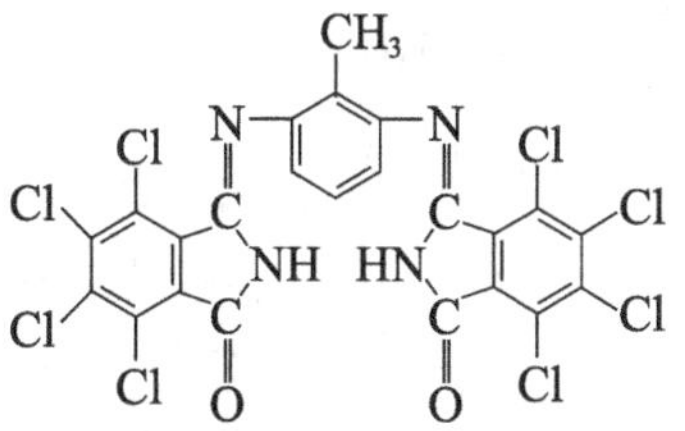

色彩表征：颜料黄 109 呈艳丽的绿光黄色。颜料黄 109 是一个着色力较低的颜料。与

1%的钛白粉配制 1/3 标准深度 HDPE 需 0.4％的颜料。

主要性能： 见表 4-213～表 4-215 和图 4-65。

表 4-213　颜料黄 109 在 PVC 塑料中的应用性能

项目		颜料	钛白粉	耐光性/级	耐候性(2000h)/级	耐迁移性/级	耐热性/级	
							180℃/30min	200℃/10min
PVC	本色	0.1％		8	5	5	5	4～5
	冲淡	0.2％	2％	8	4～5	5	5	5

表 4-214　颜料黄 109 在 HDPE 塑料中的应用性能

项目		颜料	钛白粉	耐光性/级	耐候性(3000h)/级	耐迁移性/级
HDPE	本色	0.1％		7～8	4	5
	冲淡	0.1％	1％	7～8	2～3	5

表 4-215　颜料黄 109 应用范围

通用塑料		工程塑料		纺丝	
LL/LDPE	●	PS/SAN	●	PP	●
HDPE	●	ABS	○	PET	×
PP	●	PC	○	PA6	×
PVC（软）	○	PET	○	PAN	×
PVC（硬）	○	PA6	○		
橡胶	●	POM			

注：●表示推荐使用；○表示有条件地使用；×表示不推荐使用。

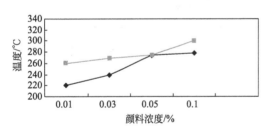

图 4-65　颜料黄 109 在 HDPE 中耐热性
■—加 1％钛白粉；◆—本色

品种特性： 颜料黄 109 的耐光性好，在硬质 PVC 中不耐长时间户外暴晒；特别当 PVC 中钛白粉的含量较高时这一现象尤为明显。颜料黄 109 耐热性优良，用于聚烯烃着色时，含 1％钛白粉 1/3 标准深度的样品耐热性可达 300℃，但 1/25 标准深度耐热性降为 250℃。在高温下其色光会变暗。颜料黄 109 除了用于通用聚烯烃着色外还可用于苯乙烯类工程塑料着色，颜料黄 109 适用于丙纶纺前着色、纺丝，适宜户外应用。颜料黄 109 用在 HDPE 中会影响该塑料的翘曲变形。

②**C. I. 颜料黄 110**　C. I. 结构号：56280；分子式：$C_{22}H_6Cl_8N_4O_2$；CAS 登记号：[5590-18-1]。

结构式：

色彩表征： 颜料黄 110 呈红相很强黄色，颜料黄 110 着色力中等，与 5％的钛白粉配制 1/3 标准深度的 PVC 需 1.4％～1.9％的颜料。

主要性能： 见表 4-216～表 4-218 和图 4-66。

表 4-216　颜料黄 110 在 PVC 塑料中的应用性能

项目		颜料	钛白粉	耐光性/级	耐候性(2000h)/级	耐迁移性/级	耐热性/级	
							180℃/30min	200℃/10min
PVC	本色	0.1％		8	4～5	5	5	5
	冲淡	0.2％	2％	8	4～5	5	5	5

表 4-217　颜料黄 110 在 HDPE 塑料中的应用性能

项目		颜料	钛白粉	耐光性/级	耐候性(3000h)/级	耐迁移性/级
HDPE	本色	0.1％		7～8	4～5	5
	冲淡	0.1％	1％	8	4	5

表 4-218　颜料黄 110 应用范围

通用塑料		工程塑料		纺丝	
LL/LDPE	●	PS/SAN	●	PP	●
HDPE	●	ABS	●	PET	×
PP	●	PC	×	PA6	×
PVC（软）	●	PBT	×	PAN	×
PVC（硬）	●	PA6	×		
橡胶	●	POM	●		

注：●表示推荐使用；×表示不推荐使用。

品种特性： 颜料黄 110 综合牢度被认为是所有红光黄色有机颜料中最好的一个，是黄色有机颜料中耐光性和耐候性最好的品种之一，在硬质 PVC 中能耐长时间户外暴晒，因而被广泛应用。颜料黄 110 耐热性优异，颜料黄 110 用于聚烯烃着色时，1/3 标准深度的 HDPE 耐热性可达 290℃。1/25 标准深度的耐热性为 270℃，而且无色光变化，需注意在极低浓度下的低耐热性。

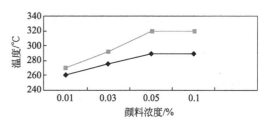

图 4-66　颜料黄 110 在 HDPE 中耐热性
■—加 1％钛白粉；◆—本色

颜料黄 110 除了用于通用聚烯烃着色外还可用于苯乙烯类工程塑料着色。颜料黄 110 适用于丙纶纺前着色、纺丝。颜料黄 110 用在 HDPE 等结晶塑料中会严重影响翘曲变形，颜料黄 110 为针状晶体，所以对加工过程中的剪切力非常敏感。

③ **C.I. 颜料橙 61**　C.I. 结构号：11265；分子式：$C_{29}H_{12}Cl_8N_6O_2$；CAS 登记号：[40716-47-0]。

结构式：

色彩表征： 颜料橙 61 呈黄光橙色。色彩饱和度不高。颜料橙 61 在塑料中着色力较低；

与5％钛白粉调配1/3标准深度的软质PVC需约1.4％的颜料，其色光与颜料橙13十分相近，但其着色力是颜料橙13的1/2。

主要性能：见表4-219～表4-221和图4-67。

表 4-219　颜料橙 61 在 PVC 塑料中的应用性能

项目		颜料	钛白粉	耐光性/级	耐候性(2000h)/级	耐迁移性/级	耐热性/级	
							180℃/30min	200℃/10min
PVC	本色	0.1％		8	4～5	4.9	5	5
	冲淡	0.2％	2％	7～8	4～5	4.8	5	5

表 4-220　颜料橙 61 在 HDPE 塑料中的应用性能

项目		颜料	钛白粉	耐光性/级	耐候性(3000h)/级	耐迁移性/级
HDPE	本色	0.1％		7～8	4～5	5
	冲淡	0.1％	1％	7～8	3	5

表 4-221　颜料橙 61 应用范围

通用塑料		工程塑料		纺丝	
LL/LDPE	●	PS/SAN	●	PP	●
HDPE	●	ABS	○	PET	×
PP	●	PC	×	PA6	×
PVC（软）	●	PET	×	PAN	
PVC（硬）	●	PA6	×		
橡胶	●	POM	●		

注：●表示推荐使用；×表示不推荐使用。

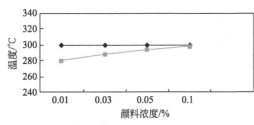

图 4-67　颜料橙 61 在 HDPE 中耐热性
■—加1％钛白粉；◆—本色

品种特性：颜料橙 61 综合牢度优异，与 5％的钛白粉配制 1/25 标准深度的 PVC 耐光性可达 7～8 级，颜料橙 61 耐候性是橙色品种中最好的，能满足长期露置在户外的要求。

颜料橙 61 耐热性优异，除了用于通用聚烯烃着色外还可用于苯乙烯类工程塑料以及聚氨酯、不饱和聚酯塑料着色。颜料橙 61 适用于丙纶、腈纶纺前着色、纺丝。颜料橙 61 用在 HDPE 等结晶塑料中对翘曲变形影响较大。

（2）异吲哚啉系颜料

C. I. 颜料黄 139　C. I. 结构号：56298；分子式：$C_{16}H_9N_5O_6$；CAS 登记号：[36888-99-0]。

结构式：

色彩表征：颜料黄 139 呈红光黄色。颜料黄 139 着色力高，与 5％钛白粉配制 1/3 标准深度软质 PVC 需要约 1％的颜料。与 1％钛白粉配制 1/3 标准深度的 HDPE 需要约 0.2％的颜料。

主要性能：见表4-222～表4-224和图4-68。

表 4-222　颜料黄 139 在 PVC 塑料中的应用性能

项目		颜料	钛白粉	耐光性/级	耐候性（2000h）/级	耐迁移性/级	耐热性/级	
							180℃/30min	200℃/10min
PVC	本色	0.1%		7～8	4	5	4～5	4～5
	冲淡	0.2%	2%	7	3	5	4～5	4～5

表 4-223　颜料黄 139 在 HDPE 塑料中的应用性能

项目		颜料	钛白粉	耐光性/级	耐候性（3000h）/级	耐迁移性/级
HDPE	本色	0.1%		7～8	3	5
	冲淡	0.1%	1%	7	2	5

表 4-224　颜料黄 139 应用范围

通用塑料		工程塑料		纺丝	
LL/LDPE	●	PS/SAN	○	PP	●
HDPE	○	ABS	×	PET	×
PP	○	PC	×	PA6	×
PVC（软）	●	PET	×	PAN	
PVC（硬）	●	PA6	×		
橡胶	○	POM			

注：●表示推荐使用；○表示有条件地使用；×表示不推荐使用。

品种特性：颜料黄 139 具有中等牢度，性价比高。颜料黄 139 耐光性好，耐热性中等，1/3 标准深度的 HDPE 耐热达 250℃。在更高温度下颜料会分解，其色光会变暗。颜料黄 139 适用于通用聚烯烃塑料着色，在软质聚氯乙烯中，耐迁移性很好。颜料黄 139 适用于丙纶纺前着色、纺丝，是替代联苯黄 83 的优势品种。颜料黄 139 用在 HDPE 中会影响该塑料的翘曲变形。

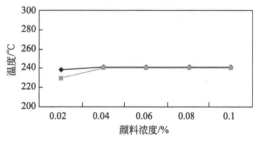

图 4-68　颜料黄 139 在 HDPE 中耐热性
■—钛白粉 1：10；◆—本色

4.7.6　吡咯并吡咯二酮系颜料

1,4 二酮吡咯并吡咯颜料（简称 DPP 颜料）是一类全新结构的高性能有机颜料。该系列品种的问世被誉为有机颜料发展史上的一个新的里程碑。DPP 颜料分子结构具有很好的对称性，分子呈平面排列，分子间形成氢键，所以虽然分子量较低，但具有优异耐光、耐热、耐溶剂性能，良好分散性。故能与菲红颜料、苯并咪唑酮等高性能颜料媲美。DPP 颜料具有纯净和亮丽的色相，高着色力、高遮盖力，色区覆盖橙、黄光红、蓝光红，既有透明的又有遮盖的。

DPP 颜料通用结构如下：

DPP 颜料在塑料中应用主要品种见表 4-225。

表 4-225 DPP 颜料在塑料中应用的主要品种

品种	C.I 结构号	CAS 登记号	X	Y	色光
橙 71	561200	[84632-50-8]	H	CN	艳橙色
橙 73	56117	[84632-59-7]	C(CH$_3$)$_3$	H	艳橙色
红 254	56110	[84632-65-5]	Cl	H	大红色
红 264	561300	[88949-33-1]	C$_6$H$_5$	H	蓝光红色
红 272	561150	[30249-32-0]	CH$_3$	H	红色

（1）**C.I. 颜料橙 71**　C.I. 结构号：561200；分子式：C$_{20}$H$_{10}$N$_4$O$_2$；CAS 登记号：[71832-85-4]。

结构式：

色彩表征：颜料橙 71 呈高透明黄光橙色，色彩饱和度不高。颜料橙 71 着色力高，与 1% 钛白粉配制 1/3 标准深度的 PVC 仅需颜料 0.17%；与 1% 钛白粉配制 1/3 标准深度的 HDPE 仅需颜料 0.23%。

主要性能：见表 4-226～表 4-228 和图 4-69。

表 4-226 颜料橙 71 在 PVC 塑料中的应用性能

项目		颜料	钛白粉	耐光性/级	耐候性（2000h）/级	耐迁移性/级	耐热性/级	
							180℃/30min	200℃/10min
PVC	本色	0.1%		7～8	2	5	5	5
	冲淡	0.2%	2%	7～8	1	5	5	5

表 4-227 颜料橙 71 在 HDPE 塑料中的应用性能

项目		颜料	钛白粉	耐光性/级	耐候性（3000h）/级	耐迁移性/级
HDPE	本色	0.1%		7～8	4	5
	冲淡	0.1%	1%	7～8	2	5

表 4-228 颜料橙 71 应用范围

通用塑料		工程塑料		纺丝	
LL/LDPE	●	PS/SAN	●	PP	●
HDPE	●	ABS	○	PET	×
PP	●	PC		PA6	×
PVC（软）	●	PBT	×	PAN	
PVC（硬）	○	PA6	×		
橡胶	●	POM	●		

注：●表示推荐使用；○表示有条件地使用；×表示不推荐使用。

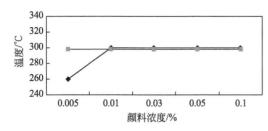

图 4-69　颜料橙 71 在 HDPE 中耐热性
■—加 1% 钛白粉；◆—本色

品种特性：颜料橙 71 综合牢度优异，能满足长期露置在户外的要求。颜料橙 71 除了用于聚氯乙烯、通用聚烯烃塑料着色外还可用于苯乙烯类工程塑料着色。颜料橙 71 用在 HDPE 中会影响该塑料的翘曲变形，影响轻微。

（2）**C. I. 颜料橙 73**　C. I. 结构号：56117；分子式：$C_{26}H_{28}N_2O_2$；CAS 登记号：［71832-85-4］。

结构式：

$$(H_3C)_3C \quad \text{HN} \quad \text{NH} \quad C(CH_3)_3$$

色彩表征：颜料橙 73 呈艳丽的橙色。颜料橙 73 着色力尚可，与 1% 钛白粉配制 1/3 标准深度的 PVC 仅需颜料 0.37%；与 1% 钛白粉配制 1/3 标准深度的 HDPE 仅需颜料 0.35%。

主要性能：见表 4-229～表 4-231 和图 4-70。

表 4-229　颜料橙 73 在 PVC 塑料中的应用性能

项目		颜料	钛白粉	耐光性/级	耐候性(2000h)/级	耐迁移性/级	耐热性/级	
							180℃/30min	200℃/10min
PVC	本色	0.1%		7～8	4～5	4.6	5	5
	冲淡	0.2%	2%	6～7	3～4	4.7	5	4～5

表 4-230　颜料橙 73 在 HDPE 塑料中的应用性能

项目		颜料	钛白粉	耐光性/级	耐候性（3000h）/级	耐迁移性/级
HDPE	本色	0.1%		8	4	4.9
	冲淡	0.1%	1%	7	2～3	4.9

表 4-231　颜料橙 73 应用范围

通用塑料		工程塑料		纺丝	
LL/LDPE	○	PS/SAN	×	PP	
HDPE	○	ABS	×	PET	×
PP	○	PC	×	PA6	×
PVC（软）	●	PBT	×	PAN	×
PVC（硬）	●	PA	×		
橡胶	●	POM			

注：●表示推荐使用；○表示有条件地使用；×表示不推荐使用。

品种特性：颜料橙 73 综合牢度优良，能满足长期露置在户外的要求，加钛白粉冲淡和浓度变化使耐候性低 1～2 级。需注意低浓度着色的耐热性。颜料橙 73 与颜料红 254 会产生混晶，引起色变。颜料橙 73 除了可用于聚氯乙烯和聚烯烃塑料着色外，还可用于苯乙烯类工程塑料着色。

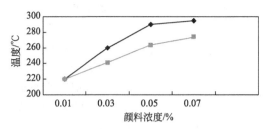

图 4-70　颜料橙 73 在 HDPE 中耐热性

■—加 1％钛白粉；◆—本色

（3）**C. I. 颜料红 254**　C. I. 结构号：56110；分子式：$C_{18}H_{10}Cl_2N_2O_2$；CAS 登记号：［84632-65-5］。

结构式：

（结构图）

色彩表征：颜料红 254 是瑞士汽巴精化公司开发成功的第一个 DPP 商品化品种。颜料红 254 呈艳丽的正红色。透明性极好，饱和度高。颜料红 254 具有很高的着色强度，与 1％钛白粉配制 1/3 标准深度的 PVC 仅需 0.15％的颜料；与 1％钛白粉配制 1/3 标准深度的 HDPE 仅需颜料 0.16％。

主要性能：见表 4-232～表 4-234 和图 4-71。

表 4-232　颜料红 254 在 PVC 塑料中的应用性能

项目		颜料	钛白粉	耐光性/级	耐候性（2000h）/级	耐迁移性/级	耐热性/级	
							180℃/30min	200℃/10min
PVC	本色	0.1％		8	5	5	5	5
	冲淡	0.2％	2％	8	3～4	5	5	5

表 4-233　颜料红 254 在 HDPE 塑料中的应用性能

项目		颜料	钛白粉	耐光性/级	耐候性（3000h）/级	耐迁移性/级
HDPE	本色	0.1％		8	4	5
	冲淡	0.1％	1％	8	2	5

表 4-234　颜料红 254 应用范围

通用塑料		工程塑料		纺丝	
LL/LDPE	●	PS/SAN	●	PP	●
HDPE	●	ABS	○	PET	×
PP	●	PC	×	PA6	×
PVC（软）	●	PBT	×	PAN	
PVC（硬）	●	PA6	×		
橡胶	●	POM	●		

注：●表示推荐使用；○表示有条件地使用；×表示不推荐使用。

品种特性：颜料红254综合牢度优异，适宜户外应用。颜料红254除了用于通用聚氯乙烯、聚烯烃着色外还可用于苯乙烯类工程塑料着色，但在PC中如温度高于320℃会溶解，形成鲜亮的荧光黄色。颜料红254用于HDPE中会影响该塑料的翘曲变形，影响轻微。颜料红254经特殊处理产品用在HDPE中不会影响该塑料的翘曲变形。颜料红254成为塑料着色红色区标准色。

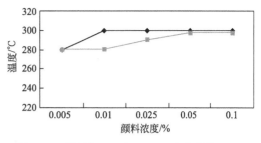

图4-71　颜料红254在HDPE中耐热性
—■—加1%钛白粉；—◆—本色

（4）**C. I. 颜料红264**　C. I. 结构号：561300；分子式：$C_{30}H_{20}N_2O_2$；CAS登记号：[177265-40-5]。

结构式：

色彩表征：颜料红264呈艳丽的蓝光红色，具有较高透明性。颜料红264着色力在DPP系列颜料中是最高的，与1%钛白粉配制1/3标准深度的聚氯乙烯制品仅需0.09%的颜料；与1%钛白粉配制1/3标准深度的聚丙烯制品仅需颜料0.11%（而颜料红254则需0.16%）。

主要性能：见表4-235～表4-237和图4-72。

表4-235　颜料红264在PVC塑料中的应用性能

项目		颜料	钛白粉	耐光性/级	耐候性(2000h)/级	耐迁移性/级	耐热性/级	
							180℃/30min	200℃/10min
PVC	本色	0.1%		8	5	5	5	5
	冲淡	0.2%	2%	7～8	2～3	5	5	5

表4-236　颜料红264在HDPE塑料中的应用性能

项目		颜料	钛白粉	耐光性/级	耐候性(3000h)/级	耐迁移性/级
HDPE	本色	0.1%		8	4	5
	冲淡	0.1%	1%	8	2	5

表4-237　颜料红264应用范围

通用塑料		工程塑料		纺丝	
LL/LDPE	●	PS/SAN	○	PP	●
HDPE	●	ABS	●	PET	×
PP	●	PC	×	PA6	×
PVC（软）	●	PET	○	PAN	×
PVC（硬）	●	PA6	○		
橡胶	●	POM	●		

注：●表示推荐使用；○表示有条件地使用；×表示不推荐使用。

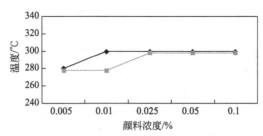

图 4-72　颜料红 264 在 HDPE 中耐热性

■—加 1% 钛白粉；◆—本色

品种特性：颜料红 264 综合牢度优异，适宜户外应用。颜料红 264 具有极佳的耐热性，但随钛白粉加入而降低。颜料红 264 除了用于聚氯乙烯、通用聚烯烃塑料着色外还可用于苯乙烯类工程塑料着色，颜料红 264 在软质聚氯乙烯中耐迁移性为 5 级，还适用于尼龙等工程塑料。颜料红 264 用在 HDPE 中不影响该塑料的翘曲变形。

（5）**C. I. 颜料红 272**　C. I. 结构号：561150；分子式：$C_{20}H_{16}N_2O_2$。

结构式：

$$O = \begin{array}{c} H \\ N \\ \end{array} \quad CH_3$$

色彩表征：颜料红 272 呈艳丽的正红色。有较高的遮盖力和饱和度。颜料红 272 着色力高，与 1% 钛白粉配制 1/3 标准深度的聚丙烯制品仅需颜料 0.18%。

主要性能：见表 4-238～表 4-240 和图 4-73。

表 4-238　颜料红 272 在 PVC 塑料中的应用性能

项目		颜料	钛白粉	耐光性/级	耐候性(2000h)/级	耐迁移性/级	耐热性/级	
							180℃/30min	200℃/10min
PVC	本色	0.1%		7～8	4～5	4.9	5	5
	冲淡	0.2%	2%	7	2	5	5	5

表 4-239　颜料红 272 在 HDPE 塑料中的应用性能

项目		颜料	钛白粉	耐光性/级	耐候性（3000h）/级	耐迁移性/级
HDPE	本色	0.1%		7～8	3～4	5
	冲淡	0.1%	1%	7～8	1～2	5

表 4-240　颜料红 272 应用范围

通用塑料		工程塑料		纺丝	
LL/LDPE	●	PS/SAN	○	PP	○
HDPE	●	ABS	×	PET	×
PP	●	PC	×	PA6	×
PVC（软）	●	PET	×	PAN	×
PVC（硬）	●	PA6	×		
橡胶	●	POM			

注：●表示推荐使用；○表示有条件地使用；×表示不推荐使用。

品种特性：颜料红 272 综合牢度优异，本色适宜户外应用。颜料红 272 适用于聚氯乙烯、通用聚烯烃塑料着色。在软质聚氯乙烯中耐迁移性为 5 级。颜料红 272 用于 HDPE 中会影响该塑料的翘曲变形，影响轻微。

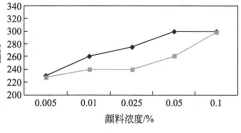

图 4-73 颜料红 272 在 HDPE 的中耐热性
■—加 1% 钛白粉；◆—本色

4.7.7 喹酞酮类颜料

喹酞酮是一类古老的化合物，早在 1882 年就被合成，但它的结构被确定是在 1907 年，可作为颜料用的喹酞酮的衍生物不多，具有商业价值的此类颜料是黄色品种，典型品种是颜料黄 138。

C. I. 颜料黄 138　C. I. 结构号：56300；分子式：$C_{26}H_6Cl_8N_2O_4$；CAS 登记号：[30125-47-4]。

结构式：

色彩表征：颜料黄 138 是亮丽绿光黄，遮盖力高，饱和度好，色泽非常鲜艳。颜料黄 138 具有很高的着色强度，与 1% 钛白粉配制 1/3 标准深度 HDPE 仅需颜料 0.21%。

主要性能：见表 4-241～表 4-243 和图 4-74。

表 4-241　颜料黄 138 在 PVC 塑料中的应用性能

项目		颜料	钛白粉	耐光性/级	耐迁移性/级
PVC	本色	0.1%		7～8	4～5
	冲淡	0.1%	1%	7	

表 4-242　颜料黄 138 在 HDPE 塑料中的应用性能

项目		颜料	钛白粉	耐光性/级	耐迁移性/级
HDPE	本色	0.1%		8	4～5
	冲淡	0.1%	1%	7	

表 4-243　颜料黄 138 应用范围

通用塑料		工程塑料		纺丝	
LL/LDPE	●	PS/SAN	●	PP	●
HDPE	●	ABS	○	PET	○
PP	●	PC	●	PA6	×
PVC（软）	●	PBT	○	PAN	

通用塑料		工程塑料		纺丝
PVC（硬）	●	PA6	×	
橡胶	●	PMMA	○	

注：●表示推荐使用；○表示有条件地使用；×表示不推荐使用。

品种特性：颜料黄 138 综合牢度优良，本色（深色）的耐候性也十分优异。即使长期露置在户外，色彩的艳丽性也很好。但加入钛白粉冲淡后耐候性急剧下降。颜料黄 138 需注意低浓度着色的耐热性。颜料黄 138 可适用于聚氯乙烯和通用聚烯烃塑料着色，还可用苯乙烯类工程塑料着色。颜 138 有成核性，用在 HDPE 等结晶塑料中会影响翘曲变形，不过随加工温度上升影响降低。颜料黄 138 大多数为颗粒大、比表面积小、遮盖力好的品种，也有比表面积大、透明性好、着色力高的品种。

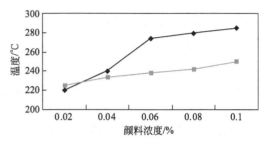

图 4-74　颜料黄 138 在 HDPE 中耐热性
■—钛白粉 1∶10；◆—本色

4.7.8　金属络合类颜料

此类颜料是偶氮类化合物及亚甲基类化合物与过渡金属的络合物。在与金属络合之前，这类偶氮类化合物及亚甲基类化合物的颜色较为鲜艳，一旦与金属络合，生成的颜料色光要暗得多，络合的优点在于赋予颜料很高的耐热、耐光、耐候性。

（1）**C.I. 颜料黄 150**　C.I. 结构号：12764；分子式：$C_8H_6N_6O_6$；CAS 登记号：[68511-62-6]。

结构式：

$$\text{（结构式）}$$

色彩表征：颜料黄 150 呈较暗中黄色，本色色彩尚可，冲淡色饱和度不高，具有非常好的耐热性和耐光性。

主要性能：见表 4-244～表 4-246 和图 4-75。

表 4-244　颜料黄 150 在 PVC 塑料中的应用性能

项目		颜料	钛白粉	耐光性/级	耐迁移性/级
PVC	本色	0.1%		8	5
	冲淡	0.1%	1%	8	

表 4-245　颜料黄 150 在 HDPE 塑料中的应用性能

项目		颜料	钛白粉	耐光性/级
HDPE	本色	0.1%		8
	冲淡	0.1%	1%	8

表 4-246 颜料黄 150 应用范围

通用塑料		工程塑料		纺丝	
LL/LDPE	●	PS/SAN	●	PP	●
HDPE	●	ABS	○	PET	●
PP	●	PC	●	PA	●
PVC（软）	●	PBT	●	PAN	
PVC（硬）	●	PA	●		
橡胶	●	POM	●		

注：●表示推荐使用；○表示有条件地使用。

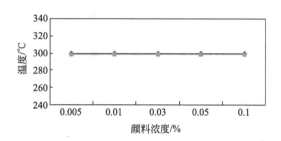

图 4-75　颜料黄 150 在 HDPE 中耐热性
■—钛白粉 1∶10；◆—本色

品种特性：颜料黄 150 耐光性为 8 级，耐热性高，特推荐用于尼龙 6、尼龙 66 着色。

（2）**C. I. 颜料橙 68**　C. I. 结构号：48615；分子式：$C_{29}H_{18}N_4O_3Ni$；CAS 登记号：[42844-93-9]。

结构式：

$$
\begin{array}{c}
\text{（结构式）}
\end{array}
$$

色彩表征：颜料橙 68 呈暗红光橙色，本色饱和度不佳，冲淡色尚可。颜料橙 68 含有两大类品种，一种是颗粒较粗大品种，具有较大遮盖力，另一种是颗粒较细小品种，具有较高的透明性和着色力。

颜料橙 68 着色力较好，与 1% 钛白粉配制 1/3 标准深度高密度聚乙烯制品，仅需颜料 0.15%。

主要性能：见表 4-247～表 4-249 和图 4-76。

表 4-247　颜料橙 68 在 PVC 塑料中的应用性能

项目		颜料	钛白粉	耐光性/级	耐候性（2000h）/级	耐迁移性/级
PVC	本色	0.1%		7～8	4	5
	1/3 SD	0.1%	0.5%	7～8		

表 4-248　颜料橙 68 在 HDPE 塑料中的应用性能

项目		颜料	钛白粉	耐光性/级	耐候性 (3000h)/级
HDPE	本色	0.2%		8	3
	冲淡	0.2%	2%	7	

表 4-249　颜料橙 68 应用范围

通用塑料		工程塑料		纺丝	
LL/LDPE	●	PS/SAN	●	PP	○
HDPE	●	ABS	●	PET	×
PP	●	PC	●	PA	●
PVC (软)	●	PBT	●	PAN	×
PVC (硬)	●	PA	●		
橡胶	●	POM	●		

注：●表示推荐使用；○表示有条件地使用；×表示不推荐使用。

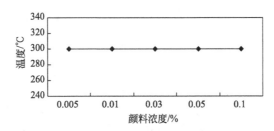

图 4-76　颜料橙 68 在 HDPE 中耐热性（本色）

品种特性：颜料橙 68 综合牢度优良，耐热性优异。可用于通用聚氯乙烯、聚烯烃塑料、通用工程塑料、特种塑料着色。颜料橙 68 适于尼龙 6 纺前着色、纺丝。

4.7.9　噻嗪类颜料

C. I. 颜料红 279
结构式：

色彩表征：颜料红 279 色彩非常亮丽，黄光红，着色力较好，与 1% 钛白粉配制 1/3SD 的 HDPE 仅需颜料 0.25%。

主要性能：见表 4-250～表 4-252 和图 4-77。

表 4-250　颜料红 279 在 PVC 塑料中的应用性能

项目		颜料	钛白粉	耐光性/级	耐候性 (3000h)/级	耐迁移性/级
PVC	本色	0.1%		6～7	3	5
	冲淡	0.1%	0.5%	7		

表 4-251　颜料红 279 在 HDPE 塑料中的应用性能

项目		颜料	钛白粉	耐光性/级	耐候性（3000h，0.2%）/级
HDPE	本色	0.1%		7~8	3
	冲淡	0.1%	1%	7	

表 4-252　颜料红 279 应用范围

通用塑料		工程塑料		纺丝	
LL/LDPE	●	PS/SAN	●	PP	●
HDPE	●	ABS	●	PET	×
PP	●	PC	×	PA	×
PVC（软）	●	PBT	×	PAN	○
PVC（硬）	●	PA	×		
橡胶	○	POM	●		

注：●表示推荐使用；○表示有条件地使用；×表示不推荐使用。

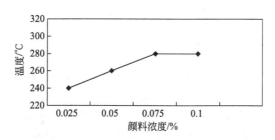

图 4-77　颜料红 279 在 HDPE 中耐热性（本色）

品种特性：颜料红 279 具有卓越耐热性、耐光性、耐候性。除了用于通用聚烯烃着色外，还可用于苯乙烯类工程塑料着色。颜料红 279 用在 HDPE 等结晶塑料中对翘曲变形影响低。

4.7.10　蝶啶类颜料

颜料黄 215：蝶啶类黄色颜料。

色彩表征：基本色调呈现微偏绿相的黄色，颜色鲜艳。在聚烯烃中 1% 含量钛白粉配制 1/3 标准深度仅需 0.18% 颜料。

主要性能：见表 4-253～表 4-255 和图 4-78。

表 4-253　颜料黄 215 在 HDPE 塑料中的应用性能

项目		颜料	钛白粉	耐光性/级
HDPE	本色	0.1%		7
	冲淡	0.1%	1%	7

表 4-254　颜料黄 215 在 PA6 塑料中的应用性能

项目		颜料	钛白粉	耐光性	耐迁移性/级	耐热性/℃
PA6	本色	0.1%				
	1/3SD	0.1%	0.5%	6~7	5	320

表 4-255　颜料黄 215 应用范围

通用塑料		工程塑料		纺丝	
LL/LDPE	●	PS/SAN	●	PET	×
HDPE	●	ABS	●	PA	×
PP	●	PC	×	PAN	×
PVC（软）	○	PBT	×		
PVC（硬）	○	PA	●		
橡胶	○	POM	×		

注：●表示推荐使用；○表示有条件地使用；×表示不推荐使用。

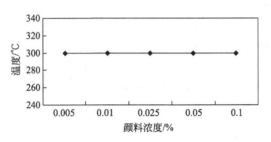

图 4-78　颜料黄 215 在 HDPE 中耐热性（本色）

品种特性：颜料黄 215 具有优异的耐热性，色彩亮丽，是聚酰胺着色中重要的黄色颜料品种。用于 PA6，耐热可高达 320℃，具有很好的抗还原特性。

提示：本节已详细地介绍了适用于塑料着色的有机颜料主要品种的化学结构，以及在各种不同塑料中的主要应用性能指标。对于塑料着色而言，了解着色剂的化学性质以及各项指标是非常重要的，这样在配色时就能够对着色塑料制品的品质做出直接评价。配色师根据客户提出的需求，充分利用每一种着色剂的各项数据并通过自己的实验和测试来满足客户需求。正是这一原因，作者对国内外著名颜料供应商已公开发表的数据加以会整理汇总，以飨读者。

在这里应该强调的是某些数据只能作为指导而不能用作塑料着色制品的精确数据。耐热性、耐光性、耐候性等数据是基于采用国际标准测试方法而得的。实际上真正的塑料着色树脂的组成和最终产品是非常复杂的，需要添加不少材料来满足客户需求。另外市场上每种着色剂有不同的供应商，因此色调和性能也不是完全相同的，主要原因是颜料的后处理工艺造成粒子的大小和分布的不同，所以有关性能等方面的数据也就有了差异。

第5章
溶剂染料主要品种和性能

溶剂染料最初因其可在各种有机溶剂中溶解而得名，我们通常把能溶解在非极性或低极性溶剂（脂肪烃类、甲苯、二甲苯、燃料油、石蜡等）中的染料称为油溶染料，把能溶解在极性溶剂（乙醇、丙酮）的染料称为醇溶染料。目前塑料着色用的溶剂染料主要是油溶染料，所以人们也习惯把溶剂染料称为油溶染料。

通常溶剂染料在塑料上的应用仅局限于非晶态聚合物着色，例如聚苯乙烯、聚碳酸酯、聚酯、非增塑聚氯乙烯等，以及涤纶、尼龙纤维的纺前着色，溶剂染料在塑料工业上的消耗量是很大的。需要注意的是，溶剂染料应用于某些热塑性塑料特别是聚烯烃、增塑聚氯乙烯时会发生迁移。

5.1 溶剂染料发展历史

溶剂染料是染料家族中的一个较小的类别，一些溶剂染料的结构早在150多年前就发现了，例如溶剂黄1（苯胺黄）发现于1861年，溶剂黑5和7发现于1867年。溶剂染料中不少品种其实就是其他类别的染料，他们具有相同的化学结构，其中尤以分散染料、酸性染料、碱性染料、直接染料、还原染料更为突出。许多分散染料在应用到涤纶染色中时，发现也可用于其他聚合物着色，但由于分散染料中含有分散剂，用于塑料着色时，会严重影响产品的透明度和亮度，所以往往把某些分散染料的纯染料作为溶剂染料。由于以前染料的传统应用领域只是纺织品的染色，近年来人们发现染料可作为着色剂应用在其他领域，根据着色剂的应用领域，染料索引中将它们区分为溶剂染料和分散染料，

另外，当染料推向市场时，由于竞争原因尚未公布化学结构，这也导致一些化学结构完全相同的着色剂同时归属于溶剂染料和分散染料。因此具有同一结构的染料往往有两个索引号，见表5-1。

表 5-1　同一结构不同索引号溶剂染料与分散染料

色泽	化学结构	分散染料索引号	溶剂染料索引号
黄色	喹啉类	分散黄 54	溶剂黄 114
	喹啉类	分散黄 64	溶剂黄 176
	亚甲基类	分散黄 201	溶剂黄 179
橙色	多亚甲基类	分散橙 47	溶剂橙 107
红色	蒽醌类	分散红 9	溶剂红 111
	苯并吡喃类	分散红 277	溶剂红 197
	蒽醌类	分散红 60	溶剂红 146

色泽	化学结构	分散染料索引号	溶剂染料索引号
紫色	蒽醌类	分散紫 26	溶剂紫 59
		分散紫 31	溶剂紫 59
		分散紫 28	溶剂紫 31

5.2 溶剂染料的类型、性能与品种

　　溶剂染料主要有偶氮型（单偶氮和双偶氮）、偶氮金属络合型、三芳甲烷游离碱类、蒽醌类、酞菁类（铜酞菁，铝酞菁）以及杂环类等，几乎遍及染料化学的各种结构类型，见表 5-2。与有机颜料一样，溶剂染料的着色性能取决于它的化学结构和最终用途。

表 5-2　溶剂染料类型与品种

项目	偶氮			蒽醌	三芳甲烷	亚甲基	甲亚胺	酞菁	酸/碱性染料络合物	杂环	其他
	单偶氮	双偶氮	金属络合								
黄	17	6	14	5	1	4	1	0	1	23	6
橙	9	1	14	2	0	2	0	0	0	7	3
红	15	16	18	20	1	0	1	0	6	21	4
紫	0	0	5	14	2	0	1	0	1	4	0
蓝	3	0	1	27	6	0	0	7	1	3	4
绿	0	0	0	5	1	0	0	0	0	3	2
棕	6	2	4	2	0	0	3	0	0	1	2
黑	2	1	12	0	0	0	0	0	9	4	3
小计	52	26	68	76	11	6	6	7	9	66	24

　　对于工程塑料和化学纤维纺前着色用的溶剂染料，应考虑适应加工工艺所必需耐热性、耐升华性、耐酸性、耐碱性、耐溶剂性和耐油剂性等，再加上着色后产品所需的耐光（候）性、耐摩擦性、耐化学药品性和色泽鲜艳性等的要求，因此不是所有溶剂染料都能选用。目前用于塑料着色的溶剂染料类型和品种如下。

　　蒽醌类溶剂染料最多，包括蓝色、绿色、紫色、黄色、橙色、红色几乎所有的颜色。蒽醌类溶剂染料各项性能是非常稳定的，其溶解性虽比偶氮类溶剂染料稍差一些，但耐光性和耐热性却比偶氮类染料好。所以蒽醌类溶剂染料在塑料着色中占有重要地位。

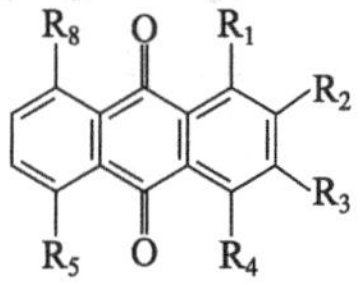

图 5-1　蒽醌类溶剂染料通式

　　蒽醌类溶剂染料就是在蒽醌环上引入各种取代基，见图 5-1，蒽醌环上 1-取代衍生物可以得到红、紫色谱的溶剂染料，尤其是蒽醌 1 位取代氨基或烷氨基及芳氨基中的氢，可与蒽醌羰基形成分子内氢键，有助于性能的提高，重要品种有溶剂红 111 等。

　　蒽醌 1,4-二取代物溶剂染料品种繁多，色谱遍及橙、红、蓝、绿，见表 5-3。

表 5-3　蒽醌 1,4-二取代物溶剂染料品种

品种	R_1	R_4
溶剂橙 86	—OH	—OH
溶剂紫 13	—NH—C₆H₄—CH₃	—OH
分散紫 57	—NH—C₆H₄—SO₂CH₃	—OH
溶剂蓝 35	$-NH(CH_2)_3CH_3$	$-NH(CH_2)_3CH_3$
溶剂蓝 104	—NH—三甲苯基(2,4,6-CH₃)	—NH—三甲苯基(2,4,6-CH₃)
溶剂蓝 122	—NH—C₆H₄—NHCOCH₃	—OH
溶剂蓝 97	—NH—二乙基甲苯基(2,6-C₂H₅,4-CH₃)	—NH—二乙基甲苯基(2,6-C₂H₅,4-CH₃)
溶剂绿 3	—NH—C₆H₄—CH₃	—NH—C₆H₄—CH₃

　　蒽醌类溶剂染料还有 1,4-二氨基蒽醌 2,3-二取代衍生物，其重要品种为 C.I. 溶剂紫 59；蒽醌 1,5-二取代衍生物和蒽醌 1,8-二取代衍生物，其重要品种有溶剂黄 163 等。

　　杂环类溶剂染料品种繁多，仅次于蒽醌类。杂环类溶剂染料色光鲜艳，许多品种带有强烈的荧光，并有良好的牢度。广泛应用于各种工程塑料着色和合成纤维纺前着色。

　　其中氨基酮类溶剂染料是 1,8-萘酐及其衍生物或苯酐及其衍生物与芳族二胺化合物缩合，闭环后生成，色谱包含黄色、橙色和红色。该染料具有优良的耐光性和耐热性，可用于尼龙纤维纺前着色，其重要品种有溶剂橙 60、溶剂红 135、溶剂红 179、颜料黄 192。

　　喹酞酮类溶剂染料仅限于黄色，其耐光性和耐热性良好，在喹酞酮分子上引入取代烷基或磺酰化物可提高染料的耐热性，适合涤纶纺前着色，其重要品种有溶剂黄 114、溶剂黄 33、溶剂黄 157。

　　茈系溶剂染料重要品种有溶剂绿 5。香豆素类溶剂染料色谱仅限于黄色品种，具有强烈的荧光，色彩绚丽，而且耐光性和耐热性优异，除了大量用于塑料着色外，还作为荧光颜料原料。其中重要品种有溶剂黄 160：1、溶剂黄 145。硫靛类溶剂染料有还原红 41、颜料红 181。

　　稠环类溶剂染料重要品种有溶剂红 52、溶剂橙 63。具有良好的耐热性和还原性，适于尼龙 6 及尼龙 66 合成纤维纺前着色。

　　亚甲基类溶剂染料中最主要的品种是溶剂黄 93、溶剂黄 133、溶剂黄 179、溶剂橙 80、溶剂橙 107。

　　甲亚胺类溶剂染料中最主要的品种是溶剂紫 49、溶剂棕 53。

偶氮类溶剂染料有黄、橙和红色品种，着色力高，其重要品种有溶剂红 195、溶剂橙 116。偶氮金属络合溶剂染料是分子中含有配位金属原子的染料，某些染料（直接、酸性、中性染料）是与金属离子（铜、钴、铬、镍等离子）经络合而成的。络合染料大部分是 1：2 金属络合染料，少量为 1：1 金属络合，主要色调有黄色、橙色、红色等，其中最主要的品种是溶剂黄 21、溶剂红 225，可用于尼龙纤维纺前着色。

酞菁类溶剂染料仅限于蓝色，一般为酞菁磺化物或氯磺化物的胺盐。酞菁类溶剂染料具有较好溶解度和耐光性，其应用于塑料的重要品种为溶剂蓝 67。

5.3 溶剂染料在塑料着色上的应用特性

溶剂染料仅局限于非晶态聚合物（如 PS、ABS 等工程塑料）着色，这是因为这些非晶态聚合物具有较高的玻璃化转变温度（见表 5-4），在正常使用条件下，如室温（远远低于玻璃化温度），染料不会从非晶态聚合物中迁移。这是因为在着色聚合物中，染料溶解在非晶态聚合物中，染料的分子运动完全受限在聚合物分子链的范围内，染料没有重结晶或运动到聚合物表面的可能。实验证明如果用染料着色的聚合物制品，长时间放置在温度高于玻璃化温度的环境里，在此温度下，聚合物分子链和染料分子的分子运动不再受到限制，结果观察到了染料的迁移。如果染料被用于部分结晶聚合物（如聚烯烃）时，因为这些结晶聚合物玻璃化转变温度远远低于室温，染料会立即迁移。

表 5-4 一些聚合物玻璃化温度

聚合物	玻璃化转变温度/℃	聚合物	玻璃化转变温度/℃
玻璃	500～700	PVC（硬）	80
PS	98～100	PA6	60～70
SB/ ABS/SAN	80～105	PE（无定形）	−80
PMMA	105	PP（等规）	＋3
PC	143～150	PP（无规）	−5

5.3.1 溶解度

溶剂染料用于塑料着色有一个共同特点，就是加工过程中在许多塑料中有良好的溶解性，它们在被加工的塑料熔体中形成稳定的溶液，溶剂染料在聚合物熔体中溶解度的具体数据得不到，然而做出准确评估是可能的。因为溶剂染料在甲基丙烯酸酯和苯乙烯中的溶解度是一定的，但是与其在极性溶剂乙醇中的溶解度比较，溶解度差别很大，见表 5-5。

表 5-5 溶剂染料溶解度

染料	溶解度/(g/L)		
	甲基丙烯酸甲酯	苯乙烯	乙醇
溶剂黄 160：1	2.4	4.7	0.3
分散黄 201	110	400	1.3
分散黄 54	1.8	3.1	0.7
溶剂黄 130	0.1	0.2	＜0.1

染料	溶解度/(g/L)		
	甲基丙烯酸甲酯	苯乙烯	乙醇
溶剂橙 86	8.5	13	1
分散橙 47	4	6	21
溶剂红 111	7.5	13	0.7
溶剂红 179	1.6	4.5	0.1
分散紫 31	35	25	1
分散蓝 97	18	55	<0.1
溶剂绿 3	4	11	<0.1
溶剂绿 28	10	25	<0.1

因为溶剂染料溶于聚合物熔体之中,所以塑料着色也就不存在分散的问题。溶剂染料在聚合物熔体中的完全溶解以及均匀分布对于避免最后成品中的瑕疵是十分必要的。在塑料着色过程中,染料在聚合物熔体中分布不均匀会引起色纹,必须避免。

溶剂染料用于合成纤维纺前着色一般是通过制成色母粒后应用,由于色母粒中溶剂染料浓度比较高,一般不可能完全溶解在树脂中,如果色母粒加工时混合剪切分散不好,也会影响色母粒的可纺性能、过滤性能和着色性能。

5.3.2 升华

溶剂染料在聚合物中溶解时会发生物理现象——升华。升华是指随着温度升高物质从固态直接变为气态而未经历液态的现象。不同结构的染料升华牢度不同,溶剂红 111 是一个很典型的例子,它在非晶态聚合物的正常加工温度下就升华。不同溶剂染料有不同升华温度(见图 5-2)。

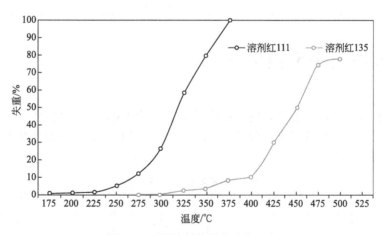

图 5-2 不同溶剂染料的升华温度

溶剂红 111 升华现象被用于制造以发烟为信号的军用和民用火箭。

溶剂染料升华虽不影响塑料着色,但也会影响溶剂染料的使用性能。在高温加工条件下,当着色的聚合物熔体填充模具时,溶解于聚合物熔体中的部分染料转变成气态,并在比较冷的模具表面沉积,慢慢形成越来越多的沉淀物。如果不能及时清除,这些沉淀物会导致注射成型的塑料部件表面形成缺陷。理论上,通过降低加工温度可以避免升华,但实际上这是不可能的,因为每种塑料成型工艺要求其在一定的加工温度。避免这种情况发生的唯一可行的办法是采用升华牢度好的溶剂染料。

升华现象不仅发生在塑料注射成型过程中，还会发生在树脂干燥和色母粒的生产过程中，都会污染设备，因为在 PA 或 PET 着色前干燥是必须的。

目前塑料着色上对溶剂染料升华牢度日益关注，这是因为深色品种着色时所需的染料用量明显增加，升华表观缺陷更大，另外为了提高产量，塑料加工成型的温度明显提高（升华对快速循环、注塑孔、热流道影响加大）以及生产自动化程度提高（由于模具结构和经济原因，不可能清洁模具）。

5.3.3 熔点

溶剂染料在塑料着色上的应用一般都是加工成色母粒，需要相对较高的加工温度来加速它的溶解，充分的混合剪切有助于熔融或溶解的染料在聚合物熔体中的均匀分布。熔融染料在聚合物熔体中的快速分布是非常重要的，不仅是因为低黏度的熔融染料与高黏度的聚合物熔体在混合上有很大差异，而且要避免局部过饱和，局部过饱和对染料的溶解速率产生不利影响。一些溶剂染料的熔点列于表 5-6 中。

表 5-6　一些溶剂染料熔点

染料	熔点/℃	染料	熔点/℃
溶剂黄 160：1	209	溶剂红 135	318
分散黄 201	115	溶剂红 52	280
溶剂黄 93	181	分散紫 31	186
分散黄 54	264	溶剂紫 13	189
溶剂黄 130	300	溶剂紫 36	213
溶剂橙 60	230	溶剂蓝 97	200
溶剂橙 86	180	溶剂绿 3	213
溶剂红 179	255	溶剂绿 28	245

5.4　溶剂染料市场和生产

溶剂染料作为染料的一部分，既具有染料性质，同时也有自己的特性。

国外各主要生产染料的国家和公司几乎都有溶剂染料生产。目前国外共生产 351 个不同结构的溶剂染料，见表 5-7。

表 5-7　溶剂染料生产品种情况

项目	黄	橙	红	紫
C. I. 染料索引号	191	113	248	61
目前生产品种	78	39	102	27
项目	蓝	绿	棕	黑
C. I. 染料索引号	143	49	63	134
目前生产品种	52	11	20	22

国外溶剂染料生产集中在西欧和美国。近年来，国外的染料生产受到来自发展中国家产品的压力，西欧公司改变了经营策略，在生产和营销机构上分化重组，产品系列则向高档化发展，同时从中国或印度进口染料的粗品或染料的滤饼进行商品加工，然后出口商品染料。

国外主要生产商是德国朗盛公司（LANXESS）Macrolex®；科莱恩（Clariant）Sandoplast®、Polynthren®、Hostasol®、Fat®；德国巴斯夫（BASF）Oracet®；日本住友；美国凯斯通（Keystone）Keyplast®。

我国溶剂染料生产起步于分散染料、酸性染料和直接染料生产企业，而后发展成为溶剂染料专业生产企业。

国内主要生产商有宁波龙欣精细化工有限公司，江苏道博化工有限公司（亚邦），海宁市现代化工有限公司，铜陵清华科技有限公司，昆山有机化工有限公司等。

5.5 溶剂染料主要品种和性能

本节将详细介绍适用于塑料着色的溶剂染料主要品种的化学结构，以及在各种不同塑料中的应用性能。对于塑料配色师来说，了解着色剂的化学性质以及各项指标是非常重要的，这样在配色时就能够对着色塑料制品的品质做出直接评价，并根据客户提出的需求，充分利用每一种着色剂的各项数据并通过自己的实验和测试来满足客户需求，正是这一原因，作者对国内外著名染料供应商已公开发表的数据加以整理汇总以飨读者。在这里应该强调的是某些数据只能作为指导而不能用做塑料着色时的精确数据。由于各公司的生产和后处理工艺不一，特别是染料纯度有差异，其应用性能数据会有些差别，上述产品应用性能数据仅仅提供给读者在塑料着色配方设计时作为参考依据。

虽然染料和颜料之间有明显的差别，但要给它们下一个精确的定义却是不可能的。少数有机颜料可以溶于某些聚合物，行为就像染料，而且主要用途是化纤纺前着色和工程塑料着色。所以我们也把它们归列入本节介绍。

5.5.1 蒽醌类溶剂染料

蒽醌类溶剂染料色光鲜艳、牢度优良、熔点较高（一般在250～300℃），因此具有优异的耐热性，在溶剂染料中占有重要地位。就结构类型而言，国外生产的蒽醌类溶剂染料共计76个，居各结构染料之首。蒽醌类溶剂染料在紫、蓝、绿色谱中占有举足轻重的地位。

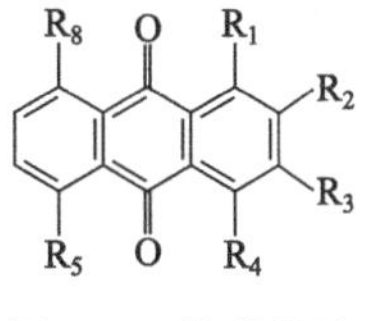

图5-3 蒽醌类溶剂染料通式

蒽醌类溶剂染料可在蒽醌环上引入各种取代基，见图5-3。

蒽醌类溶剂染料包括蒽醌1-取代衍生物（溶剂红111、溶剂红168、溶剂红169、溶剂黄167等）；蒽醌1,4-二取代衍生物（溶剂紫13、溶剂蓝97、溶剂蓝104、溶剂绿3等）；1,5-及1,8-二取代衍生物（C.I.溶剂黄163、C.I.溶剂黄189、溶剂红207、溶剂紫36等）。

5.5.1.1 蒽醌1-取代衍生物

蒽醌溶剂染料中1-取代衍生物不多，最重要品种是溶剂红111。溶剂红111呈鲜亮黄光红，熔点170℃。

C.I.溶剂红111 C.I.结构号：60505；分子式：$C_{15}H_{11}NO_2$；CAS登记号：［82-38-2］。

结构式：

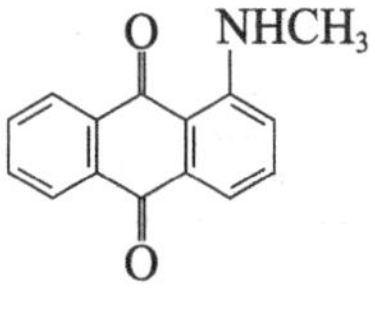

主要性能：见表5-8。

表5-8 溶剂红111主要性能

名称		PS	ABS	PC	
着色力（1/3SD）	染料/%	0.47	0.94	0.245	PET 不 合 适
	钛白粉/%	2	4	1	
耐热性/℃	本色 0.05%	300	280		
	冲淡 1∶20	280	280		
耐光性/级	本色 0.05%	6～7		7	
	1/3SD	4		4	

应用范围：见表5-9。

表5-9 溶剂红111应用范围

PS	●	SB	●	ABS	●
SAN	●	PMMA	●	PC	○
PVC-(U)	●	PPO	●	PET	×
POM	○	PA6/PA66	×	PBT	×
PES 纤维	×				

注：●表示推荐使用；○表示有条件地使用；×表示不推荐使用。

品种特性：溶剂红111应用在工程塑料着色是个经济性品种，但加工应用时有升华现象发生。

5.5.1.2 蒽醌1，4-二取代衍生物

蒽醌染料中1，4-二取代衍生物品种繁多，色谱遍及橙、红、蓝、绿，但主要是蓝色。

① **C.I.溶剂紫13** C.I.结构号：60725；分子式：$C_{21}H_{15}NO_3$；CAS登记号：[81-48-1]。溶剂紫13呈蓝光紫。熔点189℃。

结构式：

主要性能：见表5-10。

表5-10 C.I.溶剂紫13主要性能

名称		PS	ABS	PC	PEPT
着色力（1/3SD）	染料/%	0.085	0.097	0.085	0.065
	钛白粉/%	1.0	1.0	1.0	1.0
耐光牢度/级	1/3 SD 冲淡	6	5	7～8	7～8
	1/25SD 透明	7～8	6	8	8
耐热性（1/3 SD）/（℃/5min）		300	290	310	290

应用范围：见表5-11。

表 5-11　C. I. 溶剂紫 13 应用范围

PS	●	SB	●	ABS	●
SAN	●	PMMA	●	PC	●
PVC-(U)	●	PPO	●	PET	●
POM	○	PA6/PA66	×	PBT	●
PES 纤维	×				

注：●表示推荐使用；○表示有条件地使用；×表示不推荐使用。

品种特性：溶剂紫 13 着色力高，具有优异耐光性、耐热性，能基本满足长期露置在户外的要求。可用于聚碳酸酯等多种工程塑料着色，是个价格性能比好的经济性品种。溶剂紫 13 适用于涤纶纺前着色。

② **C. I. 分散紫 57**　分子式：$C_{21}H_{15}NO_6S$；CAS 登记号：[1594-08-7]。分散紫 57 呈红光亮紫色。用于 HIPS 和 ABS 深色着色时具有高透明性。

结构式：

主要性能：见表 5-12。

表 5-12　C. I. 分散紫 57 主要性能

名称	PS	ABS	PC	PET
染料/%	0.05	0.1	0.05	0.02
钛白粉/%	1.0	1.0		
耐光性/级	4～5	4	6～7	6～7
耐热性/℃	280	280	300	290
耐候性（3000h）/级			4～5	

应用范围：见表 5-13。

表 5-13　C. I. 分散紫 57 应用范围

PS	●	SB	●	ABS	○
SAN	●	PMMA	●	PC	○
PVC-(U)	×	PA6/PA66	×	PET	●
POM	●			PBT	●
PES 纤维					

注：●表示推荐使用；○表示有条件地使用；×表示不推荐使用。

品种特性：分散紫 57 具有较好耐光性，优良耐热性，可应用于工程塑料着色。分散紫 57 与聚酯相容性很好，可纺性好，适用于涤纶纺前着色，还可用于炭黑和酞菁蓝颜料着色、调色用。

③ **C. I. 溶剂紫 36**　CAS 登记号：[61951-89-1]。溶剂紫 36 呈红光紫。熔点 213℃。
主要性能：见表 5-14。

表 5-14　C.I. 溶剂紫 36 主要性能

名称		PS	ABS	PC	PET
着色力（1/3SD）	染料/%	0.22	0.44	0.125	
	钛白粉/%	2	4	1	
耐热性/℃	本色 0.05%	300	260~280	350	290
	冲淡 1∶20	300	260~280	350	
耐光性/级	本色 0.05%	7~8		7~8	
	1/3 SD	5~6		6~7	

应用范围：见表 5-15。

表 5-15　C.I. 溶剂紫 36 应用范围

PS	●	SB	●	ABS		●
SAN	●	PMMA	●	PC		●
PVC-(U)	●	PPO	●	PET		●
POM	○	PA6/PA66	×	PBT		○
PES 纤维	×					

注：●表示推荐使用；○表示有条件地使用；×表示不推荐使用。

品种特性：溶剂紫 36 耐光性较好，耐热性优良，可用于工程塑料着色。溶剂紫 36 可适用于涤纶纺前着色、纺丝。

④ **C.I. 溶剂蓝 35**　C.I. 结构号：61554；分子式：$C_{22}H_{26}N_2O_2$；CAS 登记号：[17354-14-2]。溶剂蓝 35 呈绿光蓝色。熔点 127℃。

结构式：

主要性能：见表 5-16。

表 5-16　C.I. 溶剂蓝 35 主要性能

名称		PS	ABS	PC	PMMA
1/3SD （2%钛白）	耐热性/℃	280	260	300	300
	耐光性/级	7	6	7	7
	耐候性/级	4~5	2	3	4~5

应用范围：见表 5-17。

表 5-17　C.I. 溶剂蓝 35 应用范围

PS	●	SB	●	ABS	●
SAN	●	PMMA	●	PC	●
PVC-(U)	●	PA6/PA66	×		
POM	●				
PES 纤维	●				

注：●表示推荐使用；×表示不推荐使用。

品种特性：溶剂蓝35着色力高，具有优良耐热性、耐光性、耐光性随钛白粉冲淡的增加而降低，可应用在PS和ABS着色，是个经济性品种。

⑤ **C.I.溶剂蓝45** CAS登记号：[23552-74-1]。溶剂蓝45呈红光蓝。熔点200℃。

主要性能：见表5-18。

表5-18 C.I.溶剂蓝45主要性能

名称		PS	ABS	PC	PEPT
着色力（1/3SD）	染料/%	0.18	0.190	0.16	0.12
	钛白粉/%	1.0	1.0	1.0	1.0
耐光牢度/级	1/3 SD 冲淡	6～7	5～6	6	6
	1/25SD 透明	7～8	5～6	7	7
耐热性（1/3 SD）/（℃/5min）		300	300	330	310

应用范围：见表5-19。

表5-19 C.I.溶剂蓝45应用范围

PS	●	PMMA	●	ABS	●
SAN	●	PA6/PA66	×	PC	●
				PET	●
				PBT	●

注：●表示推荐使用；×表示不推荐使用。

品种特性：溶剂蓝45耐光性、耐热性优良，可应用于工程塑料着色。溶剂蓝45特别适用于涤纶纺前着色，其织物的耐光性、湿处理和摩擦牢度优异。还可用于聚酯瓶吹塑。

⑥ **C.I.溶剂蓝97** C.I.结构号：615290；分子式：$C_{36}H_{38}N_2O_2$；CAS登记号：[61969-44-6]。溶剂蓝97呈红光蓝。熔点200℃。

结构式：

主要性能：见表5-20。

表5-20 C.I.溶剂蓝97主要性能

名称		PS	ABS	PC
着色力（1/3SD）	染料/%	0.23	0.46	0.126
	钛白粉/%	2	4	1
耐热性/℃	本色 0.05	300	260～280	340
	冲淡 1∶20	300	260～280	340
耐光性/级	本色0.05%	7		
	1/3 SD	6		

应用范围：见表5-21。

表 5-21　C. I. 溶剂蓝 97 应用范围

PS	●	SB	●	ABS	●
SAN	●	PMMA	●	PC	●
PVC-(U)	●	PPO	●	PET	●
POM	○	PA6/PA66	●	PBT	○
PES 纤维	○				

注：●表示推荐使用；○表示有条件地使用。

　　品种特性：溶剂蓝 97 着色力高，具有较好耐光性，优良耐热性，可应用于多种工程塑料着色。溶剂蓝 97 适用于涤纶纺前着色。溶剂蓝 97 用于尼龙 6 耐热性可达 300℃，用于尼龙 66 耐热性可达 280℃，适用于尼龙纺前着色。

　　⑦ **C. I. 溶剂蓝 104**　　C. I. 结构号：61568；分子式：$C_{32}H_{30}N_2O_2$；CAS 登记号：[116-75-6]。溶剂蓝 104 呈红光蓝。熔点 240℃。

　　结构式：

　　主要性能：见表 5-22。

表 5-22　C. I. 溶剂蓝 104 主要性能

名称		PS	ABS	PC	PEPT
着色力 （1/3SD）	染料/%	0.1	0.114	0.096	0.067
	钛白粉/%	1.0	1.0	1.0	1.0
耐光牢度/级	1/3 SD 冲淡	6	4	6	5～6
	1/25SD 透明	7～8	5	7～8	7
耐热性 （1/3 SD）/(℃/5min)		300	300	340	320

　　应用范围：见表 5-23。

表 5-23　C. I. 溶剂蓝 104 应用范围

PS	●	PMMA	●	ABS	●
PVC-(U)	●	PPO	●	PC	●
		PA6/PA66	●	PET	●
				PBT	●

注：●表示推荐使用。

　　品种特性：溶剂蓝 104 具有优良耐热性、耐光性及耐候性。大量用于 PET、PC、PA 等工程塑料着色，是非常重要的溶剂染料品种。溶剂蓝 104 适用于涤纶、尼龙 6、尼龙 66 纺前着色。

　　⑧ **C. I. 溶剂蓝 122**　　C. I. 结构号：60744；分子式：$C_{22}H_{16}N_2O_4$；CAS 登记号：

[67905-17-3]。溶剂蓝 122 呈暗红光蓝。熔点 239℃。

结构式：

应用性能：见表 5-24。

表 5-24　C. I. 溶剂蓝 122 应用性能

名称		PS	ABS	PC	PEPT	PA
着色力（1/3SD）	染料/%	0.090	0.097	0.088	0.063	不推荐
	钛白粉/%	1.0	1.0	1.0	1.0	
耐光牢度/级	1/3 SD 冲淡	6～7	5	7～8	7	
	1/25SD 透明	7	6	8	8	
耐热性（1/3 SD）/(℃/5min)		300	300	300	290	

应用范围：见表 5-25。

表 5-25　C. I. 溶剂蓝 122 应用范围

PS	●	PMMA	●	ABS	●
SAN	●	PPO	●	PC	●
PVC-(U)	×	PA6/PA66	×	PET	●
				PBT	●

注：●表示推荐使用；×表示不推荐使用。

品种特性：溶剂蓝 122 着色力高，具有较好耐光性，优良耐热性，可应用于工程塑料着色。溶剂蓝 122 特别适合用于涤纶纺前着色，其织物的耐光性、湿处理和摩擦牢度优异。溶剂蓝 122 还可用于聚酯瓶吹塑。

⑨ **C. I. 溶剂蓝 132**　溶剂蓝 132 呈明亮的红光蓝色。

主要性能：见表 5-26。

表 5-26　C. I. 溶剂蓝 132 主要性能

名称	PA6 纤维（圆形，110dtex/24 根）	
染料	0.1%	1.0%
耐光性/级	5～6	7

品种特性：溶剂蓝 132 着色力高，耐光性、耐热性优良，特别适合于尼龙 6 纤维，其各项湿处理牢度好，主要用于地毯纤维和室内纺织品。

⑩ **C. I. 溶剂绿 3**　C. I. 结构号：61565；分子式：$C_{28}H_{22}N_2O_2$；CAS 登记号：[128-80-3]。溶剂绿 3 呈蓝光绿。熔点 215℃。

结构式:

主要性能: 见表 5-27。

表 5-27　C. I. 溶剂绿 3 主要性能

名称		PS	ABS	PC	PEPT
着色力 (1/3SD)	染料/%	0.096	0.117	0.102	0.084
	钛白粉/%	1.0	1.0	1.0	1.0
耐光牢度/级	1/3 SD 冲淡	4~5	4	6	5~6
	1/25SD 透明	7	6	7~8	7
耐热性 (1/3 SD)/(℃/5min)		300	300	340	300

应用范围: 见表 5-28。

表 5-28　C. I. 溶剂绿应用范围

PS	●	SB	●	ABS	●
SAN	●	PMMA	●	PC	●
PVC-(U)	●	PPO	●	PET	●
POM	○	PA6/PA66	×	PBT	○
PES 纤维	●				

注: ●表示推荐使用; ○表示有条件地使用; ×表示不推荐使用。

品种特性: 溶剂绿 3 着色力高,具有优良耐光性、耐热性,可应用于聚苯乙烯类工程塑料着色。溶剂绿 3 适用于涤纶纺前着色。

5.5.1.3 蒽醌 1,5-二取代衍生物和 1,8-二取代衍生物

蒽醌染料中属于这类结构品种很少,其染料结构通式如下:

R_1、R_2 为相同或不同的芳氨基、环己氨基或苯硫基。

① **C. I. 溶剂黄 163**　C. I 结构号: 58840; 分子式: $C_{26}H_{16}O_2S_2$; CAS 登记号: [13676-91-0]。溶剂黄 163 呈纯正红光中黄。熔点 193℃。

结构式:

主要性能：见表 5-29。

表 5-29　C. I. 溶剂黄 163 主要性能

名称	PS	ABS	PC	PET
染料/%	0.05	0.1	0.05	0.02
钛白粉/%	1.0	1.0		
耐光牢度/级	7	7	8	8
耐热性/℃	300	300	360	300
耐候性（3000h）/级			4～5	5

应用范围：见表 5-30。

表 5-30　C. I. 溶剂黄 163 应用范围

PS	●	SB	●	ABS	●
SAN	●	PMMA	●	PC	●
PVC-(U)	●	PPO	●	PET	●
POM	●	PA6/PA66	×	PBT	●

注：●表示推荐使用；×表示不推荐使用。

品种特性： 溶剂黄 163 具有优异耐光性、耐热性及耐候性。耐迁移性好。溶剂黄 163 可应用于工程塑料着色，特别适合户外使用（汽车装饰）。溶剂黄 163 可用于涤纶纺前着色。

② **C. I. 溶剂红 207**　C. I. 结构号：617001；分子式：$C_{26}H_{30}N_2O_2$；CAS 登记号：[15958-68-6]。溶剂红 207 呈红光蓝。熔点 243℃。

结构式：

主要性能：见表 5-31。

表 5-31　C. I. 溶剂红 207 主要性能

名称		PS	名称	PS
着色力	染料/%	0.05	耐热性/℃	300
	钛白粉/%	1	耐光性/级	7～8

应用范围：见表 5-32。

表 5-32　C. I. 溶剂红 207 应用范围

PS	●	PMMA	●	ABS	●
SAN	●			PC	●
PVC-(U)	●			PET	○
				PBT	●

注：●表示推荐使用；○表示有条件地使用。

品种特性： 溶剂红 207 具有较好耐光性，优良耐热性。应用在工程塑料着色耐热性可达 300℃，是个经济性品种。

5.5.1.4　蒽醌其他取代衍生物

① **C.I. 溶剂红 146**（分散红 60）　C.I. 结构号：60756；分子式：$C_{20}H_{13}NO_4$；CAS 登记号：[12223-37-9]。溶剂红 146 呈鲜艳蓝光红色。熔点 213℃。

结构式：

主要性能：见表 5-33。

表 5-33　C.I. 溶剂红 146 主要性能

名称	PS	ABS	PC	PET
染料/%	0.05	0.1	0.05	0.02
钛白粉/%	1.0	1.0		
耐光牢度/级	5	4～5	8	7～8
耐热性/℃	300	280	360	300
耐候性（3000h）级			4～5	

应用范围：见表 5-34。

表 5-34　C.I. 溶剂红 146 应用范围

PS	●	PMMA	●	ABS	●
SAN	●			PC	●
PVC-(硬)	×			PET	●
POM	●			PBT	×

注：●表示推荐使用；×表示不推荐使用。

品种特性：溶剂红 146 耐光性一般，耐热性优良，特别适合浅色以及与钛白粉调制粉红色。特别适合 POM 着色。通用产品，性价比高。

② **C.I. 溶剂紫 31**　C.I. 结构号：61102；分子式：$C_{14}H_8Cl_2N_2O_2$；CAS 登记：[70956-27-3]。溶剂紫 31 呈艳紫。熔点 245℃。

结构式：

主要性能：见表 5-35。

表 5-35　C.I. 溶剂紫 31 主要性能

名称	PS	名称	PS
染料/%	0.05	耐光性	6～7
钛白粉/%	1.0	耐热性/(℃/5min)	300

应用范围：见表 5-36。

表 5-36　C. I. 溶剂紫 31 应用范围

PS	●	SB	●	ABS	●
SAN	●	PMMA	●	PC	●
PVC-(U)	●	PPO	●	PET	●
		PA6/PA66	○	PBT	○

注：●表示推荐使用；○表示有条件地使用。

品种特性：溶剂紫 31 耐光性、耐热性良好，应用于工程塑料着色。溶剂紫 31 适用于涤纶纺前着色。

③ **C. I. 溶剂紫 37**　CAS 登记号：[71701-33-2]；分子式：$C_{37}H_{40}N_2O_3$。溶剂紫 37 呈蓝亮紫色。

主要性能：见表 5-37。

表 5-37　C. I. 溶剂紫 37 主要性能

名称		PS	ABS	PC	PEPT	PA
着色力（1/3 SD)	染料/%	0.168	0.184			
	钛白粉/%	1.0	1.0		不推荐	
耐光牢度/级	1/3 SD 冲淡	6~7	4			
	1/25SD 透明	7	6			
耐热性（1/3 SD)/(℃/5min)		300	300			

应用范围：见表 5-38。

表 5-38　C. I. 溶剂紫 37 应用范围

PS	●	PMMA	●	ABS	●
SAN	●	PA6/PA66	×	PC	×
PVC-(U)	●			PET	×
				PBT	×

注：●表示推荐使用；×表示不推荐使用。

品种特性：溶剂紫 37 耐光性一般，因其优良耐热性，可应用于多种工程塑料着色。

④ **C. I. 溶剂紫 59**（分散紫 26，分散紫 31）　C. I. 结构号：62025；分子式：$C_{26}H_{18}N_2O_4$；CAS 登记号：[6408-72-6]。溶剂紫 59 呈鲜艳的红光紫。熔点 186℃。

结构式：

主要性能：见表 5-39。

表 5-39　C. I. 溶剂紫 59 主要性能

名称		PS	ABS	PC	PEPT
着色力（1/3 SD）	染料/%	0.093	0.1	0.094	0.084
	钛白粉/%	1.0	1.0	1.0	1.0
耐光牢度/级	1/3 SD 冲淡	6	5	6～7	6
	1/25SD 透明	7～8	6	8	7
耐热性（1/3 SD）/(℃/5min)		300	300	330	280

应用范围：见表 5-40。

表 5-40　C. I. 溶剂紫 59 应用范围

PS	●	SB	●	ABS	●
SAN	●	PMMA	○	PC	●
PVC-(U)	●	PPO	●	PET	●
POM	○	PA6/PA66	×	PBT	●

注：●表示推荐使用；○表示有条件地使用；×表示不推荐使用。

品种特性：溶剂紫 59 着色力高，具有优良耐热性、耐光性，应用于工程塑料着色。溶剂紫 59 适用于涤纶纺前着色。

⑤ **C. I. 溶剂绿 28**　C. I. 结构号：625580；分子式：$C_{34}H_{34}N_2O_4$；CAS 登记号：[28198-05-2]。溶剂绿 28 呈黄光绿。熔点 245℃。

结构式：

主要性能：见表 5-41。

表 5-41　C. I. 溶剂绿 28 主要性能

名称		PS	ABS	PC	PET
着色力（1/3 SD）	颜染料/%	0.15	0.17	0163	0.12
	钛白粉/%	1.0	1.0	1.0	1.0
耐光牢度/级	1/3 SD	7～8	5	7～8	7
	透明 0.05%	8	6	8	7～8
耐热性（1/3 SD）/(℃/5min)		300	300	310	300

应用范围：见表 5-42。

表 5-42　C.I. 溶剂绿 28 应用范围

PS	●	SB	●	ABS	●
SAN	●	PMMA	●	PC	●
PVC-(U)	●	PPO	●	PET	●
		PA6/PA66	×	PBT	○

注：●表示推荐使用；○表示有条件地使用；×表示不推荐使用。

品种特性：溶剂绿 28 具有较好耐光性，优良耐热性，可应用于工程塑料着色。溶剂绿 28 可用于涤纶纺前着色。

⑥ **C.I. 颜料黄 147**　C.I. 结构号：60645；分子式：$C_{37}H_{21}N_5O_4$；CAS 登记号：[4118-16-5]。颜料黄 147 呈红光黄，熔点大于 300℃。

结构式：

主要性能：见表 5-43。

表 5-43　C.I. 颜料黄 147 主要性能

名称	PS	ABS	PC	PET
颜料/%	0.05	0.1	0.05	0.02
钛白粉/%	1.0	1.0		
耐光牢度/级	6～7	6	8	8
耐热性/℃	300	280	340	300
耐候性（3000h）/级			4	5

应用范围：见表 5-44。

表 5-44　C.I. 颜料黄 147 应用范围

PS	○	PMMA	○	ABS	●
SAN	○	PA6	○	PC	●
PVC-(U)	○	PA66	×	PET	●
POM	●			PBT	●

注：●表示推荐使用；○表示有条件地使用；×表示不推荐使用。

品种特性：颜料黄 147 耐热性、耐升华优良，颜料黄 147 与聚酯相容性好，特别适合聚酯和聚醚砜纤维纺前着色，其耐光性良好，可用于汽车内外装饰品纤维，以及服装、室内纺织品。

5.5.2 杂环类溶剂染料

杂环类溶剂染料品种繁多，仅次于蒽醌型和偶氮金属络合染料，色谱齐全但以黄色和红色占主导地位，杂环类溶剂染料色光鲜艳，许多品种带有强烈荧光，并有良好牢度，广泛用于工程塑料着色和合成纤维纺前着色。

5.5.2.1 氨基酮类

氨基酮类溶剂染料是指1,8萘酐及其衍生物或苯酐及其衍生物与芳族二胺化合物脱去两分子水缩合所生成的染料。这类染料色谱包括黄、橙、红、紫、蓝。这类染料具有优良的耐光和耐热性，在极性树脂中不迁移、不升华。

① **C. I. 溶剂橙 60**　C. I. 结构号：564100；分子式：$C_{18}H_{10}N_2O$；CAS 登记号：[61969-47-9]。溶剂橙60呈黄光橙。熔点230℃。

结构式：

主要性能：见表5-45。

表 5-45　C. I. 溶剂橙 60 主要性能

名称		PS	ABS	PC	PET
着色力（1/3 SD）	染料/%	0.28	0.56	0.155	0.119
	钛白粉/%	2	4	1	1
耐热性/℃	本色 0.05%	300	280	350	
	冲淡 1:20	300	280	350	290
耐光性/级	本色0.05%	8		8	
	1/3 SD	6		7	7~8

应用范围：见表5-46。

表 5-46　C. I. 溶剂橙 60 应用范围

PS	●	SB	●	ABS	●
SAN	●	PMMA	●	PC	●
PVC-(U)	○	PPO	●	PET	●
POM	○	PA6/PA66	○	PBT	○
PES 纤维	×				

注：●表示推荐使用；○表示有条件地使用；×表示不推荐使用。

品种特性：溶剂橙60着色力高，耐热性、耐光性、耐候性优良，可用于包括聚酰胺在内的所有工程塑料。溶剂橙60适合用于涤纶纺前着色。溶剂橙60可谨慎用于尼龙纺前着色。

② **C. I. 溶剂红 135**　C. I. 结构号：564120；分子式：$C_{18}H_6Cl_4N_2O$；CAS 登记号：[71902-17-5]。溶剂红135呈黄光红，为标准色。较溶剂红179稍蓝，熔点318℃。

结构式：

主要性能：见表 5-47。

表 5-47　C. I. 溶剂红 135 主要性能

名称		PS	ABS	PC	PEPT
着色力（1/3 SD）	染料/%	0.23	0.27	0.23	0.17
	钛白粉/%	1.0	1.0	1.0	1.0
耐光牢度/级	1/3 SD 冲淡	7	7	7～8	7
	1/25SD 透明	8	7	8	8
耐热性（1/3 SD）/(℃/5min)		300	290	340	320

应用范围：见表 5-48。

表 5-48　C. I. 溶剂红 135 应用范围

PS	●	SB	●	ABS	●
SAN	●	PMMA	●	PC	●
PVC-(U)	×	PPO	●	PET	●
POM	○	PA6/PA66	○	PBT	○
PES 纤维	●				

注：●表示推荐使用；○表示有条件地使用；×表示不推荐使用。

品种特性：溶剂红 135 不但具有优良的耐热性、耐光性、耐迁移性，而且耐候性非常好，溶剂红 135 有升华趋势，但其升华温度远高于非晶态聚合物的加工温度。溶剂红 135 适合高性能产品应用。溶剂红 135 适合用于涤纶纺前着色，其织物的耐光性、湿处理和摩擦牢度优异。溶剂红 135 还可用于聚酯瓶吹塑。溶剂红 135 可谨慎用于尼龙 6 纺前着色。

③ **C. I. 溶剂红 179**　C. I. 结构号：564150；分子式：$C_{22}H_{12}N_2O$；CAS 登记号：[89106-94-5]。溶剂红 179 呈黄光红，熔点 255℃。

结构式：

主要性能：见表 5-49。

表 5-49　C. I. 溶剂红 179 主要性能

名称		PS	ABS	PC	PEPT
着色力（1/3 SD）	染料%	0.16	0.18	0.155	0.113
	钛白粉%	1.0	1.0	1.0	1.0
耐光牢度/级	1/3 SD 冲淡	6	5	5～6	3～4
	1/25SD 透明	7	7	8	6～7
耐热性（1/3 SD）/(℃/5min)		300	300	340	320

应用范围：见表5-50。

表5-50 C.I.溶剂红179应用范围

PS	●	SB	●	ABS	●
SAN	●	PMMA	●	PC	●
PVC-(U)	●	PPO	●	PET	●
POM	○	PA6/PA66	○	PBT	○
PES 纤维	×				

注：●表示推荐使用；○表示有条件地使用；×表示不推荐使用。

品种特性：溶剂红179耐光性良好，耐热性可达300℃，可用于工程塑料着色。溶剂红179适合用于涤纶纺前着色。溶剂红179在尼龙6中耐热性可达300℃，可用于尼龙6纺前着色。

④ **C.I.颜料黄192** C.I.结构号：507300；分子式：$C_{19}H_{10}N_4O_2$；CAS登记号：[56279-27-7]。颜黄192呈红光黄。

结构式：

主要性能：见表5-51。

表5-51 C.I.颜料黄192主要性能

名称		PA6	PET
着色力（1/3 SD）	颜料/%	1.2	0.9
	钛白粉/%	1	1
耐热性/℃	1/3 SD	300	320
耐光性/级	1/25 SD	7～8	8
	1/3 SD	7	7～8

应用范围：见表5-52。

表5-52 C.I.颜料黄192应用范围

PS	×	PA6	●	ABS	×
SAN	×	PA66	●	PC	×
PVC-(U)	×			PET	○
POM	○			PBT	×
PES 纤维	×				

注：●表示推荐使用；○表示有条件地使用；×表示不推荐使用。

品种特性：颜料黄192耐光性很好，在1/25标准深度尼龙6中耐光性为7～8级，但其与1%钛白粉配制1/3标准深度着色尼龙6，耐光性7级。颜料黄192用于尼龙6耐热性可达300℃，可专用于尼龙6及尼龙66的着色。

5.5.2.2 香豆素类溶剂颜料

香豆素类溶剂染料色谱齐全，以黄色和红色占主导地位。香豆素类溶剂染料色光鲜艳，许多品种带有强烈荧光，并有良好牢度。

① **C. I. 溶剂黄 160：1**　CAS 登记号：[94945-27-4]。溶剂黄 160：1 呈亮绿光黄，带有荧光。熔点 209℃。

主要性能：见表 5-53。

表 5-53　C. I. 溶剂黄 160：1 主要性能

名称		PS	ABS	PC	PET
着色力（1/3 SD）	染料/%	0.2		0.1	
	钛白粉/%	2	4	1	
耐热性/℃	1/3 SD	300	280	350	280
耐光性/级	本色 0.05%	6		6~7	
		3~4		5	

应用范围：见表 5-54。

表 5-54　C. I. 溶剂黄 160：1 应用范围

PS	●	SB	●	ABS	●
SAN	●	PMMA	●	PC	●
PVC-(U)	●	PPO	●	PET	●
POM	○	PA6/PA66	○	PBT	○
PES 纤维	×				

注：●表示推荐使用；○表示有条件地使用；×表示不推荐使用。

品种特性：溶剂黄 160：1 耐光性较差，而且耐光性随钛白粉增加而降低，耐热性优良，可用于工程塑料着色。溶剂黄 160：1 适用于涤纶纤维纺前着色。溶剂黄 160：1 可谨慎用于尼龙 6 纺前着色。

② **C. I. 溶剂黄 145**　溶剂黄 145 呈绿光荧光黄。熔点 240℃。

主要性能：见表 5-55。

表 5-55　C. I. 溶剂黄 145 主要性能

名称	PS	ABS	PC	PET
染料/%	0.05	0.1	0.05	0.02
钛白粉/%	1.0	1.0		
耐光牢度/级	5	4~5	7~8	7~8
耐热性/℃	300	280	360	300
耐候性（3000h）/级			3~4	

应用范围：见表 5-56。

表 5-56　C. I. 溶剂黄 145 应用范围

PS	●	PMMA	●	ABS	●
SAN	●	PA6	○	PC	●
PVC-(U)	○	PA66	×	PET	●
POM	●			PBT	●

注：●表示推荐使用；○表示有条件地使用；×表示不推荐使用。

品种特性：溶剂黄 145 耐光性较好，耐热性优良，透明色非常鲜艳，由于其应用性能在各种聚合物中不同，所以有限制地用于工程塑料着色。溶剂黄 145 在加工温度高于 280℃时，有升华趋势。

5.5.2.3　喹酞酮类溶剂染料

喹酞酮类溶剂染料仅限于黄色，溶剂黄 114 即分散黄 54，也是极重要的分散染料品种，喹酞酮类溶剂染料耐光性良好。

① **C. I. 溶剂黄 33**　C. I. 结构号：47005；分子式：$C_{18}H_{11}NO_2$；CAS 登记号：[8003-22-3]。溶剂黄 33 呈黄光，熔点 240℃。

结构式：

主要性能：见表 5-57。

表 5-57　C. I. 溶剂黄 33 主要性能

名称	PS	ABS	PC	PET
染料/%	0.05	0.1	0.05	0.02
钛白粉/%	1.0	1.0		
耐光牢度/级	6～7	6	8	8
耐热性/℃	300	280	300	300
耐候性（3000h）			4	5

应用范围：见表 5-58。

表 5-58　C. I. 溶剂黄 33 应用范围

PS	●	PMMA	●	ABS	●
SAN	●	PA6	×	PC	●
PVC-(U)	●	PA66	×	PET	●
POM	●			PBT	●

注：●表示推荐使用；×表示不推荐使用。

品种特性：溶剂黄 33 耐光性较好，耐热性优良，可用于工程塑料着色。

② **C. I. 溶剂黄 114**（分散黄 54）　C. I. 结构号：47020；分子式：$C_{18}H_{11}NO_3$；CAS 登记号：[75216-45-4]。溶剂黄 114 呈鲜艳绿光黄，熔点 264℃。

结构式：

主要性能：见表 5-59。

表 5-59　C. I. 溶剂黄 114 主要性能

名称		PS	ABS	PC
着色力 (1/3 SD)	染料%	0.12	0.24	0.065
	钛白粉%	2	4	1
耐热性/℃	本色 0.05%	300	280	340
	冲淡 1:20	300	280	340
耐光性/级	本色 0.05%	8		8
	1/3 SD	7～8		7～8

应用范围：见表 5-60。

表 5-60　C. I. 溶剂黄 114 应用范围

PS	●	SB	●	ABS	●
SAN	●	PMMA	●	PC	●
PVC-(U)	●	PPO	●	PET	●
POM	○	PA6/PA66	×	PBT	○
PES 纤维	×				

注：●表示推荐使用；○表示有条件地使用；×表示不推荐使用。

品种特性：溶剂黄 114 纯度高，具有优异耐光性，耐热性可达 300℃，可用于工程塑料着色（有限制地用于聚醚塑料）。溶剂黄 114 适合用于涤纶纺前着色。

③ **C. I. 溶剂黄 157**　C. I. 结构号：470180；分子式：$C_{18}H_7Cl_4NO_2$；CAS 登记号：[27908-75-4]。溶剂黄 157 呈绿黄光，熔点 323℃。

结构式：

主要性能：见表 5-61。

表 5-61　C. I. 溶剂黄 157 主要性能

着色深度 (PS)		名称	性能
染料/%	0.05	耐光性/级	7～8
钛白粉/%	1.0	耐热性/(℃/5min)	300

应用范围：见表 5-62。

表 5-62　C. I. 溶剂黄 157 应用范围

PS	●	PMMA	●	ABS	●
SAN	●	PA6	×	PC	●
PVC-(U)	●	PA66	×	PET	●
POM	●			PBT	○

注：●表示推荐使用；○表示有条件地使用；×表示不推荐使用。

品种特性：溶剂黄157耐光性、耐热性优良，适合用于涤纶纺前着色。

④ **C. I. 溶剂黄176**　C. I. 结构号：47023；分子式：$C_{18}H_{10}BrNO_3$；CAS 登记号：[10319-14-9]。溶剂黄176呈红光黄，熔点218℃。

结构式：

主要性能：见表5-63。

表5-63　C. I. 溶剂黄176主要性能

着色深度（PS）		名称	PS
染料/%	0.05	耐光性/级	7
钛白粉/%	1.0	耐热性/(℃/5min)	280

应用范围：见表5-64。

表5-64　C. I. 溶剂黄176应用范围

PS	●	PMMA	●	ABS	●
SAN	●	PA6	×	PC	●
PVC-(U)	●	PA66	×	PET	●
POM	●			PBT	×

注：●表示推荐使用；×表示不推荐使用。

品种特性：溶剂黄176耐光性、耐热性较好，适用于涤纶纺前着色。

5.5.2.4　芘系类

C. I. 溶剂绿5　C. I. 结构号：59075；分子式：$C_{30}H_{28}O_4$；CAS 登记号：[79869-59-3]。溶剂绿5呈鲜艳荧光绿光黄色。

结构式：

主要性能：见表5-65。

表5-65　C. I. 溶剂绿5主要性能

名称		PS	ABS	PC	PMMA
1/3SD（2%钛白粉）	耐热性/℃	260	300	310	300
	耐光性/级	3	4	3~4	4
	耐候性/级	1~2	2	1	1~2

应用范围：见表5-66。

表 5-66　C.I. 溶剂绿 5 应用范围

PS	●	SB	●	ABS	●
SAN	●	PMMA	●	PC	●
PVC-（硬）	●	PA6/PA66	×	PET	○
POM	●			PBT	○

注：●表示推荐使用；○表示有条件地使用；×表示不推荐使用。

品种特性：溶剂绿 5 耐热性优良，本色耐光性优良，但随钛白粉冲淡的增加耐光性迅速下降。可适用于 PS、SAN、PMMA 及 PC 工程塑料着色，对于 SB，ABS，ASA 着色建议先进行试验测试。溶剂绿 5 适用于涤纶纺前着色。

5.5.2.5 硫靛类

① **C.I. 还原红 41**　C.I. 结构号：73300；分子式：$C_{16}H_8O_2S_2$；CAS 登记号：[522-75-8]。还原红 41 呈非常艳丽带荧光的红色，能得到非常亮艳透明色。熔点 312℃。

结构式：

主要性能：见表 5-67。

表 5-67　C.I. 还原红 41 主要性能

名称		PS	ABS	PC
耐光牢度/级	1/3 SD 冲淡	3	3~4	5~6
	1/25 SD 透明	4	6	6~7
耐热性（1/3 SD)/(℃/5min)		300	250	320

应用范围：见表 5-68。

表 5-68　C.I. 还原红 41 应用范围

PS	●	PMMA	●	ABS	○
SAN	●	PA6/PA66	×	PC	●
PVC-(U)	●			PET	○
				PBT	○

注：●表示推荐使用；○表示有条件地使用；×表示不推荐使用。

品种特性：还原红 41 耐热性优良，本色耐光性良好，随钛白粉冲淡增加而下降，可用于工程塑料着色。

② **C.I. 颜料红 181**（还原红 1）　C.I. 结构号：73360；分子式：$C_{18}H_{10}Cl_2O_2S_2$；CAS 登记号：[2379-74-0]。颜料红 181 呈非常艳丽荧光红色。熔点大于 300℃。

结构式：

主要性能：见表5-69。

表5-69　C.I.颜料红181主要性能

名称	PS	ABS	PC	PET
颜料/%	0.05	0.1	0.05	0.02
钛白粉/%	1.0	1.0		
耐光牢度/级	5	4～5	8	7～8
耐热性/℃	300	280	360	300
耐候性（3000h）/级			4～5	

应用范围：见表5-70。

表5-70　C.I.颜料红181应用范围

PS	●	PMMA	●	ABS	○
SAN	●	HIPS	●	PC	●
PVC-(U)	○	PA6	×	PET	●
POM	○	PA66	×	PBT	●

注：●表示推荐使用；○表示有条件地使用；×表示不推荐使用。

品种特性：颜料红181耐光性、耐热性较好。可用于多种工程塑料着色。颜料红181用于PET、PC着色具有优良的耐光性和耐候性，呈新颖独特的蓝光红色。

5.5.2.6　稠环类

① **C.I.溶剂黄98**　C.I.结构号：56238；分子式：$C_{26}H_{45}NO_2$；CAS登记号：[27870-92-4]。溶剂黄98呈荧光绿光黄。熔点110℃。

结构式：

主要性能：见表5-71。

表5-71　C.I.溶剂黄98主要性能

名称		PS	ABS	PC	PEPT
耐光牢度/级	1/3 SD冲淡	4～5	3	6	7
	1/25SD透明	7	5～6	7～8	7
耐热性（1/3 SD）/(℃/5min)		300	300	340	300

应用范围：见表5-72。

表5-72　C.I.溶剂黄98应用范围

PS	●	PMMA	●	PC	●
SAN	●	PA6/PA66	○	PET	●
PVC-(U)	●	ABS	●	PBT	○

注：●表示推荐使用；○表示有条件地使用。

品种特性：溶剂黄 98 具有良好耐光性，耐光性随钛白粉增加而降低。优良耐热性，可用于工程塑料着色，尤其是透明色能得到鲜艳色光。溶剂黄 98 适合用于涤纶、尼龙 6 纺前着色，谨慎用于尼龙 66 纺前着色。

② **C. I. 溶剂红 52**　C. I. 结构号：68210；分子式：$C_{24}H_{18}N_2O_2$；CAS 登记号：[81-39-0]。溶剂红 52 呈蓝光红。熔点 280℃。

结构式：

主要性能：见表 5-73。

表 5-73　C. I. 溶剂红 52 主要性能

名称		PS	ABS	PC	PET
着色力（1/3 SD）	染料/%	0.195	0.39	0.100	
	钛白粉/%	2	4	1	
耐光牢度/级	1/3SD	3～4		4～5	
	透明 0.05%	7		7	
耐热性（1/3 SD）/(℃/5min)		280	280	350	290

应用范围：见表 5-74。

表 5-74　C. I. 溶剂红 52 应用范围

PS	●	SB	●	ABS	●
SAN	●	PMMA	●	PC	●
PVC-(U)	●	PPO	●	PET	●
POM	○	PA6/PA66	●	PBT	○
PES 纤维	○				

注：●表示推荐使用；○表示有条件地使用。

品种特性：溶剂红 52 耐光性优良，但加钛白粉冲淡后降低，耐热性优良，可用于 PA6 等多种工程塑料着色。溶剂红 52 用于尼龙 6 耐热性可达 300℃，可谨慎用于尼龙 6 和尼龙 66 纺前着色。

③ **C. I. 溶剂橙 63**　C. I. 结构号：68550；分子式：$C_{23}H_{12}OS$；CAS 登记号：[16294-75-0]。溶剂橙 63 呈荧光红光橙，透明色，非常艳丽。熔点 320℃。

结构式：

主要性能：见表 5-75。

表 5-75　C. I. 溶剂橙 63 主要性能

名称			PS	ABS	PC	PEPT
本色	0.05%	耐光性/级	7	6～7	7	7
		耐热性/(℃/5min)	300	300	340	300
冲淡	0.2%	耐光性/级	4	4	6	4
	TiO₂ 1%	耐热性/(℃/5min)	7	6～7	7	7

应用范围：见表 5-76。

表 5-76　C. I. 溶剂橙 63 应用范围

PS	●	PMMA	●	ABS	●
SAN	●	PA6/PA66	○	PC	●
PVC-(U)	●			PET	●
				PBT	●

注：●表示推荐使用；○表示有条件地使用。

品种特性：溶剂橙 63 耐光性、耐热性优良，可用于工程塑料着色，推荐使用的浓度低于 0.3%。溶剂橙 63 适合用于涤纶、尼龙 6 纺前着色，谨慎适用于尼龙 66 纺前着色。

5.5.3　亚甲基类溶剂染料

亚甲基溶剂染料品种很少，仅限于浅色色谱，国外生产六个品种，其中最主要的品种是溶剂黄 93、溶剂黄 133、溶剂黄 145、溶剂黄 179、溶剂橙 80、溶剂橙 107。

① C. I. 溶剂黄 93　C. I. 结构号：48160；分子式：$C_{21}H_{18}N_4O_2$；CAS 登记号：[4702-90-3]。溶剂黄 93 呈中黄，熔点 180℃。

结构式：

主要性能：见表 5-77。

表 5-77　C. I. 溶剂黄 93 主要性能

名称		PS	ABS	PC
着色力 (1/3 SD)	染料/%	0.26	—	0.142
	钛白粉/%	2	—	1
耐热性/(℃/5min)	本色　0.05%	300		340
	冲淡　1:20	300	不适用	340
耐光性	本色 0.05%	8		8
	1/3 SD	7～8		7

应用范围：见表 5-78。

表 5-78　C. I. 溶剂黄 93 应用范围

PS	●	SB	●	ABS	×
SAN	●	PMMA	●	PC	●
PVC-(U)	●	PPO	●	PET	●
POM	○	PA6/PA66	×	PBT	○
PES 纤维	×				

注：●表示推荐使用；○表示有条件地使用；×表示不推荐使用。

品种特性：溶剂黄 93 耐光性较好，耐热性优良，可用于多种苯乙烯类工程塑料着色，但不推荐用于 ABS 塑料。溶剂黄 93 是溶剂染料绿光黄色品种标准色，具有良好性价比。

② **C. I. 溶剂黄 133**　C. I. 结构号：48580；分子式：$C_{30}H_{24}N_2O_6$；CAS 登记号：[4702-90-3]。溶剂黄 133 呈鲜艳绿光黄。

结构式：

主要性能：见表 5-79。

表 5-79　C. I. 溶剂黄 133 主要性能

名称		PC	PET
着色力（1/3SD）	染料/%	0.36	0.32
	钛白粉/%	1	1
耐热性/℃	1/3 SD	330	300
耐光性/级	1/25 SD（本色）	5	6
	1/3 SD（冲淡）	5	5

应用范围：见表 5-80。

表 5-80　C. I. 溶剂黄 133 应用范围

PS	×	PMMA	○		
PVC-(U)	×	PA6/PA66	×	PC	●
PES 纤维	×	ABS	×	PET	●
				PBT	●

注：●表示推荐使用；○表示有条件地使用；×表示不推荐使用。

品种特性：溶剂黄 133 着色力高，耐光性一般，耐热性优良，可用于工程塑料着色。溶剂黄 133 特别推荐用于涤纶纺前着色，其纤维在热定型处理时有良好的水洗和耐摩擦牢度。

③ **C. I. 溶剂黄 179**（分散黄 201）　CAS 登记号：[80748-21-6]。溶剂黄 179 呈绿光黄。熔点 115℃。

主要性能：见表 5-81。

表 5-81 C. I. 溶剂黄 179 主要性能

名称		PS	ABS	PC
着色力 (1/3 SD)	染料%	0.36	0.165	0.070
	钛白粉%	2	4	1
耐热性/（℃/5min)	本色 0.05%	300	240～260	350
	冲淡 1：20	300	240～260	350
耐光性/级	本色0.05%	8		8
	1/3 SD	7～8		7

应用范围：见表 5-82。

表 5-82 C. I. 溶剂黄 179 应用范围

PS	●	SB	●	ABS	●
SAN	●	PMMA	●	PC	●
PVC-(U)	●	PPO	●	PET	●
POM	○	PA6/PA66	×	PBT	○
PES 纤维	○				

注：●表示推荐使用；○表示有条件地使用；×表示不推荐使用。

品种特性：溶剂黄 179 耐光性较好，耐热性优良，可用于工程塑料着色。溶剂黄 179 特别推荐用在涤纶纺前着色。

④ **C. I. 溶剂橙 107**（分散橙 47） CAS 登记号：[185766-20-5]。溶剂橙 107 呈红光橙。熔点 220℃。

主要性能：见表 5-83。

表 5-83 C. I. 溶剂橙 107 主要性能

名称		PS	ABS	PC
着色力 (1/3 SD)	染料/%	0.090	0.18	0.045
	钛白粉/%	2	4	1
耐热性/℃	本色 0.05%	300	280	320
	冲淡1：20	300	280	320
耐光性/级	本色 0.05%	7～8		8
	1/3 SD	5～6		5

应用范围：见表 5-84。

表 5-84 C. I. 溶剂橙 107 应用范围

PS	●	SB	●	ABS	●
SAN	●	PMMA	●	PC	●
PVC-(U)	●	PPO	●	PET	●
POM	○	PA6/PA66	×	PBT	○
PES 纤维	×				

注：●表示推荐使用；○表示有条件地使用；×表示不推荐使用。

品种特性：溶剂橙 107 耐光性尚可，加钛白粉后下降很多。耐热性优良，可用于工程塑料着色。

5.5.4 偶氮类溶剂染料

偶氮类溶剂染料结构简单，合成方便，色谱主要为红、橙、黄，但各项性能较差，应用在塑料中的品种不多，偶氮类金属络合结构在溶剂染料中占有相当重要的地位。

① **C. I. 分散黄 241**　C. I. 结构号：128450；分子式：$C_{14}H_{10}Cl_2N_4O_2$。分散黄 241 呈亮艳绿光黄，熔点 254℃。

结构式：

主要性能：见表 5-85。

表 5-85　C. I. 分散黄 241 主要性能

名称		PS	PC
着色力（1/3 SD）	染料/%	0.08	0.042
	钛白粉/%	2	1
耐热性/℃	1/3 SD	280	350
耐光性/级	本色 0.05%	7	6～7
	1/3 SD	5	6

应用范围：见表 5-86。

表 5-86　C. I. 分散黄 241 应用范围

PS	●	SB	●	ABS	×
SAN	●	PMMA	●	PC	●
PVC-(U)	●	PPO	×	PET	●
POM	○	PA6/PA66	×	PBT	●
PES 纤维	×				

注：●表示推荐使用；○表示有条件地使用；×表示不推荐使用。

品种特性：分散黄 241 耐热性优良，耐光性良好。可用于多种工程塑料着色。但不推荐用于 ABS 着色。

② **C. I. 溶剂橙 116**　溶剂橙 116 本色呈亮红光橙色。

主要性能：见表 5-87。

表 5-87　C. I. 溶剂橙 116 主要性能

名称	PS	ABS	PC	PET	PA6
染料/%	0.05	0.1	0.05	0.02	0.1
钛白粉/%	1	1			0.5
耐热性/℃	300	300	360	310	300
耐光性/级	6	6～7	7～8	8	
耐候性/级	3～4		4～5	4	

应用范围：见表 5-88。

表 5-88　C. I. 溶剂橙 116 应用范围

PS	●	SB	●	ABS	●
SAN	●	PMMA	●	PC	●
PVC-(U)	●	PA6/PA66	●	PET	●
				PBT	●

注：●表示推荐使用。

品种特性：溶剂橙 116 着色力高，其耐光性、耐热性、耐候性、耐升华优良，特别推荐用于尼龙 6 和尼龙 66 着色。

③ **C. I. 溶剂红 195**　溶剂红 195 呈亮艳蓝光红，熔点 214℃。

主要性能：见表 5-89。

表 5-89　C. I. 溶剂红 195 主要性能

名称		PS	ABS	PC	PEPT
着色力（1/3 SD）	染料/%	0.56	0.58	0.59	0.4
	钛白粉/%	1.0	1.0	1.0	1.0
耐光牢度/级	1/3 SD 冲淡	5	5～6	7	7
	1/25SD 透明	8	6～7	8	8
耐热性（1/3 SD)/(℃/5min)		300	280	330	310

应用范围：见表 5-90。

表 5-90　C. I. 溶剂红 195 应用范围

PS	●	SB	●	ABS	●
SAN	●	PMMA	●	PC	○
PVC-(U)	●	PPO	×	PET	●
POM	×	PA6/PA66	×	PBT	○
PES 纤维	×				

注：●表示推荐使用；○表示有条件地使用；×表示不推荐使用。

品种特性：溶剂红 195 耐光性、耐热性、耐候性优良，可用于工程塑料着色。溶剂红 195 推荐用于涤纶纺前着色。

④ **C. I. 溶剂黄 21**　C. I. 结构号：18690；分子式：$C_{34}H_{24}CrN_8O_6 \cdot H$；CAS 登记号：5601-29-6。溶剂黄 21 呈红光黄色。

结构式：

主要性能：见表 5-91。

表 5-91　C. I. 溶剂黄 21 主要性能

名称	PA6 纤维 110 dtex	
染料	0.1%	1.0%
耐光性/级	6	7

品种特性：溶剂黄 21 着色力高，其耐光性、耐热性优良。溶剂黄 21 与尼龙相容性好，良好的纺织品色牢度，推荐用于尼龙 6 地毯纤维着色。

⑤ **C. I. 溶剂红 225**　溶剂红 225 呈黄光红色。

主要性能：见表 5-92。

表 5-92　C. I. 溶剂红 225 主要性能

名称	PA6 纤维　110 dtex	
染料	0.1%	1.0%
耐光性/级	6～7	7

品种特性：溶剂红 225 着色力高，其耐光性、耐热性优良，与尼龙树脂相容性好，推荐用于尼龙 6 着色，适合于地毯和室内纺织品纤维。

5.5.5　甲亚胺类溶剂染料

甲亚胺类溶剂染料生产品种很少，只有六个，除了溶剂黄 79 外，其余均为金属络合物。除了传统镍络合外，还有钴铜络合。甲亚胺类溶剂染料耐光性特别优异。

① **C. I. 溶剂紫 49**　C. I. 结构号：48520；分子式：$C_{27}H_{14}N_4NiO_4$；CAS 登记号：205057-15-4。溶剂紫 49 呈暗红光紫色，熔点大于 300℃。

结构式：

主要性能：见表 5-93。

表 5-93　C. I. 溶剂紫 49 主要性能

名称		ABS	PC	PEPT
着色力（1/3SD）	染料%	0.090	0.064	0.051
	钛白粉%	1.0	1.0	1.0
耐光牢度/级	1/3 SD 冲淡	6～7	7～8	7～8
	1/25 SD 透明	6～7	8	8
耐热性（1/3 SD）/（℃/5min）		240	300	320

应用范围：见表 5-94。

表 5-94　C. I. 溶剂紫 49 应用范围

PS	○	PMMA	●	ABS	○
SAN	○	PA6/PA66	×	PC	●
PVC-(U)	×			PET	●
				PBT	●

注：●表示推荐使用；○表示有条件地使用；×表示不推荐使用。

品种特性：溶剂紫 49 耐光性、耐热性优良，着色力高，推荐用于涤纶纺前着色。

② **C. I. 溶剂棕 53**　C. I. 结构号：48525；分子式：$C_{18}H_{10}N_4NiO_2$；CAS 登记号：[64696-98-6]。溶剂棕 53 呈暗红光棕。熔点大于 350℃。

结构式：

主要性能：见表 5-95。

表 5-95　C. I. 溶剂棕 53 主要性能

名称		PS	ABS	PC	PEPT
着色力（1/3SD）	染料/%	0.12	0.13	0.11	0.082
	钛白粉/%	1.0	1.0	1.0	1.0
耐光牢度/级	1/3 SD 冲淡	7	7	8	8
	1/25 SD 透明	8	8	8	8
耐热性（1/3 SD）/(℃/5min)		300	300	340	320

应用范围：见表 5-96。

表 5-96　C. I. 溶剂棕 53 应用范围

PS	●	PMMA	●	ABS	○
SAN	●	PA6/PA66	×	PC	●
PVC-(U)	×			PET	●
				PBT	●

注：●表示推荐使用；○表示有条件地使用；×表示不推荐使用。

品种特性：溶剂棕 53 耐光、耐热性优良，特别适合用于涤纶纺前着色，其织物的耐光性、湿处理和摩擦牢度优异。溶剂棕 53 还可用于聚酯瓶吹塑。

5.5.6　酞菁类溶剂染料

酞菁类溶剂染料色光为艳绿光蓝色，许多是铜酞菁的衍生物，铜酞菁不溶于绝大多数的有机溶剂，但是当其分子上引入某些亲脂性基团后即可转化为在有机溶剂中有良好溶解性能的溶剂染料，该类溶剂染料不仅有蒽醌类溶剂染料所不具有的鲜艳绿光蓝色，还具有良好的各项牢度性能，国外仅生产七个品种，适用于工程塑料的主要是溶剂蓝 67。

C. I. 溶剂蓝 67　CAS 登记号：81457-65-0。溶剂蓝 67 呈非常纯正绿光翠蓝色。

主要性能：见表 5-97。

表 5-97　C. I. 溶剂蓝 67 主要性能

名称	PS	ABS	PC	PET
染料/%	0.05	0.1	0.05	0.02
钛白粉/%	1.0	1.0		
耐光牢度/级	5	3～4	3～4	7
耐热性/℃	260	290	290	300
耐候性（3000h）/级			3～4	

应用范围: 见表 5-98。

表 5-98　C. I. 溶剂蓝 67 应用范围

PS	○	PMMA	○	ABS	○
SAN	●	PA6	○	PC	○
PVC-(U)	●	PA66	×	PET	●
POM	×			PBT	●

注:●表示推荐使用;○表示有条件地使用;×表示不推荐使用。

品种特性: 溶剂蓝 67 耐光性尚可,耐热性良好,耐升华,适合用于涤纶纺前着色。用于服装和室内装饰品。

第6章
塑料着色剂检验方法和标准

6.1 检验和标准

6.1.1 检验的重要性

着色剂的检验涵盖对产品质量的检验和对其性能的认定。对于着色剂的检验方法和测试所用的专用仪器、设备等都有着一系列被全球公认的执行标准。它是所有着色剂产业链的关联者包括生产商、销售商、使用者等对同一产品质量、应用性能衡量评判的共同语言，贯穿整个产业链，从原材料分析、生产环节质量控制、成品品质检验、应用特性评判等各个环节。

着色剂的生产与其他工业品的生产的性质是一样的，它是一个非常复杂的过程，原材料、设备、环境，乃至操作人员等诸多的因素都会对生产过程产生直接或间接的影响，最终导致产品质量的波动。况且，一般着色剂的生产由多道工序组成，每道工序都不可能保持恒定不变的状态，企业的生产是一个复杂的过程，人、机器、物料、环境等诸多要素都可能对生产过程的变化产生影响，各个工序不可能处于绝对恒定状态，因而所得到的产品质量存在波动也是理所当然的。而检验的作用就在于：控制生产环节产品质量的波动在一个合理的、可以接受的范围；确保最终产品的质量符合设定标准所限定的范围内。因此，对于颜料生产及应用应该切实落实严格检验制度，规范检验方法，加强检验手段，并形成一种行业机制贯穿始终。

在着色剂的检验环节中，检验方法的统一化和标准化是极为重要的基础性工作。因为，只有所有各方的检测方法统一并符合标准，才能使检验所得的数据和结果能获得各方相同的认知，有利于相关各方的沟通，才能使检测数据真正具有使用价值。

6.1.2 采用国际标准，提升企业竞争力

标准化是促进市场贸易及技术交流的纽带。但随着科学技术的迅猛发展和全球经济一体化进程的快速推进，社会的市场化程度越来越高，标准化作为现代化的重要元素，其真正的目的是为了有效提高质量和效率，是为了能体现一切工作的科学性和合理性。随着全球经济一体化进程发展，标准是走向国际市场这个大空间的"通行证"。

从市场经济本质来看，标准化是提高企业市场竞争力的有效举措。提升产品质量，增强产品的市场竞争力，进一步扩大出口贸易，采用国际标准已成为了促进市场贸易及技术交流的重要纽带。

标准可分为国际标准、国家标准、行业标准，企业标准等，目前塑料用颜料的标准化工

作还处于相对滞后的阶段，行业从业者正由套用原先油墨应用颜料的检测方法逐步转换过渡到塑料专用检测方法的过程当中，尚有相当多的现行检测方法还只适用于粗放型的生产模式，并不能真正反映颜料在塑料的应用性能。2012年我国制定了颜料分散性、耐热性、迁移性、色彩性等共13项行业检测标准，这些标准与现行国际标准高度吻合，填补了国内颜料标准领域空白。标准的顺利制定和执行，为提高我国颜料产品质量以及与国际接轨，提高我国着色剂产品在国际市场上的竞争力打下了坚实的基础。与此同时，标准的建立也为颜料生产和使用行业间架起了相互沟通的平台。促进了我国颜料行业和色母粒行业的发展。本节以国际标准为范本，简单介绍着色剂在塑料应用方面的专业检验方法。

6.1.3 质量控制检验和应用性能检验

着色剂的质量控制检验和应用性能检验是不同的两个方面。

质量控制检验的主要职责是以控制产品自身的质量稳定为目的，用以判断产品合乎标准与否。采用先进的测试方法和严格的标准控制，能够确保我们的产品具有稳定可靠的质量。

对于着色剂而言，仅有质量控制检验的结果是远远不够的。这是因为着色剂运用于塑料着色时将面对不同的被着色介质、形形色色的加工设备和不同的加工条件，这就需要着色剂能够承受和通过这些严苛条件的考验而保持原有的特性。这就需要着色剂具有相应的符合塑料加工要求的特性，比如：耐热性能、易分散性能等；再则，着色的塑料制品在最终使用过程中所遇到的诸如：户外使用当中的暴晒或是环境气候老化的问题、作为包装材料时与被包装物质的相互接触反应的问题、作为食品包装或儿童玩具材料的毒性或安全性问题等，所有这些都可归结为着色剂的应用性能指标。由此，我们可以把应用性能指标分为：符合塑料制品制作加工的性能指标和符合制品最终使用的应用特性指标两部分。针对塑料用的着色剂，所有的应用性能指标的测试都应该完全按照（或模拟）塑料制品加工的实际情况和使用条件来进行。

彩色塑料制品最终的着色质量和色彩效果不仅仅取决于着色剂的色彩性能、加工性能和应用性能，它同时与塑料制品的着色配方、相关的制品加工工艺、应用条件和环境、制品的形状大小等因素密切相关，见图6-1。

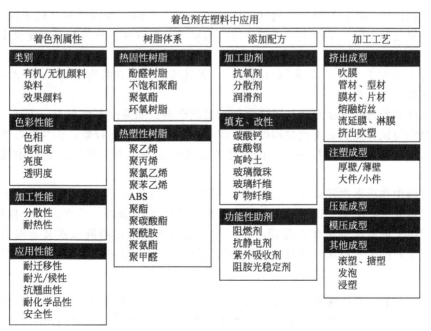

图 6-1　与塑料着色效果相关联的主要因素

由图 6-1 可知，着色剂对塑料进行着色的结果是多种因素共同作用的结果，着色剂及其性能仅仅只是众多因素之一。由此可见，着色剂生产商所提供的产品色彩特性和性能指标的测试数据，只是基于自身测试条件下的实验室数据，并不能等同于着色剂使用者在特定工艺条件下的实际生产结果。因此，着色剂生产商应与使用者如色母粒厂商等增进相互了解，明确所需方能提供更切合实际的服务。

本书因篇幅有限，仅介绍部分主要的产品质量控制指标和应用性能检验的方法和标准。

6.1.4　评判标准

6.1.4.1　评定变（退）色用灰色样卡（GB/T 250—2008 或 ISO 105/A02—1993）

（1）原理　变色用五级灰卡是由五对无光泽的灰色小卡片（或小布样）组成，根据可观感到的色差，相应分为五个牢度等级，即 5、4、3、2 和 1（见图 6-2）。这种基本灰卡还可用于表示相当于半个牢度等级的观感色差，即 4-5、3-4、2-3 和 1-2 的类似小卡片或小布样加以补充，从而扩大成为五级九档灰卡。每对小卡片中的第一片是中性灰色，第二片则表示变色结果的程度。如：表示牢度等级为 5，则与第一片颜色完全相同，其余各对中的第二片颜色逐级变浅，这样各对的对比色差逐级增加。各级观感色差均以色度确定。灰卡灰度完全采用国标 GB 或国际标准 ISO，AATCC，DIN 提供的色度学数据，经过精心配色制成。每一档的色度学数据均使用高精度分光光度计测定。

图 6-2　变色灰色样卡（ISO 105/A02—1993）

（2）变色灰卡的使用　变（褪）色用五级灰卡用于检验颜料在塑料中的耐候性、耐酸/碱性或耐其他化学品性能，并作为评判依据使用。

将原着色样板和经耐性测试后的试样样板各一块，按同一方向紧靠并列于同一平面上，将灰色样卡靠近置于同一平面上。周围环境应为中性灰色（其颜色约在评定变色用灰色样卡 1 级与 2 级之间），如地球的北半球用北窗光，南半球用南窗光，或用一个相当的人造光源，其照明度等于或大于 600Lux，来照明表面。入射光线与样品表面约为 45°，观察方向大致垂直于样品表面。

用灰色样卡的级差对比原样与试样之间的目测色差。如采用五级灰卡，当某一级观感色差相等于原样与试样间的观感色差程度时，就作为该试样的牢度级数；如判断后者更接近于两对相邻级数之间的假想对比色差，而不是两对其中之一，则试样可评定为中间级数，如 4-5 或 2-3。

同一时间中作出多次评级后，需将同一级数的各对原样板与测试后样板相互间再逐一作比较，这样做非常有必要，这样的比较可以对前面所作评级是否一致作出一个良好的判断，因为任何评级上的差错会因此而显现。如果某一对的色差程度与同级别其他对的结果（程度）相差明显，则应对照灰卡进行复查并作出最终的评判，以确保所有评判结果的准确性和一致性。

6.1.4.2　评定沾色用灰色样卡（GB/T 251—2008 或者 ISO 105/A03—1993）

（1）原理　基本的五级灰卡是由五对无光的灰色或白色小卡片（或小布样）组成，根据可观感到的色差，相应分为五个沾色等级，即：5、4、3、2 和 1（见图 6-3）。这种基本灰卡，可用以表示相当于半个沾色等级的观感色差，即 4-5，3-4，2-3 和 1-2 的类以小卡片或小布样加以补充，从而扩大成为五级九档灰卡。每对小卡片中的第一片为白色，第二片则表示沾色的程度，如：表示牢度等级为5，则第二片与第一片完全相同，其余各对中的第二片颜色逐步变深，这样各对的对比公差逐级增加，各级观感色差均以色度确定。

图 6-3　沾色灰色样卡（ISO 105/A03-1993）

沾色灰卡灰度完全采用国标 GB，或国际标准 ISO，AATCC，DIN 提供的色度学数据，并经过精心配色制成。每一档的色度学数据均使用高精度分光光度计测定。

（2）沾色灰卡的使用　评定用沾色五级灰卡是以接触样板沾色程度来评判颜料在塑料中的迁移性能、耐酸/碱或耐其他化学品性，可对测试介质的沾污程度进行评判。

使用沾色五级灰卡评判测试样板的方法与变色灰卡相同。

6.1.4.3　羊毛标准（GB 730—1998）

（1）原理　耐光色牢度蓝色羊毛标准共分 8 级，代表 8 个耐光色牢度等级，分别为 8 级，7 级，6 级，5 级，4 级，3 级，2 级，1 级。蓝色羊毛标准在光的照射下，1 级褪色最严重，8 级最不易褪色。如果 4 级在特定强度光的照射下，需要一定时间以达到某种程度褪色，则在同样条件下产生同等程度的褪色，3 级约需一半的时间，而 5 级则约需增加一倍的时间。

色牢度蓝色羊毛标准是以规定深度的 8 种染料染于羊毛织物上制成。各级染料名称规定见表 6-1。

表 6-1　羊毛标准的 8 种染料名称

标准级别	染料索引号
1	酸性蓝 104（C. I. Acid Blue 104）
2	酸性蓝 109（C. I. Acid Blue 109）
3	酸性蓝 83（C. I. Acid Blue 83）
4	酸性蓝 121（C. I. Acid Blue 121）
5	酸性蓝 47（C. I. Acid Blue 47）
6	酸性蓝 23（C. I. Acid Blue 23）
7	可溶性还原蓝 5（C. I. Soludilized Vat Blue 5）
8	可溶性还原蓝 8（C. I. Soludilized Vat Blue 8）

美国研制和生产的蓝色羊毛标样编号为 L2～L9，这 8 个蓝色羊毛标样是用 C. I. 媒介染料蓝 1 染色的羊毛和用 C. I. 可溶性还原蓝 8 染色的羊毛，再将两种纤维以不同的配比制成蓝标 L2～L9，使每一较高编号蓝色羊毛标样的耐光色牢度比前一编号约高一倍。

L2～L9 蓝色羊毛标样适用于 GB/T 8427—2008 和 ISO 105 B02：1994 中规定的美国暴晒条件，也适用于美国 AATCC TM 16 标准。

需特别注意蓝色羊毛标样 1～8 和蓝色羊毛标样 L2～L9 之间不能混用，测试结果也不能互换。

（2）蓝色羊毛标准使用方法　蓝色羊毛标准主要用于对试样耐光辐射测试后的色牢度等级的评定。

将试样与蓝色羊毛标准在同样的光照条件、同样时长下进行暴晒，暴晒结束后将试样与8块蓝色羊毛标准的褪色程度进行比较，以评定试样耐光色牢度等级（耐光性），试样的褪色程度如相当于某1级蓝色羊毛标准的褪色程度时，其耐光色牢度等级即以该蓝色羊毛标准的等级表示，介于两者之间，则评为中间等级，如4～5级、6～7级等。

6.1.4.4 颜色的标准深度

在色度学中，可通过在标准条件下制备的样品色深度来判别颜料的绝对深度，以达到一定颜色深度所必需的量来表示。

标准深度概念被很好地用于对着色剂在塑料中着色能力的评判上。常规的方法为：用规定的方法对塑料进行着色，将消色剂（白色颜料 TiO_2）的添加量固定，以加入的彩色颜料达到该颜色1/3标准深度时所添加的量作为评判颜料着色力的依据，添加量越小则该颜料的着色力越高。

6.2 色彩的检验方法和标准

着色剂色彩性能（色相，亮度，饱和度，着色力）的检验方法国外最早采用德国工业标准 DIN 53775，现已逐步被 EN BS14469-1—2004 所替代。

我国也已制定相应行业标准 HG/T 4769.2—2014，其基本方法如下。

6.2.1 测试用 PVC 材料的基础配方

（1）PVC 基础配方见表 6-2。PVC 基础配方中每种原材料的技术规格见表 6-3。

表 6-2 PVC 基础配方

原料名称	用量/质量份	
	混合基料 A	混合基料 B
聚氯乙烯	65	65
增塑剂	33.5	33.5
环氧大豆油	1.5	1.5
液体钡/锌	1.3	1.3
润滑剂	0.2	0.2
二氧化钛	—	5.34
总计	101.5	106.84

注：本章在耐热性、分散性、耐迁移性的测试中均采用本配方基料。并对配方中每个原料的技术规格作了明确规定。

表 6-3 PVC 基础配方中每种原材料的技术规格

原料名称	指标名称	规格	测试标准
聚氯乙烯均聚物（PVC）	K 值	70±1	EN ISO 1628-2
邻苯二甲酸二异癸酯（DIDP）	折射率	1.4850～1.4860	EN ISO 489
	颜色值	≤200	ISO 6271
环氧大豆油（ESO）	折射率	1.4720～1.4740	EN ISO 489
	碘颜色值 ICV/(mg/100mL)	≤3	DIN 6162
	环氧基含量/%	6.2～6.8	ASTM D 1652

原料名称	指标名称	规格	测试标准
钡/锌稳定剂	钡含量/%	10.2～12.2	原子吸收光谱测定法
	锌含量/%	1.95～2.35	
	折射率	1.4970～1.5010	EN ISO 489
硬脂酸	密度（80℃)/(g/mL)	0.840～0.850	EN ISO 12185
	酸值/(mg KOH/g)	206～211	EN ISO 2114
二氧化钛颜料（TiO_2)	二氧化钛含量/%	92～98	EN ISO 591-1
	金红石含量/%	≥98	
	二氧化硅（SiO_2）或氧化铝（Al_2O_3）含量/%	2～8	

（2）试验用 PVC 混合基料的制备

① 混料设备　选用具备加热和冷却功能、转速为 15～35m/s 的高速搅拌器。

② 混料操作　将 PVC 树脂、稳定剂和润滑剂置于混合器内，以高速进行预混合，至料温达到 70℃。对于混合料 B 而言，应在此时加入二氧化钛并保持高速混合约 2min（如果高混时间过长，会因为二氧化钛对金属的磨损作用而导致混合料发灰）。持续混合状态下，滴入经预先混合的增塑剂与环氧大豆油混合料，继续高速混合达到物料均质化，当料温升至 100℃时可视为混合过程结束，转入低速搅动直至料温冷却至室温。

（3）试验用 PVC 混合基料的储存　制备完毕的 PVC 混合基料的储存时间不得超过 2 年，且应避光、密封保存。

6.2.2　色彩性能测试方法

6.2.2.1　试验设备

（1）两辊塑炼机　具有加热功能；辊距之间间隙可调；辊筒直径在 80～200mm 之间；前后辊的转速比在 1∶1.1～1∶1.2 之间；辊面镀硬铬处理。

（2）平板硫化压机　具备交替加热和冷却功能。

（3）压片模具　压模板：镜面不锈钢板，厚度 1～1.2mm，共两块；压模框：铜质，厚度 1～1.5mm。

6.2.2.2　测试色样的制备

（1）配方及预混　正确称取颜料标准样品、被测试颜料样品和 PVC 混合基料，物料置于混合器混合约 5min 或在容器中手工震动混合，也可不进行预先混合操作。试样配比见表 6-4。

表 6-4　试样配比

项目		本色样板	冲淡样板
PVC 混合料		混合基料 A	混合基料 B
颜料含量	有机颜料	0.10%	颜料：TiO_2＝1∶10
	无机颜料	0.50%	颜料：TiO_2＝1∶4

（2）两辊塑炼、出片　两辊升温并保持辊面温度为（160±5）℃，调两辊间距以确保膜厚在 0.4～0.5mm；将混合后的物料放在两辊间中间部位稍待片刻，开启两辊，待物料成膜，即开始计数至两辊转动满 200 转，塑炼结束后出片。

(3) 压片　为了提高试样表面的平整性和一致性，需要对塑炼后物料进行压片。将平板硫化压机升温至 165～170℃；称取一定量塑炼片，将之均匀放入两压模板间模框的中间位置内，物料和压模一起放置在压机中，合模对物料加压升温，压片时间不得超过 2min，然后切换至冷却状态进行快速冷却。冷却至 50℃以下，开模，取出样片。

6.2.3　色彩性能的评判

(1) 着色力评判　着色力是所有着色剂最为重要的性能指标之一，它直接体现了颜料的使用价值。着色力是一个相对的指标值，也就是说，它的检验必定是与一个参照样进行对应比较的。通常是在相同的产品间或者生产样品与标准样品之间的比较。

对于着色剂着色力的检验，一般都是以冲淡色（着色剂与消色剂的混合色调）进行比较，这是因为，冲淡色能够有效放大着色力的细微差异。

将同质量的试样颜料 P_T 和参照样颜料 P_R 分散在质量相同的同一种钛白粉冲淡的 PVC 片中，对样品的反射因素 R_∞ 或反射系数 ρ_∞ 在给出最小 R_∞ 或 ρ_∞ 的波长下进行光度学的测定，由下式得出颜料的相对着色力。

$$着色力 = \frac{(K_{PT}/S)}{(K_{PR}/S)} \times 100\%$$

式中，K 是波长为 λ 下不透明体的光吸收系数；S 是波长为 λ 下不透明体的光散射系数；K_{PT}/S 为试样颜料 R_∞ 或 ρ_∞ 的 K/S；K_{PR}/S 为参照样颜料 R_∞ 或 ρ_∞ 的 K/S。

目前，随着检测设备的发展与普及，相对着色力（K/S）数据均可采用专业的测色仪器和设备测试而直接获得，无需经过繁复的计算。

如果没有自动检测的仪器，也可用目测的方法进行判别，当然这需要相当的经验。

(2) 透明度/遮盖力评判　透明度（性）与遮盖力是相互对应的指标，譬如：某一颜料的透明度高则其遮盖力就低，反之亦然。

判断颜料在塑料着色中的透明度/遮盖力性能也需先制成着色塑料样板。按照本章 6.2.2.2 中本色样板的配方和制作步骤，先制成本色着色样板，然后将样板置于一张黑白格的纸板上，观测衬底黑格和白格部分透过着色样板所显现的差异程度评判透明度的高低。也可以借助测色仪分别测试和比较透过彩色样板的白板与黑板部分的色差，色差越大，则表明透明度越高。

(3) 色差评定　从试样与参照样在 CIE 1976（$L^*a^*b^*$）色空间（见 GB 11186.1）中色坐标的计算可得到两者在颜色、明度、彩度及色调上的差异。按 GB 11186.2（涂膜颜色的测量方法　第二部分：颜色测量）方法，选用测量条件，测定试样色坐标 L_T^* a_T^* b_T^* 和参照样色坐标 $(L_R^*$ a_R^* $b_R^*)$。

采用 CIELAB 色差公式计算总色差，两颜色间的总色差 ΔE_{ab}^* 是它们在 CIE 1976 （$L^*a^*b^*$）色空间中两位置的几何距离。并按以下公式计算：

$$\Delta E_{ab}^* = [(\Delta L^*)^2 + (\Delta a^*)^2 + (\Delta b^*)^2]^{1/2}$$

式中：

$$\Delta L^* = L_T^* - L_R^*$$
$$\Delta a^* = a_T^* - a_R^*$$
$$\Delta b^* = b_T^* - b_R^*$$

目前，随着检测设备的发展与普及，以上数据均可采用专业的测色仪器和设备测试而直接获得，无需经过繁复的计算。

由于部分着色剂经热加工操作后会导致在一定时间段内的颜色不稳定。因此，试样色片应确保在室温下避光保存至少 16h 后再作色差评判。本章后面所介绍的其他检测方法中，凡经过热加工操作所获得的样板、样片都应按此规定办理，不再重复提示。

6.3 耐热性的检验方法和标准

耐热性是着色剂在塑料应用中最为重要的性能指标。耐热性测试有下列三个标准测试方法。

6.3.1 耐热性试验方法之一：注塑制样法（HG/T 4767.2—2014，EN BS 12877-2）

（1）测试设备　螺杆式注塑机：螺杆直径 18～30mm；螺杆长径比 1∶15。

（2）测试材料　在指定的塑料材料中进行测试，标准材料 HDPE、PP、ABS 等或客户提供的材料。

（3）着色剂含量

本色：有机颜料 0.1%；无机颜料 2%。

冲淡：1/3 标准深度，1/25 标准深度（钛白粉含量 1%）

有些黄色品种着色力特高，需添加较高数量钛白粉。

（4）测试用的颜料样品制备　按要求将着色剂和树脂称量后进行混合，直至均匀；粉状颜料应采用高速混合机混合；颗粒状颜料可采用低速混合机混合；混合完成后，用合适的挤出机将物料挤出成均匀的有色粒料。

（5）制样、评判　测试开始时将注塑机料筒温度升温至 200℃，注射后所得样板即为基准样板；之后，以每 20℃作为间隔逐次升高料筒温度，每个间隔温度稳定后，将有色粒料加入料筒并保持 5min，然后再次注塑打板，所得样板即为该温度下的测试样板。将各温度条件下所得样板逐一与基准样板进行测色比较，记录每个温度下样板的 ΔE 值。

必须注意的是：为了保证测色数据的准确性，注塑样板必须避光室温保持 16h 以后方能进行测色检验！有些对温度特别敏感的颜料品种，如：颜料红 48∶2/48∶3，颜料红 53∶1，颜料红 57∶1 等，也可设置每梯次温度间隔为 10℃。

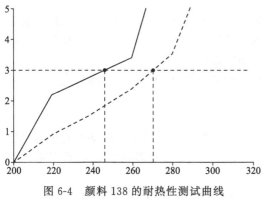

图 6-4　颜料 138 的耐热性测试曲线
- - - - - 颜料 138 0.2%，TiO₂ 1∶50；
———— 颜料 138 0.2%，TiO₂ 1∶10

（6）评判　根据 GB 11186.3 使 $\Delta E = 3$ 时的温度作为颜料的耐热性。业内也有以变色灰卡作为比较依据进行目测评判的方法，以最终结果不低于灰卡 4 级作为耐热性指标。

用下列方式之一表示试验结果。

① 以图表的形式，给出作为试验温度的函数的色差，见图 6-4。

② 以色差或变色程度不超过规定值的温度来表示。

ΔE 值 3.0 或灰卡变色 4 级不代表相同程度的色差。如果是以外推法获取的温度，结果应修约到最接近的 10℃。

6.3.2 耐热性试验方法之二：烘箱法（HG/T 4767.3—2014，EN BS 12877-3）

（1）测试原理　着色塑料片经受规定时间以及特定或商定的温度条件下的测试，与避光保存在室温下的色片进行比较，以两者颜色的差异作为耐热性结果的依据。

（2）测试用途　本测试主要用于检测颜料在聚氯乙烯（PVC）和热固性塑料中的耐热性。

（3）测试设备　热风循环式烘箱：升温能力不低于 250℃，且温度误差为 ±1℃（绝不能超过±3℃）；具有强制通风功能，保证开门放入样片后 30s 内能恢复到设定温度。铝箔：厚度 0.2～0.4mm。

（4）着色剂含量　见表 6-5。

表 6-5　着色剂含量

项目		本色样板	冲淡样板
颜料含量①	有机颜料、染料	0.10%	1/3 标准深度 1/25 标准深度
	无机颜料	2.00%	1% 的二氧化钛②

① 也可采用商定的其他合适的着色剂含量。
② 当试样厚度为 1mm 时，需要 5% 的二氧化钛颜料以取得完全遮盖的效果。

（5）测试样片制备　配方和制作同 6.2.2.2 操作；待测试色片裁切成两片，其中一片压片后制成 50mm×50mm×1mm，作为对比基准样，室温条件下避光保存。

（6）测试　将裁切后另一片 PVC 着色样片放在洁净的铝箔上，置于达到设定温度的烘箱内，按照表 6-6 所规定的标准测试条件进行耐热测试。测试完毕后，试样连同铝箔一起取出，冷却至室温。

表 6-6　烘箱耐温测试条件

测试材料	温度/℃	时间/min
聚氯乙烯	180	30
	200	10

测试完样品用平板硫化压机在 170℃ 压制 1min 后制成标准样片。

（7）评判　试样与避光保存的基准样按 GB/T 11186.3 测定的色差结果，或用 GB/T 250 规定的标准灰色样卡评价的灰度级别，以及其他方面一些颜色变化一起来描述。若没有测试仪器，也可用目测法进行比较。

6.3.3　耐热性试验方法之三：两辊法（HG/T 4767.4—2014，EN BS 12877-4）

（1）测试原理　以常规的两辊法测试条件制备着色样片，保证着色剂完全分散后，取出部分作为参比基准；对试样继续进行不同程度的深度热加工操作，各阶段测试样与基准样作色差比较，以色差值的大小作为该着色剂耐热性判断的依据。

（2）测试用途　这种方法通常用于检测着色剂在聚氯乙烯（PVC）中的热稳定性。

（3）测试设备　两辊塑炼机，规格同上。

（4）着色剂含量　见表 6-5。

（5）参比基准样制备　配方和制作同 6.2.2.2 操作；取出部分塑炼片用平板硫化压机以 170℃ 压制成 1mm 的片，并裁切成 50mm×50mm 的样片作为参比基准样，室温下避光保存；其余部分做后续测试之用。

（6）测试样制作步骤　将两辊机辊温升至 180～185℃（软质 PVC）或 190～195℃（硬质 PVC），调整辊间距为 1mm；把上一步骤制得的试样片放置到两辊机上继续进行塑炼，塑炼至 10min、20min、30min 时分别取出部分塑炼样片，取出的各样片用平板硫化压机以 170℃ 压制 1min 成为测试样。

（7）评判　试样与避光保存的基准样按 GB/T 11186.3 测定的色差结果，或用 GB/T 250 规定的标准灰色样卡评价的灰度级别，以及其他方面一些颜色变化一起来描述。若没有测试仪器，也可以目测法进行比较。

本测试方法中两辊开炼时间长，温度高，在有氧接触下树脂高温氧化降解而产生黄变。

若能在测试过程中增设不添加着色剂的空白（白色）对比试验，就能够比较准确地判断树脂氧化降解所产生的影响。

6.4 分散性的检验方法和标准

颜料在塑料应用中的分散性能是最重要的一个特性指标，它直接关系颜料在塑料制品制造过程中的着色性能；它的优劣在一定程度上体现了颜料生产者的产品定位，也是颜料使用者根据自身产品要求选择颜料产品的重要依据。

常见的颜料在塑料中分散性测定的方法有三个，分别为：两辊机法（EN BS 13900-2）、过滤压力升法（EN BS 13900-5）和薄膜法（EN BS 13900-6）。其中的薄膜法测试标准国外正在制订过程中。我们可根据不同的塑料产品对颜料分散性要求，选用最为恰当的测试方法，选择最适合颜料产品，采用最合理的色母粒制作工艺，以求达到最佳的质量/成本效益。

6.4.1 分散性评定方法之一：两辊法（HG/T 4768.2—2014，EN BS 13900-2）

（1）测试原理　调节两辊机辊面温度以改变对物料的剪切力，通过不同剪切力条件下分散所致的着色力差异，计算作为判断颜料分散难易的量度 DH_{PVC-P}。

（2）测试设备　两辊塑炼机：规格要求同上；平板硫化压机；分光光度计。

（3）试样配方和制作步骤　按本章中"冲淡色样板"配方，并以 6.2.2.2 中的步骤进行操作出片；完成上述步骤后，取出塑炼片并等分为两份，其中一份留待后续测试用，另一份在平板硫化压机上以 170℃ 压制 1min 成片，片厚 1mm，并裁切成尺寸为 50mm×50mm 的样片作为基准样。

（4）再分散试验制作步骤　调整两辊机辊面温度至 130℃，将留出的一半塑炼片先置于两辊间塑炼一次，迅速拿出并折叠再次投入两辊间塑炼，重复折叠塑炼共计十次，完成再分散过程。塑炼片按同样的方法经平板硫化压机压制成片厚 1mm，50mm×50mm 的测试样。

（5）分散性能评判　用分光光度计对两次塑炼分散后的试样进行测试，记录试样的着色力数据，用下面的计算式进行计算，得出 DH_{PVC-P} 值：

$$DH_{PVC-P} = 100 \times \left(\frac{F_2}{F_1} - 1 \right)$$

式中，F_1 为 160℃ 下辊压 200 转后的着色力；F_2 为继续在 130℃ 折叠辊压 10 次后的着色力。

分散性能判断：

DH 值	分散性能
<5	极易分散
5~10	易分散
10~20	分散性能一般
>20	难分散

6.4.2 分散性评定方法之二：过滤压力升法（HG/T 4768.5—2014，EN BS 13900-5）

（1）测试原理　颜料通过挤出机的过滤网时堵塞滤网引起的挤出机的内部熔体压力升高是对颜料分散性的一个量度。利用这一特性可以认为，含定量颜料熔体的挤出所造成的压力升高值是对颜料分散性的一个非常直观的量度。

过滤压力升值（FPV）定义：每克颜料在挤出时增加的压力值。

（2）测试物料准备

① 在与主体树脂具有很好匹配性的热塑性聚合物中加入着色剂，制成均匀的颜料制备物。

② 测试用树脂　热塑性聚合物，一般常用聚丙烯。

③ 测试配方1　颜料和树脂混合物200g（内含100％颜料5g）。该配方一般用于彩色颜料。

④ 测试配方2　颜料和树脂混合物1000g（内含100％颜料80g），该配方一般用于黑和白颜料。

（3）测试设备　单螺杆挤出机：$\phi=19\sim30\text{mm}$，$L/D=20\sim30$，压缩比为$1:3.5$（螺杆不含有混炼高剪切组件），见图6-5。

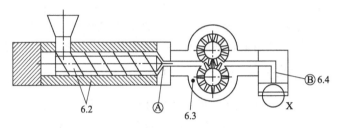

图6-5　压力升检测设备示意图

A—熔体前熔体力传感器；B—滤网前熔体力传感器

① 熔体泵　定量泵送元件，要求泵出量：$50\sim60\text{cm}^3/\text{min}$。

② 压力传感器　要求压力测量值范围：$0\sim100\text{bar}$（$1\text{bar}=0.1\text{MPa}$）之间；分辨率：$0.1\text{bar}$。

③ 分配板。

④ 滤网　滤网是检测和控制颜料分散效果最为重要的部件。

针对颜料在塑料中不同的应用实际（如薄膜，纺丝等），常见有三种不同规格的滤网组合可供选择，见表6-7。

表6-7　常见有三种不同规格的滤网组合

过滤网组合		编网形式	经线数/纬线数/in（支撑网用孔隙宽度表示）	经线直径/mm	纬线直径/mm
组合1双层构架	主网	平纹荷兰网	615/108	0.042	0.14
	支撑网格	平纹方孔网	孔隙宽：0.63mm	0.40	0.40
组合2双层构架	主网	平纹荷兰网	615/132	0.042	0.13
	支撑网格	平纹方孔网	孔隙宽：0.63mm	0.40	0.40
组合3三层构架	主网	斜纹荷兰网	165/1400	0.071	0.04
	支撑网格（1）	平纹方孔网	孔隙宽：0.25mm	0.16	0.16
	支撑网格（2）	平纹方孔网	孔隙宽：0.63mm	0.40	0.40

（4）测试步骤　挤出机升温至工艺要求温度，清洁挤出机内部及螺杆，安装过滤网；启动挤出机，先加入基础聚合物树脂，在各点熔融温度稳定的情况下，当压力保持不变的时候，记录此时的压力值（P_s值）；在基础树脂加完瞬间，也就是加料斗清空刚好能看清螺杆

时，迅速加入被测试样品的均匀混合物，共计 200g，注意观察挤出状态的稳定性；在被测试样品加完的瞬间，迅速再次加入基础树脂 100g，直至挤出机将全部物料挤出，完成测试。测试全程密切关注挤出过程中压力值的变化，记录观察到的最大压力值（P_{max}）。

（5）结果评判　过滤值（FPV 值）采用下列方程计算：

$$FPV = (P_{max} - P_s)/m_c$$

式中，FPV 为过滤值（bar/g）；P_{max} 为最大压力值，bar；P_s 为初始压力值，bar；m_c 为用于测试的着色剂用量，g。

一个典型的颜料过滤压力升测试示例见图 6-6。

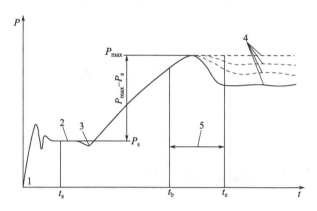

图 6-6　颜料过滤压力升变化图谱

图 6-6 中各等号含义如下。

1—开始时间；2—初始压力 P_s；3—树脂流变特性引起的压力下降；4—不同颜料测试引起的压力差异；5—用 100g 基础树脂冲洗螺杆；P—压力；P_s—初始压力；P_{max}—最大压力；t—时间；t_s—基础树脂挤出，测试初始压力；t_b—完成测试混合物的挤出；t_e—获得最大压力值 P_{max}，压力监控结束。

本测试对设备要求高，投资相对较大，准备和测试过程比较繁复，需要对颜料按照实际使用状况预先进行分散处理。该方法主要被用于对颜料分散要求较高的应用领域，如熔融纺丝、超薄薄膜等。

6.4.3　分散性评定方法之三：吹膜法（EN BS 13900-6）

（1）测试原理　经分散后的颜料着色树脂采用吹膜成型后，测试特定面积薄膜中可见（或可测出）颜料颗粒的大小和数量，来评估颜料分散性。

（2）测试设备　实验室用小型吹膜机（见图 6-7）；配备背射光源的在线或离线检测窗；光电检测系统。

（3）测试配方及检测步骤

① 经分散的颜料制备物与 LDPE 树脂混合（总颜料含量 1%），挤出造粒后吹膜。

② 采用在线或离线检测窗（配背射光源）及光电检测系统观测可测出颗粒的数量；不具备光电检测设备的也可采用目测人工计数。

（4）评价　统计特定面积内颜料凝聚颗粒的大小和分布来表征颜料的分散性能。

本方法是比较传统的一种颜料（或填充料）分散效果的检测方法，从最初截取膜样离线目测比较的方式，经历光电分析阶段直至更为先进精细的机器视觉系统的检测手段，检测手段越来越先进，可检出的颗粒细度也越来越细微，相信它会推陈出新，拓展出更多新的应用方向。

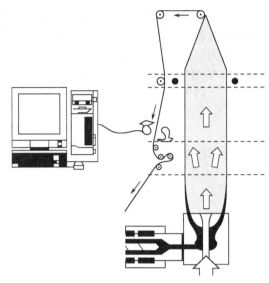

图 6-7 小型实验室吹膜机

6.5 迁移性的检验方法和标准 （HG/T 4769.4—2014，EN BS14469-4）

迁移性作为着色剂在塑料应用中的一个重要特性指标而受到颜料使用者的重视，尤其是生产敏感性塑料制品如食品包装材料、医卫用品包装以及塑料儿童玩具等用户的极大关注，因为这是关乎着色塑料制品的生产和使用安全的大问题。所以，无论是着色剂的生产商，还是使用者，都必须高度关注着色剂在塑料着色中的迁移性指标。

（1）测试原理　迁移的成因在本书 2.5.1 节已作了详细讨论。在相对较高的温度下，加速着色试样的游离析出速度，并将着色样片与白色样片在此温度下紧密贴合，一定时间后观测贴合面白色样片被沾色的情况，以沾色程度表征迁移性等级。

（2）测试样片制作步骤及辅助器具

① 测试样片　以 6.2.2.2 中本色样片的配方和操作步骤制成厚度为 1mm 的着色片，裁切成尺寸为 50mm×50mm 的测试着色样片。

② 白色样片　以 6.2.2.2 中的混合基料 B 和操作方法制成厚度 0.5~1mm 的白色片，将白色片裁切成尺寸为 75mm×75mm 的检测白色样片。

③ 平板玻璃片　表面平整，尺寸不小于白片，厚度不小于 6mm。

④ 荷载　质量不小于 500g。

⑤ 烘箱　热风循环式，长时间保持温度 80~85℃。

⑥ 压辊　表面光洁的辊状工具，直径 300~350mm，长度约 200mm。

（3）测试步骤　将着色测试样片放置在两白色样片之间的中间部位，用压辊将白片与样片间空气挤出，以确保试样和白片的紧密贴合。然后将白片和试样放入两平板玻璃之间，并在其上加上至少 500g 载荷；烘箱升温至设定温度（80~85℃），将测试组合片和加压载荷一起放入烘箱，保持温度和压力放置 24h，取出试样组合，将白片与着色片分离，冷却至室温，待评判。如有需要，可将几组白板和试样成套叠放在一起，但需使用适宜的、未着色的、非光学增白纸（如过滤纸）隔开。应注意确保试样完全对齐。

（4）迁移性评判　以白色样片未与着色片贴合部分的白色区域（边缘部分）为参比基准，与贴合部分白色片被沾色区域作目测比较，沾色程度与标准沾色灰卡对比，判断迁移等级（GB/T251—2008）。5级表示无迁移，1级为严重迁移。

6.6 耐光性和耐候性的检验方法和标准

着色剂的耐光性和耐候性是该着色剂能否适应长时间户外应用的重要判断依据。耐光/耐候性能的测试通常有两种方式可以选择。

一种是在户外自然环境下特定的实验场地进行日光自然暴晒/或阳光辐射及其后老化的测试。这种方式的特点是：与实际应用的表现非常接近，对应用选择具有非常强的指导意义，此外它的测试费用较低，但是，这种测试方法明显的不足是耗时长，如果进行常规的耐光/耐候测试，那么它的自然暴晒测试的耗时等同于该制品的使用寿命，通常一般的测试时不能够花费如此长的时间去等待一个结果的；此外，自然环境下的测试结果的再现性不够理想，因为每年的自然气候条件都不可能完全一致、不同季节的气候条件和辐射量也不同、还有测试场地与使用地的气候也有差异。所有这些都是无法重现结果的原因。

另一种方法就是采用人工模拟的光辐射及自然老化过程的加速测试，这些测试都是在实验室完成的。因为是增强的人工模拟测试条件，所以实验室人工测试的显著优点就是速度快，同时由于模拟条件的可控性，所以该方法实验结果的重现性非常高。当然，人工模拟条件与自然气候毕竟存在差异，故人工模拟测试与自然老化的结果还是存有明显差异的，但是，它作为同比测试的结果比较还是十分有意义的。

6.6.1 耐天然光日晒牢度和气候牢度试验

一般来说，应该根据自身产品的特点、用途、设计的使用环境和使用年限等确定适合的测试检验方案，选择针对性强的测试场地和设备安排暴晒或耐候老化测试；同时确定合理的取样时间也是很重要的一个环节，一般来说，初期的时间间隔可以长些，当样品发生变化时应缩短观测取样检验的间隔时间，变化越明显则观测取样的频率越高，以免错过观测的临界点。

6.6.1.1 耐天然光日晒牢度试验

（1）耐天然光日晒牢度试验暴晒箱技术要求 耐天然光日晒牢度的测试是在暴晒箱中进行的。暴晒箱的构造为：受阳光照射面为透明玻璃部分，其余周边和底部由金属、木材或其他材料组成。箱体应有有效的通风装置；玻璃顶盖应采用单片透明玻璃，厚度为2~3mm，玻璃本身应无气泡或其他缺陷，玻璃的透射率在360nm处和整个可见光谱区域内应不低于90%。在300nm和更短的波长下透射率降至1%以下。为了保持这些特性应该定期清洁玻璃，玻璃的使用周期不得超过2年。

暴晒箱底部需安装支架，玻璃板及试样应面朝赤道方向，和水平面角度近似地等于暴晒地纬度，也可用其他角度如45℃。

（2）测试方法 制备好的色板和"日晒牢度蓝色标准"样卡用黑厚衬书写纸遮一半，放入暴晒箱内的架子上。将试样和蓝色羊毛标准每天同时暴晒24h。如果蓝色羊毛标准7级变色达到灰色样卡4级，则暴晒到此结束。取出剩下的试样和蓝色羊毛标准。将其取出，放于暗处半小时后评级。

（3）评价方法 在散射光线下观察试样变色程度，与蓝色标准样卡的变色程度比较，如试样和蓝色羊毛标准样卡中的某一级相当，则其耐光等级等于该级，如果变色程度在某两个等级之间，则其耐光等级在此两级之间，比如：3～4 级。

耐光牢度为 8 级制：8 级为耐光等级最好，1 级则最劣。

6.6.1.2　自然环境下的耐气候牢度试验

（1）暴晒地点　暴晒测试最好能够在具有专业资质的暴晒场进行，也可选择就近自行设置暴晒场地安排测试。如果是自设场地、设备进行暴晒实验，场地、设备等应尽可能符合规范的要求，即暴晒架应放置在非住宅和非工业地区的地方，空气中灰尘含量低，远离汽车废气的污染；暴晒架的安放位置应保证在日照时间内，周围物体的阴影不会落到被暴晒的测试样片上；暴晒架的结构要求能牢固固定测试样板，且试样背面的空气能够自由流通。

暴晒架面向南安放，与地平线形成的倾斜角度等于该暴晒地的纬度。

在暴晒进行时，最好能在暴晒架近旁配套安置监测环境数据的仪器，以便记录环境温度（每天最高和最低）、相对湿度（每天最高和最低）、降雨时间、总的给湿时间（雨和露）、总的辐射能和紫外辐射能（无论宽带或窄带）和试样相同暴晒角度上的相对湿度（每天最高和最低）。这样就可以很好校验暴晒架周围的环境条件，记录数据可作为试验结果的一部分而使测试数据更为完整。

（2）样板的角度　在户外照射时，样板的角度决定阳光辐射的能量，也影响样板的温度以及其受潮湿润的时间。样板的角度根据塑料制品使用场合而定，详见图 6-8。

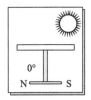

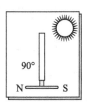

(a) 面向南，0°　　　(b) 面向南，5°　　　(c) 面向南，45°　　　(d) 面向南，90°
主要用于立体物　　　主要用于汽车物　　　最常见的一种角　　　主要用于家用涂
件如房瓦的照射，　　件的照射，5°　　　度照射，被大多　　　料的照射，90°
很少在平面的物　　　的倾斜可以帮助　　数的工业所使用　　　可以降低阳光的
件上使用，因为　　　除去水分　　　　　　　　　　　　　　辐射，温度与水
0°的倾斜不容易　　　　　　　　　　　　　　　　　　　　　分的停留也相对
除去水分　　　　　　　　　　　　　　　　　　　　　　　　减低

图 6-8　不同应用样品的暴晒角的选择

（3）测试和评定　把试样放在暴晒架上，每天暴晒 24h。暴晒周期根据被测试样所设计的要求使用年限而定。注意观察试样的变化情况。到达测试规定的时间或试样的变化已到最低允许程度时，结束测试进入评判阶段。

按变色灰色标准样卡（GB250）评定，5 级制：5 级最好，1 级最差。

6.6.1.3　加速的户外测试方法

在自然气候下进行老化试验，还有一种加速暴晒以缩短测试时间的手段，那就是将被测试样板装在能随太阳升起降落而转动的样板架上，保证在日照时间内样板始终面向太阳照射的方向感受最大限度的自然辐射；聚光的镜面将阳光反射并且浓缩到测试的样板上。这个仪器白天自动跟踪太阳光加以聚集浓缩，让实验的样板一直得到最大能量的暴晒，如此的暴晒所提供强度相当于八倍的加速效果。这些仪器有的也配置了喷淋设备，见图 6-9。

跟踪太阳

上午　　　　　中午　　　　　　　反光镜

图 6-9　能自动跟踪阳光的加速测试架

6.6.2　耐人造光日晒牢度和气候牢度试验

实验室人工加速暴晒和老化实验的核心是采用人造光源替代阳光的辐射，辅以必要的温度、湿度以及人工降雨的控制，在实验室中以加快的速度进行模拟的耐光和耐气候老化的测试。

进行实验室加速的暴晒或气候老化测试应依据自身产品的定位、实际使用的需要来选择合理的测试设备，制定测试方案，以求最大限度地符合产品应用的需要。

6.6.2.1　人造光源

目前国际上人造光源有三种：碳弧光、氙弧光、紫外光。这三种实验室光源，因其光源特性的不同，整体设备也有所不同。已经有研究证明：三种人造光源因其不同光源特性，它们的模拟性以及加速倍率也各有差异。

人造氙灯光源仿制全部的太阳光谱，包括紫外光、可见光和红外光，其目的是最大限度地模拟太阳光；而紫外光老化试验并不以仿制太阳光线为目的，而只是模仿太阳光的破坏效果；碳弧灯，其辐射谱图与太阳光的谱图相差都比较大，因该项技术的发展历史比较长，因此在早些日本的标准中还能见到该方法，目前使用并不普遍。

（1）碳弧灯光　碳弧灯是一种较古老的技术，碳弧仪器最初被德国合成染料化学家用来评估被染纺织品的耐光度。碳弧灯分为封闭式和开放式碳弧灯，无论哪种碳弧灯，其谱图与太阳光的谱图相差都比较大。此技术的历史较长，最初的人工模拟光老化检测都是采用碳弧灯技术，因此在早些的标准中还能见到该方法。

（2）氙弧灯光　氙弧辐射试验被认为是最能模拟全太阳光谱的试验，因为它能产生紫外辐射、可见光和红外辐射（见图 6-10），是在国内外被广泛采用的方法。但这种方法也有它的局限性，即氙弧灯光源稳定性及由此带来的试验系统的复杂性。氙弧光源必须经过过滤以

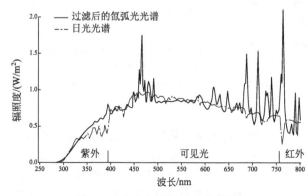

图 6-10　氙灯与自然光光谱谱图

减少不希望含有的辐射。为达到不同的辐照度分布，通常采用多种过滤玻璃光源所产生的光进行过滤。选用何种玻璃取决于被测试材料类型及其最终用途。通常运用的过滤有 3 种类型：日光、窗玻璃和扩展的紫外光类型滤光玻璃片。

典型的氙弧辐射都配备一个辐照度控制系统。辐照度控制系统在氙弧辐射试验中非常重要，因为氙弧灯光源光谱自身内在稳定性比荧光紫外灯光的光谱

差。国外有人比较了一盏新氙弧灯和一盏用过 1000h 的旧氙弧灯光谱的区别，结果发现：光谱能量分布不仅在光源的长波长范围随灯管的使用时间延长而变化显著；而且在短波长的范围内变化也十分明显。引起这种变化的原因是氙弧灯管的老化，是它的自身内在特性。

对这种变化也可采取多种补救措施。例如提高更换灯管的频率以减轻灯管老化的影响。或者可用传感器控制辐照度。尽管存在因灯老化引起的光谱能量分布变化，氙弧灯仍不失为耐候性和耐日光照射试验的一种可靠的、最为接近实际的光源。

（3）紫外光灯照射试验　紫外辐射老化测试是利用荧光紫外灯管模拟太阳光中的紫外辐射对材料的破坏性作用。荧光紫外灯在电学原理上与普通的照明用冷光日光灯管相似，但能生成更强的紫外辐射而非可见光和红外辐射。许多人造光源随使用时间的延长都会老化变弱，但荧光紫外灯与其他类型的灯不同，它的光谱能量分布不会随时间变化而削弱。有试验表明，一盏使用了 2h 的灯和一盏使用了 5600h 的灯，在配备了辐照度控制的老化试验系统中的输出功率无明显区别，辐照度控制装置能够维持光强度的恒定。此外，它们的光谱能量的分布也无变化，这同氙弧灯有很大区别。荧光紫外光灯管因自身内在的光谱稳定性使辐照度控制变得简单。这一特点提高了试验结果的重现性，这是紫外光源的一大优势。紫外灯与太阳光光谱图见图 6-11。

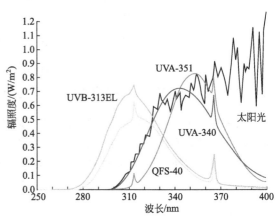

图 6-11　紫外灯与太阳光光谱图

通常，紫外辐射波波长越短，对树脂材料的破坏杀伤作用越强。从紫外辐射波分类来说：UVA 的波长范围为 320～400nm；UVB 为 275～320nm。因此，UVB 对材料的影响更大。

对于不同的暴晒测试要求，可以选择具有不同光谱范围的各型号的灯管，参见表 6-8。

表 6-8　紫外光灯管型号、特性及建议应用范围

灯管型号	辐射波特性	建议应用范围
UVA-340	最接近阳光中紫外辐射波的光谱特征。与户外暴晒结果的相关性好	对比性测试 大多数塑料制品、纺织品、颜料、紫外吸收剂性能等的测试检验
UVB-351	非常契合经透明玻璃过滤后的阳光紫外光谱特征	汽车内饰、室内用品、家用纺织品、印刷制品等的耐光测试
QFS-40 （F40 UVB）	短波长部分具有远高于阳光中紫外辐射的能量，加速老化作用明显	汽车外饰和汽车涂料的测试
UVB-313EL	光谱特征与 QSFS-40 相似，UV 辐射能量更高。加速老化作用最甚，但与户外暴晒结果的相关性较弱	需长时间户外使用制品的老化检验，如屋顶及户外装饰材料，户外涂料等。

6.6.2.2　耐人造光日晒牢度试验

为了能使暴晒测试的过程控制进行统一规范，也能使测试结果具有可比性，有必要将实验的操作和评判方法进行标准化。据此，全球联邦自然标准研究院公布并出版了 ISO 4892 塑料实验室光源暴露方法的标准文件，德国研究院也相应发布了标号为 DIN 53378 的标准，其他一些国家也有相似的标准相继颁布。初步看来，各国或各学会的标准都是独立发布，各自为政，然而，细细比较却不难发现里面的精髓高度一致，仅就一些细枝末节略有变化而已。

（1）试验箱　暴晒实验箱可以有不同的设计，但其中的一些基本要求和原则必须保证：箱体及附属材料应由耐腐蚀材料组成；试验箱中含有人造光源和固定试样的挂架，它们的安装必须保证所有被测试样表面辐照度的均匀。

试验箱应配备温度检测和调控的系统，能够确保箱体内的测试温度在设定的范围之内。在试样架固定的部位配置黑板温度计、温度传感计控制系统，这样能够有效测试和控制试样表面在暴晒过程中可能达到的暴露于光辐射能量源中的最高温度。必须保证黑板温度计和受试样板具有同等的暴晒照度。

（2）测试和评判　同本节6.6.1.1。

6.6.2.3　耐人造气候试验

（1）设备及光源　目前比较常见人工加速模拟自然暴晒的设备有紫外灯老化试验箱和氙灯老化试验箱，就两者比较而言，紫外灯老化试验箱设备简单、造价便宜，测试操作工况稳定，但是与自然耐候老化测试结果的相关性不如氙灯试验箱。由前节可知，不同的QUV灯管都有与自然日光的差异，尤其QUV-B的辐射与阳光光谱的差异更大，结果的偏差也会加大。为此，一些特殊的制品会比较倾向于氙灯暴晒测试。当然，氙灯测试耗时较长，设备的价格高，操作控制要求高，因此，测试费用较昂贵。

设备的冷却和湿度控制配置：目前耐候测试设备的冷却装置主要分为气冷型和水冷型两大类。它们之间的参数设置不具备等效性，所以，不同品牌和形式的设备参数设置也存在着较大差异。

氙灯测试箱的环境模拟形式有水喷淋制造人工下雨效果或湿度控制系统，高等级的试验箱两者都具备。这在很大程度上契合了制品实际使用的气候环境条件。人工下雨的水喷淋会导致暴晒样表面的温度急降，这在一定程度上减缓了材料老化速度，但同时也有效强化了热冲击和机械侵蚀。

紫光灯老化试验箱对湿润环境的模拟是依靠测试箱体内的蒸发-冷凝循环而完成的。其原理是：冷凝水流至箱体底部被加热蒸发，保证箱体内100％的相对湿度以及所需的相对较高的测试温度；样板受试面面向测试箱内，温度相对高，而背面直接与箱体外的实验室环境相连，温度相对较低，这一温差将使得水蒸气在受试面冷凝，冷凝水自然滴落回箱体底部而被再次蒸发。这一循环体系显现了许多优点：无需外加的设备进行冷却、在试样表面冷凝的水是高度纯净的水，无需对测试用水作预处理。

（2）测试步骤　使用氙灯老化试验机进行常规的耐候性测试时，推荐按照DIN 53387/A所规定的方法，设定A、B两个阶段的循环周期，其中A阶段每次光照102min，B阶段每次光照加喷淋18min，每个周期共120min。其他参数见表6-9。

表6-9　氙灯耐候测试参数

光源	6500W 氙灯
照射强度	0.35W/m²
波长	340nm
黑板温度	A阶段58～62℃；B阶段18～24℃
相对湿度	A阶段28％～32％；B阶段95％

（3）评判　测试样比照变色用灰色样卡（GB250）进行评判，5级制：5级最好，1级最差。

人工加速老化和自然老化效果的衡量：氙灯试验箱人工加速老化是对自然暴晒老化的模仿，如何能将人工老化的数据用于指导实际的应用？目前一般的方法是将两者（人工测试和使用地自然辐射）以340～700nm波长，0.35W/m²辐射强度条件下在受试样表面的辐射总量（kJ/m²）为依据进行换算。表6-10显示了部分自然暴晒（佛罗里达）和人工老化测试之间转换数据。

表 6-10　自然暴晒和人工暴晒之间转换

暴晒	氙灯试验机	美国佛罗里达暴晒场
波长 340～700nm，强度 0.35W/m² 时的辐射量/(kJ/m²)	DIN 53-387/A/h	朝南 5°倾斜/月
130	1000	6
260	2000	12
390	3000	18
520	4000	24

　　需要说明的是：这样的换算仅仅作为参考，不能看成完全的对等。因为，人工老化实验只是对自然气候条件的模拟，无论在辐射光谱、强度以及其他条件方面都有差异；强化的辐射能量所造成的短时破坏作用和自然条件下的长效老化作用也有着相当程度的差异；另外，制品使用地环境的大气污染所给予的影响是人工暴晒设备所不能模拟的。这也就是为什么还有许多的测试必须花费漫长的时日进行自然暴晒测试的重要原因之一。

　　在进行人工加速暴晒试验的时候，还要注意紫外光对树脂的降解破坏作用，大多数树脂在长时间的暴晒试验后，其表面会产生粉化、龟裂、黄变等现象，从而影响对着色剂本身颜色变化的准确判断。因此，为了避免或减少这些影响，在试验试样制备之初，就应该考虑添加必要的光稳定剂和紫外吸收剂，尽可能将树脂降解老化的影响降到最低。在暴晒试验完成后，应对试样表面进行清洁，有必要的话也可作表面擦拭，以去除表面可能的积垢或水渍，有利于评判的准确性。

6.7　耐化学稳定性的检验方法

　　塑料制品在应用过程中经常会接触到一些化学物质，这其中包括各种酸、碱、洗涤剂、溶剂及其他化学制剂等。在这类制品的使用期内，当然需要所选用的着色剂具有抵抗此类化学物质的能力，以确保着色剂色泽的稳定和各项性能的持续体现。

　　因绝大多数染料在溶剂和其他液态化学制剂中可溶以及耐酸碱性的局限性，这里所讨论的耐化学稳定性能主要针对颜料和塑料着色制品。

6.7.1　耐酸碱性测试

　　(1) 测试仪器、材料及试样制备

　　① 测试用聚丙烯（PP）着色注塑样板　采用注塑机（EN 12877）注塑制板，颜料含量按 1/3 标准深度（以 1%钛白粉冲淡），试样 PP 板厚度 1mm。

　　② 标准试剂及浓度　5%盐酸（HCl）溶液；5%氢氧化钠（NaOH）溶液；10%硫酸（H₂SO₄）溶液；1%肥皂溶液，1%洗涤剂（含双氧水）溶液。其他化学试剂可依据试剂需要在确保安全的前提下选择使用。

　　(2) 测试步骤

　　① 根据需要，选择测试用试剂并配制成规定浓度。

　　② 用试剂浸润试样样板表面，浸润方法有两种：样板直接进入盛有试剂的容器中，样板部分进入，其余部分未进入试剂中；用滤纸覆盖在样板表面的一部分，以试剂润湿滤纸并保持长时间润湿和贴合于样板表面；保持实验室室温在 23～25℃，保证样板浸润 24h。

　　③ 浸润结束后，取出样板，用去离子水洗净样板表面，以备评判。

（3）评判　用变色灰卡（GB/T250—2008 或者 ISO 105/A02—1993）比照样板浸润与未浸润部分的色差，按照色差的大小程度来定性评判。样片颜色的变化见表 6-11。

表 6-11　样片颜色的变化评价

灰卡	颜色变化	相应耐化学品性能
1 级	极大	非常差
2 级	大	不稳定
3 级	中等	一般
4 级	轻度	良好
4～5 级	非常小	很稳定
5 级	无变色	非常稳定

6.7.2　耐溶剂性测试

（1）定义　部分颜料产品与溶剂接触后有可能造成溶剂的沾色或颜料本身的褪变色，这就说明该颜料对溶剂的作用比较敏感。颜料耐溶剂性的意义就是表征颜料抵御溶剂的作用而不被溶解或改变自身性能的能力。

（2）材料和设备

天平：感量为 1mg；

试管：容量 25mL，带磨口塞；

电动振荡器：振荡频率（280±5）次/min，振荡幅度（40±2）mm；

坩埚式玻璃过滤器：5 号，容量 30mL；

抽滤器：容量 125mL；

比色皿：厚度 0.5cm，高 6.4cm；

比色架：背景白色，正面有两个平行观测孔，刚好能插入两支比色皿；

沾色灰色分级卡：GB251—2008。

测试用溶剂：乙醇、乙酸乙酯、丁酮、二甲苯、溶剂汽油、邻苯二甲酸二丁酯、亚麻籽油等。也可根据应用实际需要选择其他的溶剂进行测试。

（3）测试步骤　准确称取颜料样品 0.5g（精确至 1mg），置于试管中，量取 20mL 溶液加入测试试管中，塞紧磨口塞；将装入颜料和溶剂的试管水平固定在电动振荡器上，开启振荡 1min，振荡结束后取下试管，把振荡后的悬浮液倒入玻璃过滤器，真空抽滤直至得到清澈滤液；收集滤液待评判。

（4）评判　将溶剂和制得的试验过滤液分别注满比色皿，将两支比色皿平行置于比色架孔中，在朝北自然光照下，入射光与被观察物成 45°角，观察方向垂直于被观察物表面，对照沾色灰色分级卡，采用目测比较来评定滤液的沾色级别。以颜料在溶剂中的渗色强度表征颜料的耐溶剂性，参见表 6-12。

表 6-12　灰卡等级

灰卡	颜料溶解
1 级	强烈渗色
2 级	中等渗色
3 级	轻度渗色
4 级	非常轻度渗色
4～5 级	痕量渗色
5 级	无渗色

为确保检测的准确性，一般建议同时做两个平行测试样，两样之间进行横向比较，如有明显差异，则应重新测试。

6.8 翘曲和形变性的检验方法

6.8.1 形变性/收缩率的检验方法

运用注塑样板与模具间实际尺寸的差异评估特定树脂注塑的收缩率；比较着色与未着色注塑样板的收缩率差异来评估颜料对注塑形变性的影响程度。这种测试方法对容器形制品如塑料箱子、盒子、中空玩具等有很好的指导意义。

（1）测试材料及设备

测试材料：低密度聚乙烯（HDPE）或聚丙烯（PP）；

测试设备：注塑机（按照 EN 12877 规定）

注塑模具：模腔长 150mm，宽 120mm；

颜料样品：测试用着色样板中颜料含量：有机颜料 0.1%，无机颜料 0.2%。

（2）测试步骤

无色基准样板：注塑机升温并保持在 200℃，将树脂注塑成样板；

着色测试样板：颜料经良好分散（色母或混合料加工法）后，按配比注塑成测试样板；

所有样板注塑完即可置于 90℃水中保持 30min，随后冷却至室温。

（3）横向收缩率（PST）计算　横向收缩率测试示意图见图 6-12。横向收缩率（PST）以下式计算：

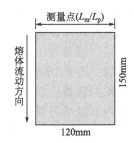

图 6-12　横向收缩率测试示意图

$$PST = \frac{L_m - L_p}{L_p} \times 100\%$$

式中，L_m 为模具尺寸；L_p 为注塑件尺寸。

（4）颜料形变性评判　先分别计算出着色和不着色样板的横向收缩率值，然后用下式计算得出形变指数（IF）。

$$IF = \frac{PST_{（未着色）} - PST_{（着色）}}{PST_{（未着色）}} \times 100\%$$

根据形变指数（IF）的大小评估颜料对注塑制件形变影响的趋势。以 IF 值 10 为界限，IF 值小于 10，则可判断基本不产生形变；IF 值大于 10，可见形变迹象；IF 值越大则表明颜料导致的形变程度越大。

6.8.2 翘曲性的检验方法

采用注射塑料圆盘的方法，设置注射口在圆盘正中央，着色与不着色同时进行比较，通过观测圆盘直径两头翘曲产生的高度差来评估颜料对注塑件翘曲趋势的影响。这种评价方法对于制作盖子、工具盒、桶、家具等的制品有一定的指导意义。

（1）测试材料和设备

测试材料：低密度聚乙烯（HDPE）；

测试设备：注塑机（按照 EN 12877 规定）；

测试样板：圆形薄板，直径 120mm（见图 6-13）；

颜料样品：测试用着色样板中颜料含量：有机颜料 0.1%，无机颜料 0.2%。

（2）测试步骤　HDPE 树脂与颜料用高速混料机充分混合 10min 后，物料用注塑机注

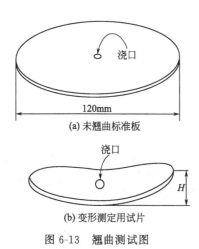

浇口

(a) 未翘曲标准板

浇口

H

(b) 变形测定用试片

图 6-13　翘曲测试图

射成型。注塑机工况设定：料筒温度 200℃，注射口温度 250℃，模具温度 20℃。注射脱模后，注塑件即刻放入 90℃热水中淬火 30min，以消除内部应力，待评判。

（3）评判　将有形变的注塑圆盘以中间低两边翘起的方式放置在水平台面上，找到翘起程度最大的直径方向，按下其中的一边紧贴于台面，测量另一边翘起的最高点与台面的垂直距离。以下式计算形变指数（IF）值。

$$IF = \frac{(H-d)}{d} \times 100\%$$

式中，H 为单个样板的实测值；d 为单个样板的厚度。

第7章

颜料在塑料中的分散

7.1 颜料在塑料中分散的目的和意义

颜料的分散对塑料着色有着极其重要的意义。颜料分散的最终效果不仅影响着色制品的外观（斑点、条痕、光泽、色泽及透明度），也直接影响着色制品的质量，例如制品的强度、伸长率、耐老化性和电阻率等，同时还会影响塑料（也包含色母粒）的加工性能以及应用性能。颜料在生产时刚生成的颜料粒子称为原始粒子。由于各方面原因，这些原始颜料粒子在后续的制造过程中会产生团聚或凝聚而形成比塑料着色要求大若干倍粒径的倾向。如果要使颜料在着色中达到理想的着色力、透明度、亮度以及其他特性，就必须对颜料在塑料中的分散过程和结果进行研究，以便更好地将这些团聚体分散到比较接近于初级粒子或较小团聚体。

颜料在塑料中的分散性是指将颜料润湿后减少其聚集体和附集体尺寸到理想尺寸大小的能力。颜料在塑料应用中所有特性的体现几乎都要基于颜料能否被理想分散的程度，因此，颜料的分散性是颜料应用中至关重要的一项指标。

7.1.1 颜料分散前粒子类型与性能

在颜料生产过程中，首先是形成晶核，晶核成长之始是单晶，但很快便发育成为有镶嵌结构的多晶体。当然，颗粒仍然是相当微细的，粒子的大小约为 $0.1 \sim 0.5 \mu m$，一般称为一次粒子或初级粒子。初级粒子容易发生聚集，聚集以后的颗粒称为二次粒子。按聚集方式不同，习惯上又将二次粒子分为两类：一类是晶体间以晶棱或晶角相连，晶体间的吸引作用比较小，粒子比较疏松，容易通过分散分开，称为附聚体；另一类是晶体间以晶面接壤，晶体间的吸引作用力较强，粒子比较坚实，称为聚集体，聚集体总表面积小于各自粒子表面积的总和，聚集体靠一般的分散工艺几乎很难分散。

不同的颜料颗粒结构特征示意图如图 7-1 所示。

颜料在合成及后续加工过程中颗粒的形成及发展变化见图 7-2。

颜料分散前粒子类型与特性见表 7-1。

一般商品颜料颗粒是比附聚体还大的粒子，粒径通常为 $250 \mu m$ 左右，因而不能被直接用于塑料的着色，因此必须进行良好的分散处理。

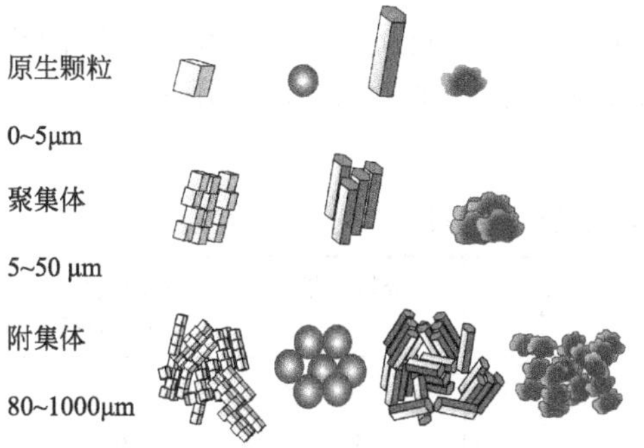

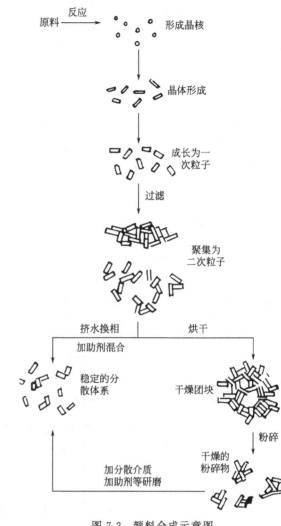

图 7-2　颜料合成示意图

原生颗粒
0~5μm

聚集体
5~50 μm

附集体
80~1000μm

图 7-1　颜料颗粒结构特征（DIN 53206）

表 7-1　颜料分散前粒子类型与特性

名词	定义
粒子	颜料的个别单元，它可以呈任何形状，具有任何结构
初级粒子	用适当的方法（即光学或电子显微学的方法）能够识别的粒子
聚集体	初级粒子在一起生长并面对面地排列起来的集合体，其总的表面积低于其初级粒子的表面积之和
附聚体	初级粒子通过角、边相接而形成的集合体和/或附聚物的集合体，其总表面积与个别粒子表面积之和没有多少差别

7.1.2　提高着色力、降低着色成本

　　颜料对于塑料制品着色而言，最重要的性能就是着色力。着色力是颜料赋予制品着色能力的一个度量。当塑料制品获得相同的颜色时，用量少的颜料其着色力高。特定颜料的着色性能主要取决于其所获得的分散状态。颜料在一定的介质中分散，其着色强度在亚微细粒径范围内时随平均粒径降低而增加。图 7-3 是颜料粒径与着色力关系。如果颜料颗粒大小为可

见光波长 1/2，即 0.2～0.4μm，其获得的着色力最高。一般而言，颜料在塑料中的分散越好，其着色力就越高。原因在于颜料对制品的着色和遮盖都是通过其表面与光线的复杂作用而达成。颜料分散得好，其平均粒径小，比表面积大，对光的作用就强，着色制品的外观就会显得均匀、光亮、色点少、色差小。因此达到相同着色深度和遮盖效果时颜料的用量就能减少，从而获得最高的性价比。

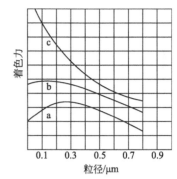

图 7-3　颜料粒径与着色力关系
a—适用于无机颜料；b—适用于大多数偶氮颜料；c—适用于炭黑和酞菁颜料

在塑料着色中颜料的均匀混合并不困难，关键在于如何将其充分分散。充分分散后再将颜料均匀分布在塑料体系中，但需要注意的是充分的分散并不能等同于均匀混合，有时候颜料分散得很好，但因为混合不均匀，也会在塑料制品表面留下色纹和斑痕。

7.1.3　满足塑料加工对颜料分散性要求

颜料在塑料加工时所承受的总分散力要远比颜料在油墨和涂料加工时的低。塑料的基本特性决定需将塑料加热熔融成型后冷却成为塑料制品，所以塑料一般加工成型的机械均为可加热的处理单元。对于颜料分散处理最为常见的加工机械就是单（双）螺杆挤出机，颜料在塑料流动熔体里中所受到剪切力不足以把颜料颗粒分散达到理想的要求。相比于塑料加工过程，颜料在涂料和油墨加工时所采用设备一般为高速砂磨机和三辊机，由于采用了不同的研磨媒介和方式，颜料除了受到高剪切力作用之外还受到极其强烈的冲击力和静压力。

各种不同分散设备对颜料的分散效果见表 7-2。

表 7-2　各种不同分散设备对颜料的分散效果

机种	生产量/批	生产效率/(kg/h)	剪切力	分散效果	消耗电力/(kg/kW)
三辊研磨机	少量	低	中	中	7
立式砂磨机	中～大量	高	高	高	25
胶体磨	少量	低	高	高	16
单（双）螺杆挤出机	少～中量	中	低～高	低～高	7

由此可见，塑料着色对颜料的分散性要求远远高于对涂料和油墨的要求。

颜料分散后的粒径多大为宜？相对于不同的塑料制品以及所采用的不同加工工艺而言，其对颜料分散的要求是不尽相同的。

对于一个视觉感应比较敏感的人，当颜料颗粒的粒径大于 20μm 时就会感知颜色色点的存在。而较粗的颗粒不仅会使制品表面产生斑点、条痕，而且也会在挤出或其他成型加工过程中产生堵网等现象进而影响生产的正常进行。对于一般的塑料制品来说，当制品中所含的颜料颗粒粒径大于 10μm 时，就可能导致制品表面光泽度比较低；粒径小于 5μm 时，则完全可以满足生产和外观要求；但是对要求比较严格的制品，这样的颗粒分散结果也可能会影响制品的力学性能、电性能及加工性能。对于纤维（单根丝直径为 20～30μm）和超薄薄膜（膜厚小于 10μm），则颜料颗粒粒径应小于 1μm。另外对于纤维的应用，颜料颗粒度的控制是与纺丝时使用的过滤网目数以及最终纤维的细度高度关联的。纤维生产工艺要求的目标是在确保设定品质的前提下，尽可能少地更换滤网以获得更长时间的连续运行，生产过程中不堵塞喷丝嘴，或者不发生纤维断丝，并且不因颜料颗粒而导致产生纤维强度的问题。因此对于纤维生产商的一个重要参数，是确保加入纤维加工过程的颜料达到一定的颗粒细度和粒径分布。一个经验法则是，那些颜料粒径不大于纤维丝直径10％的颗粒是期望的。表7-3明确指出针对不同应用领域的纤维产品对于颜料分散特性的最基本的期望。

表7-3　不同规格纤维期望颜料的粒径

应用领域	线密度/（g/9000m）	纤维直径（圆形）/μm	期望颜料粒径/μm
地毯	22	58.2	6
	20	55.8	6
	18	52.9	5
	16	49.9	5
家具	14	46.7	5
	12	43.2	4
	10	39.4	4
汽车	8	35.3	3
	6	30.5	3
	4	24.9	2
	2	17.6	2
服饰	1	12.5	1
	0.8	11.2	1.1

在纤维生产中，如果颜料的分散不能达到预期的效果，轻则因频繁更换滤网而造成停机，降低产能；重则严重影响生产的进行；极端的结果是导致产品的质量问题和浪费。所以颜料的分散性对于满足塑料加工性能和最终制品的应用性能至关重要。

7.1.4　节能降耗

为了达到颜料在塑料中分散的目的，往往采用加长双螺杆长径比、降低加料量或反复多次造粒来达到要求；对于其他设备和加工工艺采用增加研磨时间的方式达到同样的目的。这样做会极大地降低产能和提高单位产量的能耗，这都会导致产业链温室气体（二氧化碳气体）排放的大幅提升，加剧温室效应。这与当今全球范围内所提倡的节能减排的大环境是格格不入的，也必将会因为可能成为高"碳关税"的课税对象而被拒之于出口产品名单之外。目前为了改善整个地球的气候环境，各大全球性公司已率先采取行动，通过各种方式降低自己产品生产的碳排放，其中的重要环节也当然包括要求原材料供应商必须提供原料生产的碳排放认证。美国沃尔玛公司已经要求10万家供应商必须完成商品碳足迹验证，并贴上碳标签，这将连带影响全球超过500万家生产企业，而其中的大部分都在中国。这意味着中国大量相关企业必须进行碳足迹认证，承担相应的减排责任，否则全球性公司的订单将与你无缘。因此随着这一进程的不断推进，塑料着色会对颜料的分散性提出越来越高的要求。

综合上述讨论，颜料在塑料着色加工时所承受的综合分散力远比颜料在油墨和涂料加工中的低，但是在纤维和超薄薄膜等的特定应用中，对颜料颗粒的分散要求却远远要比油墨和涂料的高。因此，颜料的分散性在塑料着色应用中的重要性更加显而易见。

7.2　颜料在塑料中的分散

颜料在塑料中分散就是把颜料充分地分散到理想的颗粒细度，并均匀混合在塑料中。

完整的颜料分散过程通常包含三个必不可少的阶段。

① 润湿 颜料与空气或水的分界面变为颜料与载色体界面。

② 分散 颜料颗粒在外力作用下破碎粒子附聚体与聚集体。

③ 稳定 稳定已经被分散在介质中的颜料颗粒,并有效防止再次聚结。

颜料分散的重要步骤是颜料颗粒的润湿,它分为对颜料的初始润湿和在分散进程中的细分颗粒的持续润湿。对塑料加工来说,初始润湿就是树脂载色体取代颜料表面上的空气和水分的过程,颜料润湿的目的是使颜料颗粒之间的凝聚力减小,如果在颜料表面不能完全被载色体(也包含润湿剂)润湿,那么分散设备通过熔体介质所产生的剪切应力对颜料附聚集体就起不到什么作用。颜料润湿的难易由颜料粒子表面性质和载色体性质决定。颜料与载色体的接触角越小,载色体的表面张力越小,润湿越容易。

颜料分散的第二步是颜料颗粒的细化,颜料颗粒被润湿后在外力的作用下完成颜料微粒化的过程,将颜料粉碎细化达到理想的粒径。目前采用机械分散的外力不外乎有压力、冲击力和剪切力,用以粉碎颜料的附聚体与聚集体。

颜料分散的第三步是被分散后的颜料细颗粒的稳定化,细化后的颜料颗粒表面积增大,会产生再凝聚现象,将细化的颜料颗粒进一步做表面处理,降低新形成界面的表面能,以便在进一步加工时,不至于使细化后的颜料颗粒再次凝聚。

以上描述的颜料分散过程即:润湿、细化以及细化后的稳定等环节,在实际操作中是密不可分且几乎是同时发生的,只是为了便于讨论才将它们分开论述。

颜料的初始润湿对于颜料分散的结果有着无可替代的重要意义,通常这一过程都是经由一些看似简单的步骤来完成的,所以非常容易被忽视。然而初始润湿不仅仅只是对颜料颗粒表面的润湿,而颜料颗粒的分散成败与否恰恰是由这一步开始的,初始润湿做不好,颜料颗粒的良好分散无从谈起,究其原因是:载色体树脂必须在颜料颗粒聚集体中的微隙间作充分的毛细渗透,由于毛细渗透作用,颜料颗粒间凝聚力降低,并在剪切力的作用下很容易被粉碎细化。因此颜料的润湿速率和毛细渗透的程度,对于颜料颗粒总的被分散速率和质量起着决定性的作用。

无数实践证明,大多数颜料颗粒分散不好的原因都源于初始润湿的不理想,当这样的情况发生后,后续无论以何种分散手段加以补救也很难达到理想的效果,此时,只有重新把颜料颗粒的润湿重新做好,分散的问题才能迎刃而解。图 7-4 明确显示了不同的润湿手段所带来的分散结果的悬殊差异:同一种颜料在选用普通的润湿剂进行润湿的前提下,无论挤出造粒一次还是六次,其最终所体现的分散性都不尽如人意;而采用合适的润湿剂进行同样的加工,其结果就会产生质的飞跃。

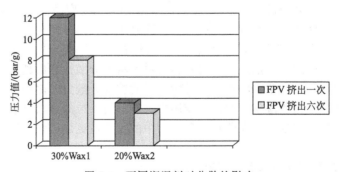

图 7-4 不同润湿剂对分散的影响

Wax 1—聚乙烯蜡,无极性;Wax 2—EVA 蜡,12% VA;载体树脂—LLDPE

7.3 颜料的润湿

7.3.1 接触角与杨氏方程

当液体与固体表面接触时，新形成的固/液界面逐步替代原来的固/气界面，这种现象叫润湿。液体与固体接触时，会形成一个夹角，这个夹角被称为接触角，它是液体对固体润湿程度的一个衡量标志。图 7-5 所示为不同水珠状在固体表面出现的情况。

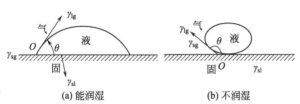

(a) 能润湿　　　　(b) 不润湿

图 7-5　不同水珠状在固体表面出现的情况

接触角 θ 是气-液界面与固-液界面所夹的角。接触角是三个张力共同作用达到平衡的结果，各种界面张力的作用关系可用杨氏方程表示：

$$\gamma_{液\text{-}气}\cos\theta = \gamma_{固\text{-}气} - \gamma_{固\text{-}液}$$

式中，$\gamma_{液\text{-}气}$ 为液体、气体之间的界面张力；$\gamma_{固\text{-}气}$ 为固体、气体之间的界面张力；$\gamma_{固\text{-}液}$ 为固体、液体之间的界面张力；θ 为固体、液体之间的接触角。

Dr. A. Capelle 等指出润湿效率 $= \gamma_{固\text{-}气} - \gamma_{固\text{-}液}$，即 $\gamma_{液\text{-}气}\cos\theta$

由上式可以得出固体、液体之间的接触角越小，润湿效率越高，润湿效果越好。图 7-6 揭示了液/固界面不同的润湿效果与接触角的关系。

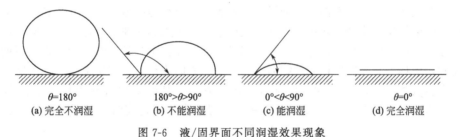

$\theta=180°$　　　　$180°>\theta>90°$　　　　$0°<\theta<90°$　　　　$\theta=0°$

(a) 完全不润湿　　　(b) 不能润湿　　　(c) 能润湿　　　(d) 完全润湿

图 7-6　液/固界面不同润湿效果现象

7.3.2 颜料的润湿过程

颜料的初始润湿就是把颜料表面的空气和水分取代为润湿剂和颜料界面，润湿过程可以简单地分为三个阶段：吸附、渗透、扩散。颜料和润湿剂接触时，接触角小，吸附在颜料周围，在润湿过程中润湿剂在颜料粒子间的微小间隙中作毛细渗透，然后渐渐渗透至颜料颗粒之间的孔隙，因而降低了颜料颗粒之间的凝聚力，从而降低了破碎颜料团聚体所需的能量。图 7-7 为颜料润湿的示意图。

颜料的润湿可以用著名的瓦什伯恩（WASHBUM）方程式描述，该方程式用下式表示了润湿初始阶段的润湿效率，如果把颜料粒子间隙近似看为半径为 R、渗透长度为 L 的毛细管，渗透时间（润湿效率）为 T，则：

$$T = \frac{KL^2}{R} \times \frac{2\eta}{\gamma\cos\theta}$$

式中，η 为润湿剂黏度；γ 为润湿剂表面张力；θ 为颜料与润湿剂表面接触角度；K 是常数。

7.3.2.1 颜料颗粒性能

由瓦什伯恩方程式来看，颜料的润湿受到颜料颗粒的影响如下：颜料颗粒表面特性、几何形状，包括聚集体的多孔性；颜料颗粒大小和分布。

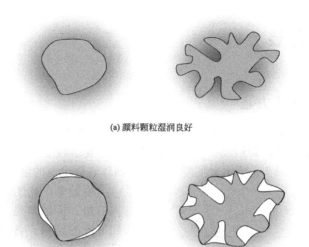

(a) 颜料颗粒湿润良好

(b) 颜料颗粒湿润不够

润湿剂　　　　　颜料　　　　　空气和水分

图 7-7　颜料润湿的示意图

（1）颜料的润湿与颜料颗粒表面特性　颜料颗粒的表面特性与其分子堆积、排列方式有关，不同的粒子排列显示不同的表面状态。在颜料生产时，由于生成的初级粒子具有高表面能，引起它们之间的强烈吸引作用，分子迅速加大，并成长为晶体，假如晶体各个方向亲和力相同，则可以取得如氯化钠一样正立方体，但通常分子排列晶体并不对称，在不同方向成长速度的差异导致形成片状、针状、长方形等不同晶体。因此在生产颜料时，为了得到所期望的颗粒表面特性，应尽可能控制颜料颗粒结晶按所希望的方向成长，得到特定晶格的产物。

以红色偶氮颜料 C. I. PR 48：2 为例（见图 7-8），其分子中含有不同极性的基团，如 $-SO_3$、$-COO-$、$-Ca^{2+}$、$-Cl$、$-N=N-$ 等，在生成色淀时，分子排列方式通常趋于

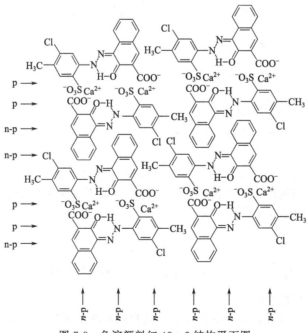

图 7-8　色淀颜料红 48：2 结构平面图

平面性，比较紧密地排列在一起，构成晶体沉淀，色淀化时生成的初级粒子具有高的表面能，引起它们之间的强烈吸引作用，进而形成晶体颗粒。

在不同工艺条件下粒子晶体可以呈现立方体、片状、针状或棒状（见图 7-9）排列，从而形成不同颜料晶体表面特性。

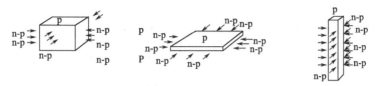

模型A：表面呈极性　　　模型B：表面呈强极性、亲水　　　模型C：表面呈非极性、亲油

图 7-9　颜料颗粒不同排列表面特征

模型 A 说明其上、下顶面具有较多的极性基团，显示较强的极性作用，以 p 表示；而侧面主要呈非极性，以 n-p 表示，只是在个别部位具有一定的极性，因此，非极性面积远超过其极性部分，导致晶体具有较强的亲油性；反之，片状的颜料晶体，极性部分大于非极性的面积，粒子总体呈较强的亲水性；而棒状的颜料晶体颗粒因其非极性部分大于极性的面积，故颜料颗粒呈较强的亲油性。颜料红 48：2 粒子不同排列表面特征见图 7-9。

按照相似相容的原理，如果颜料颗粒表面呈极性，那么颜料与极性溶剂（如水）的润湿角 θ 就小，也就容易被极性溶剂所润湿，因此，该类颜料常被应用于高极性体系中并呈现比较理想的分散性能，例如：水性喷墨墨水、水性涂料等。如果颜料颗粒表面是非极性的，当被应用于非极性的塑料中，它也能很好地被润湿和分散。图 7-10 和 7-11 分别是颜料黄 183 和颜料蓝 15：3 的透射电子显微镜成像图。从图中可以看出颜料黄 183 的颗粒呈针状结构，其长宽（直径）比可以高达（30～50）：1；颜料蓝 15：3 结晶颗粒是棒状的，其长宽（直径）比也高达（8～10）：1。由此可以预见，具有这类结晶形态结构的这两款颜料产品具有明显强烈的亲油性，它们在非极性塑料中的分散性会体现的比较好，而且，颜料黄 183 的分散性要比颜料蓝 15：3 更胜一筹。

图 7-10　颜料黄 183 TEM 图片

图 7-11　颜料蓝 15：3 TEM 图片

（2）润湿与颜料颗粒的粒径大小　颜料颗粒的粒径对于颜料的润湿和分散有较大的影响。通常细小颗粒粉体之间的间隙要比较大颗粒之间的间隙小，因而载色体树脂对小颗粒粉体颜料的润湿和渗透速率比较慢，从而影响颜料颗粒最终的分散效果。

表 7-4 所得到的实验结果就充分验证了上述分析的结论。同一化学结构的颜料品种（颜料红 122，喹吖啶酮），由于采用了不同的表面处理工艺，得到颗粒粒径大小不同的两个产品，经由完全相同的色母粒制成工艺，再将所得母粒通过 $25\mu m$ 孔径的滤网进行过滤值测试，得出结果相差非常悬殊的两组数据。实验证明，具有较大粒径颗粒的颜料相对比较容易被润湿而得到较好的分散效果。

表 7-4　不同粒径大小颜料红 122 的分散性

细粒径颜料红 122 （JHR-1220K）	过滤值/(bar/g)	大粒径颜料红 122 （OPCO）	过滤值/(bar/g)
批次 1	6.4	批次 1	1.2
批次 2	5.8	批次 2	2.6
批次 3	9.4	批次 3	1.4
批次 4	6	批次 4	1.4
批次 5	9.4		
平均值	7.4	平均值	1.65

注：$1bar=10^5Pa$。

同样道理，无机颜料大多数是由金属氧化物组成的，相对于有机颜料，平均颗粒也较有机颜料大，因此无机颜料相对于有机颜料的分散性要好。尤其像二氧化钛、铬系以及镉系颜料在塑料中都是最容易分散的。

（3）润湿性与颜料粒子分布　这里需要指出的是，所谓理想的较大颗粒不仅是指平均颗粒度，还需要颗粒度相对集中，尽量减少所含细小颗粒的比例。这是因为如果存在比较多细微颗粒的粉体由于小颗粒会填充较大颗粒之间的空隙而使得粉体堆积变得密实，因此，载色体树脂对上述粉体颗粒的浸润和毛细渗透的速率就比较慢，颜料颗粒不能快速被润湿，换言之其润湿难度较高，最终因分散过程中剪切应力不能传达到颗粒表面而使聚/附集体颗粒不能打开，进而影响颜料颗粒的分散。

颜料在经过不同方法的颜料化处理后，就会获得不同结晶颗粒形态的产品，它们所得到的二次粒子的颗粒大小与聚集形态不同，可以预见对它们的润湿进而分散的效果也不可能一样，因而它们的应用性能也不可能一样。

图 7-12 是颜料黄 95 颗粒的显微照片，它显示颜料颗粒呈针状，其长度：宽度（或直径）之比可以高达（8～10）：1。照片清楚地表明粒子的聚集体是以边-边/边-面/面-面结合的，单针状的晶体主要粒径范围为 $0.1～1.0\mu m$，颗粒大小分布范围比较广。图 7-13 显示了偶氮缩合颜料红 144（JHR-1440K）的粒子形状是附聚体，以角-角或角-边的接触为主，颗粒之间的结合相对松散，结合在一起也呈现针状，且颗粒大小分布均匀，颗粒度分布较窄。这两个颜料常被应用于聚丙烯纤维的着色。相比较而言，红色（PR144）颜料润湿分散容易，而粒度分布较宽的黄色颜料（PY95）其润湿分散相对就较困难些。

另外，从图 7-14 和图 7-15 中可以看出，同为一家公司生产的两个颜料黄 139 产品：Paliotol Yellow K1841 和 Paliotol Yellow K1841 FP，其中，K1841 FP 的颗粒分布要比 K1841 均匀，实验显示 Paliotol Yellow K 1841 FP 在塑料中 FPV 值（过滤值）<1，更容易被润湿，因此其分散性更加优异，被主要推荐用于化纤纺丝行业。

在化纤行业，通常采用过滤压值 FPV（EN 13900-5）来评估颜料的分散性。但在实际操作中往往会发现两个标注 FPV 值相差不大的产品在实际应用中所体现的分散性差距很大，具体体现在更换滤网的时间长短上。当将测试过滤网的孔径调得更细时，才能把两个产品 FPV 值的差距体现出来，往往粉体颗粒分布较宽的产品其 FPV 值较高，这也从侧面反映出颜料颗粒度分布窄的产品其润湿分散性要比颗粒度分布宽的更好些。

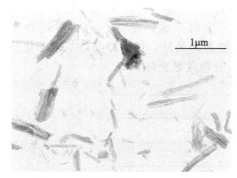

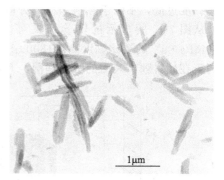

图 7-12 有机颜料黄 95 TEM 图片

图 7-13 有机颜料红 144
（JHR-1440K）TEM 图片

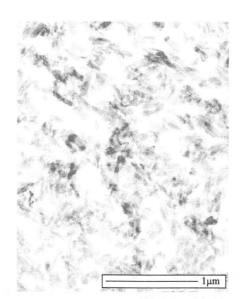

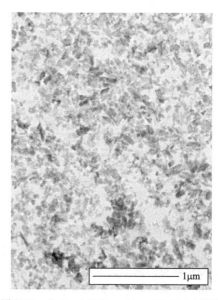

图 7-14 Paliotal Yellow 1841 TEM 图片

图 7-15 Paliotal Yellow 1841 FP TEM 图片

7.3.2.2 润湿剂及其性能

在塑料加工过程中，通常会添加一些润湿剂以便加速树脂体系对颜料颗粒进行表面润湿和毛细渗透，从而达到良好分散的目的。

所谓润湿剂就是能使固体物料更易被液态物质（或熔融流体）浸湿的物质。它通过降低表面张力或界面张力，使液态物质（或熔融流体）能展开在固体物料表面上，或经由固体物料的微细空隙进行毛细渗透而由表及里，从而帮助加速把固体物料润湿。

润湿剂在塑料加工行业中也被称为"分散剂"。

塑料加工中常被用到的润湿剂有高熔体流动速率树脂、低分子量聚乙烯以及超分数剂等。

润湿剂对颜料颗粒润湿的影响主要集中在三个方面：润湿剂是否会自动扩散到颜料颗粒表面；颜料颗粒表面是否被完全润湿；润湿过程是否需要能量。

① 润湿与润湿剂的黏度和吸收有关　颜料润湿速率与润湿剂黏度有关，因为用于颜料的润湿剂黏度越低，其流动性越好，润湿效率越高。在润湿过程中越容易在颜料颗粒间的微小间隙中作毛细渗透，颜料越容易被润湿。但是，颜料在塑料中的分散以剪切作为主要的分散作用力，剪切力又分为机械剪切和黏度剪切两种，其中又以黏度剪切为主。因此加工体系

总体黏度过低，不利于颜料颗粒的分散，务必在配方设计中关注它们之间的平衡。

从图7-16所显示的实验结果可以看出，对同一颜料来说，配方2中润湿剂黏度低（700mPa·s）的要比黏度高（1800mPa·s）的分散性好。另外，如果将润湿剂微粉化后更有利于在颜料颗粒表面的吸附润湿，其过滤值更低，分散效果更好。

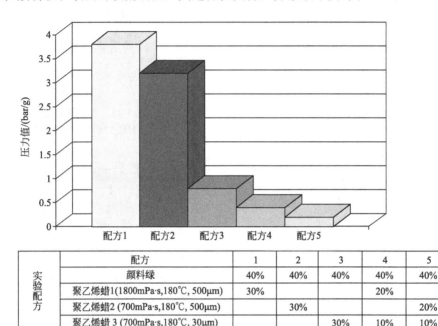

实验配方	配方	1	2	3	4	5
	颜料绿	40%	40%	40%	40%	40%
	聚乙烯蜡1(1800mPa·s,180℃, 500μm)	30%			20%	
	聚乙烯蜡2 (700mPa·s,180℃, 500μm)		30%			20%
	聚乙烯蜡3 (700mPa·s,180℃, 30μm)			30%	10%	10%

图7-16　不同规格聚乙烯蜡对颜料分散的影响

② 颜料的润湿需要能量（能量传递与润湿）　在常规的加工处理中，提高分散体系的温度有利于颜料颗粒的润湿和渗透；而降低温度则有利于对颜料颗粒的剪切分散。如何找到既有利于对颜料颗粒的润湿，又能对其进行有效分散的加工条件和方法，是必须认真考虑和对待的。

将颜料紫19在一台研磨机上进行分散，分别以固定温度或剪切压力对颜料进行研磨，随着颜料被分散的进程，颗粒粒径随之变小，相对应的颗粒比表面积迅速递增，导致分散体系的黏度快速上升，这也可以间接评估颜料颗粒被分散的程度。

从图7-17、图7-18中体系黏度递增的结果可以判断：相对较高的温度对颜料分散的影响要比单纯增加剪切压力所带来的影响更大。因此分散体系的温度对颜料颗粒分散效果有着举足轻重的作用。

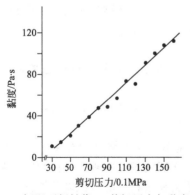

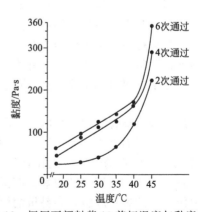

图7-17　恒温下颜料紫19剪切压力与黏度关系　　图7-18　恒压下颜料紫19剪切温度与黏度关系

此外，颜料颗粒在被分散时加工机械以不同的方式通过熔体传导作用力，对于加速颜料颗粒的润湿和渗透也起到了极大的作用。

由此可知，润湿需要能量，选择合适的润湿温度和润湿促进方式就显得特别重要。

7.3.3 颜料表面特性的判断依据——润湿角

颜料颗粒的表面特性决定了该颜料被润湿分散的难易程度。影响表面特性的重要因素是组成颜料颗粒的微粒子的凝聚排列形式和其本身的极性特征。准确判断颜料的表面特性，选择对颜料有针对性的润湿分散配方和工艺手段是非常重要的。可以通过测定颜料的润湿角来作为判断颜料表面特性的一个依据。

测量润湿角需要借助专门的仪器。

把颜料粉末经压制形成一个光滑表面，水平放置，在颜料表面上轻轻地滴上一个水滴，观察和测量水珠在颜料平面上铺展的最终平衡形态，这一形态完全取决于颜料本身所具有的表面特性。测量水滴与平面相接触点切线的夹角（水滴内切角）即可判断水对该颜料的润湿性能。

① 夹角＝180°：水珠完全不能铺展，在平面上呈完全球形，表明该颜料不能被水润湿。

② 180°＞夹角＞90°：水珠有限度铺展，在平面上呈现扁球形，表明该颜料很难被水润湿。夹角越大则润湿越困难。

③ 90°＞夹角＞0°：水珠有效铺展，在平面上呈弧形，表明该颜料能被水润湿。夹角越小则润湿程度越好。

④ 夹角＝0°：水珠完全铺展，在平面上呈现一层极薄的水膜，甚至水分渗透入颜料中，表明该颜料能完全被水润湿。

在这里，水作为极性物质的代表，可以通过这一实验判断出被测试颜料产品在极性物质环境下所呈现出的表面特性。如果用其他的液态物质替代测试中的水，以同样的方法进行测试判断，即可判别该液态物质对于相应的颜料产品的润湿性能。

图 7-19 是德国生产的 EasyDrop 测量系统，被广泛用于接触角的测量。EasyDrop 采用计算机数字处理技术、光学系统和 CCD 摄像手段相结合，把测试液滴的影像清晰地显示在计算机屏幕上，瞬间存储图像，并通过系统所有的水滴触发成像分析系统进行快速精确的测量和分析；所具有的 6 倍放大变焦透镜，保证了全屏幕显示的最佳清晰度，因此测量颜料接触角快速而又简单易行，见图 7-20。

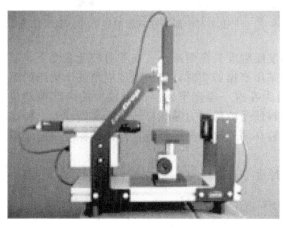

图 7-19 德国 EasyDrop 测量系统

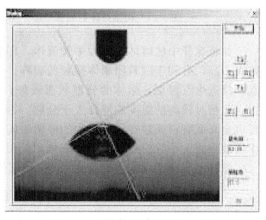

图 7-20 水滴触发成像分析系统

7.4　颜料的分散

　　颜料分散是颜料在外力作用下破碎颜料颗粒附聚体与聚集体，使其在应用体系中尽可能完美地展现颜料本身所具备的各项性能。颜料分散时，必须克服颜料分子之间的吸引力，将颗粒分散。分散后的细微颗粒还需要保持稳定，避免它们重新凝聚。

　　颜料在塑料中的分散方法主要是熔体剪切法，这是塑料工业中最常用的一种颜料分散方法。所谓熔体剪切法，顾名思义就是颜料被树脂熔体包裹润湿并通过熔体运动时传递的剪切应力所分散。

　　图 7-21 及图 7-22 比较直观地显示了颜料颗粒在树脂熔体中被分散稳定的过程：首先是颜料颗粒和树脂熔体在分散设备的帮助下通过剪切区，在剪切力达到一定程度时，分散相发生断裂而被撕碎，颗粒尺寸变小，当树脂经过熔融、塑化，黏度逐渐降低至黏流态时，较小颗粒渗入聚合物内，在流场剪切应力的作用下，进一步减小粒径，直到颜料颗粒的团聚体被破碎并接近初级粒子的状态，得以均匀分散在聚合物中。最终颜料微细颗粒在流场的持续作用下被高度均匀地混合分布。熔体剪切应力传递到颜料粒子上的有效性取决于颜料颗粒被树脂熔体润湿的效果和设备所具有的剪切能力。

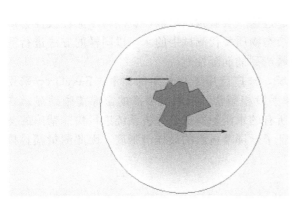

图 7-21　树脂熔体剪切法

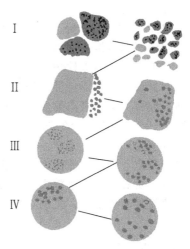

图 7-22　颜料在树脂熔体中的分散示意图

　　如将螺杆中的熔体简化为牛顿流体，即黏度随温度升高而减小，在相对较低温度下，其剪切力高，有利于颜料团聚体颗粒的破碎。当采用挤出剪切时，挤出温度应稍高于树脂的熔点，接近熔点温度，熔体的分散状态较好，因为在这一温度下，能产生很大的内部剪切应力，而相对较高的温度则混合大于分散。因物料所受的剪切力随螺杆转速升高而增大，转速高也会降低颜料颗粒在剪切场中的停留时间，故必须正确选择螺杆转速；螺槽深度决定了剪切场面积的大小，对于剪切的影响也比较明显。

　　螺杆工作模型中的剪切应力 ζ（牛顿流体时）：

$$\zeta = \mu\gamma$$

　　式中，μ 为树脂熔体的黏度；γ 为剪切速率。

　　塑料中熔体剪切常用的设备为两辊开炼机、密炼机、螺杆挤出机（单、双螺杆）等。

7.5 颜料的分散稳定性

前文已经提及，颜料颗粒在塑料熔体中的分散过程由三个阶段组成：润湿、分散和稳定。润湿和分散主要借介质以及工艺设备来完成，是创造完美分散的前提，但还不足以得到颜料微细颗粒在分散体系中的稳定。这是因为：当体系中的剪切应力一旦减弱或消除时，分散在介质中的颜料微细颗粒就有可能再次凝聚而又变成较大的颗粒。究其原因是随着颜料颗粒被分散的进程，颜料颗粒粒径减小，比表面积急速增加，颗粒表面自由能也同比增加，直接造成微细颗粒间产生相互的吸引力并随分散的进程而不断增强。而微细颗粒总会朝着减少比表面积来降低表面能的方向运动，颜料微细颗粒的再凝聚也就在所难免。因此，分散后的颜料微细颗粒在体系中的稳定也就显得不可或缺。图 7-23 显示了颜料颗粒分散和再凝聚的过程。

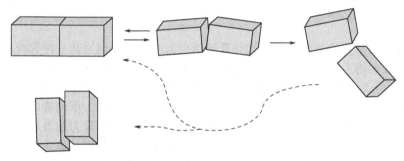

图 7-23　颜料颗粒分散和再凝聚的过程

一般来说，目前对于细微颗粒的分散稳定有两种理论：双电子稳定机制和空间位阻稳定机制。

① 双电层稳定机制　使微颗粒表面带上一定量电荷，形成双电层；借双电层之间的排斥力使粒子之间的吸引力大大降低，从而实现颗粒的分散稳定性（见图 7-24）。

② 空间位阻稳定机制　如图 7-25 所示，在体系中导入不带电荷的高分子化合物，使其吸附在微颗粒的表面，促使粒子之间形成阻隔，从而实现分散稳定的目的。

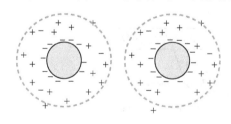

图 7-24　双电层稳定机制

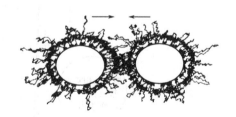

图 7-25　空间位阻稳定机制

7.5.1　双电层稳定机制

颜料分散在液体介质中时是一个粒子高度分散的体系，根据分散相粒子直径的大小，通常把颗粒的直径大小为 1～100nm 定为胶体。此时的颜料微粒具有很大的表面积和极高的表面自由能，因而在热力学表现上极其不稳定。但是，这种不稳定性并不一定立刻显现出来，视不同的微粒材质以及表面特性，它们可能在有限的时间段内体现出不同时长的、短暂的稳定特性。

双电层稳定机制主要论点是：胶团之间既存在斥力势能，也存在着引力势能。两种势能的来源可通过分析胶团结构而得到解释。

图 7-26 中显示两个带正电荷的胶团。在胶团外之任一点处，不受正电荷影响；在扩散层内任一点，因正电荷作用未被完全抵消，仍表现出正电性。但当两个胶团扩散层未重叠时，两者无任何斥力。

当两个胶团扩散层发生重叠时，就如图 7-27 所显示的：重叠区内负离子浓度增加。两个胶团扩散层对称性都受到破坏，使重叠区内过剩负离子向未重叠区扩散。由于双电层的静电平衡破坏，导致渗透性斥力的产生。随着重叠区的加大，这两种斥力势能都增加。

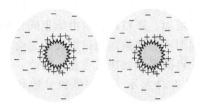

图 7-26　扩散层未重叠，两胶团
之间不产生斥力

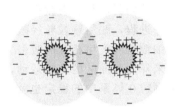

图 7-27　扩散层重叠、平衡破坏，产生
渗透性斥力和静电斥力

溶胶中分散相微粒间的引力势能具有范德华引力的性质。但它是一种远程范德华力，其引力随粒子直径的增大而增大。其作用范围比一般分子的大千百倍，与粒子间距离的一次方或二次方成反比（一般分子或原子间的范德华力与粒子间距离的六次方成反比），该引力会使粒子凝聚而沉淀。远程范德华力随粒子分隔距离的增大而减少。所谓静电斥力，在这里主要是指电荷之间的排斥力，它是维护胶团稳定的关键因素。静电斥力随着粒子尺寸、粒子表面双电层厚度的增大而增大；随粒子间距离的增大而减小；还与影响体系电性能特性的因素的参数，诸如溶液的 pH 值，盐浓度和离子价数等有密切关系。

DLVO 理论认为粒子间的总势能 E 是范德华引力 E_A 和围绕粒子周围形成的双层的静电斥力 E_R 之和，当电荷间的斥力很大时，斥力和引力之和大于 $15KT$（K 为常数，T 为绝对温度），就能产生能量的壁障，防止粒子的凝聚，保持分散的稳定化。斥力势能、引力势能及总势能都是粒子间距离的函数，以粒子间斥力势能 E_R、吸力势能 E_A 和总势能 E 对粒子间距离 x 作图可得到势能曲线（见图 7-28）。

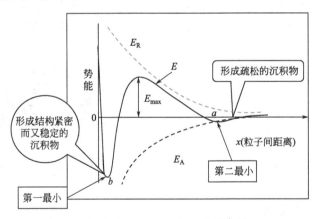

图 7-28　DLVO 双电层理论示意图

如图 7-28 所示，当粒子间距离 x 缩小，先出现一极小值 a，达到第二最小值时可形成疏松的、不稳定的沉积物。当外界环境变化时，这种沉积物可重新分离生成溶胶。在 ab 之间，斥力起主导作用，当 x 继续缩小，势能曲线上出现极大值 E_{max}（势垒），一般粒子的动能无法克服它，使溶胶处于相对稳定状态。当两胶粒通过热运动积聚的动能超过 $15KT$ 时

才有可能超过此能量值，越过 E_{max} 后，势能曲线出现第一最小值 b。落入此陷阱的粒子发生不可逆沉积形成紧密而又稳定的沉积物。

在实际应用中，黏胶和维纶纤维原液着色液状着色剂的颜料颗粒的分散稳定性主要取决于分散粒子所带电荷的斥力和范德华引力间的能量关系。因此，颜料分散微粒带电量是分散体系稳定的重要因素。若颜料粒子表面带正电荷，其表面就会吸附负电荷构成了双电层。吸附的负电荷数比粒子表面所带的正电荷要少，其厚度大约为一个离子半径，这层电荷吸附层被称为固定层。其余的负电荷则向分散介质的主体方向扩散，负电荷的数量沿半径向外依次降低。整个双电层结构所产生的能量壁障，防止了粒子间的相互凝聚，从而保持分散体系的稳定。

7.5.2　空间位阻稳定机制

在颜料颗粒分散后，随着颗粒粒径的变小，颜料表面积快速增加，进而导致表面能提高，这样颜料微粒的稳定性降低，粒子之间重新产生凝聚而促使表面能降低，直至达到稳定的状态。图 7-29 演示了这一过程。

图 7-29　颜料颗粒细化时的能量变化过程

如果在颜料粒子被分散形成新的表面同时，在其表面附着一层包覆层，就会使得颜料粒子的表面能降低。带有包覆层的颜料微粒之间再度碰撞时，由于包覆后的粒子有效降低了表面能，加上表面包覆层的阻隔作用，颜料粒子就不会再次凝聚，从而达到了颜料分散稳定的目的。图 7-30 很好地诠释了这一机理。

图 7-30　颜料颗粒包覆-细化时的能量变化过程

热塑性树脂的着色很大程度上是基于空间位阻稳定机制的原理来实现的。在塑料加工中被广泛运用的色母粒制造和应用工艺是这一理论最为全面和有效的体现。

颜料颗粒的表面吸附了高分子化合物后，在其粒子外围形成对主体的障碍层，有效阻隔了粒子间的碰撞和凝聚，从而起到了稳定化的作用。其结构可参见图 7-31。

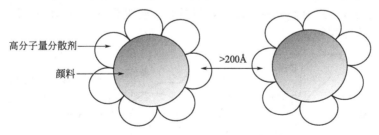

图 7-31　颜料吸附高分子化合物示意

吸附层的厚度决定了粒子之间的距离是否足够大到可以克服分子间的范德华力，对于大多数粒子来说，>100Å 的吸附层厚度被认为是比较理想的。图 7-32 是颜料用聚乙烯蜡包覆量多少与着色力和过滤值关系。

影响颜料吸附量的几个因素。

（1）吸附层覆盖率　较高的吸附层覆盖率有利于微颗粒的稳定。一般来说吸附层物质的分子量大，则所需吸附量增加。

（2）颜料粒子的表面特性　固体颜料的表面特性主要是指物理性质（形状、多孔隙性以及孔隙的大小和深浅等）和化学特性（极性/非极性、表面张力）。

众所周知，颜料表面的原子力场是没有饱和的，还有一半剩余价力。通常固体表面并非是一个真正光滑平面，有许多凹凸和毛糙的部分，所以在表面不同部位的原子其价力的饱和程度是有差异的。一般在颗粒棱、角、边及凹凸部位剩余价力较强，具有较大的吸附力。比如炭黑颗粒虽然本身具有多孔性，理论上易于渗透，但是其吸附高分子就相对比较困难，这是由于高分子呈卷曲状态，不容易渗入孔隙而被吸附，因此其分子量越大，吸附量就越小，故普通的炭黑分散稳定性就比较差。

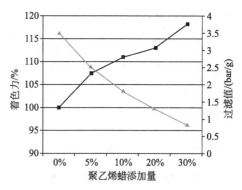

图 7-32　聚乙烯蜡添加量与颜料
着色力和过滤值关系
━■━着色力；━▲━过滤值

（3）颜料共同吸附层覆盖率的影响　当两种或两种以上的颜料同处在一个配方中时，由于不同的颜料粒子可能带有相反的电荷，容易使颜料粒子相互吸引而凝聚。为此，需要选择合适的吸附物质来中和电荷，同时需要适当提升吸附层厚度和加大吸附层覆盖率以达到有效阻隔。

（4）颜料浓度的影响　由于颜料浓度增加同时，颜料粒子碰撞的概率大大增加。吸附层的覆盖是需要能量和时间来实施的，尚未完成吸附的微粒之间因降低表面能的动能驱使也会很快相互凝聚；同时，颜料粒子的稳定也需要足够的吸附层物质以确保吸附层厚度和覆盖率。所以一般在色母粒中的颜料浓度不能过大也就是这个道理。通常在实际生产中有机颜料在色母粒的重量比不超过 40%。

高分子化合物固定在颜料粒子表面有两种途径：其一是吸附，它的作用机理前文已有叙述，吸附形态如下。

列队形：平卧在表面上；

尾形：在介质中展开；

环形：展开后又重新回到表面；

桥形：连接两个颗粒。

第二种固定方式为锚接，即通过化学作用与颗粒表面分子连接。锚接型可能形成蘑菇形、薄饼形和梳形。上述两种固定方式的各种表现形式如图 7-33 所示。

近年来美国路博润（Lubrizol）公司推出了一些被称为超分散剂的分散稳定剂，与传统的颜料表面吸附高分子层有部分相似之处，但具有一些明显不同的作用机理，因而所产生的分散稳定效果也不尽相同。

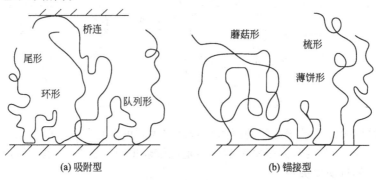

(a) 吸附型　　　　　　　　　　(b) 锚接型

图 7-33　高分子化合物在颗粒表面固定方式

超分散剂是一类高效的聚合物型颜料分散稳定助剂。其分子结构主要由两部分组成：一部分为锚固基团。常见的锚固基团有：—NR$_3^+$、—COOH、—COO$^-$、—SO$_3$H、—SO$_3^-$、—PO$_4^{2-}$、多元胺、多元醇及聚醚等。超分散剂以各自的锚固基团为基点，通过离子键、共价键、氢键及范德华力等作用力与颜料粒子相互吸引，紧紧吸附在固体颜料粒子表面；超分散剂的另一部分为溶剂化聚合链。常见的聚合链组成有：聚酯、聚醚、聚烯烃以及聚丙烯酸酯等。它们按极性大小可分为三类：①低极性聚烯烃链；②中等极性聚酯链或聚丙烯酸酯链等；③强极性的聚醚链。在极性匹配的分散介质中，链与主体分散介质有着良好的相容性，能够与之融为一体（见图7-34）。

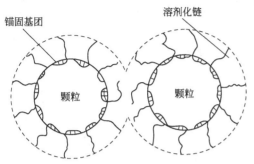

图7-34　超分散剂作用机理示意图

超分散剂的锚固基团牢固吸附于颜料粒子的表面，其溶剂化聚合链则比较舒展地在分散介质中展开并在固体颗粒表面形成足够厚度的保护层（5～15nm）。当两个或多个吸附有超分散剂分子的固体颗粒相互靠拢碰撞时，由于伸展的聚合链的空间障碍而使得固体颗粒弹开，从而不会引起凝聚，维持稳定的分散状态。

不同的超分散剂有着不一样的结构：有的以单个、具有强吸附力的锚固基团与固体颗粒相吸附；有些则以单一分子中具有多个吸附力不太强烈的锚固基团的同时作用，见图7-35和图7-36。

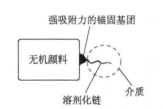

图7-35　单个锚固基团的超分散剂

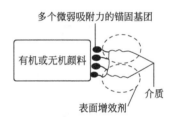

图7-36　多个锚固基团的超分散剂

超分散剂的分散稳定性机理除了改变固体颗粒表面的电性质，增大静电斥力外，主要还是通过增大高分子吸附层厚度来增加空间位阻作用，而位阻作用与静电斥力相比，其优点在于位阻机制在极性和非极性介质中都有效，并且位阻稳定是热力学稳定，而静电斥力是热力学亚稳定。所以，与传统分散剂相比，其分散稳定效果有大幅度提高。

图7-37是采用路博润（Lubrizol）公司超细分散剂提高颜料分散性示意图。

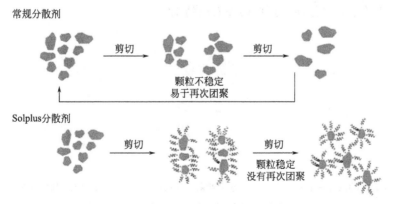

图7-37　超细分散剂提高颜料分散性示意图

将颜料绿 7 与各类分散剂按表 7-5 制成 40％色母料，按 EN BS13900-5 方法测试颜料过滤值，其中路博润（Lubrizol）公司助剂 Solplus DP310 对提高颜料分散性贡献最大，见图 7-38。

表 7-5　色母料试验配方　　　　　　　　　　　　　　　　　　　　单位：份

项目	试验配方					
	颜料绿 7	Solplus DP310	对照样 1	对照样 2	对照样 3	LDPE
空白	40					60
Solplus DP310	40	12				48
对照样 1			20			40
对照样 2				15		45
对照样 3					20	40

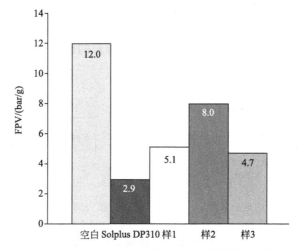

图 7-38　Solplus DP310 对提高颜料分散性的贡献

这里需要特别指出的是：超细分散剂对颜料的处理需要正确的添加量，才能使颜料分散稳定性发挥到最大效率。超细分散剂添加量太多会引起锚固基缠绕或太少，引起颗粒表面只有部分被覆盖，均不能达到颜料分散稳定效果，见图 7-39。超细分散剂正确的添加量与颜料表面积有关，理论上正确添加量是颜料表面积的 1/5。

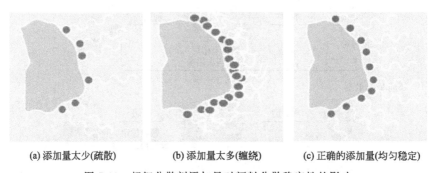

(a) 添加量太少(疏散)　　　(b) 添加量太多(缠绕)　　　(c) 正确的添加量(均匀稳定)

图 7-39　超细分散剂添加量对颜料分散稳定性的影响

7.6 颜料色母粒和颜料预制剂

7.6.1 色母粒的定义和市场

所谓色母粒就是把超常量的颜料很好地分散并均匀地分布融合于树脂之中而制得的高浓度着色颗粒，用于对塑料制品的着色。色母粒中所含的颜料（或染料）一般在 20%～70%（质量分数）。依据成本的最优化和加工的可行性原则，塑料制品着色时一般的色母粒添加量与主体数值之比为 2：100。

色母粒除了配色以满足客户对最终色彩的要求外，主要是解决颜料在塑料树脂中的分散问题，并以此来满足客户对制品中颜料颗粒细度的要求。因此，不能仅仅把色母粒制造理解为只是将颜料和树脂混合后挤出造粒的一个简单过程，它是颜料化学、树脂熔体加工、表面化学等的高度综合的系统工程。

伴随着石化工业的迅猛发展，我国塑料产量逐年大幅增加，质量持续提高，新品种不断涌现。因此，与塑料加工业密切相关的色母粒的需求潜力不言而喻。1994～2012 年我国色母粒市场平均年增长率高达 15%。我国色母粒在各种树脂领域的消费构成以及在各个应用市场消费需求构成参见表 7-6 和图 7-40。

表 7-6　我国色母粒在各种树脂领域的消费构成

树脂	所占百分比/%	树脂	所占百分比/%
LDPE	25	尼龙	6
HDPE	22	PET	4
PP	19	PVC	3
ABS	13	EVA	2
PS	6		

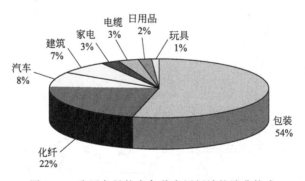

图 7-40　我国色母粒在各种应用领域的消费构成

预计在今后几年中，我国的色母粒在塑料制品的各大应用领域还保持着持续增长的态势。

① 人们的生活节奏日益加快，对生活便利化的追求越来越高，一次性包装材料的需求增长迅速，PP、PS、ABS 等包装材料用色母粒需求也将水涨船高。

② 随着汽车工业在中国的高速发展，新型树脂品种的涌现和改性技术的不断发展，加上车用塑料部件的比例逐年上升，可以预见汽车专用色母粒的市场前景不可限量。

③ 近年来，我国投入巨资进行农村和城市电网改造，电力建设的重点已从电站建设转

向电网建设，伴随各类架空电缆需求的增长，必将带动电缆专用色母粒产业再次发展的高潮。

④ 国内塑料建材已形成相当的生产规模，各种塑料膜、片材、板材、管材、框架、异型材等制品已经很大范围地替代了传统建材，随着社会持续发展理念的增强，这样的发展趋势将不可遏制。

⑤ 家电和电信产品行业发展迅猛，尤其是各类电信产品越来越短的更新换代周期所导致的高淘汰率，形成了色母粒在这一行业高速发展的主要动能。

⑥ 伴随着新材料和改性技术的发展，各类基建用工程塑料的增长潜力得以充分释放，以塑代木，以塑代钢及其他金属材料的案例随处可见。塑料以及塑料色母粒在这一领域的发展方兴未艾。

⑦ 薄膜市场统领着整个塑料制品市场，每个行业与薄膜制品或包装薄膜密不可分。彩色塑料薄膜占总的薄膜量的比例也在攀升。因此，塑料薄膜专用的色母粒无论从使用量还是质量的提升都有着很大的提高空间。

7.6.2 颜料在聚烯烃色母粒中的分散

聚烯烃在整个塑料市场上是生产量和使用量最大的树脂种类，超过整个塑料市场用量的60%，聚烯烃树脂被大量用于塑料薄膜、管材、板材、中空件、纺丝等行业；在着色的聚烯烃塑料制品中80%以上都采用色母粒工艺进行着色。所以本节就以聚烯烃色母粒为例来讨论颜料在塑料中分散和应用的问题。

目前国内外相当多的色母粒生产商采用高速混合加双螺杆挤出的配套工艺，工艺流程见图 7-41。

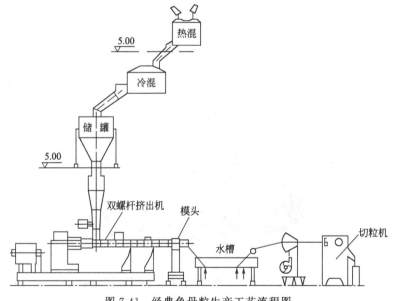

图 7-41　经典色母粒生产工艺流程图

该工艺是将原料（载体树脂，聚乙烯蜡，颜料和助剂）按配方计量后加入高速混合机，用高速对物料进行搅拌，通过高速运转和阻流挡板的共同作用对颜料粗大颗粒进行预破碎，并与相对低熔点的聚乙烯蜡熔合进行预润湿，同时均匀地黏附在因高速搅拌摩擦升温而产生表面塑化的树脂颗粒上；完成上述过程后再经由低速低温的混合机的冷却，以解除混合料颗粒间的相互粘连；然后将混合料加入同向平行双螺杆机挤出机经过熔融塑化（此步骤包含对颜料颗粒的进一步润湿作用）、混炼、研磨等步骤，然后经模头挤出切粒成为色母粒制品。

实践经验证明，颜料在高速混合过程中的预润湿在很大程度上决定了色母粒产品最终分散性的优劣与否。

目前，国内在色母粒生产工艺的选择等方面还存在以下典型的误区。

① 双螺杆的长径比越大越好　似乎只要加大螺杆长径比，增加了研磨的比重就可以解决所有分散的问题。殊不知如果没有针对个案分散问题的症结对症下药，一味地增加长径比，非但不能真正解决问题，还会导致能耗的浪费和生产能力的下降。

② 过滤网越细越好　较细的过滤网的确能够确保色母粒制品中颜料细度的控制。但是，如果没有有效地解决分散的问题，只是依靠过滤网的作用来保证制品质量，那么，所带来的后果就会是不断频繁地更换滤网，导致停车时间增加，严重影响产能的正常发挥。更有甚者，过多的停车换网会造成更多物料在高温机筒内的长时间滞留，这部分的树脂物料极有可能导致深度的降解而给最终应用带来不可预料的伤害，较长时间的高温滞留也会导致色差的增大。

③ 增加造粒次数可以解决分散难题　有些母粒生产商在遇到产品分散问题时的解决方案是简单地重复挤出造粒，一次不达标就两次挤出，甚至三次或更多次……，这样不计生产成本的操作对于控制生产成本根本就是一句空话，更不符合当今低排放、可持续发展的理念。同样，反复多次地高温加工带给塑料的损害也是不可忽视的。

④ 多加润滑剂可以提高制品外观品质　部分色母粒生产厂商为了片面追求母粒制品外观的光亮度，提升所谓"卖相"而不断提高配方中润滑剂的添加量，有的甚至将硬脂酸盐的添加比例加高至5%或更高。然而，正是由于低分子量组分的过多添加会快速降低分散体系的总黏度，最终导致因为黏度剪切的不足而严重影响分散的结果；此外过多低分子量/低熔点物质的加入也会在一定程度上影响最终制品的物理特性。

众所周知，色母粒工艺要解决的首要问题是颜料分散，是塑料制品生产过程中采用粉体颜料直接加工不可能解决的问题，而要达到理想分散颜料颗粒的目标仅仅依靠一种方法是很难有成效的，它所涉及的因素很多，必须根据每一个特定的配方考虑综合的因素，对症下药，有针对性地解决各自的问题。这些问题包括：颜料自身的问题、加工工艺的问题、设备问题、制品应用问题等。

7.6.2.1　选择分散性好的颜料品种

(1) 选择容易被树脂润湿颜料品种　EN13900-5 过滤压力试验可以佐证瓦什伯恩方程式中描述润湿理论所表明的颜料表面性能对于颜料在树脂中的分散着色有着举足轻重的意义。

在相同的测试条件下，颜料能被树脂润湿后在一个相对较低的剪切分散条件下就能被迅速分散并通过特定的滤网组，其过滤压力的升值（FPV）小于 1bar/g，这就表明该颜料品种的分散性比较优异，将其按照恰当的工艺制成色母粒就可用于对分散性要求很高的制品的着色；反之，以同样的测试加工条件所测得的过滤压力的升值大于 1bar/g，就表明所代表的颜料产品的润湿分散性能不佳，其加工制成的色母粒就未必能符合后续应用的要求。

过滤压力试验就是采用不同细度滤网组合，通过测试过程及最终滤网前端物料压力的上升值来反映颜料分散体中不符合应用要求分散细度的较大颗粒的比例。图 7-42 所显现的是不同分散性能的颜料在经过过滤压力试验后被过滤网滤出的较大颗粒的粒度和数量。

过滤压力试验能够比较直观地反映颜料产品的分散性能在实际应用中的体现，其测试结果的再现性与实际加工的关联性很高，因而它越来越普遍地被国内行业同仁所认知和接受。这也是为什么大多数的国际性颜料贸易和使用厂商要求供应商必须提供相关产品过滤压力测试数据的原因所在。

除过滤压力升试验以外，还有其他的一些方法用来评判颜料的润湿分散性，例如在第 6 章第 3 节（6.3）曾经叙述过的两辊研磨着色力评估和吹膜色点检测等方法，所有的检测方

(a) 过滤值0.4 bar/g   (b) 过滤值1.0 bar/g   (c) 过滤值4.6 bar/g

图 7-42　过滤值与过滤网上残存颜料颗粒状况

法都应对不同的应用实际而选定。然而，在实际应用中这些方法被采用的并不十分普遍，究其原因是：所有的测试检验都必须用专业仪器设备进行测试，而部分的生产厂商并不具备这样的条件；加之如何设定合理的测试检验方法并与自身产品的质量要求相关联也需要很高的专业知识。

　　除了上述的测试方法，还有一个比较简单和经验性的判断方法，那就是选择同类颜料品种中吸油量相对较低的产品用于塑料的着色。因为，大多数的树脂为非极性或低极性的，选用相同极性的油对颜料产品进行吸油量的测试，依据相似相容的原理，吸油量越低则表明该颜料产品越亲油，也就说明该颜料产品的表面极性越低，可以预见它在塑料着色加工时的润湿分散相对比较容易。

　　上面所述作为一般的塑料着色的规律，适用于通用的加工应用。任何事情都有其特殊性，塑料制品的加工也不例外，在实际的应用中也可能采用一些极性较高的树脂材料，随着技术的进步和产品的差异化，这一类的应用也会越来越多。对于这样的案例应根据实际情况选择相适应极性特点的颜料产品以便有利于润湿分散的实施，确保制品的质量。

　　(2) 同类颜料品种中，颗粒粒径大则有利于润湿和分散。

　　(3) 同品种产品选择堆积密度较低的产品有利于润湿渗透，进而对分散有帮助。

7.6.2.2　选择低黏度润湿剂

　　根据瓦什伯恩方程式所描述的润湿理论可知，润湿剂黏度和功能团的多少对于颜料的润湿分散效果有着至关重要的影响。这里以聚乙烯蜡作为润湿分散剂生产聚烯烃色母粒为例来加以说明。

　　(1) 润湿剂的黏度　　一般的规律是，选择润湿剂的黏度相对低些有利于对颜料的润湿。以聚乙烯蜡为例，简单的判别方法是选择密度为 $0.91 \sim 0.93 \mathrm{g/cm^3}$ 的聚乙烯蜡其相对黏度比较低，最终显现的分散效果比较理想；而当密度在 $0.94 \mathrm{g/cm^3}$ 或以上时，其黏度明显较高，颜料的润湿效果比较差。另外，就聚乙烯蜡本身而言，在作为润湿分散剂的同时也是一个典型的外润滑剂，当其密度过高时会大大强化其在体系中的润滑性而不利于颜料的分散。

　　(2) 润湿剂的分子量分布　　这是非常重要的一个考量因素，而这一点又恰恰经常被忽略。还是以聚乙烯蜡为例：一定要选择分子量分布相对集中的聚乙烯蜡。如果使用的聚乙烯蜡产品的分子量分布较宽，则其中必定含有较多分子量过大和过小的部分，而过大分子量的黏度过高，必定影响润湿效果；而分子量过小则黏度太低，导致降低体系的黏度剪切而影响分散。另外，过低分子量也可能增加挥发性从而污染生产环境或给制品带来异味。所以，选择合适分子量分布的润湿剂非常有必要。通常来说，以聚合法工艺生产的聚乙烯蜡因其工艺特点对产品聚合度能够进行有效控制，故而生产出的产品的分子量分布比较窄；而以裂解法生产的蜡对断键部位的不可控性，也就造成了制成品分子量分布很宽。

（3）关注聚乙烯蜡的"低温黏度"和"高温黏度" 这里所说的"低温"和"高温"特指相对的温度概念。一个理想的润湿分散剂在其对颜料颗粒进行润湿处理阶段（相对低温）时的黏度相对低些，以利于对颜料颗粒的润湿；在剪切分散阶段（相对高温）时的黏度希望能够高些，这样对剪切分散的帮助会比较明显。

（4）聚乙烯蜡产品的粉体细度 比较细的蜡能够与颜料粉体颗粒高度均匀混合，从而帮助进行快速高效润湿。因此，微粉蜡更加受到行业的青睐。

以上仅是润湿剂特性对分散影响的论述，实际生产中还有其他一些因素也必须一起关注。例如：对于环境和产品安全等因素，就像过低分子量的蜡产品会提高挥发性而造成污染环境和制品异味等，如果把这样的蜡用于一些敏感应用领域诸如，食品包装材料、儿童玩具等，就会造成十分严重的后果，所以，对于这样一个比较主要的辅助材料的选择必须慎之又慎。

7.6.2.3 分散所需的能量始于润湿

颜料的分散是需要施以足够的能量这一点相信各位都会认同。但可能很多人认为只是对颜料进行研磨时才需要能量，这样的认识是不完整的。因为在本章的前面已经提到过颜料颗粒的润湿阶段就必须注入能量以帮助颜料颗粒完成良好的润湿：合适的温度能够把载体树脂和润湿剂熔融成能够确保快速润湿所要求的熔体黏度（或流动性能）。所以适当地提高熔体温度能给润湿添加有利因素。单从这一点就能体现能量对润湿的重要性，更何况机械的搅动能够加速润湿的进展。

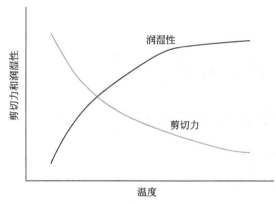

图 7-43 温度与润湿和剪切力的关系

对颜料颗粒分散所施加的黏度剪切和机械剪切都是由加工设备的运转所提供的，这是毫无疑问的。图 7-43 仅就加工温度对颜料颗粒在润湿阶段和研磨剪切阶段效果的影响给予了很直观的诠释。

7.6.2.4 载体树脂的选择

（1）树脂粉料和粒料的选择 以上面所述的聚烯烃色母粒生产工艺为例，很多的实践经验和结果统计表明，采用粉状树脂进行生产所获得的最终分散性能要比使用粒料树脂的要好些。一个明显的区别在于：粉状树脂因粒度小而能在设备中快速完成熔融过程，也就是说颜料颗粒能够比较早地被浸润而进入润湿分散的过程。同时粉体间相互的混合均匀性也极高，这也有效地提高了润湿的速度；反观粒状树脂，因其颗粒度很大，熔融过程由表及里需要一定的时间，由此可知它对于颜料的润湿速度是远不如粉体树脂快。这一问题看似无足轻重，实则对分散结果影响明显，应当加以重视。然而，市场上并非所有树脂产品都有粉状料供应，因此，有不少色母粒生产厂家自备磨粉设备，在必要时将所用树脂部分或全部经过磨粉后再用于色母粒的生产，以此来提升和保证产品的质量。

（2）选用高熔融黏度树脂 树脂的熔融黏度高则体系的黏度剪切也高，由熔融树脂传导至颜料颗粒的剪切力也就越大，有利于对颜料颗粒的分散。那么对于聚烯烃色母粒加工来说，哪种树脂的熔融黏度比较利于颜料的分散呢？一般都会选用线型低密度聚乙烯（LL-DPE）。

所谓线型低密度聚乙烯（LLDPE），是乙烯与少量高级 α-烯烃（如 1-丁烯、1-己烯、1-辛烯、1-四甲基戊烯等）在催化剂作用下，经高压或低压聚合而成的一种共聚物，密度处于 0.915~0.935g/cm³。LLDPE 无毒、无味、无臭，常规 LLDPE 的分子结构以其线型主链为特征，只有少量没有长支链，但含有短支链，没有长支链使得聚合物的结晶性较高。在分子量相同的情况下，线型结构的 LLDPE 熔体黏度要比非线型结构 LDPE 的高。在熔体指数相同的情况下，LDPE 的熔体黏度也明显低于 LLDPE。因此，选择使用或部分使用线型低密度聚乙烯（LLDPE）作为聚烯烃色母粒的载体也就不足为奇了。

7.6.2.5 挤出分散设备及工艺控制

（1）设计高剪切力螺杆组合　就现今色母粒生产工艺通常的配置而言，主要的分散设备为双螺杆挤出机，那么了解和合理配置双螺杆的加工性能就变得十分重要，这关乎产品的质量和生产能力的实现。

色母粒制造厂商一般选用积木式同向双螺杆挤出机，与传统的挤出机不同，这类挤出机整套螺杆的组成是由各种型号的螺纹及研磨块组件像积木一样进行不同的排列组合而成的，见图 7-44。这就为不同产品要求有针对性地制定和实施加工方案提供了极大的灵活性，同时也可以帮助达到产品质量和生产能力的最佳平衡。

(a) 平行双螺杆螺纹块元件(积木块)

(b) 组合后的双螺杆配置

图 7-44　平行双螺杆元件及组合实例

就色母粒生产工艺的要求而言，整组螺杆一般可分为加料输送段、压缩段、熔融段、混炼段、排气段、均化段等。这些功能段并非只是单独地被使用，部分功能可以依据实际需要重复交替设置。它们的作用如下。

①加料输送段　主要功能是对加入的物料进行轴向输送。

②压缩段　对松散的物料压实、软化，同时挤压物料所夹带的空气使之反向排出，至压缩段尾端，树脂形态已转变为黏流态。

③熔融段　物料在此阶段接受热量传递和自身摩擦生热得以完全熔融。

④混炼段　熔融物料在此充分均匀化；固相组分的绝大部分在这一过程中完成分散细化。

⑤排气段　通过适当释缓物料压力和减少螺槽物料填充量，采用真空抽气或自然排气的方式，排出水气和其他低分子挥发物等杂质。

⑥均化（计量）段　进一步混合和输送熔融物料，由设定的螺杆压缩比建立一定的压

力以确保输送到模口的物料达到理想的致密度。

总而言之，双螺杆挤出机的使命是通过不同的螺杆组合，实施对熔体的分割与重组，达到均匀的混合分布；以及通过剪切力的传导和作用，使固相组分分散成为符合细度要求的微粒，或把不相容的两种（或多种）组分以分散相形态完成分散混合，使之成为一体。

（2）螺杆转速与剪切力 对于特定配置的螺杆而言，它所能产生的剪切力由螺杆的转动而定：转速越高，其产生的剪切就越大，对于固体相的分散能力越大，所得到的分散相尺寸越细。但转速过高，因剧烈摩擦而产生的温升易导致聚合物的热降解；高转速也使物料在设备中的滞留时间缩短，如果没有有效干预则有可能产生物料混合不均。反之，转速越低，剪切就越小，可能导致分散不够和混合不均匀，同时由于物料在料筒中滞留时间长，易加剧聚合物的降解。螺杆的组合和转速都与剪切分散密切相关，因此必须把这两者作为一个有机整体综合考量。

（3）合理的温度控制 挤出机工作温度的设定关乎树脂的加工形态和特性指标（流动性，黏度等）、对固体颗粒的润湿分散以及确保材料最低的降解可能等。因此，温度设定的原则都必须全面兼顾上述各项因素。

一般来说，挤出机主体区域的温度应稍高于树脂熔点，以确保树脂体系处于最佳的熔融状态，又能很好地保持适当的剪切应力。

当然，挤出机温度的设定也应该按照加工材料的特性和各加工进程不同，针对熔融、润湿、研磨和剪切等不同的工艺要求灵活设置和调整，以求最佳效果。

除了对挤出机的合理设置外，要想生产出优质的色母粒产品，还应该特别关注合理的生产工艺控制，这不仅仅特指工艺操作条件的控制，必须包含合理的配方组成，尤其是一些容易被忽视的添加剂成分。因为，与主体树脂相比，绝大多数此类的添加剂都是低分子量的化合物，一旦添加过量，不仅仅只是浪费，严重的会导致加工性能或最终制品物性的改变。

7.6.3 化纤原液着色

色母粒的作用除了配色以外，最为主要的功能还是为了解决颜料的分散问题。根据不同塑料制品的技术要求，对颜料在制品中的分散性要求也是不一样的，以化纤纺丝行业对颜料分散的要求最为苛刻。下面就以此为例，通过各类纺丝加工工艺的全过程，来剖析和说明对于颜料（染料）的选择、分散、加工处理等需要关注的问题。

化纤原液着色是指化学纤维在生产过程中于纺丝前或纺丝时添加着色剂而纺出有色纤维的一种新工艺。我国早在20世纪60年代就开展了维尼纶原液着色的工业化生产，70年代中叶又相继开展了涤纶原液着色和丙纶原液着色的研究和工业化生产。虽然原液着色生产出的有色纤维属于纺织工业的起始产品，但就加工工艺来说，还是属于塑料着色的大范畴。随着化纤纺丝工业的持续发展，纺丝的速度越来越快，纺丝纤维的纤度越来越细，各种新工艺层出不穷，由此而派生出的对颜料分散的要求也是越来越高，时时刻刻都有可能遇见一些亟待解决的新要求或新问题。

传统的纺织行业中，纤维和织物的染整是最具污染的一个环节，它不仅消耗了大量的水资源，产生出为数众多且COD含量极高的有色污水，对环境造成极大的污染；同时大能耗的染整过程排放出大量的二氧化碳气体加剧了温室效应。反观原液着色工艺，它的优越之处恰恰在于革除了有色废水的污染，也有效地降低了生产能耗，同时也赋予纺丝制品更加优异的技术性能，诸如：耐光耐候性能、耐迁移性能、耐水及其他化学品性能、耐水洗色牢度等（部分性能比较参见图7-45）。从长远来看，未来社会对纺织业的要求除了产品质量这个永恒不变的主题之外，必定会更强调生态平衡和环境友好。"绿色纺织品"和"绿色加工技术"已经成为纤维纺丝行业发展的关键词，化纤原液着色将日益受到关注，具有广阔的发展前景。由于纺前着色制品所具有的极好的色彩性能，已广泛应用于时装、军用纺织品、汽车内饰、家居装饰、地毯以及床上用品等领域。

客观地讲，原液着色生产工艺也存在一定的不足之处，主要表现为：颜色调整较为困难，色谱调节不及一般染色法灵活；色泽上有一定的局限性，尤其在色彩艳度和色深度方面，要想达到染色同样的效果势必影响加工成本和制品质量；再则，短纤混纺织物中与植物纤维或毛纤维的颜色匹配问题等。因此它还不能完全取代常规染色工艺。此外在细旦丝生产中，由于设备清洗非常困难，不适宜小批量生产等因素也可能成为制约替代的原因。

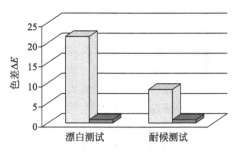

图 7-45　原液着色纤维与染色纤维
色牢度性能对比
□ 后染工艺；■ 原液着色

原液着色由于加入了着色剂等其他物质，所以彩色纤维的强度一般要比原色丝降低 4% 左右。

化纤原液着色有着两种不同的工艺路线，其一是将颜料经分散后在树脂聚合反应阶段加入进行着色（如维纶和黏胶），这种工艺称之为聚合着色；另一种是把颜（染）料分散在能和化纤高聚物高度混熔的聚合物载体中制成色母粒，然后在熔融纺丝时加入使之着色的工艺，这就是聚合体着色（丙纶和涤纶）路线，常用的化学纤维原液着色工艺和着色剂剂型见表 7-7。

表 7-7　化学纤维原液着色工艺和着色剂剂型

化学纤维及纺丝工艺		着色剂形态	
品种名称	纺法方式	液状	粒状
黏胶纤维	湿法纺丝	水分散体	
维纶	湿法或干法纺丝	水分散体	
聚丙烯纤维（丙纶）	熔融纺丝		色母粒
聚丙烯腈纤维（腈纶）	湿法或干法纺丝	溶剂分散体	
聚酰胺纤维（尼龙）	熔融纺丝	水分散体	色母粒
聚酯纤维（涤纶）	熔融纺丝	乙二醇分散体	色母粒

原液经着色后的纺丝过程存在着三种不同的工艺路线，了解这些后续工艺，有助于正确地选择和处理所用的颜料（或染料）以符合特定工艺的要求，避免产生因选择错误而导致的问题和不必要的损失。这三种工艺分别为：湿法纺丝、干法纺丝和熔融纺丝。

① 湿法纺丝　湿法纺丝是将树脂溶于溶剂中，通过喷丝孔高压喷出细丝流，进入凝固浴槽凝结成丝。聚丙烯腈纤维（腈纶）、聚乙烯醇（维纶）等合成纤维和黏胶纤维等人造纤维产品均采用此工艺生产。

② 干法纺丝　有别于湿法纺丝，干法则是溶于溶剂的树脂以高压经喷丝孔喷出细丝流后直接进入空气浴，由热气流固结成丝。干法工艺更适合于纺长丝制品。

③ 熔融纺丝　树脂加热熔融成适于纺丝黏度的熔体，过滤经喷丝孔板挤出，经气流冷却和高倍拉伸成丝。熔融纺丝工艺常用于聚酯纤维（涤纶）、聚丙烯纤维（丙纶）、聚酰胺纤维（锦纶，俗称尼龙）等。

熔融纺丝原先采用高压釜加热后压出成丝工艺，现今绝大多数均采用挤出机挤出成丝的方法，其优点是加工简单、耗能少、质量稳定。

7.6.3.1 黏胶、维纶纺前着色

黏胶和维纶纤维的原液着色剂通常采用以水为介质的预制剂形式，有别于常规认知的塑料预分散制剂，它是把颜料和水加上适量的分散剂混合后经超细分散而得到均质体色浆。作为化纤着色剂来说最为重要的一点是如何将颜料分散得符合工艺操作和制品质量的要求。通常情况下，对于原液着色中颜料颗粒的大小一般控制在 $0.5\sim2\mu m$，对于特殊产品，细度的要求更为苛刻。假如预制剂或着色体系中含有较大颗粒，或因颜料细颗粒在体系中稳定性差而产生返粗形成大颗粒，则着色剂和聚合物体系不能很好地相容混合，就会造成纺丝喷头堵塞，影响可纺性；或在牵伸处理时产生断丝、起毛、僵块等多种弊病。由于着色剂是以水为介质，而水是极性的，所以用于黏胶和维纶纤维原液着色用的颜料应选用亲水性比较强的，这样有利于颜料在水相体系中的分散和稳定。

黏胶和维纶纤维原液着色剂中颜料经超细分散后，颜料分散颗粒体其本质上处于不稳定的状态，总是有减少表面积、降低表面能、产生粒子间的凝聚的趋势，其结果是色浆产生分层（沉降或浮色）、絮凝返粗，直接影响正常的喷丝操作和产品质量。

由颜料分散稳定的理论（在 7.5 节中提及的 DLVO 理论，即双电层理论）可知，颜料粒子间存在着范德华引力和静电斥力，它和粒子的大小，以及 ζ 电位间有密切的关系，当电荷间的斥力较大，斥力和引力之和大于 $15KT$（K 为波尔兹曼常数，T 为绝对温度），就能产生能量壁障，防止粒子的凝聚，保持良好的分散稳定性。此时的着色剂在着色体系中能够体现出良好的储存稳定性，这一点在黏胶和维纶纤维原液着色过程中就显得十分重要，应予以关注。

在颜料的种种物性中，颜料本身带电这一特性的重要性至今还未被人们所完全认识，实际上它是影响颜料分散稳定性的另一个重要的因素。颜料带电与其结构上的取代基密切相关，颜料结构中如带有硝基基团、卤素基团等的吸电子基团，就可能带负电荷；而分子结构中带有像氨基等那样的供电子基团，则就可能带有正电荷。颜料分子中的取代基带电性强弱存在下列关系：

$$（带正电）\xleftarrow{\quad 氨基>羟基>羧基>卤基>硝基 \quad}（带负电）$$

由取代基团的改变而引起颜料带电电荷变化的一个典型例子就是：颜料酞菁蓝（P.B.15）外层的-H 被-Cl 取代而成为颜料酞菁绿（P.G.7）后，颜料从带正电荷变为带负电荷。

假设颜料通过润湿、微粒化和分散状态稳定化三个过程后均匀地分散在液相中，分散的颗粒只有两个带正电荷的离子中央层 Stern（斯特恩），被一个更大范围的电荷扩散层所包围，两者共同形成了"双电层"（见图 7-46），双电层越向外发展则颜料聚集机会就减少，反之双电层如果被抑制，那么颜料细颗粒就发生凝聚而沉降。这个颜料均匀分散体保持电中性。但是将这个分散体放在电场下，颜料粒子在电场力作用下向正极或负极泳动，通过泳动速度可以求得带电量，通常得到带电量不是电荷量，而是表面动电位，即所谓 ζ 电位（见图 7-46 之虚线）。大量实验证明 ζ 电位较高表明分散体呈稳定状态；ζ 电位大约在 15mV 左右开始聚集，达 0mV 则完全凝集。

ζ 电位对其他离子十分敏感，外加电解质的变化会引起 ζ 电位的显著变化。因此，在适宜的电解质环境条件下，细微粒子能够体现稳定性；一旦由于外加电解质（改变体系 pH 值，假如其他可溶性盐类等）的变化，稳定体系失衡，从而

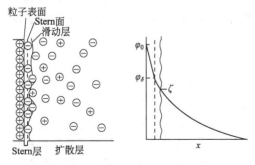

图 7-46 Stern 双电层模型

使得双电子层被压缩而变薄，粒子间的引力大于排斥力，凝聚产生。

此外，适当的颜料含量也是十分重要的一个因素。一些实验表明，水相中随着颜料浓度增加，颜料颗粒粒径先小后大，体系稳定性先增加后减小，这表明颜料浓度的增加加剧了颗粒间相互碰撞摩擦的概率，在一定程度上促进了分散；然而，当颜料浓度超过一定的范围后，由于浓度过高，颗粒间相互靠紧，溶剂化层相互挤压而变薄，颗粒间的引力变大而很容易克服它们之间的阻力位能而发生聚集，导致分散体的稳定性降低。

颜料颗粒在水相中经超细分散达到要求的细度后，及时地过滤是很重要的，因为这样可以最大限度地提高分散研磨的效率，缩短研磨时间；此外也可帮助分离其中可能存在的杂质。

此外，用于维纶和黏胶纤维着色的颜料要注意选择具有良好耐碱和耐酸性能的品种。无论在湿法或干法纺丝中，都要能经受20℃，20％硫酸或100℃，5％硫酸以及5％ NaOH 等的处理。因此，对于像偶氮色淀类颜料、群青、氧化铁黄，氧化铁黑以及铬黄等颜料品种是不适合用在这一领域的。鉴于工艺的要求，在维纶原液着色时也必须考虑颜料的耐热水性能。当然，从最终制品应用的角度考虑，对于黏胶纤维和有色维纶所用的着色剂也必须具有其他各项良好的牢度性能，如耐光（候）性、耐热性、耐摩擦性、耐迁移性、耐溶剂性和耐其他化学品的性能等。作为更深层次的考虑，也应该关注着色剂对制品物理特性的影响最小。

黏胶纤维原液着色工艺采用纺前注射法，其作业流程短、易操作。德国布伦-罗比公司使用的纺前注射器，就是纺丝机前端的黏胶输送管上安装一个管式静态混合器，将制备好的着色剂经过柱塞泵定量注入静态混合器，黏胶和着色剂在静态混合器内充分混合（混合次数超过 10 次），然后进入纺丝机进行纺丝。其工艺流程如图 7-47 所示。对比于常规动力混合器，管式静态混合器的构造极为简单，它是在一段管道中加入多重可以改变流动状态的静态混合单元，这些混合单元最大限度地改变了管道中流体原有的层流形式，产生紊流以及短程回流和旋涡形成湍流，从而达到高效混合的目的。

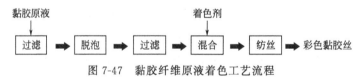

图 7-47　黏胶纤维原液着色工艺流程

7.6.3.2　丙纶（聚丙烯纤维）纺前着色

聚丙烯纤维不具备可染色性，90％以上皆采用原液着色，所使用的着色剂均为颜料。

由于聚丙烯纤维的纺丝温度为 230～300℃，因此，所选择的颜料必须具有优异的耐温性能。另外，铜以及其他的金属离子能加速聚丙烯树脂的氧化分解，所以必须对这些金属离子的含量进行严格的控制。例如，用氯化亚铜作为主要生产原料之一的铜酞菁颜料，在丙纶原液着色应用上对铜离子的控制是一个十分重要的指标，必要时必须对其做精制处理以去除多余的游离铜离子。

7.6.3.3　涤纶纺前着色

涤纶分子排列紧密，又少亲水性基团，因而染色性差一直是困扰着人们。涤纶常规的染色方法是在高温、高压或加载体染色，并且只能在超过涤纶玻璃化温度（81℃），纤维膨胀后加入分散染料，染色才可能进行。实际上，常规涤纶染色一般在 130～140℃，0.3～0.4MPa 压力下进行，经过悬浮、轧染和干燥、焙烘等步骤。某些在混纺中的其他纤维难以承受如此高温而可能导致质量问题。另外，涤纶染色的日晒牢度、水洗、汗渍、熨烫等各项牢度都远低于原液着色，已不能完全满足社会发展和人们生活水平日益提高的需要。

涤纶原液着色是把着色剂溶解或分散在聚酯纺丝原液中进行熔融纺丝，直接制得有色纤维，这种工艺是解决涤纶染色难最有效的途径。其工艺特点如下：纺前着色无需改变原有的涤纶纺丝生产线，以原有的设备和生产工艺就完全可以实现。有色丝生产中变化颜色也十分方便，易于掌控。在应用方面，采用有色涤纶纤维与其他纤维的混纺不仅缩减了染色工序，也增加了对于不适宜高温、高压染色条件的其他纤维与涤纶混纺交织的可能性，这无疑大大增加了实现多样化设计风格的潜力。所以纺前着色在一定程度上还可以说是不需投资的染色厂，是用先进工艺解决一些染整"瓶颈"的途径之一。

涤纶原液着色可分为聚合着色和聚合体着色两种工艺。

(1) 聚合着色　聚酯的聚合着色法就是在聚酯的缩聚阶段添加着色剂，直接制得有色涤纶切片的方法。它是在聚合即将发生之前，酯交换反应后期将着色剂加入高压釜内使之着色，着色后的聚酯再进行熔融纺丝自然而然就得到了有色纤维。涤纶着色剂是将颜料加在乙二醇中超细分散而成的色浆，所用颜料要承受 $133 \sim 322Pa$ 真空和 $260 \sim 290℃$ 高温条件下反应 4h，而且不能影响聚酯酯交换和缩聚反应；着色剂的颗粒粒径小于 $1\mu m$，且能够被均匀稳定地分散在反应体系中。由此可知，能够满足上述反应条件的颜料（或染料）品种为数并不很多。

该法生产工艺成本低，但是设备污染较大，颜色变换比较困难，尤其不适宜小批量有色品种的生产和管理，所以只适合生产单一颜色的品种。

聚酯的原液着色用黑色浆生产所采用的工艺见图 7-48，流程见图 7-49。

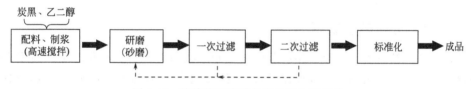

图 7-48　聚酯的原液着色黑色浆生产工艺

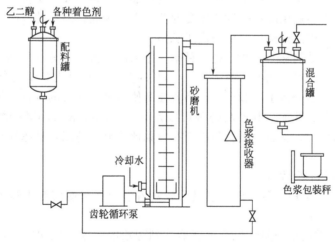

图 7-49　聚酯的原液着色黑色浆生产流程图

(2) 聚合体着色（色母粒）　涤纶色母粒是将超量的颜料或染料经完全分散后均匀地分布在与涤纶相容性良好的高聚物载体中。由于色母粒是在纺丝前加入的，必须慎重地研判所加入的着色剂对纺丝性能和纤维特性的影响，因此如何选择合适的着色剂是极为关键的一个步骤。

聚酯的玻璃化温度高达 $81℃$，所以涤纶色母粒可选择颜料或染料。由于色母粒是在纺丝前就加入到聚合物熔体中的，必须经历 285～300℃高温下的熔融纺丝才能制得有色纤维，所用的着色剂无论由颜料还是染料所组成的，都要求能耐受 285～300℃下 10～30min 不变色的考验，因此它们都应具有优异的耐温性。对染料来说还要求有比较好的耐升华性和耐渗色性等。有鉴于此，可以选用在这一应用上的颜料就一定会聚焦在那些高性能品种系列上了。例如：稳定型酞菁蓝/绿，苝类，蒽醌类，二噁嗪咔唑类以及一些高性能无机颜料品种系列等；另外，部分的其他高性能有机颜料如 DPP，喹吖啶酮等系列中的部分特定产品视性能可以采用。除了颜料的耐温性能，还必须考虑最终制品在使用中对耐光（候）、耐其他化学品以及安全环保等性能的要求。

7.6.3.4　尼龙原液着色

（1）聚合着色　尼龙 6 原液聚合着色工艺一般在聚合前加入着色剂，以颜料水性预制剂形式加入 ε-己内酰胺溶液，着色剂在聚合反应的高温条件下需停留数小时，因此所能选择颜料品种有限。着色剂的粒径小于 1μm，必须能够稳定分散并均匀分布在尼龙 6 树脂中。

（2）聚合体着色（色母粒）　尼龙 6 主要使用色母粒进行纺前原液着色，也可用染料进行着色。虽然尼龙 6 的熔融纺丝温度比聚酯树脂略低，但由于尼龙树脂普遍具有较强的还原性，因此能被顺利用于尼龙纤维着色的颜料品种较之聚酯纤维更少。通常部分蒽醌类、苝类、喹吖啶酮类以及酞菁系列的品种被推荐使用。尼龙 66 比尼龙 6 具有更强的还原性，因此其着色剂的选择范围更狭，能够被很好地用于尼龙原液着色的颜/染料所制得的有色纤维一般都具有良好的耐光性、耐候性。

7.6.4　塑料预分散颜料制剂

随着行业的持续发展，现今的塑料着色加工和成型向着设备大型化、生产高度自动化、运转高速化、产品不断精细化、标准化发展，应运而生了许多超细、超薄、超微化制品。所有这些对颜料的分散要求和标准一直都在提高；此外，对产品生产符合高效、环保、节能和降低成本的呼声也越来越高。由于一般的塑料成型加工设备（如注塑机、纺丝机或单螺杆挤出机等）在加工时不能提供颜料分散所需要的剪切力，因此，颜料的分散工作通常由专业的生产商家——颜料供应商或色母粒生产商所承担。

颜料预制剂（常被简称为 SPC）是一种单一颜料的高浓度预分散制剂。依据不同颜料所具有的特性，一般的颜料预制剂含有 40％～60％的颜料；它是由特殊的制成工艺经特定设备的加工而成；有效的分散手段和严苛的品质控制使得其中所含的颜料以最细微的粒子形态呈现，达到最佳的色彩性能。其产品外观可以是 0.2～0.3mm 大小微粉粒，也能制成如普通色母粒般大小的粒状。正因为颜料预制剂有着如此明显的特点，被越来越多地运用于色母粒的制造。

颜料预制剂具有下列优点。

① 由于颜料被完全地分散，因此它具有较高着色力。与使用粉体颜料相比，一般可提高 5％～15％的着色力。

② 均相过程只需极小的剪切混合力就能达到理想的效果。比如用简单设备（如：单螺杆）就能制成高品质的色母粒产品。

③ 适应各种挤出设备，品质稳定，生产调度灵活。

④ 能体现完美的制品色彩性能：色彩鲜艳度、透明性、光泽度等。

⑤ 杜绝生产过程中的粉尘飞扬，改善作业环境，减少污染。

⑥ 无设备沾污，简化颜色转换过程中的设备清洗。

⑦ 颜料颗粒细微均匀，延长过滤网使用时间，减少滤网更换次数，提高生产效率。

⑧ 制剂外观均匀，无相互粘连，适用于各种喂料机；输送过程不架桥、不堵塞。

⑨ 无需对颜料进行分散，可大大提升现有色母生产设备的产能。

⑩ 能与其他着色剂配合使用，适用性强。

⑪ 剂型多样，能适合不同的载体树脂形态，相混性能良好。

颜料预制剂的制造目前主要遵循两条途径。

① 在有机颜料生产过程中颜料细微粒子尚未产生聚集前，采用相转换的方式，直接把原有的液/固相转换成所需载体与颜料的相界面，从而得到颜料预制剂。

② 采用少量具有良好相容性的载体以及必要的润湿分散剂，对颜料粉末实施完全分散，最终获得颜料预制剂。

颜料预制剂在国际上早已实现商品化，对于欧美和其他发达地区的色母粒制造商来说，运用颜料预制剂已经不是什么新鲜事。然而在国内，这还是个开展得为时并不久远的领域，因此，颜料预制剂在国内的发展还是非常值得期待的。

虽然与直接用粉体颜料相比较，采用颜料预制剂的成本是很高的，但是，从最终制成品特性的比较来看，这样的投入还是物超所值的，尤其对于那些高端品质要求的超细、超薄制品来说，采用一般的分散手段是不能实现的。就市场和行业分工日益明晰的当今社会而言，这样的专业化加工行业的出现和发展也是一股不可遏制的潮流。

第8章
塑料配色实用技术及质量控制

塑料只有着色才能成为商品并为社会服务，塑料配色就是在红、黄、蓝三种基本颜色基础上，配出令人喜爱，并在加工、使用中符合要求（耐热、耐光、耐候、耐迁移、形变），在经济上可行的色彩。另外塑料着色还可赋予塑料多种功能——耐老化性、导电性、抗静电性。

随着人们生活质量不断提高，人们对色彩的要求越来越高，现代社会宛如信息海洋，随时都有排山倒海的信息浪头劈头盖来，人们置身其中，往往惘然不知所措，能让其在瞬间接受信息并做出准确反应，第一是色彩、第二是图形、第三才是文字。色彩定位的目的在于突出商品的美感，使人们从商品的外观和色彩上看出商品的特点。

目前塑料配色的专著很少，塑料行业的优秀配色人员十分紧缺，不少工厂为了预防配色人员流动，往往对配色技术做了很多保密工作，不利于行业的进步。为此本章将塑料配色基本技术作一简单介绍，也希望为进入塑料配色领域的新人提供一个指南。

8.1　配色的原理和原则

8.1.1　基本原理

塑料着色，就是利用染料、颜料等对日光的减色混合而使制品带色的。即通过改变光的吸收和反射，而获得不同的颜色，如吸收所有的光时，呈现黑色；如果只吸收一部分光（即仅吸收某一波长的光），并且散射光的数量很小，那么塑料变成有色透明；如全部反射，则呈白色；如未被吸收的光全部散射，那么塑料则变成"有色不透明"的。

塑料配色可由红、黄、蓝三种基色相拼混，可以得到各种颜色，因此可以把各种颜色看成红、黄、蓝三种基色以一定比例量相混合而得到，其三元色配色如图8-1所示。

通常将饱度较好、明度较大的红、黄、蓝三色称原色（一次色或基色），由这三种原色中任何两种原色相互调和可以得到其他各种不同的颜色，如红和黄得到大红色、橙色、杏黄色；黄和蓝得到绿色、湖蓝色、浅绿色、草绿色、翠绿色；红和蓝可得到紫色、青莲色、暗玫瑰色，这些颜色称为二次色（或间色）。由原色（或二次色）和二次色相互调和而成的颜色，称为三次色（或再间色），例如橙和绿得橄榄色，绿和紫得灰色，橙和紫得棕褐色。现就上述原理形象化，画出三角形拼色图，见图8-2。

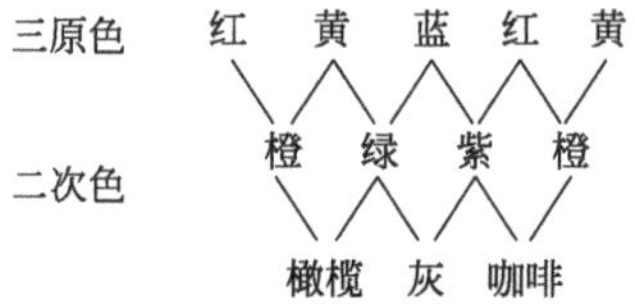

此外在原色或二次色的基础上，用白色冲淡，便可配出浅红、粉红、浅蓝、湖蓝等深浅不同的颜色，加不同量的黑色，

图8-1　三元色配色图

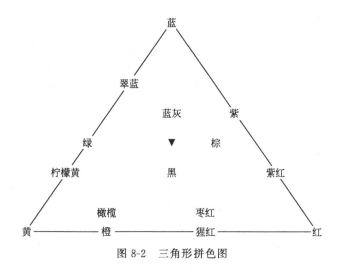

图 8-2　三角形拼色图

又可调出棕色、深棕、墨绿等明度不同的颜色。需要特别注意的是应避免使用红、黄、蓝三原色同时拼色，拼成三角形中心区的颜色——黑色。

目前塑料配色大多采用试凑目视配色法，该法操作简单，缺乏科学性，且费时，它还要求操作人员要具有丰富的经验，不然难以进行操作。提高试凑目视法配色的速度和精度，最好的办法是练习彩绘。著名孟塞尔色标的创立者 Munsell 本人就是一位美术家。但是目视法配色受多种因素的影响，例如气候、季节、配色人员的素质、经验、情绪、健康状况等，都有可能影响配色结果。电脑配色仍然是提高配色精度的必然方向。

8.1.2　配色基本原则

塑料配色过程比较复杂，为使配色能获得预期的效果，做到快速、准确、经济，应遵循下列原则。

（1）"少量"原则　塑料配色选用的着色剂品种越少越好，简言之如果能用二拼色解决就不采用三拼色，因为选择品种多不仅配色麻烦，而且容易带入补色使颜色灰暗。另外选用的品种越多，这些品种因分散性、着色力等因素给配色试样和生产带来的系统误差也越大。

（2）"相近"原则　塑料配色应注意选用耐热性相近的品种。否则因耐热稳定性差异太大，在加工过程中的温度变化会引起色泽变化。

塑料配色应注意选用分散性相近的品种。否则因分散性差异太大，如采用难分散有机颜料和易分散无机颜料配色，在加工过程中因剪切力变化会引起色泽变化。

塑料配色应注意选用性能相近的颜料，应注意选用耐光性和耐候性相近的品种。否则配制的塑料制品因性能差异太大，在户外暴晒后，颜色变得面目全非。

（3）"补色"原则　在配色时应防止补色引入，否则会使原有色光度变得暗淡，而影响颜色的明亮度。补色又称互补色、余色。通常把合成它的二原色以外的原色称为补色，例如橙是红和黄配色而成，蓝是补色；绿是黄和蓝配色而成，红是补色；紫是红和蓝构成，黄是补色。如以红、蓝配成紫色，在配色时加入少量补色——黄色，则所得紫色的色泽就要偏暗，引入较多补色则成灰色。

在配色时要注意颜料的不同色光。例如塑料用炭黑和钛白粉因粒径大小不同分别呈蓝光和黄光，颜料的色光差异更大，避免用互补色色光颜料去配色，否则就会使饱和度降低，色泽发暗。

8.1.3 塑料配色是一个复杂的系统工程

众所周知，塑料配色绝不可能仅仅靠在塑料中加单一品种着色剂予以解决，尽管塑料着色剂品种繁多，但在市场上供应还是有限的，要解决有限的着色剂品种和无限的色彩要求，唯一的途径就是配色，即利用若干着色剂的合理配色，配出所需的色泽。另一方面从节约生产成本、降低仓库库存角度考虑，也需要利用为数不多的着色剂来满足客户众多的要求。

如何把着色剂的各个变量（品种、用量）调节得能再现达到已知颜色视觉特性，价格上合理可行，并在加工成型和产品使用中符合要求，这是个极其复杂的问题，因此对塑料配色不能看作简单的染色造粒。塑料着色是一个系统工程，只有对这一系统中每一因素作详细了解和精心设计，才能达到低成本、高质量的目标，见图 2-5。这需要多行业技能、诀窍和专家知识。同样一个颜色，颜料选得合适，着色质量好而费用又低；颜料选得不合适，着色质量不好，同时费用又高。以确保着色质量为基础，优化考虑颜料应用性能、应用对象、应用配方和应用工艺的综合变化互动，以选择合适的颜料，达到最优着色的目标，因此塑料配色是集颜料化学、高分子化学、表面物理化学为一体的系统工程。

8.2 塑料配色人员应具备的基本知识

塑料配色是一项专门技术，涉及的知识面非常广，因此从事塑料配色的专业技术人员，不仅需要良好的色泽分辨能力，而且应具有丰富的专业知识并进行大量工作实践，具有丰富工作经验，此外塑料配色的专业技术人员还应具有非常认真和耐心的工作态度以及十分灵活的头脑。一个优秀的塑料配色专业技术人员必须全面掌握下列知识。

8.2.1 全面掌握着色剂的性能

着色剂是塑料配色中最重要的原料，配色专业人员必须对其充分了解并能灵活应用。

配色人员应对着色剂本身具有的各项性能如着色力、色光、分散性、耐热性等指标了如指掌，还要对其在塑料中的应用性能，如耐光性、耐候性、耐迁移性、安全性相当了解。一个优秀的配色人员还要对着色剂在不同的着色浓度、在不同的树脂中的各项性能一清二楚，因为有的着色剂在这方面的性能差异非常大。配色人员还需对某些着色剂在某些树脂中不能使用了解得十分清楚；如某些耐热性非常好的喹吖啶酮颜料（酞菁红）不能用于某些 ABS品种着色，镉系颜料因与铅生成黑色硫化铅，不能用于 PVC。

因为配色的经济性十分重要，所以配色人员对着色剂的价格也应有所了解，客户的要求永远是产品价廉物美。

8.2.2 全面掌握塑料的各项性能

树脂是配色的对象，因此必须对其各项性能十分了解。

树脂是以合成或天然高分子化合物为主要成分，品种很多，有聚乙烯、聚丙烯、聚苯乙烯、聚氯乙烯、聚碳酸酯等。塑料品种不同成型条件不同，对着色剂要求也不同。

这些塑料的组成不一，基本特性不一，色泽不一。因此必须对塑料的色泽、透明性、耐热性、老化性、强度等指标有一个全面了解。对于同一种塑料，其牌号不同，性能也不一样。近年来，由于塑料改性市场的兴起，对其配色更具复杂性。

8.2.3　全面掌握塑料加工成型工艺条件

塑料成型加工的目的在于根据塑料的原有性能，利用一切可能的成型条件，使其成为具有应用价值的制品。塑料的成型方法很多，不同的成型方法加工温度相差很大，不同的成型方法其分散性要求相差也很大，因此必须对其有所了解，否则不了解这一过程所配制的着色剂，不是质量过剩就是不合格。

8.2.4　全面了解塑料加工助剂类型并掌握其添加量

塑料加工助剂是塑料加工不可缺少的原料。其特点是添加量小，作用大。有人比喻之为塑料工业的味精是十分恰当的。塑料加工助剂品种十分繁多，有增塑剂、抗氧剂、紫外线吸收剂、光稳定剂、阻燃剂、抗静电剂、抗菌剂、开口剂等。应了解这些加工助剂与着色剂配伍时对塑料成品的影响。如有些树脂中加入抗氧剂 BHT 会引起钛白粉和珠光粉的泛黄而引起着色塑料制品的质量问题。

8.2.5　全面了解塑料制品符合国内外安全法规

塑料是目前世界上使用范围最广的一类材料，特别是在消费产品领域，各种不同种类、不同颜色、不同性能的塑料发挥着重要的作用。为了满足产品安全、环保和健康的要求，塑料制品必须满足世界各国、各地区的法规要求，最为重要而且特别受人关注的是化学物质控制要求。由于国家、地区的差异，产品类型的不同，目前对于塑料着色剂的化学要求，有的是针对着色剂本身的，有的是针对塑料材料的，而有的则是针对产品的通用要求，涉及具体的消费产品非常广泛，主要有玩具、电子电器产品、食品容器和食品接触性材料或产品、汽车材料。因此对国内外的法规要有所了解，配色时选择的着色剂和添加剂要符合法规的要求。

8.3　塑料配色的基本步骤

8.3.1　塑料配色前期准备工作

塑料配色前期的准备工作是首先建立配色系统和数据库。要进行塑料配色，首先应建立企业的配色系统。换言之，应确定选择哪些着色剂作为配色系列中的品种来应对市场千变万化的需求，这是一项十分重要的工作。

当然配色人员可以选择国际各著名跨国公司的顶尖产品，这些产品着色力高、色彩饱和、各项性能优异，是具有质量优势的。然而这些产品的价格太高，这会大大影响市场竞争力。

当然也有配色人员在市场中随意选择一些品种，不做深入调查就用来配色。这势必将有可能会遭到客户对产品的质量投诉，并可能引起进一步的索赔要求。

因此建立一套卓有成效的配色系统，就会在激烈的市场竞争中占有塑料配色的制高点。目前许多公司均将本公司的配色系统视为机密，有的公司甚至将常用的着色剂编代号，以防对外泄露。

如何建立配色系统？有下列几条建议可供参考。

① 熟读和掌握世界上著名的《染料索引》和其他颜料染料手册对着色剂在塑料中的应用有关的技术数据。

② 全面了解和掌握国际跨国公司的产品样本，仔细阅读其各类应用数据。

③ 掌握国内外有关颜料、染料应用的科技书籍。

具有这些书籍上的理论知识，还必须进行大量的实践。企业配色系统应在实践中不断完善。企业建立了配色系统后，必须建立自己的色谱库。建立色谱库的第一步是将确认的配色系统的每一个品种按本色、1/3标准深度制成色板。建立色谱库的第二步是将这些品种互相之间进行拼色并制成样板。

企业应该拥有一套各种不同树脂的着色色谱配方、一套具有户外使用的耐候性的色谱配方、一套供室内使用、价格低的色谱配方、一套满足国内外法规要求的着色剂色谱配方。

当然，除了注塑色板外，根据各厂的不同客户，也可建立各种薄膜单色和各种拼色的薄膜色谱库，也可建立各种纤维单色和各种拼色的色谱库。色谱库品种越多，色谱品种越齐全，对以后配色寻找对比物越方便。

当然色谱库的建立并不是一蹴而就的，而是企业在配色过程中日积月累并日趋完善的。

8.3.2 塑料配色具体步骤

塑料配色专业人员面对客户提供的样品应采用如下步骤进行配色，见图 8-3。

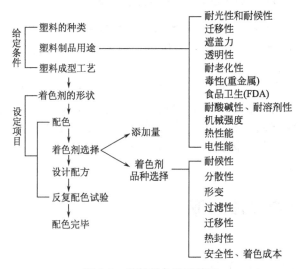

图 8-3　塑料配色流程简图

8.3.2.1　全面了解样品要求

配色的第一步是必须对客户样品作一个全面的了解。当你拿到客户需配色的样品时，三个条件已确定。

① 样品的塑料种类　聚氯乙烯、聚烯烃、ABS，还是工程塑料等。

② 样品的塑料用途　室内、室外？食品包装、汽车塑料、家用电器、玩具……。

③ 样品成型工艺　吹膜成型、吹塑成型、注塑成型、化纤纺丝……。

根据上述三个条件可以了解产品选用的着色剂需要满足的要求（耐热性、耐光性、耐候性、耐迁移性、安全性）。此外，配色人员还需要对客户要求的着色剂的剂型予以确认（颜料干粉、色母粒、砂状、改性料），对客户要求的着色比例（添加量）予以确认。

8.3.2.2　根据客户要求进行初步配方的设计

配色专业人员对客户样品有了一个全面了解并经过周密思考后，根据塑料制品整体设计的要求在企业自行建立的色谱库进行寻找，寻找出与标准色样相近似的样品作为参照物。参照物选择得当与否，直接关系到着色效果的好坏。为了便于寻找到较佳的着色参照物，企业自行建立的色谱库平时应多积累、多制备着色塑料色板或其他相关薄膜、纤维样以备参照，同时还应把自己选色经验和教训编成相应的着色配方，以供参考。

（1）颜料的选用　根据样品的透明、不透明还是半透明来选用着色剂。如果样品是透明色，硬胶类塑料选用的染料应符合耐热性、耐光性和耐迁移性要求，或者软胶类塑料选用透明性好的有机颜料品种。如果样品是不透明的，就需判断目前所选的颜料亮度是否达到样品的色彩要求。如果样品是半透明的，就需知道在反射光和透射光中观察色彩是否需一致，需要用什么样的方式照射。如果客户提供的色泽是一块布或美国PATTON色卡的色号或一幅画或一张照片，应立即询问客户是否可以在任意的光源下观察，另外要征询客户颜色的差异应是多少。因为塑料制品与客户提供的样品在色泽上会有一定的差别。根据样品来确认是否有荧光颜料或金属颜料。

对于样品有一些特殊要求的考量如下。

① 如果样品用于户外就需判断目前所选的颜料是否达到耐候要求。

② 如果样品采用淋膜工艺就需判断目前所选的颜料是否达到耐热要求。

③ 如果样品材料是软质PVC就需判断目前所选的颜料是否达到耐迁移要求。

④ 如果样品材料是PP瓶盖就需判断目前所选的颜料是否会引起翘曲。

⑤ 如果样品材料是纤维就需判断目前所选的颜料分散性是否满足要求。

⑥ 如果样品材料用于食品包装、玩具、家电需判断目前所选的颜料安全性是否满足要求。

总之这些知识在企业的配色系统有详细的资料，需要配色人员熟练掌握和灵活应用。

（2）着色成本综合考量　成本也是一个非常重要考量因素，颜料的价格跟颜料的性能一样重要。一个颜料在性能上能全面适合塑料的加工需要，能满足国际制定的安全法规，通常性能越好，其价格可能越高。在满足要求情况下选择价格性能比好的颜料可以体现配色人员的水平和价值。

着色剂的品种不同，其单价也不同。仅仅关注其公斤价格是不够的，重要的是看其着色力及在此应用的使用价值。颜料分散性是确保其在应用介质中得到完全分散，这是发挥该颜料的全部价值和经济地使用该颜料的前提条件。

颜料选择是一项技术性很高的工作，一个颜料对使用者的有效使用价值取决于这个颜料的颜色性能、牢度性能和加工性能。一个颜色价值很高的颜料，如果因为加工性能（如分散性、流变性等）差，在用户的应用加工条件下，就不能发挥其颜色价值，对用户的使用价值就低。同样，一个颜色性能和加工性能都很好的颜料，如果用在牢度性能不合适的场合，其对该应用的使用价值也低。

选择一个合适的颜料绝对不是一个容易的任务，这需要行业技能、诀窍和专家知识。同样一个应用，颜料选得合适，着色质量好，费用又低；颜料选得不合适，着色质量不好，同时费用又高。选择一个合适颜料的基本原则：以确保着色质量为基础，优化考虑颜料性能、应用配方、应用设备和技术、应用条件和环境的综合变化互动，达到最优着色的目标。

（3）拟定出初步配方　通过反复研究后，从色调、亮度、浓淡度等方面反复比较与标准色样和参照物的差别，在此基础上对参照物的着色剂配方进行修正，拟定出初步配方。

在无参照物的情况下，应仔细分析塑料制品（样品）的颜色色光、色调及亮度等，确定颜色属性，然后根据孟塞尔颜色系统配色，并拟定初步配方。

8.3.2.3　反复调制小样尽量接近客户来样

目前各企业采用的塑料配色法实际上是试凑法，不具有十分的科学性，但至今在塑料工业的配色中还是十分认可的，为绝大部分的企业广泛采用。

配色人员按照拟定的初步配方进行实物着色试验，将制得着色实样与标准色样和参照物一起进行比较，进一步调整着色配方。然后根据调整后的配方再制备试样进行比较。

一个有经验的配色人员应清楚知道在找到正确着色剂配方之前，必须进行大量试验。当配色试验即将接近客户样品色泽时进行微调往往比开始时近似配色更加复杂。这时用量不好掌握，考验配色人员的耐心和耐力，必须进行反复试验直至合乎要求颜色为止。有时候，这种颜色还必须用其他附加颜色进行调色。这些添加色能改变配方中所要求的其他特性。当实验室配料在色彩和其他特性都已符合要求时，应使试样色调与标准色样相同或达到最接近标准色样的程度为止，并试制小样提供给客户。

如果客户对小样经试样后发现有偏差，需根据客户反馈的意见和样品再进一步修正，直至客户满意为止。

每次小样配色完成时对色样、配方、日期和用户等信息均可存入计算机，便于检索、查找和作为修改时的参考，方便、快捷，提高工作效率，且便于保密。

8.3.2.4 颜色的比较

试样和客户提供样品的色泽比较是配色的一个十分重要环节。根据客户样品制作工艺来制作样品比较，薄膜产品常采用吹膜法比较，注塑产品采用注塑法比较，纤维产品采用纺丝法比较。也可采用通用的两辊压片法来比较，试样色泽比较时要特别注意如下几点。

(1) 光源的影响　目测时光源最好采用自然光，有条件的可以采用标准光源箱，否则在某些灯光下比较观测两个样品的颜色可能会因为"同色异谱"现象而使颜色看起来似乎相同，但在自然光线下却有较大的色差。

在不同光源下，试样与客户样品色差感觉不一样，这是由于配色很难做到完全一致，一般均为同色异谱。即使在某一种光源下完全一致，但在其他光源下却可能都有微小差异，所以配色应在若干典型光源（太阳光、钨丝灯、荧光灯、紫外线灯）下均应一致才能合格。但在实际应用中一般根据制品用途而选择光线，在此种光线下一致即可。

(2) 厚度的影响　不同厚度的制品给人眼的感觉不一样；厚度小的较透光，颜色变浅，故配色时应尽量使试样与客户样品厚度一致，无法一致时可作大概外推，如 0.4mm 薄膜试样与 0.2mm 薄膜样本颜色一致时，则可将试样配方中各种色料用量增加一倍，即可得大致配方。

(3) 表面状态的影响　不同的表面其光线反射不同，如在同一个样品上，高光泽表面与亚光表面的颜色显然给人以不同的感觉，同一个样品上，毛糙面就较光滑面深、暗，因而比色观测时要尽可能用表面状态相近的部位进行比较。如在 PVC 胶布配色时，因表面状态不同（光泽、压纹等），应将试样与样品并排，将其上贴透明胶布来比较或浸入水中，这种做法均是将表面状态变成一致。

样品的材质与配色塑料的材质不同。例如用"国际色卡"作标准色样进行塑料配色时，由于"国际色卡"是供印刷行业油墨配色时参考用的，与塑料材质不同，因此给对比观测带来一定的难度。

(4) 树脂的影响　同一颜料应用在不同树脂中其颜色不一，这是由于树脂本色颜色及透明性不一引起的，所以配色应该注意尽量采用客户提供的树脂进行配色以保证色泽的准确性，特别是改性料配色更需注意。

(5) 比色判断错误　在核对过程中最易出现的问题是比色判断错误，判断错误主要是经验不足引起的，通常只能由平时不断练习，不断丰富经验来解决，适当地应用一些仪器如比色仪等也可有助于正确的判断。

8.3.2.5 同色异谱

一对样品由不同着色剂制得。它们在特定光源照射下、由特定观察者观察时，颜色是匹配的。如果一旦照明发生变化，该物体将不再匹配。将光谱反射率曲线不同，但在某一条件下色坐标相同的一对物体定义为同色异谱物体，或称条件配色对，见图 8-4。四个有相同三刺激值，有四种不同光谱曲线的实例分别见图 8-5 和图 8-6。

图 8-4　同色异谱

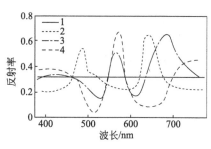

图 8-5　四种不同光谱曲线

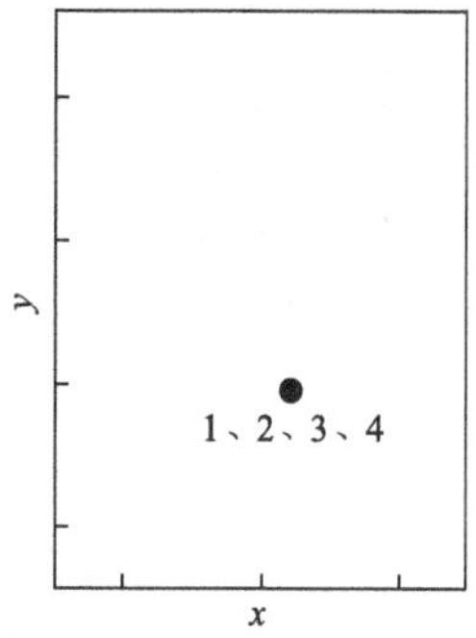

图 8-6　相同三刺激值

同色异谱现象很常见，有时令人不愉快，但同色异谱能使许多不同的颜料配色成为可能。有毒的着色剂可用无毒的着色剂来代替。昂贵的着色剂可用便宜的着色剂来代替以降低成本。由于同色异谱现象的存在，使用不同的着色剂来重新给出一个配方是可能的。配色者可以在一个色空间中赋予一个制品的坐标，使它们的颜色匹配，尽管它们是由不同着色剂制得的。

条件配色配出来的颜色本质上是较差的。高度条件配色的一组"匹配"的颜色会使顾客抱怨。从长远来看，消除物体的条件配色现象唯一的方法是使用相同的着色剂。

8.4　质量控制

当客户确认配色小样需批量生产时，应使用与小试配方相同批号的着色剂，但在事实上难以达到。着色剂的批号不同，在着色力和色光上可能存在误差，即使同一批着色剂因生产设备不同，也很难做到加工条件一致，因而颜色上的差异是难免的。因此应该对塑料着色产品进行质量控制。

8.4.1　色差

色差从字义上来说是指观察者能够看得到的颜色差别。塑料配色总要考虑到经济效益，所以在配色中都规定了色彩允许偏差的范围。这种色彩偏差和颜色公差必须很小，以满足用户的要求。

以人眼评定颜色差别既快速又便宜也很简单，但不可靠。人眼视觉分三种：视杆细胞视觉在晚上比较敏感（暗视觉）；视锥细胞视觉在白天比较敏感（明视觉）；中间视觉：明视觉与暗视觉的转换，人眼判定色差。但是观察者能够看得到的颜色差别还与观察者的心理、生理等因素有关。除了与观察者的主观意识、生活习惯有关外，还与产品的技术指标有很大的关系。所以如果无章可循，只是告诫人们要进行"良好地"配色，那么色差范围有可能被解释得过小或者过大。

8.4.1.1　色差的定义

用数据来描述颜色的差别是科学的一大进步，采用色差仪作色差测试，可避免人为及环境因素而造成的误判。1976 年国际照明委员会推行的 $CIE^*L^*A^*B$ 表色系，就是目前塑料行业中的通用的 CIELAB 表色系，它用具体的数据来表示两个颜料在颜色视觉上的差异。

色差采用 DE［D：希腊字母，表示某方面的差别；E：德语单词（感觉）］或 ΔE 来表示。色差 ΔE 表示色彩空间内表示两个色样彼此间距离差距。

$$\Delta E_{CIE}1976 = [(\Delta L^*)^2 + (\Delta a^*)^2 + (\Delta b^*)^2]^{1/2}$$

明度差异　$\Delta L^* = L^*$试样$-L^*$标样

红-绿差异　$\Delta a^* = a^*$试样$-a^*$标样

黄-蓝差异　$\Delta b^* = b^*$试样$-b^*$标样

ΔE 用 ΔL，Δa，Δb 求得，其值越大，表示色差越大，反之越小，见图 8-7。

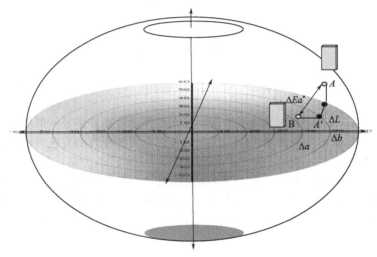

图 8-7　色差的定义

8.4.1.2　色差的评价

1939 年，美国国家标准局采纳了贾德等的建议而推行色差计算公式，并按此公式计算颜色差别的大小，以绝对值 1 作为一个单位，NBS（National of Standards）就作为色差计算的单位，一个 NBS 单位大约相当于视觉色差识别阈值的 5 倍。如果与孟塞尔系统中相邻两级的色差值比较，则 1NBS 单位约等于 0.1 孟塞尔明度值，0.15 孟塞尔彩度值，2.5 孟塞尔色相值（彩度为 1）；孟塞尔系统相邻两个色彩的差别约为 10NBS。NBS 它与视觉之间的关系见表 8-1。

表 8-1　色差值与孟塞尔系统关系

NBS 单位色差值	感觉色差程度
0.0～0.50	感觉极微（trave）
0.5～1.5	感觉轻微（slight）
1.5～3	感觉明显（noticeable）
3～6	感觉很明显（appreciable）
6 以上	感觉强烈（much）

在塑料着色中不同产品有不同色差的接受度，见表 8-2。

表 8-2　塑料着色色差评价

色差*	人眼的感觉
小于 0.1	不可分辨
0.1～0.2	专家可分辨
0.2～0.4	一般人可分辨
0.4～0.8	一些部位严格控制的色差范围
0.8～1.5	常用控制色差范围

色差*	人眼的感觉
1.5～3.0	分开看似乎是相同的颜色
大于3.0	明显色差
大于12	不同的颜色

残余色差（residul difference）亦称模拟等深色差。指将深度有差异的两块样品，按照一定的关系，计算出深度一致时的色差。先作等深处理，再求色差。因着色力稍有变化时，颜色的色相明度和饱和度也有不同程度的变化。

8.4.1.3 色差的应用

（1）用于成品质量控制　在标样的周围分别对 ΔL^*，Δa^*，Δb^* 设定相应的界限，形成一个长方体的"盒子"，见图8-8。区域内的试样被认为合格，区域外为不合格。

（2）用于产品中间控制　在产品生产中间可采用分色差的数值来控制产品质量。分色差的数值可以了解色样的深浅、艳暗，色调在总色差中所占的比重。

◆　采用 ΔC 和 ΔH 组合或 Δa 和 Δb 组合来评价产品的色光特性（艳度、色相）。

◆　采用 ΔC 和 ΔH 组合适合饱和度较高（色相角 h 可作为特征值）的样品颜色的判定。

◆　采用 Δa 和 Δb 组合在饱和度较低的样品的色光评定中效果较好，如黑、灰、棕等，这些颜色难以将色相角 h 作为特征值。

人眼对三个分色差的敏感程度不同，其中色相变化是最敏感，其次是饱和度，最后才是明度。根据人眼所能感受的变化量，三个参数的分类等级界限值通常控制为：$\Delta L = 0.8$、$\Delta C = 0.4$、$\Delta H = 0.2$。

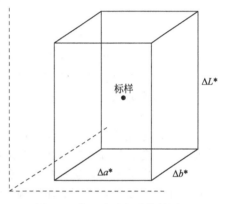

图8-8　成品质量色差控制图

生产厂提供一些用于判断不同批次间的偏差是否在允许范围内的必要信息，有助于分析生产工艺是否处于正常状态。

（3）可进行同色异谱配色　一个颜色可以多种配方达到，所以通过色差控制就能达到目的，以满足客户要求，追求最大利益。

（4）用于评价应用牢度　人们在颜料的耐候性、耐迁移性测试中常用灰卡或灰卡沾色卡对比目测来评定结果，会存在一定误差。采用测试样前后的色差，然后根据计算出的色差值查相应的色差与沾色牢度级别对照表，即可确定出被测试样的牢度级别。色差值越小，说明样品的沾色牢度级别越高，色差与沾色牢度的对比表见8-3。

表8-3　色差与沾色牢度的对比（国标 GB8424.1—2001）

牢度/级	色差	偏差
5	0	0.2
(4～5)	2.2	±0.3
4	4.3	±0.3
(3～4)	6	±0.4
3	8.5	±0.5
(2～3)	12	±0.7

牢度/级	色差	偏差
2	16.9	±1.0
(1~2)	24	±1.5
1	34.1	±2.0

8.4.2 配方设计质量控制

（1）塑料配色中选用颜料品种应尽量少　塑料配色时选用的着色剂品种越少越好，因为选择品种多不仅配色麻烦，而且容易带入补色使颜色灰暗。另外选用的品种越多，这些品种因分散性、着色力等因素给配色试样和生产中带来的系统误差也越大。

（2）塑料配色应注意选用不同着色力颜料　当配制深色品种应选用着色力高品种，因为达到同样的深度时，其加入量少，例如有机颜料着色力比无机颜料高得多，所以一般选用有机颜料。

当配制浅色品种应选用着色力低品种，一方面配色时加入颜料尽可能多一些可减少配色误差，另外一些着色力低的无机颜料即使在添加量极少的情况下也有极佳的耐热和耐光性。

（3）塑料配色应注意选用分散性能相同的颜料　塑料配色应注意选用分散性相近的品种。如采用难分散有机颜料和易分散无机颜料配色，在加工过程中因剪切力变化会引起色泽变化而造成色差。

（4）配色应注意有些颜料的热色效应问题　在配色时要注意有些颜料的色泽会随着温度的变化而变化，例如有些色淀红的颜料和钛白粉配制粉红色，在加工温度下，会使正常的粉红色变成很深的橙色，这种橙色只有在室温24h后才会转变为粉红色。这一现象主要是有些颜料在不同温度下，不同晶体结构达到色彩平衡速度比较慢引起的。

实际上很多颜料都具有这种热色效应，只不过表现不太明显。尽量避免使用热色效应严重的颜料，特别需注意不要把热色效应严重的颜料和其他颜料拼色使用。

另外对于有热色效应颜料需特别注意颜色的比较，需要冷却一定时间后观察为好。

8.4.3 生产质量控制

当客户对实验室提供的小样确认后正式下订货单，工厂必须生产出与小样色泽一致的产品。依据产品的销售情况，生产将反复地进行。当然希望每次生产色泽稳定，实际情况似乎与理想情况有些不同，尤其是在颜色方面。颜色偏差是在某一生产工序中或各道生产工序均会引起颜色变化的一个综合术语。要想达到良好的质量，必须严格控制各种因素，并了解诸因素间的相互作用。可从下列几个方面控制生产中色彩的变化。

（1）必须严格控制生产用原料　原则上生产使用的原料必须与小试用的原料一致，这样才能保证生产产品的色泽一致性。如果采用的是新采购的原料，必须按标准进行检验，检验主要项目有着色力、色光，分散性以及含水量等指标，以便决定该原材料是否采用，以保证生产的稳定性。

这里需特别注意的是每批颜料的分散性不同会发生色调和饱和度的不同，特别是有机颜料比无机颜料更会引起变化。

（2）严格控制混料工艺　混料工艺是决定产品质量的决定性因素，混料过程中对颜料的润湿程度决定颜料最终达到分散的水平。在混料配方中最好选择粉料载体，有利颜料分散。如果载体树脂全为颗粒状，颜料质量分数又较高，粒状树脂对颜料的润湿效果不佳会引起分散不良，而且粒状树脂上、下有分层，并在挤出喂料、下料时不均匀而造成色差。

（3）严格控制挤出工艺条件　控制加料速度、挤出温度稳定，保持剪切力稳定、工艺稳定，否则会造成色差。一些难分散的颜料在塑料加工过程中会受剪切力作用而变化，从而引起色泽的偏差，最好的方法是采用预分散颜料或控制工艺条件不变。珠光或金属颜料受剪切力作用而影响珠光效果或金属效果，也应该改进加工条件以避免珠光或金属颜料在加工过程中受过多的剪切力。

（4）严格控制挤出机机头温度，以防止有些颜料受高温的影响而变色，因此要减少在高温下的停留时间。有时浅色品种往往因树脂受高温的变色或变暗而引起色差，因此可降低加工温度或加入抗氧剂以防止变色。

（5）建立严格管理制度、加强中间控制，防止人为差错　批量生产时，每道工序严格把关。人为差错可能有称量、投料品种不对，加工工艺没按要求，机器未清洗干净，产品受污染，计算出错等。

（6）建立良好生产环境　由于着色剂大多数为粉料，空气中漂浮的粉尘除了易对环境污染外，还会影响产品质量，生产线之间的隔离和及时清理十分必要，不可忽略。

8.4.4　建立质量控制系统

（1）制定公允色差　制定公允色差的标准是塑料配色永远绕不过的问题，即批次之间颜色的精确性。色差并不一定是加工中问题所引起的。每个产品不同批次之间，性能都会有一些变化。因此，一定的色差是可允许的。

供货商和客户应在允许色差上达成一致。一方面允许色差极限在生产和经济上具有可行性，另一方面要保证每批产品具有恒定的颜色。这些相反的要求可能会引起利益冲突，经验表明，供求双方进行直接全面对话可以避免这样的利益冲突。

另外，供货商和消费者有不同的颜色测量仪器。在这种情况下，通常用双方测色仪测量同一个样品。通过数据比较，就能分别确定每台仪器的公差。同一个着色样品每台测色仪的色差，供需双方必须认可对方测色仪产生的色差。这个程序不会引起问题，因为基本上是对同一个样品用两种不同的测色仪进行测量。即使双方拥有相同的测色仪，也推荐采用上述程序。测色仪是一种有色差的工业产品，尽管制造商做出了所有努力希望尽可能地将这种色差减小。

色差必须小于 $\Delta E = 0.8 \sim 1.0$。这样的差异从色调上刚刚能够观察到，尤其是当全部的差异处于一个坐标轴上时。这表明只确定一个 ΔE 通常是不够的，而应该为每个坐标确定一个色差极限。人的眼睛对特殊颜色的敏感性是依据色调发生变化的。与敏感性不同相一致，每个坐标轴上公差可以变化，因此没有必要要求每个坐标具有相同的公差。经验表明只有 ΔL，Δa，Δb 分别小于 0.7 才能使色差 ΔE 小于 1。

（2）原料及成品的标准样品的保存和置换　原材料和成品的检测是质量控制系统的重要一环。因此原料及成品标准样品的保存和置换是非常重要的。

标准样品应妥善存放，应储存在避光、有良好密封性的容器中，良好的密封性排除了工业环境中气态污染物和灰尘的影响，这些条件对保证储存期间标样的纯净很重要。包装标准样品材料不能含有增塑剂、增白剂或其他可迁移的添加剂。

标准样品即使在严格的储存条件下，由于聚合物的老化，储存时间也是有限的。因此建议大约每两年左右更换一次标样。

（3）确立标准检验方法　标准的检验方法对企业内部是控制产品质量的眼睛，对外是产品质量交流的共同语言。

尽量采用国际标准，有利于企业的技术进步和国际接轨。

8.4.5　问题产生与解决

（1）颜料色点　最终产品中的颜料色点是由颜料的分散不良所造成的，有时也与没完全溶解的染料有关。颜料不能分散是由整个生产体系决定的，如单螺杆挤出机的剪切力不足、分散剂的含量不足等。色点的另一个原因是颜料润湿不好，在聚合物熔体中很难分散。

(2) 颜色条纹　最终制品中的颜色条纹主要是熔融聚合物与母粒熔体混合不完全所引起的。其原因是螺杆混合段太短、加工温度太低、停留时间太短、两者熔体黏度相差太大、色母粒着色添加量太少等。另外在无定形聚合物中，颜色条纹是由没完全溶解在母粒中的染料所引起的。

最终产品中颜色条纹更易发生在两种类型的色母粒中，色母粒中颜料含量太高和难于分散的有机颜料，例如酞菁蓝和酞菁绿颜料。一般有机颜料含量在40%，无机颜料在50%～70%。

(3) 热损伤　塑料加热过程中的热损伤也会产生棕色条纹或黑色斑点。棕色条纹是熔融聚合物热损伤的标志。加热器和它的结构（死点、尺寸过小等）是这些问题的源头，而且无法排除。如果聚合物熔体在每次注射时都可能存在热损伤，热损伤就会继续进行，最终结果是出现黑色斑点。这个过程需要花费较多时间，所以经过较长的加工时间后，出现黑色斑点预示着聚合物受到了热的破坏。在加工初期出现的斑点是聚合物或其他组分的不纯物所造成的。

热损伤也与成型加工参数不正确有关，例如停留时间太长、注射太快、浇口位置和尺寸的结构错误等。

停留时间过长有时难以避免，这种情况出现在一些质量极小的产品中。每台注射机，其结构都需要一个最小尺寸和螺杆体积，但对上述小制品来说仍然太大，为此停留时间就长。另一个延长停留时间的原因是一些聚合物粘在机筒壁上，结果这一薄层在每次注射时都无法被替代，这一层的缓慢破坏就不可避免。但是通过添加润滑剂或者使用其他合金做机筒的衬里可以减少此现象的发生。

(4) 杂质的来源也是多种多样的　杂质也可能由磨损造成，受损的机筒和螺杆都会在母粒的生产过程中或注射成型聚合物的着色过程中带进杂质，并使色调偏灰，引起加工问题等。所以机筒和螺杆应及时更换。杂质如果在原料中出现可以很快被发现，但是在后续过程出现污染，发现杂质就相当困难。因为不良的操作习惯或不够细心特别容易将杂质带入，如改变颜料时辅助装置清洗不干净。另外其他颜料的污染也可能造成颜色条纹。表8-4为塑料着色中的问题、原因和排除方法。

表8-4　塑料着色中的问题、原因和排除方法

问题	原因	排除方法
色母粒及最终产品中有颜料色点	颜料没有完全分散	提高颜料润湿性 增加分散剂用量 使用混炼头，增加挤出剪切力
	塑化螺杆磨损	更换螺杆
	染料没完全溶解	改变母料的加工参数
最终产品中的颜料条纹	聚合物熔体和色母粒熔体没完全混合 a. 挤出机的混炼不够 b. 挤出温度太高导致混合黏度太低 c. 色母粒熔融黏度与树脂相差很大 d. 色母添加量太少	使用一个混合头或相似装置 检查挤出机每一个加热段的功能 检查/调整加热段的设定温度 使用一批易调整黏度的料 降低色母粒着色剂浓度，增加添加量

问题	原因	排除方法
黑点	颜料受热破坏	改变/降低加工温度 减少停留时间 避免喷嘴或热流道上的死角 避免制件小挤出机太大（停留时间太长）
	聚合物受热破坏	减小螺筒、螺杆区的熔融黏度（加润滑剂或使用其他合金）
	颜料或聚合物污染（脏、不纯、杂质等）	使用干净颜料 检查污染来源
	生产过程循环污染	严格现场管理
流动方向的 气泡/条纹 （无色）	原料潮湿	检查组分潮湿程度 检查干燥（增加干燥时间和温度） 检查干燥器的功能
流动方向的 气泡/条纹 （褐色）	加工温度太高或停留时间太长 剪切力太高（因为进料体系太小而有摩擦热）	降低加工温度 减少停留时间 检查热流道的温度 检查热流道的直径，如果有必要加大直径 降低注射速率

8.5 塑料配色的实用技术

8.5.1 如何配制特白塑料制品

要配一个亮丽白色制品，首要需选择底色调带蓝光的钛白粉（应选用氯化法工艺生产钛白粉，其粒径小，分子量分布均匀），因为用底色调带蓝光的钛白粉配制白色，会给人们一种新鲜感，反之如果选择一个粒径大、底色调带黄光的钛白粉，无论采用什么办法调节色光都无法达到亮丽的纯白色。

钛白粉因白度不够，在塑料着色时往往添加助剂用以增白。可以加非常少量的蓝和紫色颜料或荧光增白剂增白，钛白粉增白助剂增白效果如下：常用的、最简单的方法是用群青雕白块，其增白的效果市场上称磁白；用荧光增白剂增白效果最好，但其成本最高。

8.5.2 如何配制特黑塑料制品

在用炭黑配制特黑制品时应该注意炭黑色光问题。在入射光下，通常粒径小炭黑比粒径大炭黑更显蓝色调，但在透射光下（透明着色）和拼灰色时却为棕色调。希望得到一个乌黑光亮塑料制品，选择粒径小的低结构炭黑。这是因为炭黑着色时，黑度主要基于对光的吸收，因此粒径越小，光吸收程度越高，光反射越弱，黑度越高。选择了上述炭黑品种，欲获得满意着色效果，需特别注意炭黑的分散性。只有解决炭黑分散性，才能达到最高的炭黑着色力。

炭黑经氧化后，引入极性基团如—OH，—COOH，都会提高炭黑的分散性，因此在炭黑的性能指标中有一个挥发分指标，其数值越高，氧化程度就越高。

无论如何炭黑总带有一些黄光，因此可以用蓝进行调色，其用量为 8%～10%，这样配制的黑色的乌黑度大为增加。采用的一般是颜料蓝 15∶3。如果采用蓝着色剂调色后的基础上再用紫色或红色调色，其配制的黑色的乌黑度也许会更黑。

8.5.3　如何配制灰色塑料制品

用炭黑配制灰色时应该注意炭黑色光问题，炭黑粒径小，加入钛白粉时呈现带黄色色调的灰色；炭黑粒径大，加入钛白粉时，会得到带蓝色调灰色。钛白粉的粒径大小和粒径分布与钛白粉色光也有很大的关系，钛白粉粒径大带黄光，粒径小带蓝光。因此配制灰色首先要搞清炭黑和钛白粉粒径和色调的关系，否则色调搞错，再用颜料来调节，会越调越复杂。

灰色制品配色在确定了炭黑和钛白粉后，有时还需要用其他颜色来调色以达到用户的要求，由于颜料添加量少，因此应选择一些着色力低的品种，如氧化铁（颜料黄119、颜料红101），金属氧化物（颜料黄53、颜料棕24），这样能使配色系统色泽稳定性更好。

8.5.4　如何配制户外用塑料制品

（1）深色户外用塑料制品　塑料制品如体育场的椅子、大桥的钢缆护套、建筑用材、广告箱、周转箱、塑料汽车零件等，因长期在户外使用，所以必须要求有良好的耐光与耐候性。无机颜料一般都有良好的光稳定性，可用于户外用塑料制品配色，但因着色力低而受到限制。

配制户外制品时首先要选择耐光、耐候性好的着色剂，其次在制品中尽量少用或不用钛白粉，使颜料浓度在制品中尽可能高。另外，在着色配方中有足量的紫外线吸收剂和抗氧剂以保证树脂不变色。户外用塑料制品选用有机颜料见表8-5。

表8-5　适于户外深色制品有机颜料主要品种

色泽	颜料索引号	化学结构	颜料 0.1%		
			耐热性/℃	耐光性/级	耐候性/级
黄色	颜料黄110	异吲哚啉酮	300	8	4～5
黄色	颜料黄181	苯并咪唑酮	300	8	4
橙色	颜料橙61	异吲哚啉酮	300	7～8	4～5
红色	颜料红254	二酮-吡咯-吡咯	300	8	5
红色	颜料红264	二酮-吡咯-吡咯	300	8	5
蓝色	颜料蓝15：1	酞菁	300	8	5
蓝色	颜料蓝15：3	酞菁	300	8	5
绿色	颜料绿7	酞菁	300	8	5
绿色	颜料绿36	酞菁	300	8	5
棕色	颜料棕41	缩合偶氮	300	8	5

（2）浅色户外用塑料制品　浅色塑料制品通过加入大量的钛白粉和少量颜料配制而成，由于大多数有机颜料加入钛白粉后耐候性、耐热性均会有不同程度的下降，浅色品种因颜料添加量少，其影响更大，不少品种因耐候性不好，造成塑料制品褪色，客户投诉，影响极坏。另有机颜料因着色力高，所以用于浅色品种中添加量少，因误差传递会造成生产时存在色差，使用时有色偏差。

浅色品种应选用无机颜料调制，主要利用其耐热性好、着色力低的优点。可选择的无机颜料品种见表8-6。

表 8-6   适于户外浅色制品的无机颜料主要品种

色泽	颜料索引号	化学结构	颜料 0.5%		
			耐热性/℃	耐光性/级	耐候性/级
黄色	颜料黄 119	氧化铁	300	8	5
黄色	颜料黄 53	金属氧化物	320	8	5
黄色	颜料棕 24	金属氧化物	320	8	5
黄色	颜料棕 184	钒酸铋	280	8	5
红色	颜料红 101	氧化铁	400	7~8	5
蓝色	颜料蓝 29	群青	400	7~8	
蓝色	颜料绿 28	钴蓝	300	8	5
绿色	颜料棕 50	钴绿	300	8	5

如果塑料着色无重金属安全要求，可选用包膜铬黄和铬红无机颜料，品种见表 8-7。

表 8-7   适于户外浅色制品包膜铬系无机颜料主要品种

色泽	颜料索引号	化学结构	颜料 0.1%		
			耐热性/℃	耐光性/级	耐候性/级
黄色	颜料黄 34	铬黄	260~280	8	4~5
橙色	颜料红 104	钼铬红	260~280	8	4

8.5.5   如何配制透明制品

配制浅色的透明制品首先树脂本身是透明无色的，例如聚丙烯和透明苯乙烯。要选择透明度好的、色光一致的着色剂。一般而言无机颜料透明性不好不能应用，在有机颜料中透明性好的品种见表 8-8。

表 8-8   适于透明制品的有机颜料主要品种

色泽	颜料索引号	化学结构	颜料 0.1%			推荐品种
			耐热性/℃	耐光性/级	耐候性/级	
黄色	颜料黄 139	异吲哚啉酮	240	8	4~5	Paliotal 黄 1841
黄色	颜料黄 199	蒽醌	300	7~8	3~4	固美透黄
红色	颜料红 149	苝系	280	8	4	Paliogen 红 K3580
红色	颜料红 254	二酮-吡咯-吡咯	300	8	5	固美透 DPP 红 BOC
蓝色	颜料蓝 15：1	酞菁	300	8	5	Heliogen 蓝 K6911
绿色	颜料绿 7	酞菁	300	8	5	Heliogen 绿 8730F
绿色	颜料绿 36	酞菁	300	8	5	Heliogen 绿 9360
棕色	颜料棕 41	缩合偶氮	300	8	5	PV FAST 棕

另外塑料本身带有颜色，要配制的颜色与塑料已具有的颜色一定不要互为补色，否则配的颜色发暗。

8.5.6   如何配制珠光塑料制品

珠光颜料在塑料注塑产品中的添加比例一般为 1%；在挤出薄膜类产品中为 4%~8%，具体情况根据塑料薄膜的厚度而定；同样在共挤出复合时，珠光层中的珠光含量也要相应提高，根据塑料珠光层厚度，添加量为 5%~10%。

（1）注意珠光颜料和有机颜料的选择　在塑料加工过程中使用珠光颜料一般需要注意以下几点。

① 被着色树脂的透明性要好。

② 尽可能选用透明性好的颜料（如有机颜料）与溶剂染料。

③ 不能与钛白粉配伍，为了达到一定的遮盖力，可同时使用小粒径的珠光颜料，尽量避免使用高遮盖力的颜料。

④ 珠光颜料应用在户外塑料制品上时，需要考虑珠光颜料的耐候性。

（2）注意珠光颜料加工成型工艺

① 注塑时提高背压，以提高螺杆的混炼性，从而提高珠光颜料的分散性，注塑时的加工温度一般选在树脂推荐的使用温度范围的上限处，这样能保证珠光粉的分散性，在成型的过程中，熔体的流动带动了珠光颜料片晶的自动定向，取得良好的珠光效果。

② 模子表面的光洁度是非常重要的。模子越光洁，越能得到均一方向排列和光滑的珠光色泽。

③ 模子浇口的设计也是非常重要的。选择单一浇口比多个浇口更能减少模口流出线，浇口通常应选择在远离流动障碍的厚实处，浇口末端与流道系统之间距离应尽可能小，以减少由于流体阻力的差异而引起的珠光颜料分布不均匀和杂乱无章的排列现象。

④ 由于珠光颜料以片状存在，在塑料加工过程中，由于剪切力的影响，颜料的粒径会变小，珠光效果会降低。采用较大的长径比和适当细度的过滤网以增加机头的压力，尽可能减少加工过程中剪切力对珠光颜料的破坏。

⑤ 在 PMMA、PC、PA 体系中使用珠光颜料，必须事先进行干燥处理。

在 PVC 塑料中，使用金色和古铜色珠光颜料系列产品时，由于含有游离的铁离子，会加速 PVC 树脂分解，使用时必须引起注意。银白色珠光颜料在有些塑料产品中会泛黄，推荐使用抗黄变系列产品。

8.5.7　如何配制金色、银色塑料制品

银粉实际上是铝粉。由于铝表面能强烈地反射包括蓝色光在内的整个可见光谱，因此铝颜料可产生很亮的蓝—白镜面反射光。

铝粉在塑料中应用有不同品种。颗粒平均直径 $5\mu m$，其着色力和遮盖力极好；颗粒平均直径 $20\sim30\mu m$，可与彩色颜料共同使用；颗粒平均直径 $330\mu m$，具有特粗闪烁效果。

铝粉的熔点为 $660℃$，但在高温下直接与空气接触时，表面被氧化成灰白色，因此对铝粉进行表面处理而覆有氧化硅保护膜，可使其具有耐热、耐候、耐酸性。

金粉实际上就是铜粉，其在高温下易氧化。另外其耐候性也不好，长时间放在室外也会发暗。如在铜粉表面采用处理技术使其覆有氧化硅保护膜，可以大大提高其耐热性、耐候性和耐酸性。德国 ECKART 公司提供的 RESIST 牌号的金粉均经过氧化硅处理，采用其原料试制的色母粒在高温下注塑不会有发暗现象。

为了配制特殊金属效果，可适当加入少量透明性较好、色光相似的有机颜料，但需要注意的是：如果在配方中加入过多的钛白粉和珠光粉之类的物质，也会使制品发暗。

由于金粉和银粉均呈片状结构，因此使用金属颜料和珠光颜料在注塑加工中较易产生模口流出线，影响塑料产品外观。可以采用下列方法来减少或降低上述情况：采用大粒径金属颜料；提高金属颜料的添加量；选用黏度高的树脂；加大注射孔径；增加注射速度。

8.5.8　如何配制荧光塑料制品

塑料上使用的荧光颜料是将荧光染料分散在特定高分子树脂中而制成，使荧光颜料不会发生迁移。从 1970 年起使用复杂体系聚酰胺树脂使荧光颜料的热稳定性可达 $305℃$，近期

开发以聚酯为载体的荧光颜料也获得成功，其热稳定性也可达285℃以上。

荧光颜料对紫外线敏感，所以耐光性较差。提高荧光制品耐光性的方法是加入相同色调的非荧光着色剂。

8.6 计算机配色

8.6.1 计算机配色的优点

计算机配色不仅加快了配色的速度，减少了配色的过程中人力、物力的损耗，而且对降低塑料着色成本、增加经济效益，很有效果。

(1) 迅速提供合理配方，降低成本 可以在短时间内找到最经济，并且在不同光源下色差最小的配方。在满足规定色差要求的前提下，显示出一系列配方价格指数，可从中选出更经济的配方，一般可使着色剂成本降低10%～15%。

(2) 迅速精确地修正配方 可以修正电脑列出配方，在色差不合格时利用显示器显示的不一致的反射曲线直接通过键盘增减颜料量，直至两条曲线基本重合，得出修正后配方并能快速计算出修正配方，提高效率。

(3) 预知同谱异色 预先得知该配方的同色异谱现象，避免在不同光源下色差变化造成产品降级或质量问题。

(4) 科学化配方存档管理 日常工作中的色样、配方、工艺条件、生产日期和用户等信息均可存入计算机，便于检索、查找和作为修改时的参考，方便、快捷，提高工作效率，且便于保密。

8.6.2 计算机配色的原理

(1) 计算机配色原理 计算机配色原理：在特定光源下，物体的颜色可以用数字来表示，塑料着色物体的光学特性与着色浓度间存在函数关系，由计算出的标样与配方样之间的色差来对配方作进一步修正。

计算机配色仪接收的颜色信息是通过分光光度计测量样品得到的。如果所测样品与另一标准样品的反射曲线相同，那么就说这两样品的颜色完全相同，配色达到了理想的效果；若两者在某几个特定光源下颜色的三刺激值相近，即所谓的条件配色，在这种情况下可能会发生同色异谱现象，这也是仪器配色所允许的。配制样品的颜色，就是确定样品中各着色剂的适当比例、使样品与标准样品的反射率曲线尽量接近或者使两者的颜色三刺激值近似相等。

(2) 计算机配色的基本算法 如果在塑料基材中增加着色剂浓度，则所测出的反射率随之下降，但不是简单的线性函数关系。所以不能从反射率参数直接求出着色剂浓度。计算机配色运用 Kubelka-Munk 方程式，可找出反射率与着色剂浓度之间的关系，以下是在可见光范围内某一波长下的方程式：

$$(K/S)_\lambda = (1-R_\lambda)^2/2R_\lambda \tag{8-1}$$

式中，K 是波长 λ 下不透明体的光吸收系数；S 是波长 λ 下不透明体光散射系数；R_λ 是波长 λ 下颜色样品的光反射率。

光吸收系数 K 和光散射系数 S 具可加和性，K、S 值与着色浓度成线性关系。

光吸收系数 K 和光散射系数 S 的比值又叫线性加成浓度函数：

$$(K/S)_\lambda = [(K_0)_\lambda + C_1(K_1)_\lambda + C_2(K_2)_\lambda + \cdots + C_n(K_n)_\lambda]/$$
$$[(S_0)_\lambda + C_1(S_1)_\lambda + C_2(S_2)_\lambda + \cdots\cdots + C_n(S_n)_\lambda] \tag{8-2}$$

式中，$(K_0)_\lambda$ 及 $(S_0)_\lambda$ 为塑料基材在波长 λ 下的光吸收系数和光散射系数；$(K_1)_\lambda$ 到

$(K_n)_\lambda$ 和 $(S_1)_\lambda$ 到 $(S_n)_\lambda$ 为各种着色剂在波长 λ 下单位浓度的光吸收系数和光散射系数；C_1 到 C_n 分别为 n 种着色剂的单位浓度。

如果塑料基材和各种着色剂的 $(K_0)_\lambda$、$(S_0)_\lambda$、$(K_1)_\lambda \sim (K_n)_\lambda$、$(S_1)_\lambda \sim (S_n)_\lambda$ 为已知值，那么只要测量欲配色样品在可见光波长范围内（波长 λ 可选择 400nm，410nm……700nm）各点的光反射率 R_λ，由式（8-1）求出 $(K/S)_\lambda$ 比值，然后将各点波长对应值代入关系式（8-2），列出一个多元方程组，就可计算出配方中各着色剂浓度。

8.6.3 建立着色剂数据库

计算机配色是在常用的着色剂范围内对来样进行配色。这样配出的样品不一定与来样的光反射曲线完全重合，但在某几个特定的常用光源下，两者的三刺激值基本相等。因此首先要按照不同的塑料基材分类，制备一批各种着色剂颜色数据用的样品。测试某一基材及各种着色剂在不同波长的光吸收系数和光反射系数后，存入计算机数据库内。

颜色数据库中应有黑、白和灰色，然后是各种彩色着色剂分别与黑、白混合的颜色数据。着色剂在基材中的比例应根据常规自行决定；数据库样本中着色剂可按下列比例制备。

（1）白色、黑色颜料反射曲线制备　见表 8-9。

表 8-9　白色、黑色颜料反射曲线制备

聚烯烃（PP、HDPE）	聚合物/g	主要白色品种（TiO_2）/g	主要黑色品种（炭黑）/g
聚合物主要品种	100		
主要白色品种的反射率		0.05	
		0.1	
		0.2	
		0.4	
		0.6	
		0.8	
		1	
灰反射率[①]		0.99	0.01
主要黑色品种的反射率			0.03
			0.05
			0.1
			0.2
			0.25
			0.3
			0.5

[①] 灰色反射率应接近并小于 40%，如反射率高于 40%，增加炭黑的量。如反射率太低，增加钛白粉的量。

（2）彩色有机颜料反射曲线制备　见表 8-10。

表 8-10　彩色有机颜料反射曲线制备

聚烯烃（PP，HDPE）	有机颜料/g	主要白色品种（TiO_2）/g	主要黑色品种（炭黑）/g
本色	1.00		
	0.8		
	0.6		

聚烯烃（PP，HDPE）	有机颜料/g	主要白色品种（TiO₂）/g	主要黑色品种（炭黑）/g
	0.4		
	0.2		
	0.1		
	0.05		
加白反射率	0.5	0.95	
加黑反射率①	0.98		0.02

① 反射率曲线最大值应小于20%，如高于20%，增加炭黑的比例。

（3）彩色无机颜料反射曲线制备　见表8-11。

表8-11　彩色有机颜料反射曲线制备

聚烯烃（PP，HDPE）	有机颜料/g	主要白色品种（TiO₂）/g	主要黑色品种（炭黑）/g
本色	1.00		
	0.8		
	0.6		
	0.4		
	0.2		
	0.1		
	0.05		
加白反射率	0.25	0.75	
加黑反射率①	0.98		0.02

① 反射率曲线其最大值应小于20%，如高于20%，增加炭黑的比例。

（4）彩色效果颜料反射曲线制备　见表8-12。

表8-12　彩色效果颜料反射曲线制备

聚烯烃（PP，HDPE）	金属颜料/g	颜料/g	主要黑色品种（炭黑）/g
铝粉	1.00		
	0.3		
加黑反射率	0.3		0.001
	0.3		0.005
	0.3		0.010
加彩色颜料	0.3	0.05	
	0.3	0.10	
	0.3	0.30	

（5）填料反射曲线制备　见表8-13。

表8-13　填料反射曲线制备

聚烯烃（PP，HDPE）	聚合物/g	填料（CaCO₃、BaSO₄）/g	主要黑色品种（炭黑）/g
聚合物主要品种	100		
		1	
		3	
		30	
		10	0.005
		10	0.015
		10	0.050

数据库样板制成后，由测色仪中的分光光度计分别测量各样品的反射率 R_λ，然后根据公式（8-1）求出对应的 K/S 比值。测量数据样本的反射率，计算机可自动进行上述运算，并在计算机的颜色数据库内存入以某种塑料为基材的各种着色剂在各波长下的光吸收系数和光散射系数。

数据库建立是一项十份重要而且工作量巨大、技术性很高的工作，如果这项基础工作不做好，计算机配色工作无法进行。

目前除了极少跨国企业采用计算机来进行塑料配色，国内很少有单位采用。现在已有不少企业购买配色软件，最后还是没采用计算机配色，因为该企业在购买之前根本不知道需要自己做建立数据库工作才能使用计算机配色。尽管有些软件供应商可以提供国际跨国公司颜料的数据库，那么配色结果是选择跨国公司的颜料，在经济上是行不通。

数据库数据的建立，需要正确，如有误差，会影响配色效果，如何做到正确，除了认真，细致外，必须每个数据做两次后重叠，所以其工作量非常大。

8.6.4 计算机配色的实施

颜色数据库建立后，测量数据存放在计算机中，可随时为"计算机配色"提供服务。将需要配色样品让测色仪测试后，计算机可以自动将数据库的所有着色剂进行不同的组合，然后计算出各组的配方的颜色三刺激值，并与来样的三刺激值逐个比较。若两者的差别超出允许色差，则自动取消该配方，最后显示其余合格配方；但考虑到数据库中存有大量的着色剂数据，要逐个进行组合，势必增加计算时间，所以一般配色软件被设计有可指定选用着色剂构成的配方组合，通过键盘输入，由计算机选用，这样就缩短了计算机的运算时间。所以计算机配色的人员需要一定的技能和经验，才能使计算机迅速地给出配方，其中会有不同的色差值和不同的成本供操作人员选用。

计算机配色仪的配方修正程序也是根据上述原理设计的。考虑到由各种因素引起的色差问题，配色仪可以把计算机配方试验样品进行修正，在原配方基础上，增加某些着色剂的添加量，通过显示屏上修正色反射曲线与标样色反射曲线的重叠来不断增减着色剂的品种与用量，使两条反射曲线尽量接近至重叠，得到调整色差的参考配方。

但需强调的是：计算机配色只是辅助手段，最终结果仍需由人眼来评判、确定。计算机配色的示意图见图 8-9。

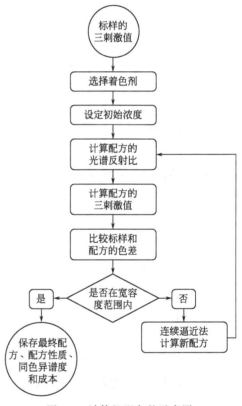

图 8-9 计算机配色的示意图

第9章
塑料着色成型工艺

　　塑料行业的发展，与其十分多样性的成型工艺密切相关，塑料成型工艺包括挤出成型、注射成型、压延成型和模塑成型四大类。就挤出成型来说，改变不一样的成型模口就可以演化成诸如薄膜、管材、片材、板材、线材、异型材等各不相同的成型方法。

　　几乎所有塑料制品都离不开着色剂的相伴，同时也对着色剂提出了更高的要求。之所以在本章来研究和了解各种成型工艺以及操作条件，其主要目的是希望有助于我们了解整个塑料制品加工的全过程，帮助我们更有针对性地选择着色剂，使之能完全符合塑料制品加工的需要，真正体现其应有的价值。

9.1 塑料成型基础

9.1.1 塑料的三种物理状态及其应用

　　塑料在受热时常体现的三种物理状态为：玻璃态（结晶性聚合物亦称结晶态）、高弹态和黏流态。适宜的成型加工方式与塑料三种物理状态的对应关系可参见图9-1。

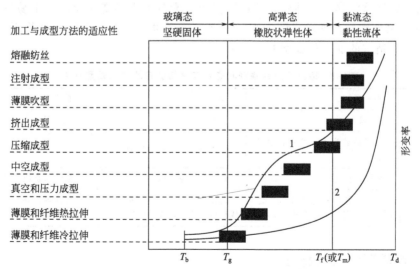

图 9-1　聚合物的物理状态与温度及与之相适宜的成型工艺的关系
1—线型无定形聚合物；2—完全线型结晶聚合物；T_b—聚合物的脆化温度；
T_g—玻璃化温度；T_f—黏流温度；T_m—熔点；T_d—热分解温度

（1）玻璃态　由于温度较低，大分子链段处于被冻结状态，这时聚合物受到外力后，变形量很小，表现出像玻璃一样的物理状态，称为玻璃态。多数塑料的玻璃化温度都高于室温，只有极少数塑料的玻璃化温度低于室温，如高密度聚乙烯玻璃化温度为$-80℃$。玻璃态是大多数塑料制品的使用状态。玻璃化温度（T_g）是多数塑料制品使用的上限温度。脆化温度（T_b）是塑料制品使用的下限温度。当温度低于T_b时，塑料制品在很小的外力作用下就会发生断裂，无使用价值。从塑料的使用角度来看，T_b和T_g之间的范围显然越宽越好。常温下，玻璃态的典型材料是有机玻璃。

（2）高弹态　当塑料受热后温度超过T_g时（$T_g \sim T_f$之间），形变曲线开始急剧变化，塑料进入柔软而富有弹性的高弹状。变形能力显著增大，弹性模量明显降低，但是其变形仍然具有可逆性。在高弹态状态下，可进行弯曲、吹塑、真空成型、拉伸、冲压等成型，成型后会产生较大的内应力。进行上述成型加工时，应考虑到高弹态具有的可逆性，由于高弹态形变比普弹形变大一万倍左右，随着温度升高至T_g与T_f之间时，树脂的大分子链还不能移动，当聚合物材料受到外力拉伸或挤压时，大分子链可以通过链段运动来适应外力的作用，使分子链从卷曲状态被拉伸而伸直，一旦外力解除后，被拉直的分子链又可以恢复到卷曲状态，表现出很好的弹性，故称为高弹态。

（3）黏流态　当塑料受热温度超过T_f时，分子热运动能量进一步增大，直至能解开分子链间的缠结而发生整个大分子的滑移，变形迅速发展，塑料开始有明显的流动，开始进入黏流态而变成液体，具有流动性，通常称之为熔融体或熔体。在这种状态下塑料的变形不具有可逆性，一经成型和冷却后，其形状就能永久保持下来。T_f是塑料成型加工的最低温度，在这种黏流状态下，聚合物熔体形变在不太大的外力作用下就能引起宏观流动，此时的熔体可进行注射、挤出、压注、纺丝等成型加工；当温度升高至熔体流动性能足以仅靠自身的流动就能充盈成型时，就可实现滚塑成型的加工。树脂在黏流形态下成型后，制品的应力较小。增高温度将使黏度大大降低，流动性增大，有利于熔体充型，但不适当地增大流动容易导致注射成型过程中的溢料、挤出成型塑件形状的翘曲、收缩和纺丝过程中纤维的毛细断裂等现象。当温度高到分解温度T_d附近，则会加剧聚合物的分解，降低塑料制件的物理机械性能或引起外观不良等缺陷。因此，T_f和T_d可用来衡量聚合物的成型性能，温度区间较大，表明聚合物熔体的热稳定性好，可在较宽的温度范围内形变和流动，不易发生热分解。T_f和T_d都是聚合物材料进行成型加工的重要参考温度。根据塑料的三种物理状态，可以合理地制定对其适宜的加工和成型方式，见表9-1。

表 9-1　塑料的三种物理状态及与之相适宜的加工成型方法

状态	玻璃态	高弹态	黏流态
温度	T_g 以下	$T_g \sim T_f$	$T_f \sim T_d$
分子状态	分子纠缠为无规则线团或卷曲状	分子链展开，链段运动	高分子链运动，彼此滑移
物理状态	坚硬的固态	高弹态、橡胶状	塑性状态或高黏滞状态
加工可能性	可作为结构材料进行车、铣、刨、锉、锯、钻等机械加工	弯曲、吹塑、压延、冲压等，成型后会产生较大的内应力	可注射、挤出、压缩、压注等，成型后应力小

9.1.2　塑料成型的工艺特性

（1）塑料的可挤压性　可挤压性是指塑料通过挤压作用形变时获得一定形状并保持这种形状的能力。塑料在加工过程中常受到挤压作用，例如塑料在挤出机和注射机料筒中以及在模具中都会受到挤压作用。通常条件下塑料在固体状态不能采用挤压成型，衡量聚合物可挤压性的物理量是熔体的黏度（剪切黏度和拉伸黏度）。熔体黏度过高，则物料通过形变而获得形状的能力差；反之，熔体黏度过低，虽然物料具有良好的流动性，易获得一定形状，但保持形状的能力较差。因此，适宜的熔体黏度，是衡量塑料可挤压性的重要标志。

（2）塑料的可模塑性　塑料的可模塑性是指在一定的温度和压力作用下，聚合物在模具中模塑成型的能力。具有可模塑性的聚合物可通过注射、压塑、压注和挤出等成型方法制得各种形状的模塑制品。这些成型方法对塑料的可模塑性要求是：能充满模具型腔，获得制品所需的尺寸精度，有一定的密实度，满足制品规定的使用性能等。

（3）塑料的可延展性　塑料的可延展性是非结晶型或半结晶型聚合物在受到压延或拉伸时变形的能力。聚合物的可延展性取决于材料产生塑性变形的能力。利用聚合物的可延展性，可通过压延和拉伸工艺生产片材、薄膜和纤维等制品。形变能力与固态聚合物的结构及其所处的环境温度有关。

9.2　挤出成型

挤出成型是指在挤出机中通过加热、加压而使物料以流动状态连续通过口模成型的方法，即熔融材料最终需按设定的形状成型以后冷却到固体状态，即成为最终产品，见图9-2。

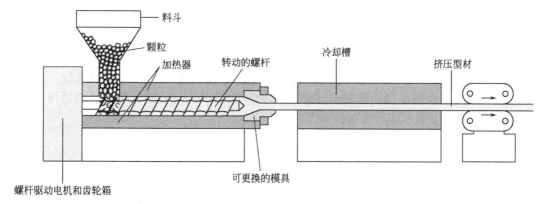

图 9-2　塑料挤出成型流程图

挤出成型的模头主要有四种类型。

（1）环形口模　主要用于生产管状薄膜、管材（软管，硬管）、电线电缆、中空成型的管状挤出等。

（2）圆孔口模　用于纺丝及单丝挤出、棒状材料挤出等。

（3）扁平口模（T型模）　用于生产厚度小于0.25mm的薄膜以及薄片、薄板材。

（4）异形口模　异型材（门、窗型材，装饰压条和转角，中空隔板等）的挤出。

用来制造上述产品的聚合物大多是热塑性树脂。

9.2.1　环形口模

（1）吹膜成型工艺　塑料薄膜具有质轻、柔软、透明，制成的包装材料美观大方，适用范围广；与传统包装材料相比，塑料薄膜能弥补金属和纸包装材料的不足；塑料薄膜成型简单，能耗低，可再生，价格低廉，是一种环保型可持续发展的包装材料。有鉴于此，塑料包装材料的发展增长速度远高于其他类别包装材料，已成为包装领域一支不可或缺的主力军。

吹塑薄膜是将塑料原料用挤出机挤出，通过口膜把熔融体树脂塑形成薄管，然后趁热用压缩空气将它吹胀，经冷却定型后即得到环形薄膜制品。在吹塑薄膜成型过程中，根据挤出和牵引方向的不同，可分为平吹、上吹、下吹三种。

① 平挤上吹法　使用直角机头，即机头出料方向与挤出机垂直，挤出泡管向上，牵引至一定距离后，由人字板收拢，所挤管状由底部引入的压缩空气将它吹胀成泡管，并以压缩空气气量多少来控制它的横向吹胀尺寸，以牵引速度控制纵向拉伸尺寸，泡管经冷却定型就可以得到环状吹塑薄膜，如图 9-3 所示。适用于上吹法的主要树脂种类有 PVC、PE、PS、HDPE。

② 平挤下吹法　使用直角机头，与上吹法相反，泡管从机头下方引出吹胀成型。该法特别适宜于黏度较低的树脂原料以及透明度要求比较高的塑料薄膜，如 PP、PA、PVDC（偏二氯乙烯）等。设备布置如图 9-4 所示。

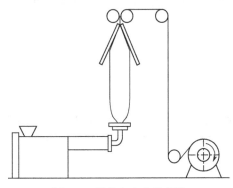 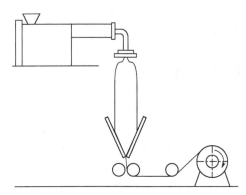

图 9-3　平挤上吹法示意图　　　　　　　图 9-4　平挤下吹法示意图

③ 平挤平吹法　使用与挤出机螺杆同轴的平直机头，泡管与机头中心线在同一水平面上。该法只适用于吹制小口径薄膜的产品，如 LDPE、PVC、PS 膜，平吹法也适用于吹制热收缩薄膜。图 9-5 显示了其设备排布方式。

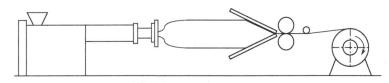

图 9-5　平挤平吹法示意图

吹塑薄膜成型的主要设备有挤出机、机头（口模）、冷却风环、空压和吹胀系统，人字板收拢以及牵引卷取机组等。塑料薄膜挤出温度根据所用树脂材料不同而各异，见表 9-2。

表 9-2　各种塑料薄膜挤出温度

品种		机身 /℃	连接器 /℃	机头 /℃
聚乙烯		130～160	160～170	150～160
聚丙烯		100～250	240～250	230～240
复合薄膜	聚乙烯	120～170	210～220	200
	聚丙烯	180～210	210～220	200

颜料应用于塑料薄膜应特别关注颜料的分散性、耐热性、耐迁移性、使用安全性等。

① 分散性　由于大多数薄膜制品为透明的，因颜料的分散性不佳而显现的颗粒色点会影响制品的外观品质；另外分散颗粒存留于薄膜中对薄膜包装袋制品的封口性能会产生不良后果，也会在包装液体物质时产生渗漏等问题；更严重的是，过大颗粒可能导致吹膜过程中产生破泡现象，影响正常生产。

② 耐热性　挤出吹膜是高温加工工艺，根据不同的树脂和吹膜要求，一般的操作温度都会在180～240℃，使用的着色剂必须能够在此温度下经过数十秒至数分钟的操作时间，因此，颜料的耐热性能是必须具备的重要特性指标之一。

③ 耐迁移性　塑料薄膜的主要应用是作为包装材料，如果其中所使用的颜料有迁移性，那么迁移出的颜料会迁移至与之相接触的物品上，造成沾污，甚至会污染所包装的内容物，尤其对食品包装而言，将引发食品安全问题。

④ 安全性　作为食品的包装材料必须符合一些公认的国际或国内的食品接触安全规定和指令，例如FDA，AP-89-1和中国国家标准GB9685—2009等，这已经成为一个普遍的共识。用于塑料包装的着色剂同样必须遵守这个规范。

（2）电线电缆成型工艺　电线电缆最基本的性能是有效地传播电流或各种电信号。通常它包含一根或多根绝缘线芯，以及线芯各自具有的包覆层以及它的总保护层（电缆护套）。在此讨论的主要是包含有塑料绝缘层和护套的线缆，包括绝缘电线、电力电缆、通讯电缆等。

以市话通信电缆为例，它是将聚乙烯包覆的铜线制成通信线束，用于市内电话通讯和长途电话网络通信。塑料作为绝缘层包在铜线外，一根市话通信电缆往往有高达千对以上线束，为了区别每一根线的功能必须对每根线的塑料包覆层进行着色。

根据电线电缆应用的特点，颜色的标准性是非常重要的一个指标，行业所规范的各种线缆的标准色和允许误差值是必须遵守的硬性标准。除此以外，所添加的其他化学品包括颜料必须最大限度地保持塑料包覆材料应有的电性能如导电性等，以确保电线电缆的安全正常使用。

市话通信电缆挤出成型工艺在挤出阶段与其他挤出成型大同小异，仅在挤出口模处不一样；所附加的放线输入定位装置帮助金属线芯的准确加入，并与塑料绝缘层共同挤出成为一体。其生产工艺如图9-6所示。

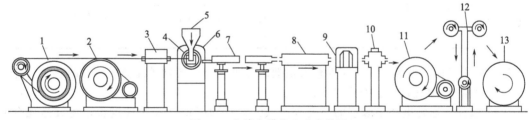

图 9-6　电线电缆挤出生产装置

1—放线输入转筒；2—输入卷筒；3—预热；4—电线包覆机头；5—料斗；6—挤出机；7—冷却水槽；
8—击穿检测；9—直径检测；10—偏心度检测；11—输出卷筒；12—张力控制；13—卷绕输出转筒

电线电缆绝缘层和护套层所用树脂主要有低密度聚乙烯、高密度聚乙烯、聚丙烯、聚氯乙烯等；特殊线缆也有的使用聚酰胺、氟塑料（聚四氟乙烯、聚全氟乙丙烯）、聚酰亚胺等。

电线电缆用树脂的挤出加工温度见表9-3。

颜料用于电线电缆绝缘和护套层的着色还必须符合相关线缆应用的特定质量要求。以国际公认的美国农业部农村电气化管理局REA PE-200标准为例，其中对颜色的要求必须符合一系列专门的测试指标，具体要求见表9-4。

表 9-3　电线电缆用树脂的挤出温度

塑料树脂	加料段/℃	熔融段/℃	均化段/℃	机头/℃	口模/℃
PVC	130～160	150～170	155～180	160～175	170～180
HDPE	140～150	180～190	210～220	190～200	200～210

塑料树脂	加料段/℃	熔融段/℃	均化段/℃	机头/℃	口模/℃
LDPE	130～140	160～170	175～185	170～175	170～180
F-46 (FEP)	260	310～320	380～400	350	250

表 9-4　美国 REA PE-200 标准要求

项目		测试条件	技术指标	国外标准
颜色			符合孟塞尔色标	REA PE-200
颜色热稳定性		(265±3)℃	不变色或轻微变色	REA PE-200
耐石油膏性		60℃、72h	石油膏上无色料	
耐溶剂性		煤油 50℃、24h	无褪色	
耐化学试剂性		HCl (10%、50℃、15d)	无变色	
		H_2SO_4 (10%、50℃、15d)	无变色	
		NaOH (3%、55℃、15d)	无变色	
颜色迁移性		(70±2)℃、30d	≤2 级	ESSEX M-139
体积电阻率			$1×10^{13}\Omega \cdot cm$	REA PE-200
介电损耗角正切	100kHz	浸水前	≤5×10⁻⁴	ESSEX M-139
	1MHz			
	100kHz	浸水后		
	1MHz			
介电常数	100kHz	浸水后	2.26～2.33 (LDPE)	ESSEX M-139
	1MHz		2.31～2.40 (HDPE) 2.21～2.30 (PP)	

颜料应用于电线电缆上，除了对色彩的要求以外，需要特别关注分散性、耐热性、纯净度（杂质含量）、耐迁移性、安全性等。

① 分散性　通常电线绝缘层的厚度较薄（0.2～0.4mm），挤出速度快，尤其是现今的高速线缆生产线的基础线速度高达 2000m/min。挤出层的质量要求非常高，以导电线缆为例：每 20km 长电缆线的火花击穿点≤3 个。如果颜料在挤出的绝缘层有不良分散点，将会引起火花击穿，致使产品不合格或严重影响生产的正常进行。因此电线电缆对颜料分散性的要求是非常高的。

② 耐热性　由表 9-3 和表 9-4 可知，颜料在用于电线电缆中时，首先必须耐受加工过程的温度，此外，也还需要通过制成品的一系列耐温测试要求以及实际应用的环境温度的考验。

③ 纯净度（杂质含量）　颜料在生产反应和磨粉加工过程中可能会带入或残留一些杂质。一旦这些杂质随颜料混进线缆绝缘层，尤其是一些具有导电性的杂质，如金属微粒、残留的盐类等，都有可能引起电线电缆的击穿率上升。

④ 耐迁移性　电缆中所有的线的功能是以规定的颜色区别的，如果所使用的颜料有迁移性的问题，它们之间的颜色因迁移而相互沾污，会降低线缆的识别度，给安全留下隐患；另外，为了提高通话质量，在各色通信电缆和护套层之间会充填石油膏，一旦有迁移发生，也会给安装使用造成麻烦。因此，颜料在电线电缆的应用上一定要强

调耐迁移性。

⑤ 安全性　根据《电子电器设备中限制使用某些有害物质指令》（简称《RoHS 指令》），美国国会提出 H. R. 2420 法案（电器设备环保设计法案），其均质材料中铅（Pb）、六价铬（Cr^{6+}）、汞（Hg）、多溴联苯（PBB）和多溴联苯醚（PBDE）的含量不得超过重量的 0.1%，镉（Cd）的含量不得超过重量的 0.01%。其他的一些国家或行业法规和指令也明确设定了相关的指标，限定了包括电线电缆在内的电子电器应用中，所使用的原材料对受限物质如特定的金属，卤素，以及其他化学品的限量控制。

（3）挤管成型工艺　所谓塑料管材是指用于输送气体或液体的，由塑料制成的，具有一定长度的空心圆形制品。这类制品的厚度与长度之比一般都很小。塑料管材是高科技复合而成的化学建材，是继钢材、木材、水泥之后，当代新兴的第四大类新型建筑材料。塑料管材与传统的金属管和水泥管相比，重量轻，一般仅为金属管的 1/10～1/6；有较好的耐腐蚀性、抗冲击和抗拉强度；塑料管内壁表面比铸铁管光滑得多，摩擦系数小，流体阻力小，因此可降低运输能耗 5% 以上；产品的制造能耗比传统金属管降低 75%，且运输方便，安装简单；使用寿命长达 30～50 年，因此综合性能非常优越。塑料管材目前广泛应用于建筑给排水、城镇给排水以及燃气管道、工业输送和农业排灌等领域，已经成为新世纪城建管网的主力军。

塑料管材所用的主要树脂原料有聚氯乙烯、聚乙烯、聚丙烯、ABS、尼龙、聚碳酸酯等。

塑料管材挤出生产线的挤出部分与其他挤出工艺差不多，挤出物料经口模成型后由下列配套辅机进行定型、冷却、切割（硬管）或卷绕（软管）等工序。具体配套及功能如下。

① 口模（成型装置）　是制品成型的主要成型部件。

② 定型装置　进一步固定制品的形状尺寸，修正热变形；保证制品的光泽度。

③ 冷却装置　充分冷却，固定制品形状。

④ 牵引装置　匀速引出制品，可通过调整速度而改变制品尺寸。

⑤ 切割装置　将连续挤出的制品按标准裁切成一定的长度。

⑥ 堆放或卷取装置　用来将切成一定长度的硬管制品整齐地堆放，或将软管制品卷绕成卷。

塑料管材挤出生产流程配置见图 9-7。

塑料管材挤出温度随所使用材料不同而不同，挤出管材温度控制范围见表 9-5。

应用于塑料管材着色的颜料应该注意分散性、耐热性、耐迁移性、安全性等特性指标。

① 分散性　一些城市给水管道所要求的使用寿命长达 50 年以上，在使用中必须承受长时间、长距离的泵送，因此这些塑料管道须经过严格的耐压测试，比如：GB/T 6111—2003《流体输送用热塑性塑料管材耐内压试验方法》等。如果颜料的分散性有问题或制品中含有

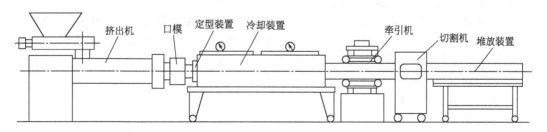

图 9-7　塑料管材挤出生产流程配置图

表 9-5　各种塑料挤出管材温度控制范围

项目	供料段/℃	压缩段/℃	计量段/℃	分流器/℃	口模/℃	主要用途
硬质聚氯乙烯	100～140	150～180	160～180	170～185	170～185	建筑排水、化工穿线、农业排灌
聚乙烯	120～140	140～160	160～180	180～190	180～190	建筑物给水、城市煤气管
聚丙烯	150～170	170～190	190～210	210～230	210～230	住宅冷热供水
ABS	160～170	170～180	170～175	175～180	180～185	空调调节管
聚甲醛	200～205	200～205	200～205	200～205	200～205	油田管线、化工管线
尼龙 1010	250～260	260～270	260～280	220～240	200～210	机床液压输油管
聚碳酸酯	180～210	240～270	240～270	200～220	200～220	输油管、耐高温管
聚砜	295～300	305～320	280～290	250～270	220～230	电绝缘管、耐高温管

较大的颗粒就会导致严重后果的发生，以黑色聚乙烯给水管为例，其中添加的炭黑量大（约2.5%），分散要求高，如果分散不好，大颗粒点存在的位置上会产生应力集中，在耐压测试或高压泵送过程中，这一点位极易产生破管和爆裂。

② 耐热性　首先，颜料必须能够承受挤出成型的加工温度；其次，塑料管道在使用中需要经过热熔焊接或配以各种管件进行电熔连接方能组成管网，因此，颜料在熔接过程中，保持原有的颜色和特性就需要具备至少 220℃、30min 以上长时间的耐热性能。

③ 安全性　对于生活用水的给水管而言，需符合 GB/T 17219—1998《生活饮用水输配水设备及防护材料的安全性评价标准》。另外还要考虑使用的原材料不带异味或不因高温分解而产生异味，以确保饮水管放出的水没有气味。

④ 耐光/候性　许多建筑用塑料管材会安装在户外，且一般的使用年限要求不同。因此，相关产品中使用的颜料也必须具有同等的耐光/候性。

（4）中空吹塑成型　中空吹塑成型是在闭合的模具内，利用压缩空气将挤出或注射成型得到的半熔融状态的塑料型坯吹胀，然后经冷却而得到中空制件的一种工艺方法。整个工艺过程主要分为三个步骤，即型坯的制造、型坯的热熔吹胀和制品的冷却定型。由型坯的制作方法不同可分为挤出吹塑和注塑吹塑两大类；此外，在热熔型坯吹胀前加上纵向拉伸又可派生出：挤-拉-吹工艺和注-拉-吹工艺。

中空吹塑成型加工工艺简单，能耗低，生产效率高，可大批量生产；产品具有多样性，可以生产薄壁容器如饮料瓶等。中空成型制品的主要应用市场是作为包装材料运用于食品、饮料、日化制品、药品、化妆品、工农业生产原料及制品等的包装。

几乎所有的热塑性树脂都可用于中空吹塑成型制品的制造，其中最为主要的树脂是聚乙烯、聚酯、聚氯乙烯和聚丙烯等。

挤出吹塑成型工艺的主要设备配套和架构分为：挤出机、型坯挤出口模、制品模具及开合模装置等［见图 9-8（a）］；主要加工成型过程可细分为 6 个步骤［见图 9-8（b）］。

① 由挤出机挤出半熔融状管坯。

② 型坯挤出达到要求长度后将模具移到机头下方闭合，模具抱住管坯，切刀将管坯割断。

③ 模具移到吹塑工位，吹气杆/针进入模具并开始吹入压缩空气使型坯逐渐胀大，直至紧贴模具内壁而成型为制品。控制吹气气压在 0.2～1MPa 为宜。

④ 冷却降温使制品定型。

⑤ 开启模具，取出制品。

⑥ 修整制品。

常规的挤吹工艺中，挤出的型坯一般为两端开口的管状熔融树脂。对于挤-拉-吹加工工艺尤其是内顶式拉伸来说，在对型坯进行拉伸吹塑之前，必须将型坯（下端）预先封口；或

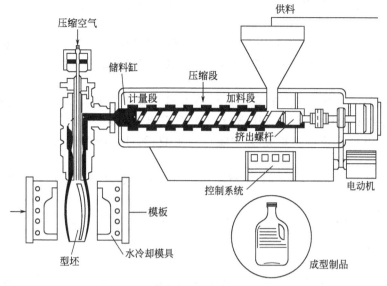

（a）挤出吹塑工艺装置配套

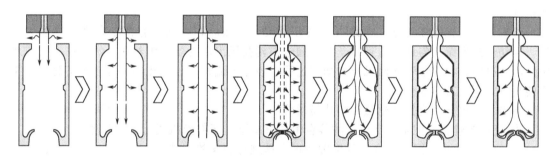

（b）挤出吹塑工艺过程示意图

图 9-8　挤出吹塑设备配置和工艺过程

在较小模具内先做预吹胀，然后再移至制品模具内进行拉伸吹胀至定型。拉伸吹塑的优点主要在于：最大限度地保持纵向和横向的拉伸程度，降低制品的应力破裂，提高制品的物理机械性能；还能提升容器的气密性能。

改变单一挤出为多层挤出型坯，就可以吹制成多层复合共挤吹的塑料容器。与单一层容器相比共挤吹制品可以改善许多方面的性能，如阻隔（透）性、隔热性、降低与内容物的反应可能性、降低制造成本等。塑料中空吹塑成型的工艺温度依据所用树脂的不同而不同，部分用于该工艺的主要树脂的挤出温度列于表 9-6。

表 9-6　中空吹塑用树脂的加工温度及制品弹性模量及用途

树脂名称	加工温度/℃	弹性模量/MPa	用途
SHDPE（超高分子）	180～230	1.0～1.6	油箱、储罐、桶、瓶
HDPE	160～220	1.0～1.6	中空容器、化妆品瓶
MDPE（中密度）	150～200	0.34	医用包装瓶
LDPE	130～180	0.23	瓶类、空气导管
PP	200～220	0.7～1.4	瓶类、医用包装
PVC	190～205	3.0	瓶类
PET	240～250	2.5～2.7	瓶类

颜料应用在中空成型吹塑工艺中应注意耐化学药品性、耐光/候性、耐热性、安全性等主要性能。

① 安全性 众多的塑料容器被用于食品、饮料以及其他用于人体接触或洗涤等用品的包装。所有这些塑料容器生产中被使用的原材料，包括颜料都必须符合相关的化学品安全规定和使用许可。

② 耐化学药品性 凡用于工农业生产中原材料和制成品尤其是化学制剂类产品包装的塑料容器，必须要确保容器本身所含有的物质不能与被包装物质有化学反应。因此，应针对所包装的内容关注颜料的耐受性能，如耐酸/碱性、耐溶剂性、耐水性、耐油脂性等。

③ 耐热性 颜料必须在不同树脂中空吹塑成型的工艺温度条件下保持颜色的稳定性和应有的使用性能。

④ 耐光/候性 中空吹塑产品很多用于室外，所以注意颜料耐光性。

9.2.2 圆孔口模

圆孔口模适用于熔融纺丝加工以及塑料棒材的制造。鉴于塑料棒材的挤出成型工艺相对比较简单，仅需在挤出管线上改环形口模为圆孔口模即可。因此不再论述了。本节只讨论熔融纺丝工艺。

熔融纺丝又称熔体纺丝，它是指将高分子聚合物加热熔融至具有特定黏度的纺丝熔体后，经纺丝泵连续均匀地泵送到喷丝头，通过喷丝孔压出成为熔体细丝流，然后在空气或水中降温并凝固，再通过牵伸而成丝的加工过程。该工艺流程短、无化学反应、设备简单、生产能耗低，可实现高速生产。

熔融纺丝可分为直接纺丝法和切片纺丝法。

① 直接纺丝法 把聚合反应后的聚合熔体直接泵送至纺丝机进行纺丝作业。

② 切片纺丝法 固体聚合物经熔融后再泵送进行纺丝的工艺。

与其他纺丝工艺比较，熔融纺丝的纺丝原液为成纤高聚物本身的熔融液体，没有溶剂的参与；纤维的成型和收取过程仅有能量的转移，根本不存在排除和回收溶剂，因此完全可以采用高速卷取以获得最佳的生产效率。

通常，熔点低于分解温度、且可以被熔融而形成稳定熔体的成纤高分子聚合物，都能够通过熔融纺丝成型加工为纺丝制品。为了确保纺丝过程的稳定性以及保持制品应有的理化性能，所采用的树脂熔点温度与分解温度的差值最好能大于 30℃。常见成纤高聚物的热性能见表 9-7。

表 9-7 常见成纤高聚物的热性能

成纤高聚物		熔点/℃	热分解温度/℃	常用纺丝温度/℃
聚对苯二甲酸乙二醇	PET	265	300～350	285～295
聚酰胺 6	PA6	215	300～350	265～285
聚酰胺 66	PA66	245	300～350	265～285
聚丙烯	PP	176	350～380	235～275
聚丙烯腈	PAN	320	200～250	—
聚乙烯醇	PVA	225～230	200～230	—
聚氯乙烯	PVC	170～220	150～200	—
纤维素	Cell.	—	180～220	—
醋酸纤维素	Cell-Ac	—	200～230	—

由表 9-7 可知，能够被用于熔融纺丝的树脂为聚丙烯（丙纶）、聚对苯二甲酸乙二醇（涤纶），和聚酰胺（锦纶，或尼龙）。

熔融纺丝的主要工艺步骤包括：纺丝熔体制备、熔体经喷丝孔压出成细丝流、熔体细丝流牵伸变细同时被冷却凝固、丝条上油及卷绕等。

细丝流牵伸拉长变细操作的主要作用有：改变初生纤维的内部结构，提高纤维的断裂强度和耐磨性，降低纤维产品的伸长率。

丝条上油可以增加丝的集束性（抱团性），保持丝束不散乱；赋予丝束顺滑性，降低对丝的损伤，减少毛丝、断头的发生，保证后续卷绕、拉伸、干燥等工序顺畅；消除因摩擦而产生的静电电荷的积聚，稳定产品质量，确保安全生产等。

根据最终产品的不同应用，熔融纺丝产品也分为长丝和短纤，它们的加工工艺也存在着一定的差异。图 9-9 和图 9-10 分别是涤纶长丝和短纤的生产设备配置示意图。

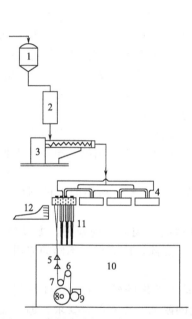

图 9-9 常规涤纶长丝纺丝工艺配置图
1—切片料仓；2—切片干燥机；3—螺杆挤出机；
4—箱体；5—上油轮；6—上导丝盘；
7—下导丝盘；8—卷绕筒子；9—摩擦辊；
10—卷绕机；11—纺丝甬道；12—冷却吹风

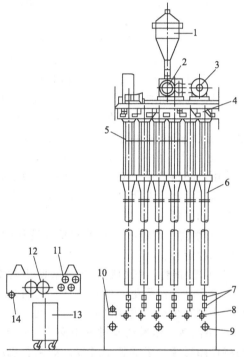

图 9-10 常规涤纶短纤纺丝工艺配置图
1—切片料斗；2—螺杆挤出机；3—计量传动装置；
4—纺丝箱体；5—吹风窗；6—甬道；
7—上油轮；8—导丝器；9—绕丝辊；
10—总上油轮；11—牵引辊；12—喂入轮；
13—盛丝桶；14—总绕丝辊

把合成纤维熔融纺丝归于圆孔口模成型的工艺类别基于工艺发展之初的纤维喷丝孔的形状。随着行业不断发展和应用领域的拓展，当今纤维的截面形状已经不再只是圆形一种了，异形纤维应运而生。所谓异形纤维是指在纤维成型过程中，采用异形喷丝孔纺制的具有非圆形横截面的纤维或中空纤维，这种纤维称为异形截面纤维，简称异形纤维。常见的异形孔和成丝横截面见图 9-11。

异形纤维能够呈现出特殊的光泽；具有蓬

图 9-11 常见的异形孔和成丝横截面

松、耐污和抗起球等性能；此外纤维的回弹性和覆盖性也得到很大的改善。

复合纤维的面世更使化纤的应用进入了一个更高更新的境界。复合纤维是指在纤维横截面上存在两种或两种以上不相混合的聚合物，也称为双组分纤维。多组分的结合使得纤维产生许多特有的性能：或能具有类似羊毛的弹性和蓬松性；或能提升染色性；或能获得特别的手感和柔韧性；或能作为超细纤维和光导纤维等。常见的复合类型见图 9-12。

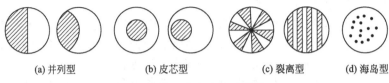

(a) 并列型   (b) 皮芯型   (c) 裂离型   (d) 海岛型

图 9-12　常见的复合纤维横截面

颜料应用于熔融纺丝应注意：分散性、耐热性、耐光/候性、耐水性、耐油性、耐化学品性、耐迁移性和安全性等。

① 分散性　喷丝过程中含有颜料粒子的熔体需通过直径为 0.1～0.4mm 的喷丝孔，如有粗大颗粒存在，必会堵塞喷丝孔。初生纤维要经过牵伸拉长变细，常规的拉伸长度为初生纤维的百倍，而单丝直径也相应十倍级地变小。一般普通丝的细度在 20～30μm，异形丝乃至超细丝的直径就更加细小了。在纤维丝中颜料的理想颗粒粒径为纤维丝直径的 10% 以保证制品的物理机械性能。为此，行业对颜料的分散性一直采取最为严格的管控要求，化纤行业对颜料分散性的测试标准依循通用的国际标准：BS EN 13900-5 2005《过滤压力升值测试》。

② 耐热性　由表 9-7 可知，熔融纺丝是在非常高的加工温度条件下进行的，因此，所选择使用的颜料产品也必须能够承受相应的耐热要求。在织物后整理加工以及日常使用过程中，不可避免地会经历高温水洗、蒸汽或熨烫等的处理，作为日常应用的耐温需求也是应该加以考虑的因素。

③ 耐水性　织物在后整理和日常洗涤时都不可避免与水接触，所用的着色剂应当确保具有耐水稳定性。

④ 耐光/候性　织物制品在日常使用时都不同程度地会受到阳光的辐射，尤其像窗帘、篷布、遮阳伞等制品更需要具有良好的耐光、耐候性能。因此，应该根据不同的应用要求选择所使用的着色剂，确保制品的色牢度。

⑤ 耐油性　熔融纺丝过程中必不可少的一个步骤是在纺出的丝上加上纺丝油剂。这些油剂将伴随后续加工的整个过程。如果着色用的着色剂的耐油性能不符合要求，那么很有可能着色剂会被油所抽提而形成对油、设备以及制品的沾污。

⑥ 耐化学稳定性　PA 等树脂具有一定的反应特性或还原性，在高温下极易与体系中的其他化学组成发生反应，所以有必要严判颜料在这些应用中反应的可能性。织物在后整理过程中会接触相关的化学制剂，在使用过程中也会接触各类洗涤机、干洗剂等。因此，必须保证所使用的着色剂不会与这些化学物质产生反应或被溶解抽出等。

⑦ 耐迁移性　必须确保织物在使用中不因着色剂选择不当而造成对其他织物或接触物体的沾污。

⑧ 安全性　根据国际纺织品生态学研究和检测协会（Oeko-Tex）制定的《Oeko-Tex Standard 100 通用及特别技术条件》以及我国 GB/T18885—2002《生态纺织品技术要求》的规定，合成纤维不能含有对人体有致癌性或对人体有害的 24 种芳香胺物质。

9.2.3　扁平口模（T 型模）

流延膜、片材、板材等扁平片状塑料制品的成型工艺中具有一个共同的特点：挤出后的熔体都经由一个 T 型扁平口膜机头成型，见图 9-13，只是根据 T 型膜唇的开合度（厚度）

图 9-13　T 型模头示例

以及制品的软硬度的不同而被划分成膜、片、板等制品类型。

（1）挤出流延成型　流延膜是由熔体流延骤冷而生产的一种无拉伸、非定向的平挤薄膜。膜的流延和定型过程是一个连续的过程：热塑性树脂熔融并通过狭缝 T 型模头挤出在骤冷辊上，急速冷却固化成膜，最后流延膜从辊上分离，经卷取装置成卷。

流延膜有单层流延和多层共挤流延两种方式。与吹塑薄膜相比，其特点是生产速度快。产量高，薄膜的透明性、光泽性、厚度均匀性等都极为出色。

流延薄膜具有许多应用方面的优越特性，广泛运用于包装材料，尤其是多层复合膜，依托其不同材料的组合而体现出的特殊性能，已经成为软包装领域不可替代的主要材料，见表 9-8。

表 9-8　部分复合膜组合、特性及主要应用

复合膜组合	膜的特性	主要应用
LDPE/LLDPE/LDPE	低温强度高，视觉外观佳	肉类和蔬菜的深冷包装
PP/EVA、PP/PP 共聚	膜面坚挺，热封性能优异	可蒸煮食品包装袋，自动包装机用膜，纺织品包装膜，以及食品复合软包装基材
PP/HDPE/PP	膜面坚挺，扭结性强	糖果包装
PP 共聚Ⅰ/PP/PP 共聚Ⅱ	金属蒸镀性好	金属镀膜基材
LDPE/黏结剂/EVOH/黏结剂/LDPE	抗湿、抗潮，气体阻隔性高	食品、粉状化学品包装
PP/黏结剂/EVOH/黏结剂/PP 共聚	阻气、抗潮、热封性好，可消毒	熟食、果汁等食品包装

单层流延膜生产装置包含一台挤出机、一个平膜机头、骤冷辊、牵引装置、修边切割装置和卷取装置等。以聚丙烯流延膜（CPP）为例，其工艺流程如图 9-14 所示。

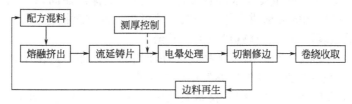

图 9-14　CPP 膜工艺流程示意图

多层共挤复合膜生产需要配置多台挤出机共同挤出。对于两功能层材料间结合性能不够的，则在其间加一层黏合材料。黏合材料应选择对两层需黏合的材料都具有良好相容性的热熔性聚合物。高阻隔多层共挤复合膜的工艺流程见图 9-15。

除了多层共挤复合膜还有流延膜异材基底复合（淋膜）工艺：以流延膜工艺为基础，成

图 9-15　高阻隔多层共挤复合膜工艺流程示意图

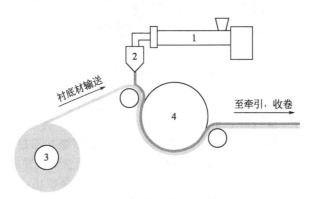

图 9-16　淋膜复合过程示意图
1—挤出机；2—扁平模头；3—衬底材；4—骤冷棍

膜与其他衬底材料在线复合获得制成品的工艺，在业内称为"淋膜"，见图 9-16。淋膜的衬底材料多种多样，如纸、无纺布、纺织品、塑料编织布等。

经淋膜工艺复合后的材料防水、防潮，被广泛用作一次性水杯、快餐盒、利乐包、食品包装袋、化工粉料包装、篷布和其他包装材料。

就市场应用而言，彩色流延膜的生产和应用并不是很多。然而，从应用要求的角度来说，无论是从技术难度和安全性级别都是非常高的。因此，颜料应用流延膜必须要注意的性能有：耐热性、分散性、耐迁移性、安全性等。

① 耐热性　流延工艺需要树脂熔体具有良好的流动性，通常加工温度比较高，根据挤出树脂和设备大小，尤其是流延幅宽的不同，最高的温度点可高达 300℃ 左右。如果是淋膜工艺与棉布复合，则操作温度将更高。由此可见，颜料用于流延工艺必须具备极好的耐热性能，否则将会带来颜色变化、应用性能下降的严重后果。

② 分散性　一般流延膜的厚度都比较薄，尤其对于多层共挤流延膜的着色层就更薄。在如此薄的着色层要体现一定的色泽深度和鲜艳度，就只有增加颜料添加量。这就一定要确保颜料具有良好的分散性，从而保证加工的顺畅和良好的产品质量。

③ 耐迁移性　从生产的角度要求颜料无迁移是为了确保产品间以及制品与设备间没有相互的污染；从产品应用的方面讲，作为一般包装材料，没有对被包装物污染的可能是基本的要求；对于食品包装而言，迁移就代表了不安全。

④ 耐光/候性　如果流延膜/淋膜制品是户外使用的（篷布，遮阳伞，围栏彩条布等），颜料的耐光/候性必须要根据制品的实际使用要求而选择。

⑤ 安全性　很大比例的流延膜/淋膜制品被用于饮食品、饮料、乳制品的包装，因此，必须符合由卫生部、国家标准化管理委员会于 2009 年发布的 GB9685—2008 的规定；用于出口的食品包装制品需遵循美国 FDA，欧盟 AP89-1 及中国 GB9685—2009 的要求。

（2）塑料片（板）材成型和吸塑　塑料片材是指将塑料原料在挤出机加热熔化后通过 T 型模头挤压出厚度在 0.2～2mm 的软质平面材料，或厚度在 0.5mm 以下的硬质平面材料。

塑料板材是指厚度大于 1mm（最厚可达 40mm）的硬质平面材料。塑料片材耐热性、耐化学腐蚀性能好，机械强度高，电绝缘性能可靠，卫生性好，具有优良的化学稳定性。用于挤出塑料片（板）材的主要树脂有 PVC、PE、PP、PS、HIPS、ABS、PC 等。

塑料片（板）材挤出成型工艺相对简单：从排气式单螺杆挤出机挤出，经扁平口模成型，三辊压光机组压光，由牵引辊过渡至冷却定型，成为片（板）材，最后被两辊牵引机引至卷筒包装或切割堆叠装置。板材挤出装置见图 9-17。

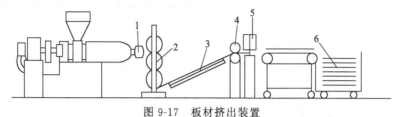

图 9-17　板材挤出装置

1—机头；2—定型；3—冷却；4—牵引；5—切割；6—卷取/堆叠

塑料板材生产挤出加工温度见表 9-9。

表 9-9　几种塑料板材生产挤出加工温度　　　　　单位：℃

项目		硬 PVC	软 PVC	LDPE	PP	ABS
挤出机身	1 区	120～130	100～120	150～160	150～170	40～60
	2 区	135～145	135～145	160～170	180～190	100～130
	3 区	145～155	145～155	170～180	190～200	130～140
	4 区	150～160	150～160	180～190	200～205	140～150
连接模头		150～160	140～150	160～170	180～190	140～150
挤出机头	1 区	175～180	165～170	190～200	200～210	160～170
	2 区	170～175	160～170	180～190	200～210	150～160
	3 区	155～165	145～155	170～180	190～200	150～155
	4 区	170～175	160～170	180～190	200～210	150～160
	5 区	175～180	190～200	190～200	200～210	160～170

要使片材、板材发挥更大的作用，拓展更多的应用领域，就需要对它们进行二次加工，也就是热成型加工。

所谓热成型就是将一定尺寸和形状的热塑性塑料片/板材夹持在框架上，加热到 T_g（玻璃化温度）T_f（高弹态温度）之间，并对片材施加压力（气动或机械力），使其贴合在模具型面上，取得与模具型面相仿的形状，经冷却定型和修整最终得到制品的工艺过程。常见的热成型分为：气动方式，包括真空吸塑成型（图 9-18）和压缩空气加压成型（图 9-19）；以及机械力方式，如对模成型等。

常见树脂热成型温度见表 9-10。

塑料片材、板材中使用的颜料产品应关注：分散性、耐光/候性、耐迁移性、安全性等。

① 分散性　用于文具、装饰材料、广告材料的片材和板材等需要很好的色彩展现、透明性，不能有色点的瑕疵，因而分散性直接会影响这些特性的体现。

② 耐光/耐候性　对于灯箱广告、装饰材料，以及建筑材料如塑料瓦、外墙挂板等所选用的颜料，色彩的耐光、耐候稳定性是非常重要的指标之一，应严格筛选，不容忽视。

③ 耐迁移性　迁移会导致颜色的沾污，如用于装饰制品则严重影响美观，有碍形象；如用于食品接触或玩具等，则对产品安全构成威胁。

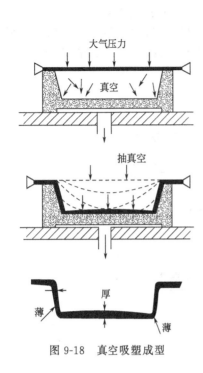

图 9-18　真空吸塑成型

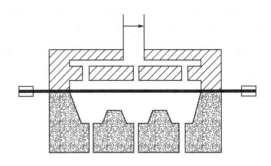
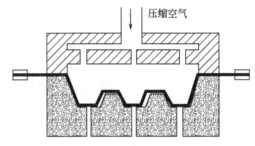

图 9-19　加压成型

表 9-10　常见树脂热成型温度控制

塑料树脂	模具温度/℃	热成型温度/℃	
		可操作范围	理想温度
HDPE	82	126～182	146
ABS	85	126～182	146
PS	85	126～182	146
PVC	66	93～149	118
PC	137	168～204	191
Cell-Ac（CA）	71	126～182	154
PMMA	85	149～193	177

　　④ 安全性　片材经二次加工后大多数的应用与食品包装、餐饮等有直接关联，因而必须严格遵循中国食品容器、包装材料用助剂使用卫生标准 GB9685—2009、FDA 等国际国内的指令法规的要求。

9.2.4　异形口模

　　塑料异型材是指具有复杂截面形状和构造的塑料挤出制品。异型材的主要应用领域为建筑材料，如：塑料门窗的框架、雨水槽、走线槽、装饰压条、栅栏等；此外，异型材的其他用途还有画框、办公家具封边条、电冰箱门边封等。

　　用作塑料异型材生产的主要塑料原料有 PVC，其次为 PMMA、ASA、PE、PP、ABS 等。

　　塑料异型材挤出成型的主要设备是锥形双螺杆挤出机或异向旋转的平行双螺杆挤出机；挤出的机头模具是制品成型的主要部件，它的作用是将挤出机提供的熔体以稳定的压力连续、均匀地塑形为塑化良好、与通道截面几何尺寸相似的型坯，型坯随即经过冷却定型等工序最终得到性能良好的异型材制品。

以 PVC 门窗异型材的生产流程为例,主要的工艺过程为:混合料由挤出机通过型材口模挤出,进入衔接挤出机和冷却槽的定型装置定型,之后的冷却水槽将型材完全凝固定型,再由牵引装置送至计量切割成为定长的成品,见图 9-20。

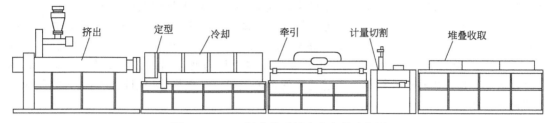

图 9-20 PVC 门窗异型材生产流程示意图

作为型材的特定配方,PVC 混合料中添加了较高含量填料(碳酸钙)以及作为主要抗老化成分的二氧化钛。而这些成分的加入,给型材着色带来了极大的限制,这也就是为什么 PVC 型材没有鲜艳色彩的主要原因。这一现状在共挤型材技术面世后得以改观。

共挤型材是以 PVC 作为型材的主体结构,以另一种耐光、耐候性能更优而且材料表面性能更好的树脂作为表面共挤层,一般只对表面共挤层进行着色,见图 9-21。目前比较常用的共挤组合是:PVC/PMMA 和 PVC/ASA。共挤工艺的运用使得型材色彩更丰富、颜色更鲜艳成为可能,同时也使颜料的选择变得更加灵活和多样化,所要特别关注的仅为耐光、耐候性能。

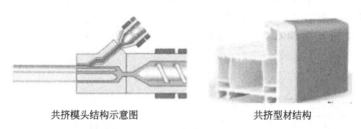

共挤模头结构示意图   共挤型材结构

图 9-21 共挤异型材

颜料用于异型材着色,尤其对于建筑用异型材需要特别关注其耐光、耐候性;此外,耐热性能和遮盖力等也是非常重要的指标。

① 耐光、耐候性 用于建筑的异型材是户外使用的塑料制件,必须承受长时间的紫外辐射和雨水,湿度等侵蚀,因而使用的颜料需要具有极高的耐光、耐候特性。

② 分散性 对于直接使用颜料进行混配再挤出成型的工艺来说,整个工艺过程并没有十分强有力的润湿分散步骤,即使有挤出程序,为了确保持续稳定的挤出压力,一般都会采用异向旋转的锥形双螺杆,这种螺杆剂机对颜料的分散作用十分有限。因此,分散性好的颜料有助于保证产品的质量;共挤复合型材的彩色复合层通常都非常薄(0.2~0.3mm),装饰用型材因其应用的特殊性,比较重视颜色的准确性、良好的分散性、能够确保颜色的重现性。

③ 遮盖力 共挤复合型材的彩色复合层通常都非常薄(0.2~0.3mm),像 PMMA 这样透明的树脂,如果着色配方不能体现足够的遮盖力,那么就会产生透底现象;另外,共挤层的厚度均匀性因型材结构的原因不可能做到均匀一致,这也会导致着色层颜色的深浅不一,影响型材的整体质量。

④ 耐热性 异型材的生产与其他挤出成型加工一样,都是在高温条件下进行的,共挤层的挤出温度更高。所以,颜料的耐热性能也是需要考虑的因素。

对于颜料用于建筑型材的选择，有一个问题需要着重说明。我们都知道：不同的颜色对于阳光辐射能量的吸收是不一样的，越是深色调吸收辐射能转化成温度上升的程度就越大，从而致使随辐射时间的增加着色材料的温度上升越高。黑色是辐射致温升最为明显的颜色，其中又以炭黑着色的温升最高，有实验表明：当环境温度为27℃时，因阳光辐射所致的最终温升可高达85℃以上，而PVC的玻璃化温度为87℃，维卡软化温度为85℃，可见此时的材料已经很容易变形了。即使以较低添加量作为调色的炭黑，它能达到的温升也是十分明显的。其次，高温也容易加速树脂材料的热氧化降解。因此，要想制品具有真正意义上的"长久抗老化"功能，对于彩色型材来说，避免用炭黑作为调色剂是必须要认真考虑的。解决的方法之一是选用对红外线具有反射功能的黑色颜料；其次是选用耐候性能优异的其他彩色颜料进行配色。

9.3　注射成型

塑料注射成型包含了注射和模塑两种手段，因而也被称为注塑成型。所谓注射成型就是将配方物料由注射机的料斗送入料筒内，加热熔融塑化后，在柱塞或螺杆的加压作用下，物料被压缩并向前移动，通过机筒前的喷嘴，以很快的速度注入较低温度的闭合模具型腔内充实并保持压力，经一定时间冷却定型后，开启模具取出制品的加工过程。该方法适用于全部热塑性树脂和部分热固性树脂。

注射机或称注塑机是注射成型加工的专用设备。一台完整的注射机除了作为塑形必须的模具外，还包含注射装置，开/合模装置以及液压传动和电器控制系统等三大单元，它们既自成体系，又相互协调有序，高度配合，共同完成成型加工过程。注射机的结构见图9-22。

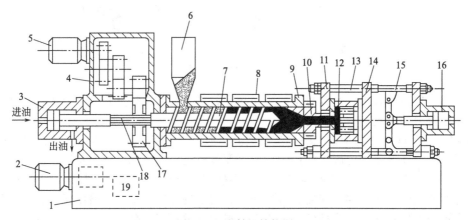

图9-22　注射机结构图

1—机身；2—电动机及液压泵；3—注射液压缸；4—齿轮箱；5—齿轮传动电动机；6—料斗；7—螺杆；8—加热器；
9—机筒；10—喷嘴；11—定模安装板；12—注射模；13—拉杆；14—动模安装板；15—合模机构；
16—合模油缸；17—螺杆传动齿轮；18—螺杆花链；19—油箱

注射机完成一次注射成型操作的时间被称为注射成型周期。一个成型周期包括：加料、预塑、充模、保压、冷却时间以及开模、脱模、闭模及辅助作业等时间。连续的注射操作就是一个循环过程，过程步骤如图9-23所示。

注射成型工艺的优点如下。

① 高效率　生产自动化，周期短，制件无需进一步修饰或加工，同一制品可大批量重复生产。

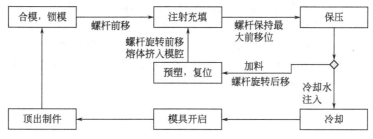

图 9-23 注射成型过程示意图

② 适应性强 几乎所有的热塑性树脂都可以采用注射成型工艺加工。

③ 质量稳定 产品形状、尺寸一致性强；可以适应复杂外形结构制品的一次成型；改变制品颜色无需更换模具。

④ 灵活性强 仅需更换模具就可适应不同形状、尺寸的制件。

注射成型工艺的不足：设备昂贵，初期投资相对较大；模具结构复杂，制作成本高，不适宜一次性小批量生产。

与其他塑料成型工艺一样，注射成型也是在树脂熔融状态条件下进行的，因此，设定理想的操作温度是保证注射成型工艺正常进行的重要前提。温度的设置依据因树脂类型，制件大小和结构等条件而异，见表 9-11。

表 9-11 不同树脂注射成型加工温度设定范围

塑料树脂	机筒温度/℃			喷嘴温度/℃
	后段	中段	前段	
LDPE	160~170	180~190	200~220	220~240
HDPE	200~220	220~240	240~280	240~280
PP	150~210	170~230	190~250	240~250
PS、ABS、SAN	150~180	180~230	210~240	220~240
PVC（硬）	125~150	140~170	160~180	150~180
PVC（软）	140~160	160~180	180~200	180~200
PMMA	150~180	170~200	190~220	200~220
POM	150~180	170~205	195~215	190~215
PC	220~230	240~250	260~270	260~270
PA6	210	220	230	230
PA66	220	240	250	240
PUR	175~200	180~210	205~240	205~240
PPO	260~280	300~310	320~340	320~340

随着注塑技术的发展，许多新的注塑技术和工艺不断涌现：微量注塑技术、共注塑（双色/多色注射）技术、气辅/水辅注射工艺等。

（1）共注塑 共注塑就是注射机组拥有两套或两套以上注射系统，分别塑化不同种类的树脂或不同色泽的塑料，同时或先后将熔体注射入一套模具内完成组合成型的工艺方法。共注塑成型最常见的工艺是双色（多色）注塑和夹心注塑。采用这种成型工艺可以生产包含多种色彩或多种树脂的复合制件：计算机及通信业设备中的字母按键、汽车和摩托车灯罩、双色塑料凉鞋、机械手柄、电器外壳等。

双色注塑的实现是借助两种设备形式的两种不同操作模式完成的。一种是：两个注射系统和两副模具共用一个合模系统完成的，其程序是：动模固定在一个模具回转板上，当 B 组分完成注射（未充满型腔）后，旋转模具再注射 A 组分树脂，然后保压冷却，完成程序［见图 9-24（a）］；另一种方式是采用一组启闭阀，调节不同物料的注射顺序，通过一个注射喷嘴完成共注塑程序［见图 9-24（b）］。

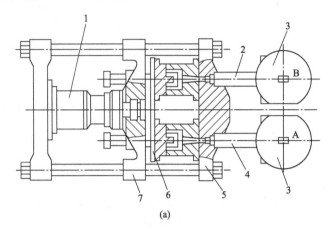

(a)

1—合模液压缸；2—注射系统 B；3—料斗；4—注射系统 A；5—定模固定板；6—模具回转板；7—动模固定板

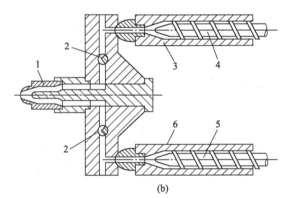

(b)

1—喷嘴；2—启闭阀；3—注射系统 A；4—螺杆 A；5—螺杆 B；6—注射系统 B

图 9-24　双色注塑示意图

双色注塑的制品可以是不同颜色的组合，也可以是不同材质的结合。这项技术大大丰富了制成品的表现形式，同时更加优化了制成工艺，体现出良好的制成效益。双色只是最简单的组合形式，目前，世界上已经出现了高达 8 色的共注塑制品。

此外，采用两种材质的夹心注塑技术，可以制成具有外表皮层和内部芯层结构的制件，它们的特性体现为：既具有刚性又能使表皮柔软、外部绝缘内芯导电、内部使用再生料而外部为新料、外皮着色内心无色等形式，广泛应用在汽车，电子和其他工业领域。

（2）气辅/水辅注射成型

① 气体辅助注射成型（GAIM）　气体辅助注射成型简称气辅成型：在模具型腔中先注射入不满型腔容积的树脂（业内俗称："欠料注射"，或"短射"）或者注满整个型腔的树脂熔体，然后再注入经压缩后的惰性气体，利用气体推动熔体完成充模或填补因塑料收缩后留下的空隙，保持压缩空气的压力直至制件冷却，最终减至常压状态后制件出模（过程示意见图 9-25）。

压缩空气的注入可以用气针在注塑件特定位置直接注入；也可以经由注塑主流道注入。

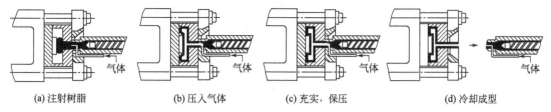

| (a) 注射树脂 | (b) 压入气体 | (c) 充实，保压 | (d) 冷却成型 |

图 9-25　气体辅助注射成型过程示意图

注入气体一般选择使用惰性的氮气（N_2）。

气辅注射工艺可以给制品的设计和制造带来许多优点和灵活性，主要可以归纳为：能减少制件的残余应力，降低翘曲现象；提高大厚度比差异制件的成型稳定性；消除收缩痕，提高制件表面质量；加速制件冷却速度，缩短成型周期，提高生产效率；局部中空结构，保持或增强制件原有的机械强度，节省材料；降低注射压力，延长模具寿命，降低注塑系统的机械损耗。

气辅注射工艺因其设备的复杂性和对工艺控制的精确性，因此，从产品和程序设计之初到加工制作的整个过程中对设备的精度、工艺控制的要求、设计操作人员的技术素质都提出了非常高的要求。

气辅注射工艺的主要应用包括：大屏幕电视机外壳、汽车仪表盘、内饰件、保险杠，塑料家具等。

② 水辅助注射成型工艺（WAIM）　水辅助注射成型工艺也称水辅成型。从加工原理上来说，水辅成型工艺与气辅成型相差不大，只是将辅助媒介由气体改换成水。

然而，正是与气体相比，水的黏度和不可压缩性，能够帮助提升水在熔体中的穿透性，制造出更大直径、更长距离的中空制件，同时可以使制件中空部分的壁厚更薄，内壁光滑；此外，水的热导率和热容量远高于气体，因此，水辅工艺比气辅工艺具有更快的冷却速度，且冷却均匀，收缩一致，保证产品外表面无缩痕，降低翘曲，缩短成型周期。采用水作为辅助媒介要比氮气更易获得，也更加便宜。

水辅注射后制件必须排出水，根据不同复杂程度的制成品，可以采用自然排出水的方法，也可以利用压缩空气排出水。后者的排空程度更高，当然设备的复杂程度随之提高。

③ 微注塑（射）成型工艺　微注塑成型又名微成型，该工艺主要应用于生产尺寸以毫米甚至微米计量的制品，这样微小的尺寸不仅仅特指制品的总体量，对于那些制品中某些特征功能区尺寸或者部件公差要求以毫米或微米计的制品，也归于微注塑成型制品的范畴，见图 9-26 和图 9-27。

图 9-26　微注塑制品（一）

图 9-27　微注塑制品（二）

上两幅照片中，齿轮中心的轴孔和齿宽/齿深都小于 1mm；图 9-27 中聚碳酸酯注塑件整体尺寸以毫米计，其中的透镜部分更为细微。此外有些产品整体并不太小，然而它含有一些共注塑的微尺寸部分，因而这样的制品业归于微注塑。

（3）注塑加工中的一个常见问题——制品的翘曲变形

所谓翘曲变形是指注塑制品的形状偏离了模具型腔固有的形状，它是塑料制品比较常见的缺陷之一。形成翘曲变形的成因多种多样，既有材料先天因素；也有因工艺参数设置失当而造成的，也可能由于配方中添加组分的影响而引起的。因此，有必要针对不同的成因加以分析，方能对症下药，真正解决问题。

注塑制品翘曲变形的因素有很多，在本书第 2 章做了详细阐述，本节重点分析因工艺参数设置失当而造成的原因。

① 浇注系统设置不当　模具的浇口位置、浇口形式和数量都会直接影响熔体在模具型腔内的流动速度、方向、距离以及注射压力等的综合填充参数和状态。熔体流动距离长，则由冻结层和中心流动层之间的流动和补缩所引起的内应力就大，翘曲变形也就大，反之则小；熔体流速的快慢、压力的大小等也会影响树脂取向程度的不同；再如，单一浇口对应较大平面的注射就有可能致使径向收缩率大于其他方向的收缩率从而产生翘曲。

② 冷却，顶出不当　制件冷却不足，加剧抵抗分子取向的收缩程度；或是制件各部位冷却速度不等，造成收缩不均；冷却速度过快且树脂导热差，制件芯部热量外传变软，造成翘曲变形，这些都是因冷却不当所致；深腔腔壁坡度不足致使顶出阻力过大、顶出温度过高、制件太软、制件壁厚过薄强度不够、顶杆接触截面太小或顶杆数量不足或位置不当等因素都有可能导致制品变形。

③ 其他因素　例如嵌件注塑时，嵌件（尤其是金属嵌件）与主体树脂温度差异过大，收缩速度和程度不均等，导致变形乃至开裂。

综上所述，注塑制品的翘曲变形的成因多种多样，因此，当翘曲变形发生时，应该综合分析各种可能性并逐一加以甄别，找出真正的原因，方能有的放矢，切实解决问题。万不可用固定的思维只归咎于一种可能性。

注塑制品的应用非常广泛，制品的性能、质量要求各不相同。因此，着色剂的使用应根据特定产品的要求而定。颜料在注塑加工和应用时要关注的特性指标有：分散性、耐热性、耐迁移性、翘曲变形、化学稳定性、安全性等。

① 耐热性　前文已经着重讨论过注射温度控制的问题，由此可知，注射加工时熔体的温度都比较高，且滞留在高温料筒中的时间也比较长，这就需要所使用的着色剂要有较高的耐热性能以抵御高温的破坏作用。尤其是那些大型制件、复杂结构的制件以及具有热流道的型腔，其温度设置都比一般注射设置要高。所以需充分考虑每一个制品不同的要求，选择具有相当耐热性能的着色剂产品。

此外，为了体现生产的高效益，许多大宗制品一般都会采用一模多腔的形式，有些产品一模可出上百个制品。为了确保熔体能够充盈整个模腔，操作温度的设置会比常规设置高出10℃以上。这对着色剂的耐热性提出了更高的要求。

还有一点也应该考虑，那就是注射加工中的边角余料，这些一般都会破碎后回用，这就形成反复多次成型的热加工过程。着色剂如果没有足够的耐热性就会有产生色变的可能。

② 翘曲变形　关于翘曲变形已经讨论了它的成因，颜料对它的影响只是众多原因之一，也并非所有颜料品种都会导致注塑件的翘曲变形。易导致结晶型树脂在注射加工时产生翘曲变形的有机颜料主要有：普通型的酞菁系列颜料，部分杂环类高性能有机红/黄颜料，如异吲哚啉/异吲哚啉酮、花、DPP 以及部分缩合类颜料等品种。即使上述大类中，目前也研发和生产出了对应的不翘曲酞菁蓝/绿，不翘曲 DPP 红等特殊规格的品种。

③ 分散性　塑料注塑件对制品外观的基本要求是色彩鲜艳、光泽度高，没有色点。对于光泽度而言，除了模具本身的因素之外，制品配方中所含有的固体物质的分散程度也是一个重要的因素，这也包括颜料。此外，在目前的注塑工艺中，并非所有的着色制件都通过色母粒方式实现的，相当部分的着色采用所谓干粉混合料进行的，而注射机本身对颜料颗粒的分散作用又十分有限，如果所使用的颜料分散性较差的话，制品表面就会产生很多色点，影

响制品质量。

④ 迁移性　注塑制件材质多样且应用面十分广泛，许多应用涉及食品接触、儿童玩具、包装材料、多色拼装或与其他制品的直接接触等，一旦发生迁移问题，轻则造成颜色的交叉污染，重则引发制品使用安全问题，千万不可掉以轻心。应该依据制品实际应用需要，针对敏感性产品避免使用有潜在迁移可能的颜料产品。

⑤ 耐化学品性　对于生产容器类注塑件，使用过程中需要洗涤，消毒等处理的制品或需要与其他化学品接触的制品等，必须事先了解今后制品可能接触的具体化学品，并进行测试或判断所选择的颜料对它们的耐受程度，以避免潜在的威胁。

⑥ 安全性　注塑制品适用面广，不同的产品中使用的原材料包括颜料都必须符合相应的产品安全规范和指令。食品接触有：FDA（美国），AP89-1（欧盟），GB9685—2009（中国）等法规；针对儿童玩具有：EN-71-3（欧洲玩具指令），EN 2009-48（欧盟新规）等；而对于电子电器，更有 RoHS（电子电器产品有害物质限止指令）和其他行业或国家的限制规定等。

9.4　压延成型

压延成型工艺是生产塑料薄膜和片材的基本工艺方法之一。

压延成型工艺是将已经塑化好的，接近黏流态的塑料，通过一系列相向旋转着的水平辊筒的间隙，采用四辊（或三辊）压延机辊筒之间挤压力作用，并配以相应的温度，使物料承受挤压而产生延展，最终制成具有一定尺寸的片状或薄膜状的制品。

压延成型工艺是一种连续化的生产方式，具有生产速度快、生产能力大、自动化程度高等特点。以一台 $\phi700\text{mm} \times 1800\text{mm}$ 的四辊压延机自动化生产线为例，它的年加工能力可达万吨级，且仅需 1~2 个操作工人。

压延成型工艺还具有产品厚薄均匀、压延厚度公差小（可控度在 10% 以内）等优点，因此，压延成型制品的质量好。在压延成型生产线上辅以花棍还可以制作出具有不同表面花纹的薄膜制品。

用作压延成型的塑料大多数是热塑性非结晶型树脂，其中以聚氯乙烯为最多，另外还有聚乙烯、ABS、聚乙烯醇、TPU 等。

压延成型工艺分为前后两个阶段：前段为压延前的备料阶段，主要作用为配方处理、混料及炼塑；工艺后段包括压延机组压制（三辊或四辊）、牵引、轧花、冷却、卷取、切割等辅助工序。以软质聚氯乙烯压延膜为例，其生产流程如图 9-28 所示。

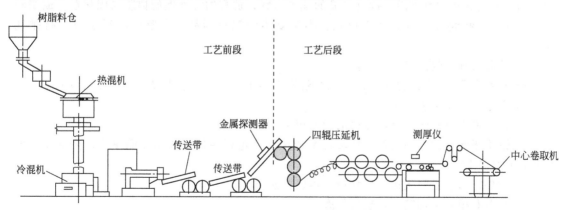

图 9-28　软质聚氯乙烯压延膜生产流程示意图

颜料应用于塑料压延成型制品中应注意的一些特性有：分散性、耐迁移性、耐热性、安全性等。

① 分散性 由压延设备配置可知，在压延成型中，主要混炼设备对颜料颗粒的分散作用并不最强，因而对于所选用颜料的分散性也是有要求的。如果分散性不佳，则极有可能产生色点，尤其对于较大面积的压延制品来说就更加影响制品外观。

② 耐迁移性 压延制品中以 PVC 膜为多，而其中的绝大部分是经增塑的软膜制品。大量增塑剂的使用对颜料的迁移起着推波助澜的作用：其一，部分颜料在增塑剂中有微溶的趋势，而随低熔点的增塑剂的挥发，可溶部分的颜料也随之运动至制品表面积聚从而造成迁移；其次，增塑剂在体系中加入而形成占位作用，使得树脂的分子距离加大，结构更为松散，足够细微的颜料粒子不能被很好束缚而自由移动直至表面，这也是迁移的成因之一。因此，针对这些制品所选用的颜料应该注意其迁移的可能性。

③ 耐热性 压延工艺中的温度设置依据材料、制品规格、增塑剂添加与否以及添加量的多少等因素而定。与其他的塑料加工工艺相比较，压延工艺的操作温度并非最高，然而，它的特殊性在于，压延过程中的许多热加工环节都是开放式的，也就是完全暴露于空气中的，这就不得不考虑在与氧气直接接触条件下的热加工氧化作用。因此，有必要关注颜料在压延制品加工中的耐热性结果，帮助选择合适的颜料产品以保证制品质量。

④ 耐候性 对于户外应用制品，尤其是广告膜，保持色彩的鲜艳是十分重要的指标。因此，用于这类压延膜中的颜料必须具有最好的耐光、耐候性。

⑤ 安全性 压延制品的应用范围比较广，对于一些相对敏感的应用，如儿童吹气玩具、文具等制成品来说，安全性的要求不可忽视。

9.5 模压成型

模压成型是塑料成型基本工艺之一，是热固性塑料的主要成型方法。模压成型又可分为压缩成型工艺和压注成型工艺。

(1) 压缩成型 压缩成型又称为压塑成型或压制成型。以热固性塑料制品压缩成型工艺为例，其主要的操作步骤和原理如下。

① 将配方组分（树脂、固化剂、添加剂、填料等）混合均匀并加入敞开的模具加料室（下模）中。

② 快速合模，加热加压至制品成型；加热使树脂溶化，具有一定的流动能力；合模压力使熔融物料充满模具型腔，确立制品的基本形状；适宜的温度促使树脂与固化剂完成交联固化反应，使物料成为具有特定形状、不再复熔的塑料制品。合模后注意及时进行排气操作。

③ 开启模具，脱模取出制品。

压缩成型原理示意图见图 9-29。热固性塑料压缩成型的工艺温度和压力见表 9-12。

压缩成型工艺的特点如下。

① 压缩模没有浇注系统，材料浪费比较少。

② 适用于流动性差的塑料，比较容易成型大型塑料制件；成品收缩率小、变形小，各向性能比较均匀。

③ 制件常带有溢料飞边，尺寸精度难以控制。

④ 设备和模具结构简单，造价低廉。

⑤ 模具易磨损，使用寿命较短。

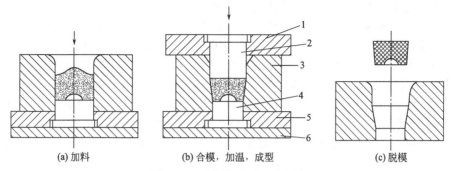

图 9-29　压缩成型原理示意图

(a) 加料　　　　(b) 合模，加温，成型　　　　(c) 脱模

1—凸模固定板；2—上凸模；3—凹模；4—下凸模；5—凸模固定板；6—下模座板

表 9-12　热固性塑料压缩成型的工艺温度和压力

塑料种类	压缩成型温度/℃	压缩成型压力/MPa
酚醛树脂	146~180	7~42
三聚氰胺甲醛树脂	140~180	14~56
脲甲醛树脂	135~155	14~56
聚酯树脂	85~150	0.35~3.5
邻苯二甲酸二丙烯酯	120~160	3.5~14
环氧树脂（EP）	145~200	0.7~14
有机硅树脂	150~190	7.56

⑥ 生产周期长，生产效率低，手工操作为主，自动化程度低，劳动强度大。

压缩成型制品主要用于机械零部件、电器绝缘件和日常生活用品等。

（2）压注成型　压注成型工艺又称传递成型、挤胶成型，是在压缩成型基础上发展起来的一种新的成型方法。其工艺原理为：压注成型模具设置加料腔和成型型腔，先把预热的配方原料加入加料腔内，树脂经加热熔化，在压力作用下，通过模具的浇注系统被挤入型腔，型腔内的树脂在一定压力和温度条件下保持一定时间，完成交联反应而固化成型，得到最终所需的制品，原理图见图 9-30。

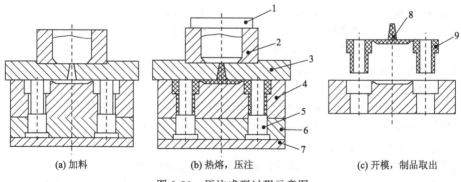

(a) 加料　　　　(b) 热熔，压注　　　　(c) 开模，制品取出

图 9-30　压注成型过程示意图

1—柱塞；2—加料腔；3—上模板；4—凹模；5—型芯；6—型芯固定板；7—下模座；8—浇注系统；9—塑件

压注成型工艺特点如下。

① 压注成型克服了压缩成型对制品设计的限制，可制造形状复杂、尺寸精度高、带嵌件、有侧孔和深孔的模塑制品。

② 制件飞边薄、尺寸精度高、性能均衡、质量较高。

③ 模具结构相对复杂、成本高、成型压力较大、操作复杂；耗料比压缩模略多。

④ 模具有浇注系统，压注时该部位物料流速较大，填充料有定向排列趋势。

⑤ 注料前模具处于闭合状态，操作磨损小；排气较难，模具需设置排气槽。

颜料应用在塑料模压成型工艺时需要特别关注的性能指标有分散性、安全性等。

① 分散性　热固性树脂无论是用于压缩成型或是压注成型，从这两种工艺的过程来看，颜料从加入直至制成成品，除了在干混合阶段对颜料大颗粒有一点破碎作用外，基本没有明显对颜料的润湿和分散作用。这就比较容易造成色点的产生，因此，对颜料分散性还是应当有要求的。

② 安全性　模压成型制品的主要应用领域为电子电器和日用制品。对电子电器而言，所选用的颜料应符合欧盟《电子电器产品有害物质限止指令》（RoHS）要求。日用制品中，尤其是餐具类制品，应符合美国食品和药品管理局（FDA）要求以及欧盟 AP89-1 号决议的规范，以及国标 GB 9685—2008（食品容器、包装材料用添加剂使用卫生标准）的要求。

9.6　发泡成型

泡沫塑料是一种含有大量气体微孔并均匀分散在固体塑料中形成的一类高分子材料。它具有质量轻、隔热、吸音、减震等特性，用途十分广泛。几乎各种树脂都能被制成泡沫塑料。泡沫塑料的制造工艺被称为发泡成型工艺，也叫做泡沫塑料成型。

泡沫塑料制品种类较多，可以有不同的分类方法。

① 按发泡气孔结构分　有开孔和闭孔泡沫塑料之分。开孔泡沫塑料是指泡孔与泡孔之间是相互连通的，因此，它具有很高的吸水能力，常被用作吸音和缓冲减震材料；闭孔泡沫塑料因其每一个孔都是独立的，互不连通，故吸水性极小，具有极佳的保温性能。

② 按软硬程度分　制品的弹性模量小于 70MPa，压缩硬度很小，富有柔韧性，当应力解除后能恢复原状，残余变形很小的称之为软质泡沫塑料；同样条件下弹性模量高于700MPa，无柔韧性，压缩硬度大，应力必须达到相当值方产生变形，而应力解除后不能恢复原状的被叫做硬质泡沫塑料；弹性模量在 70～700MPa，性质也在上两者之间的就是半硬质泡沫塑料。

③ 按制品密度分：密度＞0.4g/cm³　　　　低发泡；

　　　　　　　　　密度＝0.1～0.4g/cm³　　中发泡；

　　　　　　　　　密度＜0.1g/cm³ 以下　　高发泡。

④ 也可按发泡倍率（发泡后比发泡前体积增大的倍数）分：发泡倍率大于 5，则为高发泡；小于 5 就属于中/低发泡。

泡沫塑料的发泡方法有机械发泡法、物理发泡法以及化学发泡法等。

① 机械发泡法（又称气体混入法）　用强烈的机械搅拌将空气卷入树脂的乳液、悬浮液或溶液中，使其成为均匀的泡沫物，而后再经过物理或化学变化使之稳定成为泡沫塑料。脲甲醛、聚乙烯醇缩甲醛、聚醋酸乙烯等树脂常被用于机械发泡工艺。

② 物理发泡法　利用物理学原理而实施的一种发泡手段。其基本方法是把惰性气体/或低沸点液体压入聚合物熔体或糊状料中，通过加温、减压等方式使气体在熔体中析出并长大形成气泡或低熔点液体被蒸发气化形成气泡的方法。

③ 化学发泡法　化学发泡法是在发泡过程中伴随着化学反应产生气体而发泡，包括两种类型的机理：其一：采用热分解型发泡剂受热分解产生气体而发泡；其二：利用发泡体系中的两个或多个组分之间发生的化学反应，生成惰性气体（如二氧化碳或氮气等）致使聚合

物膨胀而发泡。

在实际的应用中,化学发泡工艺是目前行业中使用频率较多的方法。以下篇幅我们就针对化学发泡法,通过示例来了解发泡工艺的实际应用以及与颜料有关的问题。

9.6.1 聚乙烯泡沫塑料

(1)一步法工艺 在室温下将物料混合,然后在两辊开炼机上进行混炼,控制混炼温度处于树脂熔点温度与交联剂及发泡剂的分解温度之间(110~120℃),混炼完成后按照模具大小出片,出片厚度约1mm,片材称量裁切后放入模具,加热至160℃以上(发泡剂分解温度),在7.12~10.78MPa压力下保持6~8min,确保交联反应完成,发泡剂分解完全后快速解除压力开模,使物料瞬间膨胀弹出,完成发泡。加工工艺见图9-31。

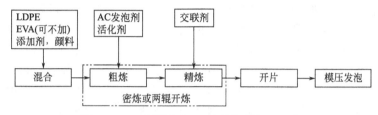

图9-31 一步模压法PE泡沫塑料加工工艺

一步法工艺制成的泡沫塑料制品发泡倍率不高,一般在3~15倍。

(2)两步法工艺 在一步法开炼完成的基础上,将塑炼好的片材在模具内进行模压,控制温度在150℃,依据片材厚度设置发泡时间,通常为30min左右,去除压力开模,完成初发泡,此时材料密度约为0.098g/cm³,且尚有70%的发泡剂未分解;即刻趁热将初发泡料置于165℃的油浴中加热并保持20min,经二次发泡后,材料的密度进一步降低,不过仍有约7%的发泡剂还未分解,将发泡料从油浴中取出,在室温下慢慢冷却,余下的发泡剂会继续分解,10min后发泡完成。最终制品的泡孔细密均匀,制品密度约为0.027g/cm³。

两步法可得发泡倍率为30倍的PE泡沫塑料。

(3)注射发泡工艺 运动鞋底的制作就是典型的注射发泡工艺示例。一步发泡成型,简化加工操作,杜绝边角产生;同时运用自动化多模旋转机械,大大提高生产效率。

9.6.2 聚氨酯泡沫塑料

聚氨酯泡沫塑料加工工艺是以多元醇(聚醚或聚酯型)和二异氰酸酯为原料,加入催化剂(包括交联催化剂、发泡催化剂等)、发泡剂(化学发泡剂、外发泡剂)、泡沫稳定剂等,经过混合搅拌发泡后熟化而成。主要发泡气体为异氰酸酯与水反应形成二氧化碳。

根据原料和配方的不同分为软质、半硬质和硬质泡沫塑料制品。

软质泡沫塑料所用的聚醚或聚酯都是线型或稍带支链的长链分子,每个大分子带有2~3个羟基,分子量为2000~4000。软质聚氨酯泡沫塑料的主要用途有家具衬垫、车用垫材、地毯底衬、吸声材料、运动地垫/护垫、床垫和仪器仪表的包装材料等。

硬质泡沫塑料的聚醚或聚酯分子量较小,具有支链结构,官能度3~8。硬质泡沫塑料制品常用作冰箱、冷库、石油管道、建筑等的隔热保温材料等。

按发泡方法分类有:块状、模塑和喷涂聚氨酯泡沫塑料。

聚酯型聚氨酯泡沫塑料制品各项性能优良,价格偏高;聚醚型价格相对低些,市场应用较普遍。

颜料应用于发泡成型工艺时需要注意分散性、耐热性、着色力、耐迁移性、耐化学品性、安全性等。

① 分散性　发泡塑料泡孔细密均匀，尤其是闭孔泡沫制品。配方中的固体颗粒物质如果分散效果不佳，有较粗大颗粒存在的话，就会引发产生异常大泡孔而影响制品的质量。因此，用于泡沫塑料制品的颜料需要具有良好的分散性。

② 耐热性　就发泡温度而言，在所有的塑料加工中并不算很高，但是，发泡环节耗时较长（高发泡需 160℃、30min），所以，颜料所需要承受的高温时间也相应比较长，没有一定的耐温性能就不能完全符合加工工艺的要求。

③ 着色力　泡沫塑料由于有细密气泡的存在而具有极强的消色作用，这就是泡沫塑料制品尤其是高倍率发泡制品鲜见具有鲜艳色泽的深色制品的主要原因。因此，着色力高的颜料产品能够很好地帮助提升发泡制品的色彩性能。

④ 耐迁移性　泡沫塑料被广泛用于运动地垫、护垫，运动鞋，以及沙滩拖鞋等具有鲜艳色彩需求的领域，而这些制品往往都有相拼色。因此，必须保持各个颜色的界限清晰，没有串色和相互沾污的现象。这就要求所用的颜料必须具有良好的耐迁移性能。

⑤ 耐化学品性　发泡工艺中使用许多化学添加剂，因此，需要保证颜料与这些添加剂不具有反应的可能；有些泡沫片材需要多层黏合，其一，黏合前需用溶剂清洁黏合面；其次，还需要接触黏合剂，颜料也必须能够确保不与这些化学制剂发生反应。当然制品在应用中的清洗等也是应该考虑的因素。

⑥ 安全性　泡沫塑料制品中那些与人体接触的产品如鞋，运动地垫/护垫，以及玩具等，所有相关的原材料都应遵守各自相应的产品安全法规和指令。

9.7　其他成型

9.7.1　滚塑成型

滚塑成型是一种热塑性塑料中空成型加工方法。其原理是：把树脂加入到模具内，闭合模具，通过对模具的加热，并同时利用两直角相交的转轴不间断转动，使模具作三维转动/滚动，树脂借助自身的重力作用均匀地布满模具内腔并且逐步熔融，直至树脂完全熔融并均匀黏附于模腔内壁，然后停止加热转入冷却过程，待制品冷却固结后脱模而得到所需的无缝中空制品。

滚塑加工时模具的转速不高，制品成型全靠树脂的自然流动，所以产品几乎无内应力，不易发生变形、凹陷等缺点。

根据所用树脂的形态不同，滚塑可以分为三类。

① 以聚乙烯树脂为代表的干粉滚塑成型　这是滚塑工艺中运用最多、最广的类别。由于树脂经粉状到熔融状且无外力的强制挤压，原先粉体颗粒间的空气在熔体中形成气泡只能靠自身聚集长大，然后脱离熔体排除。气泡能否完全排尽直接影响制品的物理机械性能。

② PVC 糊状树脂的滚塑成型　业内俗称搪塑。主要制作软质 PVC 中空制品。

③ 单体聚合成型的滚塑　树脂单体进入模腔，在适宜的温度条件及助剂作用下完成聚合并流动成型。比较而言，该工艺目前实际应用相对较少。

滚塑成型工艺适用性广，可以成型小如乒乓球，大到游艇或冲锋艇，或上百立方容积的化工储罐等无缝中空制品；无需改变模具即可调节制品壁厚从不足 2mm 至数厘米不等；可以一步完成复杂结构制品的制造；可根据设计需要在制品中加入嵌件或其他组合件等。

滚塑模具制作简单，造价低廉，一般仅为同等尺寸其他模具造价的 1/4～1/3；滚塑模具尤其适合于大型制品的制作，可以实现边缘增厚以保证大口径制品的边缘强度；此外，滚塑制件无飞边，材料浪费少。滚塑工艺的不足之处在于：生产周期比较长，物料需预先磨粉加工，人工操作多，劳动强度大等。

以聚乙烯粉料滚塑加工为例，整个工艺过程可分为四个部分。

① 加料工序　清洁模具内壁，按要求计量加入物料，然后闭合模具，准备后续滚塑操作。

② 成型工序　模具和旋转系统进入指定热成型工位，开启垂直旋转使模具做三维旋转滚动，由模具外部对其进行加热（可采用热风循环，电热辐射，或明火炙烤等方式）直至工艺设定温度（260～320℃），保持该温度一定时间，确保熔体在模具腔壁黏附完全，厚度均匀，且排尽气泡。

③ 冷却工序　保持模具的三维旋转滚动状态，转入冷却工位，采用冷风、喷雾/喷淋等方式对模具和制品进行冷却，最终使制品完全固结定型。

④ 脱模工序　停止模具旋转，转入上/下料工位，开启模具，取出制品。清洁模具内壁，准备下一循环制作。

聚乙烯滚塑成型工艺流程如图 9-32 所示。

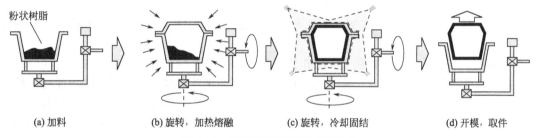

(a) 加料　　　　(b) 旋转，加热熔融　　　(c) 旋转，冷却固结　　　(d) 开模，取件

图 9-32　聚乙烯滚塑成型工艺流程

应用于滚塑成型制品中的颜料产品，应高度关注耐热性、分散性、耐光、耐候性、安全性等特性指标。

① 耐热性　滚塑成型是一个非外力强制的成型工艺，需要熔体具有非常好的流动性能；热传导形式对树脂来说是单方向自然传递的方式，不存在摩擦和剪切生热；熔体中含有的气泡需要足够的时间自然积聚破泡。因此，加工温度远高于同类树脂其他的成型工艺，同样的，在此高温下的操作时间也比其他工艺长得多。滚塑时模具腔体内如果不用氮气作保护的话，还必须考虑高温下氧化作用。因此，都需要所选用的颜料必须具有优异的耐热性能，否则不能保证产品的质量。

② 分散性　由滚塑加工工艺可知，如果不对树脂体系进行预先的混合料加工处理，而只是作简单的干粉混合加工（目前有相当多的生产商采用此法）。那么，颜料粉体颗粒在整个工艺过程中并没有经过有效的分散作用。对于粉体颗粒较粗大且不易分散的，就会造成色点等瑕疵，影响产品质量。

③ 耐光、耐候性　滚塑成型制品被大量在户外使用，尤其像游艇、防冲墩、大型玩具等都需要鲜明的色彩。因此用于这些制品的颜料必须具有优异的耐光、耐候性能。

④ 安全性　滚塑制品中大量的民用制品和玩具等直接与人体接触，尤其是儿童玩具。所以，必须关注颜料产品的安全性。

9.7.2　浸塑

浸塑加工可以分成两大类，即浸塑成型工艺和浸塑涂覆工艺。前者作为一种直接的产品的制造工艺，生产诸如 PVC 浸塑手套或丁腈乳胶手套，以及有衬底浸渍产品等；而后者则以涂覆层形式起装饰或保护被涂覆制品的作用，主要用于金属制品的涂覆。

(1) 浸塑成型工艺　以 PVC 浸塑手套生产工艺为例，讨论浸塑成型的加工过程。

PVC 配方料（包括增塑剂、添加剂、颜料制剂等）搅拌均匀后，经过滤、脱泡、检验合格后放入浸渍槽，浸入清洁干净的手模进行浸渍黏附，出槽后经垂滴、定型烘干、塑化成型等工序后进行上粉（有粉手套）或浸渍 PU（无粉手套），最终经卷唇、脱模而得到 PVC 手套成品，生产工序见图 9-33。

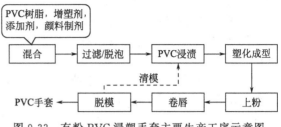

图 9-33　有粉 PVC 浸塑手套主要生产工序示意图

彩色 PVC 浸塑手套中的颜料是以色浆状态的预制剂形式加入的，色浆的制备以及浸塑加工的前半段都与液体涂料的加工和涂装方式相似。因此，颜料性能除了常规的分散性、耐热性、耐迁移性外，还应该考虑抗絮凝性、耐化学品性等与涂料应用相关的特性。

(2) 浸塑涂覆工艺　浸塑涂覆可以分成熔（液）体浸塑和粉体浸塑两种形式。

熔（液）体浸塑是将涂覆树脂和添加组分加热成为熔体，经过表面清洁处理并加热至一定温度的金属制件浸没在熔体中，表面附着一层均匀的熔体层，再经冷却固化而形成涂覆层；或是以溶剂将树脂组分溶解，金属制件预热经浸涂后转入烘箱进行烘干固化的涂装工艺。

粉体浸塑工艺的不同之处在于：把作为涂覆层的热塑性树脂和添加组分按塑料混合料的方式加工并磨成粉状，粉料置于流化床内作"竖式流态化"运动，金属制件经表面处理后预热至粉体树脂的熔点温度以上，制件置于流化床中，流态化粉体均匀地附着于金属制件表面并被热熔，待制件黏附一定厚度树脂粉末后，移除并加热进一步熔化、流平，最终冷却固结成为涂覆层。

粉体浸塑工艺也是粉末涂料涂装的一种形式，它是基于传统流化床演变而来的一种古老的加工工艺。当今比较普遍的是以静电喷涂的方式进行涂装的，它的优点是：金属制件无需预热；采用静电电泳方式对制件进行喷涂，涂层厚度均匀；一步加热熔融、流平，然后冷却固化，生产过程更加节能，可实现全线自动化流水作业。

从颜料自身的角度来看，了解粉末涂料的涂装，只是明确了后续应用的要求，然而，更应该关心的问题是颜料是如何参与并最终成为粉末涂料的一份子的。

说到粉末涂料的制造，其实是一个塑料着色加工的过程，它的主要工艺见图 9-34。

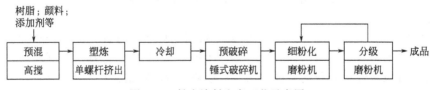

图 9-34　粉末涂料生产工艺示意图

由工艺示意图可知，颜料在粉末涂料加工过程中的润湿和分散仅依靠预混和单螺杆的作用，但从分散的角度看是不足以解决较有难度的分散任务的，这就需要选择具有比较良好分散性的颜料品种以达到质量要求。此外，有很多的涂装件会用于户外，如，围栏、公路分割栏等。这些应用也必须考虑耐光、耐候性能。

激光打印机用彩色墨粉的制造和应用与粉末涂料相似。除了细节的配方有所不同，它的生产过程也是以螺杆挤出机作为主要的混炼和分散设备。其次，源于激光打印机的精确性要求，它对于粉体的分碎细度有着非常严格的要求，行业中一般采用气流粉碎工艺来实施精细粉碎。

9.7.3 离型纸

离型纸又称为转移纸，是一种带有阴模花纹的专业用纸。它作为转移涂层加工不可缺少的载体材料，能够赋予制品美观逼真的花纹。离型纸主要用于人造革表面的成型加工。

以干法PU革生产为例（见图9-35），与离型纸直接贴合的涂层作为人造革最外表的一层材料，充分展示了离型纸所给予的花纹图案，尤其是仿真革的纹理与真皮应有的纹理可谓惟妙惟肖，这是采用花辊压制所不能企及的。

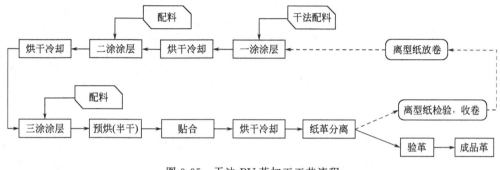

图 9-35　干法 PU 革加工工艺流程

颜料用于人造革通常被放置在中涂层，以预分散的色浆形式加入。因此，除了对颜料的耐热性、耐迁移性、耐光、耐候性等常规塑料制品应有特性进行关注外，还需注意耐化学品稳定性、抗絮凝性等。

第10章

塑料着色国际法规体系以及相应的要求和标准

石油化工的发展促进塑料工业的大发展，塑料因原料易得和可大规模生产，成为目前世界上使用范围最为广泛的材料之一。为了满足产品质量、安全、环保等方面的要求，作为目前应用最广泛的原材料之一的塑料也必须满足相应产品的相关要求；而作为塑料材料最重要的配方物质之一，塑料着色剂如何满足各类标准和法规要求对于塑料产品本身的符合性具有非常重要的意义。

中国目前最重要的国际贸易伙伴排在前两位的是欧盟和美国，而世界其他国家的法规、标准的制定和实施体系也往往是参考美国、欧盟的体系制定的；日本、东盟、大洋洲（包括澳大利亚和新西兰）、中东、中欧和巴西等南美各国基本参考上述两个地区的体系。由于篇幅有限，这里重点以美国、欧盟的法规体系为介绍重点，同时将介绍中国的法规情况。

10.1 主要国家法规标准体系简介

世界上的司法体系，主要分为大陆法系和英美法系（也叫海洋法系），由于两个法系的审判机关、审理依据、诉讼程序方式和法庭组织的差异，决定了两大法系国家的法规系统的重大差别。还有，国家制度和国家联盟组成的方式也决定了法规系统的差异。

美国、欧盟和中国涉及产品安全和质量的法律法规汇总见表 10-1。

表 10-1　美国、欧盟和中国涉及产品安全和质量的法律法规汇总

国家和地区	美国	欧盟	中国
司法和法规体系	海洋法系	大陆法系	大陆法系
	联邦主义为基础； 联邦法律、联邦法规、各州的法律组成法规系统	基本法； 辅助性法规； 个案法	中国特色社会主义的法律体系由七个法律部门组成

国家和地区	美国	欧盟	中国
相关产品安全和质量法规	（1）联邦法律法规 ① 正式法律法规 —法令（Act），如 FFDCA，CPSIA 等 —法规（regulation），如 CFR 等 —其他规章包括各种规程、标准、手册、指令 ② 联邦法案 —联邦参议院法案，如 S. 2975，即美国联邦重金属法案 —联邦众议院法案，如 HR4040，即 CPSIA 法令的草案 （2）各州的法律法规 ① 州法规，如加州的法规第 42463 章，就是加州关于显示器的有害物质限制要求。如美国东北州长联盟（CONEG）的 ONEG RTM008 包装规定 ② 州法案 —各州的大会法案，如 AB48 —州的参议院法案，如 SB20 —州的众议院法案，如 HB421	（1）法令（regulations），如 REACH（No. 1907/2006）关于化学品注册、评估和许可的欧盟法律 （2）指令（directives），如 RoHS（2002/95/EC），电子电器中有害物质限制指令。 （3）决议（decisions） （4）建议和意见（recommendation and opinions）	（1）国家的法律，如《中华人民共和国产品质量法》、《计量法》、《中华人民共和国进出口商品检验法》 （2）行政法规，如《中华人民共和国产品质量认证管理条例》 （3）部门规章，如《电子信息产品污染防治管理办法》、《工业产品生产许可证管理办法》等；地方性法规，如《宁夏回族自治区产品质量监督管理条例》等。 为了保证法律的实施，有相应的认证和监管，认证如中国强制性商品认证 CCC，监管方式有市场抽查、企业生产许可证等；又有相应的标准相配套，中国的标准体系又有：国家标准（GB）、行业标准（QB）、部门标准（如，信息产业部的 SJ 等）、地方标准（DB）等。
管理机构	（1）美国食品和药品管理局 FDA（food and drug administration） （2）美国消费品安全委员会 CPSC（consumer product safety committee）	欧盟成员国的监管体系各不相同	（1）国家质量技术监督检验检疫总局 （2）国家工商行政管理总局（以下简称工商局） （3）国家食品药品监督管理局 （4）其他，如有农业部、卫生部、科技部、国家工业和信息化部等相关机构提供技术指导、标准和行业规范的起草，也还有原来一些行业部委改革转型后的协会机构，如纺织工业协会、汽车工业协会等，提供技术支持、标准和行业规范起草支持机构

10.2 各国对塑料着色剂的法规和要求

10.2.1 总体要求

（1）质量要求 质量要求包含一系列对于产品使用性能的要求，以物理和力学指标为主，也有化学成分等指标。质量要求其实是十分重要的。如色母粒，质量要求有颗粒度、分散性、色泽、灰分、水分含量、重金属含量等；又如塑料食品接触性产品，质量要求包含气味、抗高低温、褪色等。

（2）通用安全要求　塑料制品的通用安全要求如图 10-1 所示。

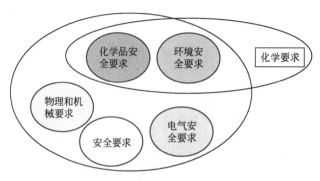

图 10-1　塑料制品的通用安全要求

本节重点讨论的化学方面的要求是与着色剂紧密相关的，主要涉及化学物质控制要求、环境保护相关的要求和对人体健康有直接危害的物质的控制要求，见表 10-2。

表 10-2　化学物质控制要求分类

环境保护 （1）3W　废水、废泥渣和废气的控制 （2）3R　重新使用、循环利用和再利用的控制 —关于有害物质的控制和有效成分利用的要求 —限制的物质往往不会对人类造成直接的伤害	化学有害物质　对人体健康造成直接的伤害，如致癌、致敏、致死等。 
化学物质控制要求，如 REACH	
—欧盟 RoHS，对于电子电器产品中有害物质控制的指令 —欧盟 ELV，对于报废车辆的欧盟指令，针对车辆材料中铅、镉、汞、六价铬的限制要求	对于下列有害物质控制的国际要求 多环芳烃化合物（PAHs） 邻苯二甲酸盐类 甲醛 REACH 和 76/769/EC 中的限制物质等

10.2.2　关于化学物质控制要求

目前，人类正在使用或者曾经使用的化学物质超过十万种，1981 年 9 月之前投放市场的有 100106 种现有化学物质，1981 年 9 月以后有大约 4300 种新化学物质，而其中，大部分化学物质没有进行有效的、切合实际的管理。而欧盟，在此问题上进行了行动，《欧盟官方公报》2006 年 12 月 30 日的公告中有一个新的欧盟法规，全称为《关于化学品注册、评估、许可和限制，建立欧洲化学品管理局（ECHA），修订 1999/45/EC 指令，废止 1993/793/EEC 理事会条例、1994/1488/EC 委员会条例，及 1976/769/EEC 理事会指令、1991/155/EEC、1993/67/EEC、1993/105/EC、2000/21/EC 委员会指令的欧洲议会和欧洲理事会第 1907/2006 号条例》，简称《化学品注册、评估、授权和限制条例》。法令代号为：EC Regulation No.1907/2006，简称 REACH。

REACH 包括以下四个部分：注册（registration）、评估（evaluation）、许可（authorization）和限制（limitation）。对现有化学物质中每年进入欧盟市场的量大于 1 吨的化学物质率先进行管控，涉及的化学物质大约 30000 种，其中 80% 需要注册，15% 需要注册、评估，5% 需要注册、评估和许可。

除以上任务以外，还包括了对于高度关注物质（SVHC）的 45 天通知职责（information）和通报（notification）职责。

REACH 实施时间表见表 10-3。

表 10-3　REACH 实施时间表

时间	进程
2007 年 6 月 1 日	REACH 生效
2008 年 6 月 1 日	正式实施，欧洲化学品管理局（european chemicals agency，ECHA）正式在芬兰首都赫尔辛基开始运作
2008 年 6 月 1 日以后	新物质开始注册 欧洲化学品管理局（ECHA）开始进行档案评估和物质评估；对于高度关注物质（SVHC）的许可开始
2009 年 1 月 1 日	预注册清单公布（数据可得），成立物质信息交换论坛（SIEF）；阶段性物质的正式注册开始
2009 年 6 月 1 日	公布 SVHC 清单。限制要求开始实施生效。公布限制物质清单（包括具有不可接受风险的物质），废除 76/769/EC 指令，完成 REACH 附录 XVII
2010 年 6 月 1 日	公布物质的分类和标签目录；年产量或进口量 1000t 以上的化学物质完成注册；年产量或进口量 1t 以上的根据指令 67/548/EEC 划分为 1、2 类的 CMR 物质完成注册；年产量或进口量 100t 以上根据指令 67/548/EEC 中 N：R50-53 划分为导致水生环境长期负面影响的高水生物毒性的物质完成注册
2011 年 6 月 1 日	物品中的高度关注物质（SVHC）开始通报（notification）
2013 年 6 月 1 日	年产量或进口量 100t 以上的化学物质完成注册
2018 年 6 月 1 日	年产量或进口量 1t 以上的化学物质完成注册

对于塑料着色剂企业，针对 REACH 的责任义务和所需要做的工作汇总如下。

① 如果是化学物质或者是制剂混合物出口到欧盟，每年的出货量超过 1 吨的话，则必须进行 registration（注册）的工作。

② 如果是以成品（物品）方式出口，着色剂只是其中的配方物质的话，则必须做好以下工作。

a. Registration（注册）工作　如果涉及释放物质，如，带有香味的产品，则涉及的香味剂通过计算会超过 1 吨/年，则需要做 registration（注册）。

b. Restriction（限制物质）符合性要求　保证成品中的限制物质含量不超过标准要求，即 REACH 附件 XVII 中涉及的限制物质，如镉、AZO 等。

c. Information/Notification of SVHC（高度关注物质的通知通报）　配合成品企业进行高度关注物质（SVHC）的调查和计算工作。如果成品中含有 SVHC，而且超过 0.1%，则需要配合做好 45 天通知职责；如果计算下来有超过 1 吨/年，则还要配合做好通报工作。最好是产品中不含有高度关注物质。

10.2.3　具体产品的要求

（1）电子电器产品相关法规　见表 10-4。

表 10-4　电子电器产品相关法规

国家地区	法规列举	内容和限定简介
美国	联邦级：H.R.2420　电气设备环保设计法案，简称 EDEE 法案	2010 年 7 月 1 日以后生产的电子电器产品中铅、汞、六价铬、多溴联苯、多溴联苯醚：<0.1%；镉：<0.01% 涉及 16 个豁免产品，以及相关针对限用物质的豁免材料和部件
	州级：加州健康和安全法规第 25214.10	规定了铅、镉、汞、六价铬的要求，范围仅针对照明光源和阴极射线管显示器和液晶显示器
欧盟	欧盟指令：2011/65/EU（原 2002/95/EC），即 RoHS 指令	对于 2006 年 7 月 1 日以前投放市场的电子电器产品；2014 年 7 月 22 日以前投放市场的医疗、监测和控制设备；2016 年 7 月 22 日以前投放市场的外部诊断医疗设备；2017 年 7 月 22 日以前投放市场的工业监视和控制设备：铅、汞、六价铬、多溴联苯、多溴联苯醚：<0.1%；镉：<0.01%
	欧盟成员国根据欧盟指令转变的各自国家法律	涉及相关产品豁免，以及相关针对限用物质的豁免材料和部件 各成员国有具体的处罚条款
中国	电子信息产品污染控制管理办法	2007 年 3 月 1 日开始，对于相关电子电器产品（适用范围类别为雷达设备产品、通信设备产品、广播电视设备行业产品、计算机行业产品、家用电子产品、电子测量仪器产品、电子工业专用设备产品、电子元件产品、电子应用产品、电子专用材料产品）中：铅、汞、六价铬、多溴联苯、多溴联苯醚：<0.1%；镉：<0.01% 没有豁免条款，有标识要求： 绿色标签，产品可以回收利用，也符合有毒有害物质限量要求 橙色标签，产品中含有某些有毒有害物质超出限量要求，在数字表示的环保使用年限内对人体和环境无害，超出期限后应该回收再利用

（2）玩具和儿童用品的相关标准　见表 10-5。

表 10-5　玩具和儿童用品的相关标准

国家地区	法规列举	主要有害化学物质限制内容
美国	联邦级法规，消费产品安全改进法规，CPSIA	2008 年 8 月 14 日生效，相关要求： （1）儿童产品中的铅含量。 ① 涂层中铅的限制，限量要求为 90ppm，并要求第三方报告； ② 基层含铅限制，限量要求为 300ppm；2011 年 8 月 14 日后，限制指标为 100ppm。针对儿童珠宝的含铅金属配件，更多产品开始需要第三方报告。此外，该要求并不适用于无法接触的配件。 对于以上要求，对天然材料有豁免，所谓天然材料和动植物料，包括木头、天然织物、贵金属、宝石珍珠、种子、羽毛和皮革等，还有使用在印刷四分色模式（CMYK）过程中的印刷油墨和医用不锈钢等（美国统一编号系统中的 S13800 至 S66286），不包括 303Pb 的不锈钢钢材（美国统一编号系统中的 S30360） （2）邻苯二甲酸盐的要求。 ① 对于儿童玩具和儿童护理保育物品，DEHP、DBP、BBP 含量不可大于千分之一（0.1%） ② 对于可放进口中或者有任何部分可放入口中的玩具和儿童护理产品（一个玩具或者玩具的任何一个部分的单面直径小于 5cm 被认为可以放入儿童口中），DINP、DIDP、DnOP 含量不可大于千分之一（0.1%） （3）部分儿童产品进入美国市场被强制要求提供由美国消费产品安全委员会（CPSC）认可的第三方实验室经过测试出具的第三方测试报告；要求所有产品在进入美国必须附带基本通用符合性证书（GCC），也就是自我符合性声明

国家地区	法规列举	主要有害化学物质限制内容
美国	州级法规，（1）伊利诺斯州-铅中毒防止法（公众法 095-1019）（2）加利福尼亚州的加州 65 加州健康和安全法规第 25214.10	该法律的要点是：儿童产品有特定的铅含量，必须附有有关铅含量的警告字句的要求；出售含铅物品给普通公众，要求警告字句。限量指标为 40ppm；其涉及的产品范围为：儿童产品，被定义为儿童首饰，育儿用品或含油漆玩具。 儿童用品和玩具的要求。 产品范围：设计给 6 岁以下儿童玩耍的，给 3 岁以下睡眠、放松、卫生、喂养、吮吸和磨牙用的产品，产品包括但不限于（如体育玩具球，球棒，手套，瓶，手表，小围巾，假牙齿，浴室玩具，以及儿童艺术衫） 主要要求：邻苯二甲酸盐、DEHP、BBP、DBP、DIDP 和 DnHP，不能超过 0.1%；铅的要求为：任何 PVC 塑料材料的部件：＜200ppm；任何非 PVC 塑料材料的部件：＜600ppm；婴儿围裙，无论材料是 PVC 与否，都要求：＜200ppm 绘画颜料，包括丙烯酸树脂，醇酸类，水粉颜料，油画颜料，色素颜料，液体状，粉状，黏胶状，块状．喷雾，要求：总铅＜12.5ppm；总镉＜12.5ppm 橡皮泥模，这类产品不能含有 DnHP
	联邦法案： —H.R.4428，美国联邦众议院法案，引用儿童的有毒金属法 —S 2975，美国联邦参议院法案儿童首饰安全法 州法案： —加利福尼亚州（SB 929）、康涅狄格州（HB 5314）、佛罗里达州（HB 1285 & SB 2120）、伊利诺斯州（HB 5040）、明尼苏达州（HB 3339 & SB 2385）、新泽西州（AB 2259 & SB 1636）、纽约（AB 9755，AB 9771 & SB 6446）	2010 年 1 月 13 日，在美国国会众议院已提出一个联邦草拟法案，将禁止在儿童首饰中含有镉、钡、锑，如果这法案经国会表决通过，将由美国消费品安全委员负责执行 2010 年 2 月 2 日，禁止镉、钡和锑范围是儿童首饰，即设计或打算供 12 岁或以下的儿童佩带或使用的小饰物，手镯，吊坠，项链，耳环或指环 禁止镉，范围包括儿童首饰、儿童产品、玩具、儿童护理用品等
	美国危险艺术材料标签法，即 LHAMA 要求，是一项对输美艺术材料影响非常大的重要法令	1999 年生效，根据美国消费品安全委员会（CPSC）法规 16 CFR 1500.14B8 的规定，艺术材料应按照 ASTM D4236 标准进行"艺术材料毒性标识法案（LHAMA）"的认证，艺术材料包括了儿童使用的颜料、蜡笔、画笔、铅笔、粉笔、胶水、墨水、画布等。此项认证需要由美国毒理学家协会认可的毒理学家进行。毒理学家将评估产品对健康的潜在慢性伤害
	ASTM F963，即，美国材料与实验协会标准，由美国商务部国家标准局主持制定的：玩具安全的消费安全规范标准	对于化学物质管制的要求和测试方法是标准的第 3 部分，关于相关玩具涂层中八大金属元素，即测试锑、钡、镉、铬、铅、汞、硒和砷在人造唾液中的迁移量的要求，以及总铅含量的要求见表 10-6

国家地区	法规列举	主要有害化学物质限制内容
欧盟	欧盟指令 2009/48/EC（替代 88/378/EC）	2009 年 6 月 30 日，欧盟官方公报（OJ）刊登了玩具安全新指令 2009/48/EC，并于 20d 后实施。相对于旧指令 88/378/EEC 的 16 个条款，新指令的条款增加到了 57 个
	欧盟成员国根据欧盟指令编写的国家法律	2011 年 1 月 20 日之前各欧盟成员国将该指令转换为本国法律。此外，指令还设定了 2 年的过渡期，即符合旧指令要求的产品于 2011 年 7 月 20 日之前可以继续投放市场；而其中化学要求条款于 2013 年 7 月 20 日实施。相关玩具协调标准 EN 71 系列和 EN 62115 也于 2011～2013 年进行修订。 首次引入针对玩具中 CMR（致癌、致基因突变或致生殖毒性）物质的特别条款，增加禁止使用某些易引起过敏的芳香剂。明确提出玩具材料中的化学成分必须与欧盟关于危险物质分类、包装和标签法规（67/548/EEC、1999/45/EC 以及条例 No 1272/2008）相一致的要求。玩具化学安全性要求的加强是新指令最主要的变化，相应标准 EN71-3 的更新带来技术上的巨大挑战，相应规定的实验过程中模拟了小孩唾液（0.07mol/L 盐酸）对相应材料浸泡后重金属的迁移情况，迁移元素限制种类大幅增加、限量大幅降低。新指令对玩具材料将按类别Ⅰ（干燥、易碎、粉状或易弯的玩具材料）类别Ⅱ（液态或粘性玩具材料）以及类别Ⅲ（刮漆玩具材料）分别设定限量要求，具体要求见表 10-7
	其他要求	有害化学物质的要求，还包括了非协调标准和其他材料要求 —REACH，对其附件 XVII 中的限制物质进行限制，如 AZO，即可分解出致癌芳香胺物质的颜料等 —EN71-9，有机化合物限量要求
中国	中国国家玩具安全要求，GB6675—2003	对于化学物质管制的要求是对于八大金属元素，即测试锑、钡、镉、铬、铅、汞、硒和砷在人造唾液（0.07mol/L 盐酸）中的迁移量的要求，见表 10-7

表 10-6　美国 ASTM F963 标准关于玩具特定元素的限量要求

元素	总铅含量	迁移量要求							
		铅（Pb）	砷（As）	锑（Sb）	钡（Ba）	镉（Cd）	铬（Cr）	汞（Hg）	硒（Se）
限量/(mg/kg)	参考 CPSIA 要求	90	25	60	1000	75	60	60	500

表 10-7　欧盟和中国玩具特定元素的迁移限量要求

元素/物质	限量要求/(mg/kg)				
	2009/84/EC 和对应新 EN71-3 要求			88/378/EC 和对应老 EN71-3 要求，以及中国玩具 GB6675 国家标准要求	
	类别Ⅰ	类别Ⅱ	类别Ⅲ	除了可塑性橡皮泥	可塑性橡皮泥
铝 Al	5625	1406	70000		
锑 Sb	45	11.3	560	60	60
砷 As	3.8	0.9	47	25	25
钡 Ba	4500	1125	56000	1000	250
硼 B	1200	300	15000		
镉 Cd	1.3	0.3	17	75	50
三价铬 Cr^{3+}	37.5	9.4	460	总铬 60	总铬 25
六价铬 Cr^{6+}	0.02	0.005	0.2		

元素/物质	限量要求/(mg/kg)				
	2009/84/EC 和对应新 EN71-3 要求			88/378/EC 和对应老 EN71-3 要求，以及中国玩具 GB6675 国家标准要求	
	类别 I	类别 II	类别 III	除了可塑性橡皮泥	可塑性橡皮泥
钴 Co	10.5	2.6	130		
铜 Cu	622.5	156	7700		
铅 Pb	13.5	3.4	160	90	90
锰 Mn	1200	300	15000		
汞 Hg	7.5	1.9	94	60	25
镍 Ni	75	18.8	930		
硒 Se	37.5	9.4	460	500	500
锶 Sr	4500	1125	56000		
锌 Zn	15000	3750	180000		
有机锡	0.9	0.2	12		
锡 Sn	3750	938	46000		

（3）食品接触性材料　美国对于食品接触性材料的管理分为免于法规管理、食品添加剂审批、食品接触物质通报三种情况，为确保食品添加剂的绝对安全使用，确认指标为食品添加剂安全性指标，有致死量（LD）、每日摄入可接受量（ADI）、公认安全物质（GRAS）。

欧盟食品包装材料的管理包括框架法规、特殊法规和单独法规 3 种。框架法规规定了对食品包装材料管理的一般原则，特殊法规规定了框架法规中列举的每一类物质的特殊要求，单独法规是针对单独的某一种物质所做的特殊规定。

中国则依据《食品卫生法》的相关规定，即食品容器、包装材料和食品用工具、设备必须符合卫生标准和卫生管理办法的规定。表 10-8 为食品接触性材料的相关法规。

表 10-8　食品接触性材料相关法规

国家地区	相关法规标准	涉及内容介绍
美国美国联邦法规（CFR）食品药品化妆品法（FFDCA）	GRAS，公认安全物质标准。在食品、药品和化妆品法（FFDCA）的第 201（s）和 409 章以及 21 CFR 170.3 和 21 CFR 170.30 中，都明确规定 GRAS 的范围	规定塑料着色剂都不在公认安全物质（GRAS）和免于法规管理的目录范围内，所以监管必须以符合性为宗旨。其监管机构为美国食品和药品管理局（FDA），所以通常把食品材料的认证和检测，称为 FDA 要求
	21CFR178.3297《与食品接触的聚合物材料中着色剂的要求》	该美国联邦法规中对于着色剂进行了定义，并规定着色剂不能迁移到食品中去或者迁移到食品中去的量少到通过裸眼观察不到会使食品有任何颜色的沾污。该法规还指出，着色剂的生产必须根据"良好操作规范"进行。法规列举了可以安全用于食品接触性塑料材料部分着色剂的清单，并且规定了它们的使用条件、使用限量，还有符合性条件等
	21CFR 章中的第 73、74、81 和 82 部分	列出了可以进行直接食品添加的添加剂清单，同时也规定了这些物质的使用条件和限量等。对于食品接触性的塑胶产品或材料，FDA 规定了相应的测试要求和限量指标，主要是一些物理指标如熔点以及总迁移量测试（在不同食品模拟介质、在一定使用温度和时间下的溶出或析出物质）等要求

国家地区	相关法规标准	涉及内容介绍
欧盟	欧盟法规第 1935/2004 号是欧盟对于食品接触性产品的一个框架性指令	规定食品包装材料必须安全，迁移到食品的量不得危害人体健康，不会对食品造成不可接受的改变，不改变食物的感官和品质 法规要求在食品接触性材料上必须有显著的、清晰的和不能拭除的标识显示 在法规的附录中列举了 17 类材料及制品，法规要求应该对 17 类材料、制品以及复合物允许使用的物质名单、质量规格标准、暴露量资料、迁移量资料、检验和分析方法等进行规定；也规定了新物质增加到允许使用目录中的批准程序
	2007/19/EC	2007 年 3 月 30 日发布。对于塑料材料的要求规定：一般塑料材料中的成分迁移到食品中的量不得超过 10mg/dm³；容量超过 500mL 的容器、食品接触表面积不易估算的容器、盖子、垫片、塞子等物品，迁移到食品中的物质不得超过 60mg/kg，主要模拟不同食品物质，如水、酸性物质、油性物质和酒精在使用温度下塑料材料的释出物（溶出物）总量，以及相应限制物质的限量要求。建立经过欧盟食品安全局评估的添加剂的列表，塑料的生产不得使用附录中列出的单体和原料名单以及添加剂名单之外的物质
	欧盟 AP（89）1 号决议	欧盟对于塑料着色剂的标准要求，于 1989 年 9 月 13 日被欧盟委员会采纳。主要要求： —溶出和析出测试。最终产品中和食品接触的塑料材料、或者相应材料中的颜料或染料没有明显的溶出物或析出物； —食品接触性塑料用着色剂中特定重金属和非金属的限量要求

元素	锑	砷	钡	镉	铬	铅	汞	硒
限量/%	0.05	0.01	0.01	0.01	0.1	0.01	0.005	0.01

特定芳香胺的要求：在 1mol/L 盐酸和以苯胺表示出的初级非硫化芳香胺的含量不得大于 500mg/kg；联苯胺、β-萘胺和 4-氨基联苯（单独或总量）的含量不得大于 10mg/kg

芳烃胺：通过适当溶剂和通过适当测试测定的芳烃胺的含量不得大于 500mg/kg

炭黑的要求：炭黑的甲苯可苯取量不得在任何形式下大于 0.15%

多氯联苯（PCBs）的限量要求：不得大于 25mg/kg，无机镉颜料不得使用

国家地区	相关法规标准	涉及内容介绍
	(1) 德国 —BGVO 消费品法规	基于 1935/2004 号欧盟法令,框架性法规。其中章节 §5/§8/§10 的内容涉及食品接触性材料和其添加剂的规定
	—LFGB 德国食品、日用品和饲料法	2005 年 12 月 7 日实施,其中章节 §4/§5/§6/§7/§30/§31§33/§64 中的内容涉及食品接触性材料和其添加剂的规定
	—德意志联邦共和国联邦风险评估研究院(BfR)的推荐标准	一种方法可以帮助制造商以确保其产品符合 LFGB 的通用安全要求,那就是考虑和接受 BfR 的指导建议和推荐标准
	(2) 法国 —法国法令 French Decree 2007-766	基于 1935/2004 号欧盟法令,框架性法规
	—DGCCRF 2004-64 和 French Arrete 2005 Aug. 9	针对大部分材料均有特殊迁移的要求
	(3) 意大利 —Decreto Ministeriale del 21/3/1973, Capo Ⅰ-Oggetti di materie plastiche	对于除了橡胶以外的所有塑料的要求
	—Decreto Ministeriale del 21/3/1973, Capo Ⅱ-Oggetti di gomma	对于橡胶的要求
中国	GB9685—2008《食品容器、包装材料用添加剂使用卫生标准》	2009 年颁布。标准中允许用于塑料包装材料的添加剂增加到 580 种。新标准规定了食品接触性材料涉及的添加剂的使用原则、允许使用的添加剂品种、使用范围、最大使用量、特定迁移量或最大残留量及其他限制性要求。列出了允许使用的染颜料品种有 116 个。 —杂质检出量占着色剂的质量分数应符合:锑≤0.05%;砷≤0.01%;钡≤0.01%;镉≤0.01%;六价铬≤0.1%;铅≤0.01%;汞≤0.005%;硒≤0.01% —其他杂质占着色剂的质量分数应符合:多氯联苯≤0.0025%;芳香胺≤0.05%,其中对二氨基联苯、β-萘胺和 4-氨基联苯三种物质各自或总和≤0.001%

(4) 纺织品 欧盟对于纺织品生态要求的指令是基于生态纺织品标签的欧盟指令,最早的纺织品标准 Eco-Label 是根据 1999 年 2 月 17 日欧盟委员会 1999/178/EC 法令而建立的。2002 年 5 月 15 日修订版 2002/371/EC 公布了欧共体判定纺织品生态标准的新标准。生态纺织品指令对禁用和限制使用的纺织化学品做出了明确的新规定,见表 10-9 和表 10-10。

表 10-9 染料中重金属的限量规定

限制元素	银	砷	钡	钙	钴	铬	铜	铁	锰	镍	铅	硒	锑	锡	锌	汞
限量指标/(mg/kg)	100	50	100	20	500	100	250	2500	1000	200	100	20	50	250	1500	4

表 10-10 颜料中重金属的限量规定

限制元素	砷	钡	钙	铬	铅	硒	锑	锡	汞
限量指标/(mg/kg)	50	100	50	100	100	100	250	1000	25

(5) 车辆　车辆产品与着色剂相关的法规见表 10-11。

表 10-11　车辆产品与着色剂相关的法规

项目	中国	欧盟
法规	汽车产品回收利用技术政策	报废车辆质量，2000/53/EC，及其一系列修订指令，2010/115/EU 为最新修订版
基本涉及有害物质控制的内容	2006 年 2 月 6 日。规定汽车及其零部件产品中每一均质材料中的铅、汞、六价铬、多溴联苯（PBBs）、多溴联苯醚（PBDEs）的含量不得超过 0.1%，镉的含量不超过 0.01%，也规定了相关材料的豁免	2000 年 10 月 21 日发布。规定汽车及其零部件产品中每一均质材料中的铅、汞、六价铬的含量不得超过 0.1%，镉的含量不超过 0.01%，也规定了相关材料的豁免

(6) 船　香港公约是一个正待准许通过的国际公约，2009 年 5 月 11～19 日在香港举行的国际海事组织（IMO）会议中提出。15 个签约国在本国批准《香港公约》，预计 2015 年可以获得必要的批准条件而辅助实施。当《香港公约》全球生效后，船舶需备有建造时所用有害材料的清单，需遵守拆船作业的发证和报告要求。拆船厂需按船舶的实际情况和有害材料清单（IHM）制订拆船计划，标明每艘船的处理方法。这样，全球所有 500 吨及以上的新造船和现有船舶产生影响，届时这些船舶必须随船携带 IHM。有害物质包括：石棉、臭氧消耗层物质、多氯联苯、抗污化合物、镉、六价铬、铅、汞、多溴联苯、多溴联苯醚、多氯化萘、放射性物质、短链氯化石蜡。所涉及的所有塑料、橡胶材料和涂料等都必须加以监控。

(7) 包装材料　运输包装的化学要求，包括了美国东北州长联盟（CONEG）的 ONEG RTM008 包装规定和欧盟的 94/62/EC 指令的要求，对于每一个最小包装材料，都要求铅、镉、汞和六价铬含量的综合不得超过 100ppm。

(8) 其他一些重要化学物质控制要求汇总

① 全氟辛烷磺酰基化合物（PFOS）和全氟辛酸化合物（PFOA）的限制要求　根据 REACH Annex XVII（2006/122/EC），对于具有防水功能的织物和一些特殊涂层，需要注意这类目前世界上发现的具有很高的生物蓄积性和多种毒性的最难降解的有机污染物。

② 烷基酚及乙氧烷基酚　其中的壬基酚（NP）和乙氧壬基酚（NPEO）有 REACH AnnexXVII（2003/53/EC）的限制要求。NPEO 被作为乳化剂用于纺织品、皮革、聚合物、油墨、油漆、印刷、颜料、溶剂等，NP 是塑料防老剂 TNPP 的杂质。这类物质会导致癌症，荷尔蒙失调和降低人的生育能力。

③ 多环芳烃化合物 PAHs　德国 LFGB 的限制要求，还有 2005/69/EC 对于轮胎和其添加剂油中特定 PAHs 的要求，也有 REACH 对于某些多环芳烃化合物的要求。限制具有致癌危害、并可能影响免疫能力和内分泌系统的 18 种多环芳烃化合物。它们在制造颜料、橡胶、塑料和杀虫剂中使用，存在或残留在溶剂/软化剂/有效成分中。

④ 富马酸二甲酯（DMF）的限制要求　根据指令 2009/251/EC，用于防腐防霉剂的富马酸二甲酯由于其高致敏性而被禁止使用。

⑤ 禁用偶氮染料指令　REACH AnnexXVII（2002/61/EC 和 2003/3/EC），某些带偶氮基的染料和颜料在还原条件下分解出高致癌的 22 种芳香胺物质。

⑥ 短链氯化石蜡（SCCP）　作为 REACH 的高度关注物质（SVHC）和根据欧盟指令 2002/45/EC，2003/549/EC 的限制，应用在阻燃剂、增塑剂、金属加工液的添加剂、皮革工业、密封剂、上光油、油漆和涂料中的 SCCP 应受到关注。

⑦ 五氯苯酚（PCP）和相关苯酚类物质　根据 REACH AnnexXVII 对于 PCP 的限制要求，用作纺织品、皮革和木材防霉防腐的添加剂，其致癌和其燃烧或氧化时会释放出被全世

界公认的最毒物质之一的二噁英，因此导致苯酚被禁止使用。

⑧ 石棉　根据 REACH AnnexXVII 对于石棉的限制和标签要求。石棉类物质，闪石类（青石棉和铁石棉），还有直闪石、透闪石、阳起石，常用于耐高温、阻燃和隔热材料的加工。

⑨ 有机锡化合物　根据 REACH AnnexXVII 对于三丁基锡、二丁基锡、三苯基锡等有机锡化合物的限制和 REACH 的高度关注物质（SVHC）对于氧化三丁基锡的要求，还有日本化审法的要求，作为生物抑制剂用于海轮船底漆和其他油漆、用作生物杀灭剂（抗菌药物）、抗菌剂用于纺织品、塑料的热稳定剂和 PU 塑料合成过程中被用于催化剂中间体的二丁基锡的有机锡化合物被严重关注。

⑩ 臭氧消耗层物质　欧盟法规 EC regulation No 2037/2000 和 EC regulation No. 1497/2007，还有日本臭氧保护法、维也纳公约和蒙特利尔议定书的规定，对于用于制冷剂、抛射剂和发泡剂中相关含氟类化合物的限制。

⑪ 邻苯二甲酸盐类（Phthalates）　REACH 高度关注物质中现有的 4 个限制物质，还有美国 CPSIA 和美国 CP65 的要求，主要用于塑料软化剂和涂料均匀剂的邻苯二甲酸盐类物质被限制使用。

10.3　塑料着色剂行业如何应对国际化学要求

近年来，国际上掀起了一股针对化学物质的限制风潮，其中有传统的、对人体造成直接影响的有害物质要求，也有席卷全球的环保战争，势头非常猛烈，特别是在电子电器产品、食品和食品接触性材料、玩具和纺织品领域。如果企业不谨慎从事，将面临巨大风险。这里的风险包括了由于产品安全和质量等问题而导致的产品被拒收、产品被召回，甚至被法定销毁蒙受的重大损失，也有因产品质量问题而导致的信誉下降从而导致的市场份额下降损失，也有因供应链的调整而导致管理费用的增加等。如何应对越来越多的国际化学要求是摆在企业面前的一道难题。

每年、甚至每月每天，都有中国企业的产品由于各种问题而被欧美国家召回，可以通过以下的网站了解相关信息，并引以为鉴。第一个是欧盟的召回信息，即 RAPEX 系统，非食品消费品的快速预警系统（rapid alert, system for non-food consumer products（RAPEX）），网站是：http：//ec. europa. eu/consumers/dyna/rapex/rapex archives en. cfm，美国的召回信息可以从美国消费产品安全委员会（consumer products safety commission（CPSC）) 的网站上了解：http：//www. cpsc. gov/en/Recalls/。

我们都知道所有的产品都是由材料组成的，而所有的材料都是由物质组成的，而一切引起产品的问题，都是和组成的物质有关，要么是用了不该用的，要么是在生产过程中或者贮存过程中发生了物质变异或材料变异，要么是在生产过程中发生了物质的污染。所以了解物质、了解材料或物质变异的可能性情况是十分重要和关键的。注意以下的环节。

（1）塑料着色配方设计应注意原料的正确选择　塑料在产品中的应用是非常广泛的，由于塑料成型工艺和配方成分复杂，再加上经常使用回收塑料作为新产品的添加成分，又增加了其复杂性，但是这都是可以控制的。了解各种法规要求，以及相对应的材料和物质的情况将直接可以帮助找到合理的配方而使产品符合要求。由于塑料材料所涉及的产品类别非常多，所以涉及的监管范围是非常广泛的，作为基础原料的着色剂往往随着制成品而被强制要求很多安全监管项目。

首先，企业及塑料着色剂配方设计人员需充分了解各个产品、各个不同国家的各种法规要求，找到合理的配方，在配方中没有禁用的化学物质，使产品符合各种法规的要求；可以看到，各国的法规要求都是非常复杂的，需要不断跟进，找到材料配方中可能引发问题的化学物质，对症下药才能保证产品的质量和安全性符合要求。

应该把化学有害物质的控制的要求细化到工艺文件中，把哪些材料应该用哪种配方、不应该用哪种配方物质、在生产过程中应该注意哪些问题等都加入到工艺文件和设计中。如有条件，企业可以建立内部数据采集和管理系统，不断更新，以快速应对国际各项法规的变更。如有可能将企业内部数据系统与行业组织数据系统进行有机联系，这样可以充分降低成本，增加竞争优势。

(2) 加强管理避免在生产过程中发生了物质的污染

① 严格控制原料的纯度　当选择合理的配方，就认为万事大吉这是错误的，还需对采购的原料进行严密的监管，以防因原料中带有杂质而导致产品不符合要求，因此对于单一化学物质的生产者，对物质的纯度、杂质浓度和副产物含量的控制等都是十分重要的，这些对最终产品的符合性至关重要。

② 严格控制生产全过程，以防交叉感染　生产全过程严格控制是很重要的，需注意换品种，设备清洗，以及回收料的合理使用等。

③ 建立相应的质量控制体系，加强产品测试　企业为保证其生产的产品符合有害物质和环保的要求，日常的监管十分重要，每一个企业都必须建立相应的控制体系来对原材料和产品、对供应链和生产工程进行全程监控。这样会涉及大量的确认测试工作。除此之外，企业还需要相应的测试报告或证书向其客户、国家出口监管机构或者出口国市场的监管机构证明其产品的符合性。因此，报告或证书的模板、类型和受认可程度，以及测试机构的权威性和受认可程度等都是是十分重要的。

为应对各种化学要求，企业应该建立相应的质量控制体系，这包括：产品质量保证体系、环境指令保证体系、物流和采购系统、财务系统、法律保证体统、公共关系系统等。由于我们面对的化学物质控制法规要么是环保法规、要么是有害物质控制法规。因此，根本的基础是有害物质控制体系和环保体系的建立，包括，有害物质过程管理体系（HSPM）——IECQ QC08000 体系和环境管理体系——ISO 14000 体系。

附录1 专用术语和缩写语

(1) 染料索引（Colour Index.） 是一部国际性的染料（颜料）品种汇编工具书，它将世界上各主要染料企业的商品，按照它们的应用性质和化学结构归纳、分类、编号，逐一说明它们的应用特性，列出它们的结构式，有的还给出它们合成方法的参考文献，并附有同类商品名称对照表。是由英国染色家协会同美国纺织化学家及调色家协会共同编辑出版的。

(2) C. I. 颜料号 如颜料黄62，该索引号只提供了一个编号，无化学特性信息。

(3) C. I. 结构号 结构号 C.I. 13940，提供了化学结构。按应用、性能、色光及结构分类。

(4) CAS 登记号 登记号：[12286-66-7] 用于标识已定义化学物质的一种统一号码系统。世界上最大、最新的化学物质信息方面的数据库《化学文摘》从1965年的第62卷起首先采用。用电子计算机编制。由三段数字组成，第一段2～6位，第二段2位，第三段1位，中间用短横隔开，呈"×…×-××-×"形式。无化学含义，但结构简单明了，每一化学物质只有一个登记号。

(5) 标准深度（SD） 是某一约定的颜色的深度，以达到一定颜色深度所必需的量来表示。1957年西德科学家 Rabe 和 Koch 提出一个深度公式，用于计算各种深度辅助标准，最后建立了 2/1、1/1、1/3、1/6 和 1/25 五种标准深度。

(6) 塑料的缩写及名称

缩写	名称
ABS	丙烯腈-丁二烯-苯乙烯共聚物
HDPE	高密度聚乙烯
HIPS	高抗冲击聚苯乙烯
LDPE	低密度聚乙烯
LLDPE	线型低密度聚乙烯
PA	聚酰胺（俗称尼龙）
PAN	聚丙烯腈
PBT	聚对苯二甲酸丁二醇酯
PC	聚碳酸酯
PE	聚乙烯
PET	聚对苯二甲酸乙二醇酯
PO	聚烯烃
POM	聚甲醛
PMMA	聚甲基丙烯酸甲酯
PVC（软）	增塑聚氯乙烯
PVC（硬）	硬聚氯乙烯

附录 2 测试方法

(1) 耐热性

① BS EN DIN 12877-3 (烘箱法) 将软质 PVC 塑化压片放在 180℃烘箱中烘 30min，或 200℃烘箱中烘 10min 后，同未测试塑化压片比较。观察颜色变化，用 GB/T250—2008 (ISO 105/A02) (1~5 级) 变色灰卡评价，5 级最好，1 级最差。

② BS EN DIN 12877-2 (注塑法) 实验开始时，温度定在 200℃注射成型之后为标准色板，之后每次间隔升高 20℃，停留时间 5min。每一次试验经过注射成型之后的色板与标准色板比较，分别用色差仪来检测颜色的变化，颜色的色差不超过 3 的最高温度即所列颜料耐热性数值。

(2) 耐光性 根据 ISO 4892-2 标准测试，使用氙灯暴晒，将制备好色板和"日晒牢度蓝色标准"样卡用黑厚衬书写纸遮一半，放入暴晒箱内的架子上。将试样和蓝色羊毛标准每天同时暴晒 24h。如果蓝色羊毛标准 7 级变色达到灰色样卡 4 级，则暴晒到此结束。取出剩下的试样和蓝色羊毛标准。将其取出，放于暗处半小时后评级。

评级方法：在散射光线下观察试样变色程度，与蓝色标准样卡的变色程度比较，耐光性的评级，以 8 级最优，1 级最差。

(3) 耐候性 先将颜料试样按配方制成色板，放于大气老化箱内试验，定期进行光照和喷洒水。颜料耐候性测定的评级按 GB/T250—2008 (ISO 105/A02) 变色灰色卡评定，5 级制，5 级最好，1 级最差。

(4) 耐迁移性 (BS EN DIN 14469-4) 把待测试的 PVC 压延着色片同含 5% 钛白粉的 PVC 片放在一起，在 500g，温度 80℃，放置 24h，用 GB/T251—2008 (ISO 105/A03) 沾色灰卡评价被沾污的程度，5 级最好，表示没有迁移，1 级最差。

附录 3　标准深度测定

着色性能取决于颜色深度。因此，在规定色深度下对着色剂和含有着色剂的体系的牢度特性进行试验是有利的。在本附录中，用公式定义了 1/3 和 1/25 标准深度。此外，本附录给出了关于如何测定着色试样的色深度特性以及如何改变试样中的着色剂浓度以获得所需的标准深度的信息。

1. 术语和定义

（1）色深度（depth of shade）　颜色感官强度的一个量度，随着饱和度的增加而增加，随着明亮度的增加而减少。

具有相同的色深度的着色材料是用相同浓度的、具有相同着色强度的着色材料制备的。本附录中，对色深度与饱和度和亮度之间的关系用色度学定义进行了说明。

（2）标准深度（standard depths of shade，SD）

按照惯例制定的色深度水平。

标准深度水平 1/3 和 1/25 来源于纺织品领域使用的色深度水平。

（3）标准深度 1/3 和 1/25 的深度特征值 $B_{1/3}$ 和 $B_{1/25}$，分别通过下面的公式（1）和（2）给出：

$$B_{1/3} = \sqrt{Y}(sa(\phi)_{1/3} - 10) + 29 \tag{1}$$

$$B_{1/25} = \sqrt{Y}(sa(\phi)_{1/25} - 10) + 56 \tag{2}$$

式中，B 为色深值；$B_{1/3}$ 表示样品的深度正好为 1/3 标准深度；$B_{1/25} = 0$ 表示试样的深度正好为 1/25 标准深度；s 是饱和度的量度，是样品色度坐标 x、y 和色度图上的消色点（基础刺激 E，标准照明体 D65/10°标准色度观察者或相应的标准照明体 C/2°标准色度观察者）之间的线性距离，乘以 10，即：

$$s = 10\sqrt{(x - x_0)^2 + (y - y_0)^2} \tag{3}$$

x_0 和 y_0 数值见表 1。

表 1　x_0 和 y_0 数值

标准照明体	标准色度观察者	x_0	y_0
D65	10°	0.3138	0.3310
C	2°	0.3101	0.3162

试样的饱和度越大，s 值越大，即颜色越艳，则颜色越深。

$a(\phi)$ 为饱和度评价的因子，取决于色相角 ϕ 和标准深度（SD）。这些因子的数值在后面给出。色调对色深的影响集中在 $a(\phi)$ 值所代表的经验系数中。

Y 是 CIE x，y，Y 系统中的 Y 值，表示人眼对亮度的响应，决定试样的明度。从以上的经验公式可以看出：试样的 Y 值越小，即明度越低，则颜色越深。

在 CIE x，y，Y 色度空间中，每一色深水平的等深面都是一个类似抛物面的曲面，空间色度坐标落在这个曲面上的颜色，相应深度水平的 B 值都等于 0，无论什么色调的颜色，都认为是等深度。

B 值一般采用计算机编程计算，程序可以自动选择合适的标准深度水平，给出符合上述范围的结果。

应优先使用标准照明体 D65 和 10°标准色度观察者。

2. $a(\phi)$ 因子的计算

1/3 和 1/25 标准深度的因子 $a(\phi)$ 取决于色相角 ϕ，它可以通过一定范围内色相角的三阶多项式进行计算。标准照明体 D65/10°标准色度观察者和标准照明体 C/2°标准色度观察者有不同的相关系数。

首先，对于选定的标准照明体和标准色度观察者组合（D65/10°或 C/2°），用试样的色度坐标 x、y 和消色点的色度坐标 x_0、y_0 按下面的公式计算出色相角 ϕ（0°到 360°）：

$$\phi = \arctan \frac{y - y_0}{x - x_0} \tag{4}$$

在计算时，应考虑下列条件：

$0° < \phi < 90°$，使 $y - y_0 > 0$，$x - x_0 > 0$

$90° < \phi < 180°$，使 $y - y_0 > 0$，$x - x_0 < 0$

$180° < \phi < 270°$，使 $y - y_0 < 0$，$x - x_0 < 0$

$270° < \phi < 360°$，使 $y - y_0 < 0$，$x - x_0 > 0$

然后，用下面的公式，通过三阶多项式计算 $a(\phi)$ 值：

$$a(\phi) = a(\phi_0) + K_1 W_1 + K_2 W_2 + K_3 W_3 \tag{5}$$

$$W = \frac{\phi - \phi_0}{100} \tag{6}$$

式中，ϕ_0 为低于色相角 ϕ 的最近的角度，其相关系数 K_1、K_2、K_3 用于方程式（5）中。各个量的数值参见附录 2。

按照 GB/T 11186.2—1989，4.1.1 或 4.1.2 的规定所述，在标准照明体 D65/10°标准色度观察者或者标准照明体 C/2°标准色度观察者条件下测量试样的三刺激值 X、Y、Z。测量条件的选择取决于通过测量获得的信息。

如果表面反射的差异不影响色深度（例如颜料测试），则按照 4.1.1 条进行测量（包括镜面反射）。在这种情况下，应从三刺激值中减去 ΔX、ΔY、ΔZ 值：

对于 D65/10°：$\Delta X = 3.8$，$\Delta Y = 4.0$，$\Delta Z = 4.3$；

对于 C/2°：$\Delta X = 3.9$，$\Delta Y = 4.0$，$\Delta Z = 4.7$。

如果测量中排除镜面反射，由于它对应于色深度的目视评价，则按照 4.1.2 条进行测量，优先使用测量条件 45/0 或 0/45。

只有高光泽的平面试样的情况下，两种测量条件（4.1.1 和 4.1.2）才能得到相同的色深度。

按照式（3）、式（4）所述计算试样的色深度特征值 B。

3. 标准深度试样所需的着色剂浓度的计算

正的（或负的）深度特征 B 表示在样品中着色剂的实际浓度偏高（或偏低）。可用下面的公式计算达到 $B = 0$ 所需的近似浓度（即对应于标准深度的近似浓度）：

$$c_{\text{req}} = c 0.9^B \tag{7}$$

式中，c 为着色剂在试样中的实际浓度；B 为试样的色深度特征值。

在指数图上对应于浓度 c 的对数标出至少两个 B 值时，可以通过外插法或内插法确定 $B = 0$ 所需的浓度 c_{req}。

附录4　用于多项式中 $a(\phi)$ 值计算的相关系数

表1　标准照明体 D65 和 10°标准色度观察者的系数

序号	ϕ_0	$a(\phi_0)$	K_1	K_2	K_3
1/3SD					
1	0	2.040	1.80164	9.15625	−12.6865
2	52	3.669	1.44590	−3.59046	2.00006
3	140	3.524	1.21893	−8.80359	7.20239
4	196	2.710	−0.562195	−9.45264	1.99219
5	236	1.101	−4.18735	16.9717	118.672
6	252	1.351	7.98462	−9.83203	−14.2773
7	276	2.504	1.54935	−3.91061	1.62125
8	340	2.319	−2.57889	−14.03809	50.0312
9	360	1	1	1	1
1/25SD					
1	0	2.360	−3.05167	11.0864	30.0801
2	28	3.035	3.93835	−15.2949	−9.64844
3	56	4.127	−0.28062	5.0835	−1.5742
4	96	4.727	2.57528	−6.64651	2.61005
5	148	4.636	−2.0872	0.12793	−3.27197
6	224	1.687	−5.801	28.7262	27.2941
7	244	1.895	6.0961	−8.3059	2.31348
8	292	3.162	0.66899	−3.24585	0.796387

表 2　标准照明体 C 和 2°标准色度观察者的系数

1/3SD					
序号	ϕ_0	$a(\phi_0)$	K_1	K_2	K_3
1	0	1.971	1.88544	7.21387	−9.80811
2	52	3.523	0.569638	−0.97366	0.380866
3	156	3.491	−0.369324	−5.51416	1.48145
4	188	2.856	−2.81256	−2.37598	11.2539
5	216	2.130	−2.74438	−25.4053	62.6152
6	252	0.771	−0.421143	70.0625	−182.867
7	276	2.177	2.79831	−12.0183	17.0195
8	308	2.400	−0.492714	3.15607	−8.72205
9	344	2.224	−2.95581	−5.12891	85.1523
10	360	1	1	1	1

1/25SD					
序号	ϕ_0	$a(\phi_0)$	K_1	K_2	K_3
1	0	2.399	−3.06670	16.38	−10.9985
2	24	2.454	6.05066	19.0391	−87.7031
3	44	3.725	6.83469	−38.7412	69.4805
4	72	4.126	−0.303894	5.60791	5.65527
5	104	4.788	3.50299	−17.5785	20.2175
6	144	4.671	−1.60059	−3.75781	2.90381
7	196	3.231	−3.99182	−3.58398	−7.41406
8	220	1.964	−8.67981	27.377	−17.6328
9	236	1.204	3.00708	4.0166	−7.15625
10	296	2.908	0.416885	−1.06287	−1.29846
11	360	1	1	1	1

336　塑料着色剂——品种·性能·应用

索　引

C. I. 颜料白 4　　　42,47,50
C. I. 颜料白 5　　　51
C. I. 颜料白 6　　　41,47,48,49,61
C. I. 颜料白 7　　　47,50
C. I. 颜料白 21　　47,50
C. I. 颜料黄 12　　35,118
C. I. 颜料黄 13　　18,32,35,36,118,119
C. I. 颜料黄 14　　36,119
C. I. 颜料黄 17　　35,36,120
C. I. 颜料黄 34　　42,54,55,56
C. I. 颜料黄 35　　31,57,58
C. I. 颜料黄 42　　60
C. I. 颜料黄 53　　32,46,63
C. I. 颜料黄 62　　91,92
C. I. 颜料黄 81　　121
C. I. 颜料黄 83　　35,36,121
C. I. 颜料黄 93　　125,126
C. I. 颜料黄 95　　31,126,242
C. I. 颜料黄 109　31,159,160
C. I. 颜料黄 110　31,160,161
C. I. 颜料黄 119　60,61
C. I. 颜料黄 120　105,106
C. I. 颜料黄 128　127,128
C. I. 颜料黄 138　31,169,170,219
C. I. 颜料黄 139　27,32,162,242,243
C. I. 颜料黄 147　192,193
C. I. 颜料黄 150　170,171
C. I. 颜料黄 151　106,107
C. I. 颜料黄 155　128,129
C. I. 颜料黄 157　63
C. I. 颜料黄 161　63
C. I. 颜料黄 162　63
C. I. 颜料黄 163　63
C. I. 颜料黄 164　63
C. I. 颜料黄 168　92,93
C. I. 颜料黄 180　28,107,108
C. I. 颜料黄 181　108,109
C. I. 颜料黄 183　93,94,95,241
C. I. 颜料黄 184　70,71

C. I. 颜料黄 189　64
C. I. 颜料黄 191　95,96
C. I. 颜料黄 191：1　95,96
C. I. 颜料黄 192　196
C. I. 颜料黄 199　156
C. I. 颜料黄 214　109
C. I. 颜料黄 216　64
C. I. 颜料黄 227　64
C. I. 颜料黄 215　173
C. I. 颜料橙 13　35,122,123
C. I. 颜料橙 20　58,59
C. I. 颜料橙 34　123,124
C. I. 颜料橙 43　155
C. I. 颜料橙 61　161,162
C. I. 颜料橙 64　110,111
C. I. 颜料橙 68　171,172
C. I. 颜料橙 71　164
C. I. 颜料橙 72　111
C. I. 颜料橙 73　165
C. I. 颜料红 38　124,125
C. I. 颜料红 48：1　34,98
C. I. 颜料红 48：2　27,98,99
C. I. 颜料红 48：3　18,26,99,100
C. I. 颜料红 53：1　26,97
C. I. 颜料红 57：1　100,101
C. I. 颜料红 101　31,42,61
C. I. 颜料红 104　42,56,57
C. I. 颜料红 108　59
C. I. 颜料红 122　148,149,242
C. I. 颜料红 144　130,242
C. I. 颜料红 149　21,32,151
C. I. 颜料红 166　31,131
C. I. 颜料红 170　24,102,103,104
C. I. 颜料红 175　114
C. I. 颜料红 176　112,113
C. I. 颜料红 177　157
C. I. 颜料红 178　152
C. I. 颜料红 179　153
C. I. 颜料红 181　201,202

C. I. 颜料红 185	113	C. I. 颜料黑 27	51,54
C. I. 颜料红 187	24,104	C. I. 颜料黑 28	51,54
C. I. 颜料红 202	149,150	C. I. 颜料黑 29	51,54
C. I. 颜料红 208	114,115	C. I. 颜料黑 30	46,51,54
C. I. 颜料红 214	132	C. I. 颜料黑 33	54
C. I. 颜料红 242	132,133	C. I. 溶剂黄 21	208
C. I. 颜料红 247	101,102	C. I. 溶剂黄 33	198
C. I. 颜料红 254	21,166,167	C. I. 溶剂黄 93	181,203,204
C. I. 颜料红 262	133,134	C. I. 溶剂黄 98	202
C. I. 颜料红 264	167,168	C. I. 溶剂黄 114	175,178,198
C. I. 颜料红 272	168,169	C. I. 溶剂黄 133	205
C. I. 颜料红 279	172	C. I. 溶剂黄 145	197
C. I. 颜料紫 15	69,70	C. I. 溶剂黄 157	199
C. I. 颜料紫 16	68	C. I. 溶剂黄 160:1	178,181,197
C. I. 颜料紫 19(β)	145,146	C. I. 溶剂黄 163	188,189
C. I. 颜料紫 19(γ)	31,146,147,148	C. I. 溶剂黄 176	175,200
C. I. 颜料紫 23	34,143,144	C. I. 溶剂黄 179	175,205,206
C. I. 颜料紫 29	153,154	C. I. 溶剂橙 60	180,194
C. I. 颜料紫 32	115,116	C. I. 溶剂橙 63	203,204
C. I. 颜料紫 37	22,144,145	C. I. 溶剂橙 86	177,179
C. I. 颜料蓝 15	32,137,138	C. I. 溶剂橙 107	175,206
C. I. 颜料蓝 15:1	31,138	C. I. 溶剂橙 116	206,207
C. I. 颜料蓝 15:3	32,139,241	C. I. 溶剂红 52	203
C. I. 颜料蓝 28	66	C. I. 溶剂红 111	179,181,182
C. I. 颜料蓝 29	23,68,69	C. I. 溶剂红 135	179,180,194,195
C. I. 颜料蓝 36	66	C. I. 溶剂红 146	175,190
C. I. 颜料蓝 60	157,158	C. I. 溶剂红 179	179,180,195,196
C. I. 颜料绿 7	18,31,140	C. I. 溶剂红 195	208
C. I. 颜料绿 17	57	C. I. 溶剂红 207	189
C. I. 颜料绿 26	67	C. I. 溶剂红 225	209
C. I. 颜料绿 36	141,142	C. I. 溶剂蓝 35	177,184,185
C. I. 颜料绿 50	67	C. I. 溶剂蓝 45	185
C. I. 颜料棕 23	32,135	C. I. 溶剂蓝 67	210,211
C. I. 颜料棕 24	46,65,88	C. I. 溶剂蓝 97	177,180,185,186
C. I. 颜料棕 25	116,117	C. I. 溶剂蓝 104	177,186
C. I. 颜料棕 29	46,65	C. I. 溶剂蓝 122	187
C. I. 颜料棕 41	135,136	C. I. 溶剂蓝 132	187
C. I. 颜料棕 43	62	C. I. 溶剂紫 13	177,180,182,183
C. I. 颜料棕 48	66	C. I. 溶剂紫 31	175,190,194
C. I. 颜料黑 7	31,44,45,51,52	C. I. 溶剂紫 36	183,184
C. I. 颜料黑 11	51,54	C. I. 溶剂紫 37	191
C. I. 颜料黑 12	51,54	C. I. 溶剂紫 49	209,210
C. I. 颜料黑 22	51,54	C. I. 溶剂紫 59	175,191,192
C. I. 颜料黑 26	51,54	C. I. 溶剂绿 3	177,179,180,187,188

参 考 文 献

[1]周春隆.有机颜料技术.北京:中国染料工业协会有机颜料专业委员会,2010.

[2]周春隆.有机颜料化学及进展.北京:全国有机颜料协作组,1991.

[3]周春隆.有机颜料——结构、特性及应用.北京:化学工业出版社,2001.

[4]周春隆.有机颜料百题百答.台湾福记管理顾问有限公司,2008.

[5]沈永嘉.有机颜料——品种与应用.北京:化学工业出版社,2007.

[6]莫述诚.有机颜料.北京:化学工业出版社,1991.

[7]冈特·布克斯鲍姆.工业无机颜料 朱传棨等译.北京:化学工业出版社,2007.

[8]朱骥良.颜料工艺学.北京:化学工业出版社,2001.

[9]阿尔布雷希特.塑料着色.乔辉等译.北京:化学工业出版社,2004.

[10]吴立峰等.塑料着色和色母粒.北京:化学工业出版社,1998.

[11]吴立峰等.色母粒应用技术问答.北京:化学工业出版社,2000.

[12]吴立峰等.塑料着色配方设计.北京:化学工业出版社,2002.

[13]宋波.荧光增白剂及其应用.广州:华东理工大学出版社,1995.

[14]刘瑞霞.塑料挤出成型.北京:化学工业出版社,2005.

[15]张京珍.泡沫塑料成型加工.北京:化学工业出版社,2005.

[16]胡浚.塑料压制成型.北京:化学工业出版社,2005.

[17]赵俊会.塑料压延成型.北京:化学工业出版社,2005.

[18]汉斯·茨魏费尔.塑料添加剂手册.欧育湘等译.北京:化学工业出版社,2005.

[19]Roys Berns.颜色技术原理.李小梅等译.北京:化学工业出版社,2002.

[20]周春隆 穆振义.有机颜料索引卡.北京:中国石化出版社,2004.

[21]周春隆.塑料着色剂(有机颜料与溶剂染料)的特性与进展.上海染料,2002(6):

[22]周春隆.有机颜料工业技术进展.精细与专用化学品,2007(7):

[23]周春隆.有机颜料制备物技术及其应用.上海染料,2013(3):

[24]张合杰.有机颜料的晶型特性——塑胶应用.上海染料,2012(4):

[25]宋秀山.苯并咪唑酮颜料回顾.上海染料,2012(4):

[26]宋秀山.高档有机颜料的研究.上海染料,2011(4,5):

[27]章杰.塑料着色用新型有机颜料.上海化工,1994(5):

[28]章杰.高性能颜料的技术现状和创新动向.上海染料,2012(5):

[29]杨新纬等.国内外溶剂染料的进展.上海染料,2001(1):

[30]高本春等.蒽醌型溶剂染料.染料工业,2012(4):

[31]张慧等.铜酞菁型溶剂染料的合成及性能测试.青岛大学学报,1998(4):

[32]陈荣圻.有机颜料的助剂应用评述.上海染料,2011(4):

[33]乔辉等.中国色母粒行业调查与分析.塑料,2012(2):

[34]孙贵生等.粘胶纤维原液着色超细紫色色浆分散性及纤维性能.人造纤维,2010(5):

[35]黄海.尼龙用着色剂.染料与染色,2009(5):

[36]刘晓梅等.汽车内饰涤纶织物着色剂.染料与染色,2010(5):

[37]章杰.化学纤维原液着色用新型着色剂.湘潭化工,1995(1):

[38]杨蕴敏.聚酯纤维纺前着色技术的进展.合成纤维工业,2008(6):

[39]Vaman G Kullkarni.化纤用色母粒和功能母粒最新进展.合成纤维工业,2006(5):

[40]张恒等.户外测试检验加速测试.装备环境工程,2010(4):

[41]张正潮.浅谈耐日晒色牢度的测试标准.印染,2005(3):

[42]章杰.有机颜料安全性探讨.上海染料,2011(5):